焊工岗位手册

刘云龙 编著

机械工业出版社

本书是焊工岗位必备的工具书，内容依据国家现行的职业技能标准编写，涵盖了焊条电弧焊、手工钨极氩弧焊、CO_2 气体保护焊、埋弧焊、气焊、气割等岗位所必需的基础知识和基本技能，以及掌握这些知识和技能必备的基础数据和资料。全书共分为六篇，主要内容包括：职业道德及岗位规范；焊工基础知识；常用焊接材料；常用焊接工艺方法基本操作技术；典型案例；焊接与切割安全生产。同时本书还给出了两个附录：焊接设备常见故障及解决方法；焊接接头常见缺陷及解决方法。

本书非常适合焊工岗位的技术工人学习和培训使用，对现场的有关工程技术人员了解焊工岗位知识，指导焊工工作也有重要的参考价值。同时，本书还可作为职业院校焊接专业师生必备的参考书。

图书在版编目（CIP）数据

焊工岗位手册/刘云龙编著. —北京：机械工业出版社，2019.12
ISBN 978-7-111-64404-0

Ⅰ.①焊… Ⅱ.①刘… Ⅲ.①焊接-技术手册 Ⅳ.①TG4-62

中国版本图书馆 CIP 数据核字（2019）第 276395 号

机械工业出版社（北京市百万庄大街 22 号　邮政编码 100037）
策划编辑：何月秋　责任编辑：何月秋
责任校对：王明欣　封面设计：马精明
责任印制：郜　敏
涿州市京南印刷厂印刷
2020 年 5 月第 1 版第 1 次印刷
184mm×260mm · 24.25 印张 · 2 插页 · 599 千字
0001—2500 册
标准书号：ISBN 978-7-111-64404-0
定价：79.00 元

电话服务　　　　　　　　网络服务
客服电话：010-88361066　　机　工　官　网：www.cmpbook.com
　　　　　010-88379833　　机　工　官　博：weibo.com/cmp1952
　　　　　010-68326294　　金　书　网：www.golden-book.com
封底无防伪标均为盗版　机工教育服务网：www.cmpedu.com

前　言

在我国装备制造业由大国迈向强国的进程中，焊工是一个重要的工种，被誉为"钢铁裁缝"。为了尽快使企业员工在岗位操作上规范化和标准化，提高他们的职业素养和操作技术水平，为我国装备制造业培养一大批优秀的技能型人才，以适合焊工使用为原则，以服务一线焊工为目的，依照焊工岗位的要求，编写了这本《焊工岗位手册》。

本书共分为六篇正文和两个附录。第一篇为职业道德及岗位规范。第二篇为焊工基础知识，包括焊接用能源及焊接方法分类；焊接接头、坡口、焊接位置及焊缝表示方法；常用金属材料；常用金属材料性能及钢的热处理基本知识。第三篇为常用焊接材料，包括焊条；焊丝；焊剂；焊接与气割常用气体及钨极；钎料与钎剂。第四篇为常用焊接工艺方法基本操作技术，包括焊条电弧焊操作技术；手工钨极氩弧焊基本操作技术；二氧化碳气体保护焊基本操作技术；埋弧焊基本操作技术；气焊基本操作技术；气割基本操作技术。第五篇为典型案例，包括焊条电弧焊低合金钢板对接仰焊单面焊双面成形；小口径管水平固定加障碍 V 形坡口对接手工 TIG 焊单面焊双面成形；Q235 低碳钢板对接 CO_2 气体保护焊向上立焊单面焊双面成形；Q235B 碳素结构钢板对接单丝埋弧焊；$\phi51mm\times4mm$ 低碳钢管对接水平固定氧乙炔气焊。第六篇为焊接与切割安全生产，包括焊接与切割作业职业危险因素和有害因素；焊接作业场所的安全与焊接安全操作要求；焊接与切割作业安全防护。附录 A 为焊接设备常见故障及解决方法；附录 B 为焊接接头常见缺陷及解决方法。

本手册以常用的弧焊工艺方法为主，内容翔实、简便易查，具有较强的实用性和指导性。适合焊工岗位的技术工人学习和培训使用，也可作为技师学院、高级技校、高职及各类培训班教学培训用书，对现场有关工程技术人员了解焊工岗位知识、指导焊工工作也有重要的参考价值。

本书在编写过程中，虽经编者几易其稿，但由于本人学识和能力所限，难免会有缺失和不足之处，殷切期望广大读者不吝赐教。

编　者

目　　录

第四篇　常用焊接工艺方法基本操作技术

第五篇　典型案例

第六篇　焊接与切割安全生产

附　录

参 考 文 献

第一篇　职业道德及岗位规范

第一章　职业道德

一、职业道德的意义

1. 职业道德的基本概念

职业道德是社会道德要求在全社会各行各业的职业行为和职业关系中的具体体现，也是整个社会道德生活的重要组成部分。它是从事一定职业的个人，在工作和劳动的过程中，所应遵循的、与其职业活动紧密联系的道德原则和规范的总和。它既是对本职业人员，在职业活动中的行为要求，又是本职业应该对全社会所承担的道德责任与义务。职业道德还是劳动者素质结构中的重要组成部分，与劳动者素质之间关系非常紧密。由于人们在工作中各自职业的不同，便有了在职业活动中所形成的特殊职业关系、特殊的职业活动范围与方式、特殊的职业利益、特殊的职业义务，所以，也就形成了特殊的职业行为规范和道德要求。

职业道德是人们在履行本职工作时，从思想到行动中应该遵守的准则和对社会所应承担的责任和义务。焊工的职业道德是：从事焊工职业的人员，在完成焊接工作及相关的各项工作过程中，从思想到工作行为所必须遵守的道德规范和行为准则。

2. 职业道德的意义

（1）有利于推动社会主义物质文明和精神文明建设　社会主义职业道德是社会主义精神文明建设的一个重要突破口。社会主义精神文明建设的核心内容是思想道德建设。它要求从事职业活动的人们在遵纪守法的同时，还要自觉遵守职业道德，规范人们从事职业活动的行为，在推动社会主义物质文明建设的同时，提高人们的思想境界，创造良好的社会秩序，树立良好的社会道德风尚。所以自觉遵守职业道德有利于推动社会主义物质文明和精神文明建设。

（2）有利于企业的自身建设和发展　企业职业道德水平的提高，可以直接促进企业自身建设和发展。因为一个企业的信誉，要靠在本企业职工的职业道德来维护，这些人员的职业道德水平越高，这个企业就越能获得社会的信任。

在社会主义社会中，每个人都是国家的主人，都在为国家的繁荣昌盛而劳动着，劳动者都应树立全新的职业道德。特别是在改革开放以来，社会生活发生了前所未有的变化，企业之间的交往都把对方的信誉看得更高。信誉被视为企业的生命，所以，企业职工只有不断地提高职业道德标准，企业才能在激烈的竞争中占据优势，有利于自身建设和发展。

（3）有利于个人的提高和发展　社会主义职业道德的本质，就是要求劳动者树立社会主义劳动态度，实行按劳取酬。劳动既是为社会服务，也是为个人谋生的手段。每个员工只有树立良好的职业道德，安心本职工作，不断地钻研业务，才能在市场经济条件下，实现高素质的劳动力流向高效率的企业。只有树立良好的职业道德，不断地提高自身职业技能，才能在劳动力市场供大于求、在优胜劣汰的竞争机制下立于不败之地。

二、职业道德

道德是人们在社会活动中处理人和人之间、个人与社会之间、个人与自然界之间等各种关系的特殊行为规范。道德是做人的根本。根据道德的表现形式，可以把道德分为家庭美德、社会公德和职业道德三大领域。

1. 社会主义职业道德特征

（1）行业特点鲜明　由于各行业之间存在着差异，所以各行业都有自己的特殊道德标准和要求。

（2）适用范围的有限性　有些道德规范只能在特定的职业范围内起作用，只能对从事该行业和该岗位的从业人员具有指导和规范作用，而不能对其他行业和岗位的从业人员起到指导作用。例如：律师的职业道德则要求他们对当事人必须努力进行辩护；而刑警的职业道德是尽力收集和寻找犯罪嫌疑人的犯罪证据。所以，他们的职业道德是特定的、有限的。

（3）具有一定的强制性　职业道德与职业责任和职业纪律是紧密相连的。当从业人员违反国家各项法律和具有法律效力的职业章程、职业合同、职业责任、操作规程，给企业和社会带来损失和危害时，职业道德将用具体的评价标准，对违规者进行处罚，轻者将受到经济和纪律处罚，重者将移送司法机关，由法律来制裁，这就是职业道德强制性的表现。应该说明的是：职业道德本身并不存在强制性，而是与职业纪律、行业法规具有重叠内容，一旦从业人员违背了这些纪律和法规，除了受到职业道德的谴责外，还要受到纪律和法规的处罚。

（4）形式的多样性　社会职业的多样性，决定了职业道德表现形式的多样性。随着社会的发展、技术的进步，社会分工越来越细，职业道德的内容也就有所不同。所以，对职业道德的具体要求呈现多样性。

（5）相对的稳定性　如果社会上职业处于稳定状态，那么，反映职业要求的职业道德也必然处于相对的稳定状态。如医务人员的职业道德是"救死扶伤，实行革命的人道主义"；驾驶员的职业道德是"遵守交规，文明行车"；售货员的职业道德是"买卖公平，童叟无欺"等，多少年来都为从事相关职业的人们所传承和遵守。

（6）利益相关性　社会上职业道德和物质利益是有一定联系的。对于爱岗敬业的员工，单位不仅会给予精神方面的表扬和鼓励，也会给予物质方面的奖励；反之，对违背职业道德、有损企业形象的员工会给予批评，严重的还会受到纪律处罚。各行各业都会根据自身的行业特点，制定相应的奖励和处罚措施，与从业人员的物质利益挂钩，强调责、权、利的有机统一，便于有关部门的监督、检查、评估，促进从业人员更好地履行自己的职业责任和义务。

2. 社会主义职业道德的基本规范

（1）爱岗敬业，忠于职守　爱岗就是热爱自己的工作岗位，热爱自己的工作。敬业就是以一种严肃认真的态度对待工作，在工作中忠于职守，精益求精，勤奋好学，尽职尽责。爱岗与敬业是紧密相连的，不爱岗的人就很难做到敬业，反之，不敬业的人也就谈不上爱岗。只有工作责任心强，不辞辛苦，不怕麻烦，精益求精地完成各项任务，才是真正的爱岗敬业。忠于职守，就是按要求把自己职业范围内的工作做好，达到工作质量标准和工作规范的要求。

（2）遵纪守法，廉洁奉公　遵纪守法是指从业人员在各项工作中，要遵守国家法律、法规和政策，自觉遵守与职业活动行为有关的制度和纪律，如劳动纪律、安全操作规程、操作程序、工艺文件等。廉洁奉公则强调的是，要求从业人员要公私分明，不利用岗位职权和业务关系谋取私利。遵纪守法，廉洁奉公，应该是每个从业人员必须具备的道德品质。

（3）诚实守信，办事公道　诚实就是人们在社会交往中不讲假话，忠于事物的本来面目，不篡改、歪曲事实，不掩饰自己的情感、不隐瞒自己的观点，光明磊落，表里如一。守信就是讲信誉、重信用、信守诺言，忠实履行自己应该承担的义务。办事公道是指在利益关系中，正确处理好国家、企业、个人及其他各方的利益关系，不徇私情，不谋私利。做到个人服从集体，保证个人利益和集体利益相统一。

（4）服务群众，奉献社会　服务群众就是为人民服务，任何从业人员既是别人的服务对象，又是为别人服务的主体。要做到服务群众就要做到心中有群众、尊重群众、真心对待群众，做什么事都要想到方便群众。职业道德的最高境界就是奉献社会，同时也是做人的最高境界。在社会服务中，不计个人的名利得失，一心为社会做贡献，把公众利益、社会效益摆在第一位，全心全意为人民服务。

第二章　焊工岗位规范

第一节　焊工职业

一、职业概况

1. 职业名称

焊工

本职业分为电焊工、气焊工、钎焊工、焊接设备操作工四个工种。

2. 职业编码

6-18-02-04

3. 职业定义

操作焊机或焊接设备、焊接金属工件的人员。

4. 职业技能等级

本职业共设五个等级，分别为：五级/初级工、四级/中级工、三级/高级工、二级/技师、一级/高级技师。

电焊工工种分别为：五级/初级工、四级/中级工、三级/高级工、二级/技师、一级/高级技师。

气焊工工种分别为：五级/初级工、四级/中级工、三级/高级工。

钎焊工工种分别为：五级/初级工、四级/中级工、三级/高级工、二级/技师。

焊接设备操作工工种分别为：五级/初级工、四级/中级工、三级/高级工、二级/技师、一级/高级技师。

5. 职业环境条件

在室内外常温的情况下作业，作业环境会有一定的弧光辐射、噪声、焊接烟尘等。

6. 职业能力特征

具有一定的学习、理解、分析及判断能力，良好的视力，基本的辨别颜色及识图能力；手指手臂能灵活、协调地操作焊接设备。

7. 普通受教育程度

初中毕业（或相当文化程度）。

二、职业技能鉴定要求

1. 申报条件

● 具备以下条件之一者，可申报五级/初级工：

1) 累积从事本职业工作 1 年（含）以上。

2）本职业学徒期满。

● 具备以下条件之一者，可申报四级/中级工：

1）取得本职业五级/初级工职业资格证书（技能等级证书）后，累积从事本职业工作4年（含）以上。

2）累积从事本职业工作6年（含）以上。

3）取得技工学校本专业或相关专业毕业证书（含尚未取得毕业证书的在校应届毕业生）；或取得经评估论证、以中级技能为培养目标的中等及以上职业学校本专业或相关专业毕业证书（含尚未取得毕业证书的在校应届毕业生）。

注：相关专业指焊接加工、焊接技术应用、金属热加工（焊接）、焊接技术与自动化、焊接技术与工程。

● 具备以下条件之一者，可申报三级/高级工：

1）取得本职业四级/中级工职业资格证书（技能等级证书）后，累积从事本职业工作5年（含）以上。

2）取得本职业四级/中级工职业资格证书（技能等级证书），并具有高级技工学校、技师学院毕业证书（含尚未取得毕业证书的在校应届毕业生）；或取得本职业四级/中级工职业资格证书（技能等级证书），并具有经评估论证、以高级技能为培养目标的高等职业学校本专业或相关专业毕业证书（含尚未取得毕业证书的在校应届毕业生）。

3）具有大专及以上本专业或相关专业毕业证书，并取得本职业四级/中级工职业资格证书（技能等级证书）后，累积从事本职业工作2年（含）以上。

● 具备以下条件之一者，可申报二级/技师：

1）取得本职业三级/高级工职业资格证书（技能等级证书）后，累积从事本职业工作4年（含）以上。

2）取得本职业三级/高级工职业资格证书（技能等级证书）的高级技工学校、技师学院毕业生，累积从事本职业工作3年（含）以上；或取得本职业预备技师证书的技师学院毕业生，累积从事本职业工作2年（含）以上。

● 具备以下条件之一者，可申报一级/高级技师：

取得本职业二级/技师职业资格证书（技能等级证书）后，累积从事本职业工作4年（含）以上。

2. 鉴定方式

鉴定方式分为理论知识考试、技能考核以及综合评审。理论知识考试以笔试、机考等方式为主，主要考核从业人员从事本职业应掌握的基本要求和相关知识要求；技能考核主要采用现场操作、模拟操作等方式进行，主要考核从业人员从事本职业应具备的技能水平；综合评审主要针对技师和高级技师，通常采取审阅申报材料、答辩等方式进行全面评议和审查。

理论知识考试、技能考核和综合评审均实行百分制，成绩皆达60分（含）以上者为合格。

3. 监考人员、考评人员与考生配比

理论知识考试中的监考人员与考生配比不低于1∶15，且每个考场不少于2名监考人员；技能考核中的考评人员与考生配比为1∶5，且考评人员为3人以上单数；综合评审委员为3人以上单数。

4. 鉴定时间

理论知识考试时间不少于90min。技能考核时间：五级/初级工不少于90min，四级/中级工、三级/高级工不少于120min，二级/技师和一级/高级技师不少于90min。综合评审时间不少于30min。

5. 鉴定场所设备

理论知识考试在标准教室进行，教室需具有能够覆盖全部学员范围的监控设备；技能考核场所能安排10个以上工位，每个工位须安装一部能够覆盖工位全部范围的监控设备，具有符合国家标准或其他规定要求的焊接设备、焊接作业工具、焊接夹具、安全防火设备及排风设备等。

三、基本要求

1. 职业守则

1）遵守法律、法规和相关规章制度。

2）爱岗敬业，开拓创新。

3）勤于学习专业业务，提高能力素质。

4）重视安全环保，坚持文明生产。

5）崇尚劳动光荣和精益求精的敬业风气，具有弘扬工匠精神和争做时代先锋的意识。

2. 基础知识

（1）识图知识

1）焊接方法代号及焊缝标注基本知识。

2）焊接装配图的基本知识。

3）机械制图基础知识。

（2）常用金属材料知识

1）金属材料的理化性能及其焊接性。

2）金属材料牌号的表示方法及含义。

3）金属材料的用途、特点。

（3）常用金属材料的热处理知识

1）金属材料热处理的意义。

2）金属材料热处理的分类。

3）金属材料热处理常用方法。

（4）焊接材料知识

1）焊接材料的分类、特点及应用。

2）焊接材料的管理。

（5）焊接设备知识

1）焊接设备的分类、特点及应用。

2）焊接设备的日常维护、保养及管理。

3）电工的基本知识。

（6）焊接知识

1）焊接方法的分类、特点及应用。

2）焊接接头种类及坡口制备。

3）焊接变形的预防及控制方法。

4）焊接缺陷的分类、形成原因及防止措施。

5）焊接工艺文件的相关知识。

（7）焊接检验知识

1）焊缝外观质量的检验与验收。

2）无损检测方法及特点。

3）破坏性检验方法及特点。

（8）安全和环境保护知识

1）安全用电知识。

2）焊接安全操作基础知识。

3）焊接安全防护措施。

4）焊接环境保护相关知识。

5）消防相关知识。

6）GB 9448—1999《焊接与切割安全》的相关知识。

（9）相关法律、法规知识

1）《中华人民共和国劳动法》的相关知识。

2）《中华人民共和国劳动合同法》的相关知识。

3）《中华人民共和国特种设备安全法》的相关知识。

4）《中华人民共和国安全生产法》的相关知识。

四、工作要求

《国家职业标准　焊工》对五级/初级工、四级/中级工、三级/高级工、二级/技师、一级/高级技师的技能要求和相关知识要求依次递进，高级别涵盖低级别的要求。

第二节　焊工岗位职责

一、工作任务

1）按照焊接生产作业计划，优质、高效、低消耗、安全地完成生产任务。

2）按照焊接设备操作规程和要求使用和维护焊接设备。

3）按照焊接工艺文件（焊接工艺卡、作业指导书、工艺规程等）的要求，进行焊接生产加工。

4）贯彻执行产品质量标准，按照焊接产品的检验报告，对不合格的产品，会同技术人员共同协商，调整相应的焊接参数及操作手法，确保焊接产品质量符合工艺要求。

5）配合技术人员做好新设备投入使用前的调试工作；做好焊接新产品的试制工作。

6）按"5S"要求进行现场管理。

7）认真执行生产班组的管理标准。

8）遵守安全操作规程，确保人身、设备安全。

9）积极参加提合理化建议活动。

10）执行能源管理标准，节约用电、用水、用气。

11）及时、准确地做好生产过程中的各种记录。

12）按照职工培训计划，积极进行业务知识的学习与培训。

13）按照对不合格产品的控制程序要求，做好对不合格产品的隔离、标识及处理。

二、工作责任

1）对所生产的产品质量负责。

2）对所使用的工具负责。

3）对所分管的生产现场负责。

4）对所使用设备的运行状况及维护负责。

5）对所分管的经济指标负责。

6）有学习、掌握、应用新工艺、新设备、新知识的责任。

7）牢固树立质量第一的概念，精心操作，严格自检，保证焊接质量。在日常的工作中，坚持做到：

①"四严格"：严格按照工艺文件的规定使用焊材；严格遵守焊接工艺文件规定的焊接参数；严格遵守焊道层间的焊接温度；严格清除焊缝层间药皮、飞溅物及油、污、锈、垢。

②"六不焊"：材质、焊材不清不焊；坡口、焊丝不干净不焊；焊条、焊剂未烘干不焊；没有良好的地线回路不焊；焊件组装不合格不焊；清根不彻底不焊。

③"两过硬"：焊缝外观质量过硬（焊缝鱼鳞纹均匀、平滑、无残存焊渣）；焊缝内在质量过硬（焊缝按检验规程要求，无损检测合格）。

④严格执行"三检"制：焊工作业完成后，以自检为主、互检为辅、确认合格后交专职检验。

8）坚持文明生产，在焊接生产现场，焊接结构零部件、焊接设备、各种工具要有序摆放整齐、焊接除尘设备完好、生产场地清洁。形成一个文明、舒适的焊接工作环境，塑造企业的良好形象。

第二篇 焊工基础知识

第一章 焊接用能源及焊接方法分类

第一节 焊接用能源

按照能源性质分类，焊接能源可以分为电能、机械能、化学能、声能和光能。

一、电能

焊接中的电能包括电弧热、电阻热、感应热和能束。

1. 电弧热

电弧焊即焊接过程中，利用电弧产生的热量熔化焊件和填充材料，形成焊缝或堆焊层。但是，焊接电弧产生的热量，并不能全部有效地利用，根据焊接方法的不同，热效率为20%~85%。热损失主要是在焊接过程中由热对流、热传导、热辐射和焊接飞溅等造成的。电弧焊一般包括焊条电弧焊、埋弧焊、钨极氩弧焊、CO_2气体保护焊、等离子弧焊等。一般来说，钨极氩弧焊的热效率较低，焊条电弧焊的热效率为中等，而埋弧焊的热效率比前两种焊接方法都高。

2. 电阻热

焊接电流通过焊件时将产生电阻热，利用电阻热将两焊件接触面加热至塑性状态，同时施加压力，使焊件之间形成焊缝或焊点即为电阻焊。在电阻焊过程中，主要的电阻组成有电极和焊件之间的接触电阻；焊件相互之间的接触电阻；焊件内部电阻；电极内部电阻。

此外，焊件表面状况（待焊表面清洁与否、表面氧化物或化合物清除与否、焊件表面硬度或焊件表面粗糙度）对接触电阻的影响也很大。电阻焊包括点焊、缝焊、对焊、凸焊、高频电阻焊等。

电渣焊、烙铁钎焊和电阻钎焊等也是利用电阻热进行焊接的。

3. 感应热

感应钎焊就是利用高频、中频或工频交流电感应加热所进行的钎焊。

4. 能束

电子束即电子束焊的能束，它是由电子枪阴极发射流向阳极的束流。而电子束焊就是利用加速和聚焦的电子束轰击置于真空或者非真空中的焊件所产生的热能进行焊接的方法。

二、机械能

焊接中所用的机械能包括摩擦、热锻、冷压、真空热压等。机械能用在焊接工艺上，都是由某种类型的机械运动产生焊接所需要的能量。

1. 摩擦

摩擦焊即利用焊件表面相互摩擦所产生的热，使端部达到热塑性状态，然后迅速顶锻，完成焊接的一种压焊方法。其焊接过程中，一般包括初始摩擦阶段、不稳定摩擦阶段、稳定摩擦阶段、停车阶段、纯顶锻阶段、顶锻维持阶段。

2. 热锻

锻焊即将焊件加热到焊接温度并予以打击，使接合面足以造成永久变形的固态焊接方法。

3. 冷压

冷压焊即在室温下对接合处加压，使之产生显著变形而焊接的固态焊接方法。

4. 真空热压

1）热压焊即焊件在真空容器中通过加热与加压，使焊件产生宏观变形的一种固态焊接。

2）扩散焊即两焊件待焊表面直接贴合或通过薄的中间层而紧密贴合，在真空或保护气氛中，在一定的温度和压力下保持一段时间，使接触面之间产生微观塑性变形或产生微量液相，再通过原子相互扩散而完成的焊接。扩散焊是不产生可见变形和相对移动的固态焊接方法。

三、化学能

将以各种形式储存的化学能转换成有用的热能，并且用于焊接工艺上的主要有火焰、热剂、炸药等形式。

1. 火焰

气焊即利用气体火焰作为热源的焊接方法，最常用的是利用乙炔和氧混合燃烧所形成的氧乙炔焰进行焊接的氧乙炔焊，还有利用氢与氧混合燃烧所形成的氢氧焰进行焊接的氢氧焊，近年来液化气或丙烷燃气的焊接也发展很快。

2. 热剂

热剂焊即将留有适当间隙的焊件接头装配在特制的铸型内，当焊件接头预热到一定温度后，采用经热剂反应形成的高温液态金属注入铸型内，使焊件接头金属熔化实现焊接的方法。因为常用铝粉作为热剂，故也常称为铝热焊。铝热焊是目前焊接钢轨的主要方法。

3. 炸药

爆炸焊即利用炸药爆炸产生的冲击力造成焊件的迅速碰撞，从而实现焊件连接的一种压焊方法。

四、声能

超声波就是一种声能，利用超声波的高频震荡能对焊件接头进行局部加热和表面清理，然后施加压力实现焊接的一种压焊方法即超声波焊。

五、光能

激光束是由各种透镜系统进行聚焦的，激光焊就是以聚焦的激光束作为能源轰击焊件所产生的热量进行焊接的方法。太阳光也可以转化为热量实现太阳能焊。

第二节 焊接方法分类

焊接方法的分类很多，随着科技的发展、技术的进步，新的焊接方法还在不断地涌现，焊接分类还将发生变化。

常用的焊接分类方法是族系法，族系法将焊接分为三大类：即熔焊、压焊和钎焊。其次，在每一大类焊接方法中，按能源的种类又细分为若干种焊接方法。详细的焊接方法分类（族系法）如图 2-1-1 所示。

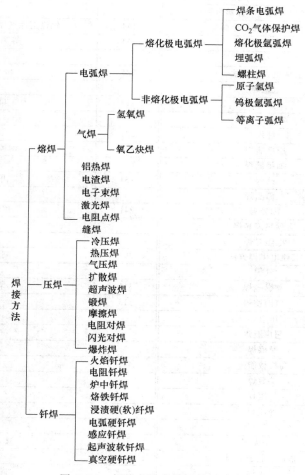

图 2-1-1 焊接方法分类（族系法）

第三节 焊接工艺方法代号

每种焊接工艺方法可通过焊接工艺方法代号（GB/T 5185—2005）加以识别。焊接及相关工艺方法一般采用三位数代号表示，其中一位数代号表示工艺方法大类，两位数代号表示工艺方法分类，而三位数代号表示某种工艺方法。焊接相关工艺方法代号见表 2-1-1。

表 2-1-1　焊接相关工艺方法代号

代号	焊接方法	代号	焊接方法
1	电弧焊		
101	金属电弧焊		
11	无气体保护的电弧焊	111	焊条电弧焊
112	重力焊	114	自保护药芯焊丝电弧焊
12	埋弧焊	121	单丝埋弧焊
122	带极埋弧焊	123	多丝埋弧焊
124	添加金属粉末的埋弧焊	125	药芯焊丝埋弧焊
13	熔化极气体保护电弧焊	131	熔化极惰性气体保护电弧焊（MIG）
135	熔化极非惰性气体保护电弧焊（MAG）	136	非惰性气体保护的药芯焊丝电弧焊
137	惰性气体保护的药芯焊丝电弧焊		
14	非熔化极气体保护电弧焊	141	钨极惰性气体保护电弧焊（TIG）
15	等离子弧焊	151	等离子 MIG 焊
152	等离子粉末堆焊		
18	其他电弧焊方法	185	磁激弧对焊
2	电阻焊		
21	点焊	211	单面点焊
212	双面点焊		
22	缝焊	221	搭接缝焊
222	压平缝焊	225	薄膜对接缝焊
226	加带缝焊		
23	凸焊	231	单面凸焊
232	双面凸焊		
24	闪光焊	241	预热闪光焊
242	无预热闪光焊		
25	电阻对焊		
29	其他电阻焊方法	291	高频电阻焊
3	气焊		
31	氧燃气焊	311	氧乙炔焊
312	氧丙烷焊	313	氢氧焊
4	压力焊		
41	超声波焊		
42	摩擦焊		
44	高机械能焊	441	爆炸焊
45	扩散焊		
47	气压焊		
48	冷压焊		
5	高能束焊		
51	电子束焊	511	真空电子束焊
512	非真空电子束焊		
52	激光焊	521	固体激光焊
522	气体激光焊		
7	其他焊接方法		
71	铝热焊		
72	电渣焊		
73	气电立焊		
74	感应焊	741	感应对焊
742	感应缝焊		
75	光辐射焊	753	红外线焊
77	冲击电阻焊		

（续）

代号	焊接方法	代号	焊接方法
78	螺柱焊	782	电阻螺柱焊
783	带磁籁或保护气体的电弧螺柱焊	784	短路电弧螺柱焊
785	电容放电螺柱焊	786	带点火嘴的电容放电螺柱焊
787	带易熔颈籁的电弧螺柱焊	788	摩擦螺柱焊
8	切割和气割		
81	火焰切割		
82	电弧切割	821	空气电弧切割
822	氧电弧切割		
83	等离子弧切割		
84	激光切割		
86	火焰切割		
87	电弧气刨	871	空气电弧气刨
872	氧电弧气刨		
88	等离子弧气刨		
9	硬钎焊、软钎焊及钎接焊		
91	硬钎焊	911	红外线硬钎焊
912	火焰硬钎焊	913	炉中硬钎焊
914	浸渍硬钎焊	915	盐浴硬钎焊
916	感应硬钎焊	918	电阻硬钎焊
919	扩散硬钎焊	924	真空硬钎焊
93	其他硬钎焊		
94	软钎焊	941	红外线软钎焊
942	火焰软钎焊	943	炉中软钎焊
944	浸渍软钎焊	945	盐浴软钎焊
946	感应软钎焊	947	超声波软钎焊
948	电阻软钎焊	949	扩散软钎焊
951	波峰软钎焊	952	烙铁软钎焊
954	真空软钎焊	956	拖焊
96	其他软钎焊		
97	钎接焊	971	气体钎接焊
972	电弧钎接焊		

在焊接标准进行更新时，原标准（GB/T 5185—1985）中部分焊接方法代号被删除，但这些在技术上比较陈旧、落后的焊接方法仍可能用于某些特定场合，或者出现在以前的各种文件中，为了查阅方便，将被删除的焊接方法代号列于表2-1-2。

表 2-1-2 被新标准删除的焊接方法代号

代号	焊接方法	代号	焊接方法
113	光焊丝电弧焊	115	涂层焊丝电弧焊
118	躺焊	149	原子氢焊
181	碳弧焊		
32	空气燃气焊	321	空气乙炔焊
322	空气丙烷焊		
43	锻焊		
752	弧光光束焊	781	电弧螺柱焊
917	超声波硬钎焊	923	摩擦硬钎焊
953	刮擦软钎焊		

第四节 电焊机型号

一、电焊机型号编制次序及代表符号

我国的弧焊电源型号是按 GB/T 10249—2010《电焊机型号编制方法》统一规定编制的，弧焊电源型号由汉语拼音字母及阿拉伯数字组成，电焊机型号编制次序及代表符号意义见表 2-1-3。

表 2-1-3 电焊机型号编制次序及代表符号意义

产品名称	第一字母		第二字母		第三字母		第四字母		第五字母	
	代表字母	大类名称	代表字母	小类名称	代表字母	附注特征	数字序号	附注特征	基本规格	单位
电弧焊机	B	交流弧焊机（弧焊变压器）	X	下降特性	L	高空载电压	省略	磁放大器或饱和电抗器式	额定焊接电流	A
							1	动铁心式		
			P	平特性			2	串联电抗器式		
							3	动圈式		
							4	—		
							5	晶闸管式		
							6	变换抽头式		
	A	机械驱动的弧焊机（弧焊发电机）	X	下降特性	省略	电动机驱动	省略	直流		
					D	单纯弧焊发电机	1	交流发电机整流		
							2	交流		
			P	平特性	Q	汽油机驱动				
					C	柴油机驱动				
			D	多特性	T	拖拉机驱动				
					H	汽车驱动				
	Z	直流弧焊机（弧焊整流器）	X	下降特性	省略	一般电源	省略	磁放大器或饱和电抗器式		
							1	动铁心式		
							2	—		
					M	脉冲电源	3	动线圈式		
			P	平特性			4	晶体管式		
					L	高空载电压	5	晶闸管式		
			D	多特性			6	变换抽头式		
					E	交直流两用电源	7	逆变式		
	M	埋弧焊机	Z	自动焊	省略	直流	省略	焊车式		
							1	—		
			B	半自动焊	J	交流	2	横臂式		
			U	堆焊	E	交直流	3	机床式		
			D	多用	M	脉冲	9	焊头悬挂式		

（续）

产品名称	第一字母		第二字母		第三字母		第四字母		第五字母	
	代表字母	大类名称	代表字母	小类名称	代表字母	附注特征	数字序号	附注特征	基本规格	单位
电弧焊机	N	MIG/MAG焊机（熔化极惰性气体保护弧焊机/活性气体保护弧焊机）	Z B D U G	自动焊 半自动焊 点焊 堆焊 切割	省略 M C	直流 脉冲 二氧化碳气体保护焊	省略 1 2 3 4 5 6 7	焊车式 全位置焊车式 横臂式 机床式 旋转焊头式 台式 焊接机器人 变位式	额定焊接电流	A
	W	TIG焊机	Z S D Q	自动焊 手工焊 点焊 其他	省略 J E M	直流 交流 交直流 脉冲	省略 1 2 3 4 5 6 7 8	焊车式 全位置焊车式 横臂式 机床式 旋转焊头式 台式 焊接机器人 变位式 真空充气式		
	L	等离子弧焊机/等离子弧切割机	G H U D	切割 焊接 堆焊 多用	省略 R M J S F E K	直流等离子 熔化极等离子 脉冲等离子 交流等离子 水下等离子 粉末等离子 热丝等离子 空气等离子	省略 1 2 3 4 5 6	焊车式 全位置焊车式 横臂式 机床式 旋转焊头式 台式 手工等离子		
电渣焊接设备	H	电渣焊机	S B D R	丝极 板极 多用极 熔嘴	—	—	—	—	标准输入视在功率	kVA
		钢筋电渣压力焊机	Y		S Z F 省略	手动式 自动式 分体式 一体式				
电阻焊机	D	点焊机	N R J Z D B	工频 电容储能 直流冲击波 次级整流 低频 逆变	省略 W	一般点焊 快速点焊 网状点焊	省略 1 2 3 6	垂直运动式 圆弧运动式 手提式 悬挂式 焊接机器人	标准输入视在功率	kVA
	T	凸焊机	N R J Z D B	工频 电容储能 直流冲击波 次级整流 低频 逆变	—	—	省略	垂直运动式		

（续）

产品名称	第一字母		第二字母		第三字母		第四字母		第五字母	单位
	代表字母	大类名称	代表字母	小类名称	代表字母	附注特征	数字序号	附注特征	基本规格	
电阻焊机	F	缝焊机	N R J Z D B	工频 电容储能 直流冲击波 次级整流 低频 逆变	省略 Y P	一般缝焊 挤压缝焊 垫片缝焊	省略 1 2 3	垂直运动式 圆弧运动式 手提式 悬挂式	标准输入视在功率	kVA
	U	对焊机	N R J Z D B	工频 电容储能 直流冲击波 次级整流 低频 逆变	省略 B Y G C T	一般对焊 薄板对焊 异形截面对接 钢窗闪光对焊 自行车轮圈对焊 链条对焊	省略 1 2 3	固定式 弹簧加压式 杠杆加压式 悬挂式		
	K	控制器	D F T U	点焊 缝焊 凸焊 对焊	省略 F Z	同步控制 非同步控制 质量控制	1 2 3	分立元件 集成电路 微机	额定容差	
螺柱焊机	R	螺柱焊机	Z S	自动 手工	M N R	埋弧 明弧 电容储能			额定焊接电流	A
摩擦焊接设备	C	摩擦焊机	省略 C Z	一般旋转式 惯性式 振动式	省略 S D	单头 双头 多头	省略 1 2	卧式 立式 倾斜式	顶锻压力	kN
		搅拌摩擦焊机	产品标准规定							
电子束焊机	E	电子束焊枪	Z D B W	高真空 低真空 局部真空 真空外	省略 Y	静止式电子枪 移动式电子枪	省略 1	二极枪 三极枪	输出功率	
光束焊接设备	G	光束焊机	S	光束			1 2 3 4	单管 组合式 折叠式 横向流动式	输出功率	kW
	G	激光焊机	省略 M	连续激光 脉冲激光	D Q Y	固体激光 气体激光 液体激光				
超声波焊机	S	超声波焊机	D F	点焊 缝焊			省略 2	固定式 手提式	发生器输入功率	
钎焊机	Q	钎焊机	省略 2	电阻钎焊 真空钎焊					额定输入视在功率	kVA
焊接机器人	产品标准规定								待定	

二、弧焊电源型号编制方法示例

弧焊电源型号由汉语拼音字母及阿拉伯数字组成，汉语拼音从表 2-1-3 中选取，阿拉伯数字由表 2-1-3 中第四字母或第五字母组成。弧焊电源型号编制方法示例如图 2-1-2 所示。

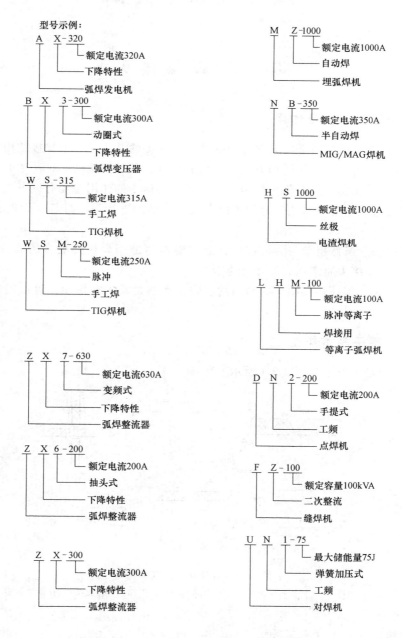

图 2-1-2　弧焊电源型号编制方法示例

第二章 焊接接头、坡口、焊接位置及焊缝表示方法

第一节 焊接接头

一、焊接接头形式及作用

焊接接头是由两个或两个以上零件用焊接方法连接的接头，一个焊接结构总是由若干个焊接接头所组成；焊接接头按结构形式可分为五大类，即对接接头、T形（十字）接头、搭接接头、角接接头和端接接头等。焊接接头在焊接结构中的作用主要有以下三个：

1）工作接头。主要进行工作力的传递，该接头必须进行强度计算，以确保焊接结构安全可靠。

2）联系接头。虽然也参与力的传递，但主要作用是用焊接使更多的焊件连接成整体，起连接作用。这类接头通常不作强度计算。

3）密封接头。保证焊接结构的密闭性、防止泄漏是其主要作用，可以同时是工作接头或是联系接头。

二、焊接接头基本类型

焊接接头的基本类型如图 2-2-1 所示。

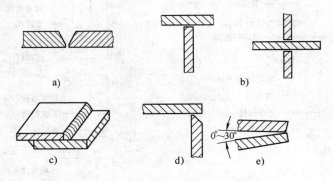

图 2-2-1 焊接接头的基本类型

a）对接接头 b）T形（十字）接头 c）搭接接头 d）角接接头 e）端接接头

1. 对接接头

从受力的角度看，对接接头受力状况好、应力集中程度小、焊接材料消耗较少、焊接变形也较小，是比较理想的接头形式。在所有的焊接接头中，对接接头应用最广泛。为了保证焊缝质量，厚板对接焊往往是在接头处开坡口，进行坡口对接焊。

2. T形和十字接头

T形和十字接头是把相互垂直的焊件用角焊缝连接起来的接头，它有焊透和不焊透两种形式，如图2-2-2所示。开坡口的T形（十字）接头是否能焊透，要根据坡口的形状和尺寸而定。从承受动载的能力看，开坡口焊透的T形和十字接头承受动载能力较强。其强度可按对接接头计算。不焊透的T形和十字接头承受力和力矩的能力有限，所以只能应用在不重要的焊接结构中。

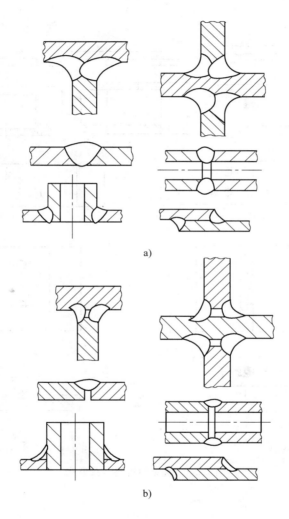

a)

b)

图 2-2-2　焊透和不焊透的接头形式
a）焊透的接头形式　b）不焊透的接头形式

3. 搭接接头

搭接接头是把两个焊件部分重叠在一起，加上专门的搭接件，用角焊缝、塞焊缝、槽焊缝或压焊缝连接起来的接头。搭接接头的应力分布不均匀、疲劳强度较低，不是理想的接头形式，但是由于搭接接头焊前准备及装配工作较简单，所以在焊接结构中应用广泛，但对于承受动载荷的焊接接头不宜采用。常见的搭接接头形式如图2-2-3所示。

4. 角接接头

角接接头是把两个焊件的端面构成大于 30°、小于 135°夹角，用焊接连接起来的接头。角接接头多用于箱形构件上，这种接头的承载能力较差，多用于不重要的结构中。

5. 端接接头

端接接头是两焊件重叠放置或两焊件表面之间的夹角不大于 30°，用焊接连接起来的接头。端接接头多用于密封构件上，承载能力较差，不是理想的接头形式。端接接头形式如图 2-2-4 所示。

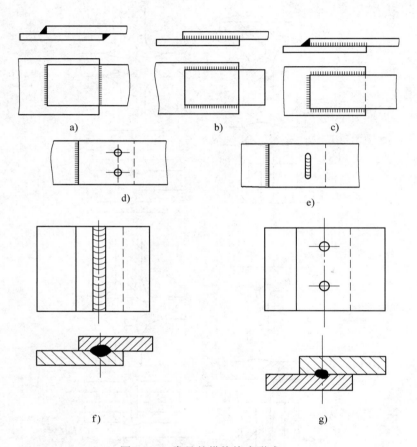

图 2-2-3　常见的搭接接头形式

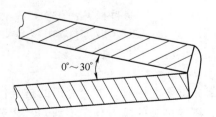

图 2-2-4　端接接头形式

第二节 焊接坡口

一、焊接坡口形状

1. 开焊接坡口的目的

坡口是根据设计或工艺需要，在焊件的待焊部位加工并装配成一定几何形状的沟槽。焊件开坡口主要是为了保证焊接接头的质量和方便施焊，使焊缝根部焊透，同时调节母材与填充金属的比例。

坡口的形式很多，选用哪种坡口形式，主要取决于焊接方法、焊接位置、焊件厚度、焊缝熔透要求及经济合理性等因素，焊缝开坡口的作用有以下几点。

（1）保证焊缝熔透　某些焊缝如厚板对接焊缝、吊车梁工形盖板与腹板间角焊缝等，设计要求熔透焊，为了达到熔透效果，就需要开坡口焊接。如果采用焊条电弧焊或二氧化碳气体保护焊，坡口根部留 2～3mm 的钝边；如果采用埋弧焊，坡口根部留 3～6mm 的钝边，并配合背面清根，可以实现熔透，典型熔透焊缝开坡口的形状如图 2-2-5 所示。

（2）保证焊缝厚度满足设计要求　某些焊缝如高层建筑的箱形柱棱角焊缝（见图 2-2-6a）、电站钢结构的工形柱节点坡口角焊缝等（见图 2-2-6b），为了满足受力需要，需要开适当坡口，使焊条或焊丝能够伸入到接头的根部焊接，保证接头质量。

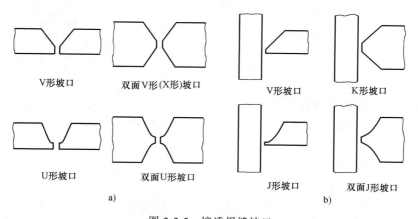

V形坡口　　双面V形(X形)坡口　　V形坡口　　K形坡口

U形坡口　　双面U形坡口　　J形坡口　　双面J形坡口

a)　　　　　　　　　　　　　　　　　b)

图 2-2-5　熔透焊缝坡口

a）对接熔透焊缝　b）角接熔透焊缝

（3）减小焊缝金属的填充量，提高生产效率　某些受力较大的厚板角焊缝，如果焊脚尺寸很大，焊缝金属的填充量大，通过开适当的坡口进行焊接，减小了焊缝金属的填充量，并有利于减小焊接变形，提高了焊接生产效率。

（4）调整焊缝金属熔合比　所谓熔合比就是熔化的母材金属占焊缝金属的比例，如图 2-2-7 所示。熔合比用以下公式表示：

$$\gamma = \frac{F_m}{F_m + F_H}$$

式中　γ——熔合比；

F_m——熔化的母材金属的面积（m^2）；

F_H——填充金属的面积（m^2）。

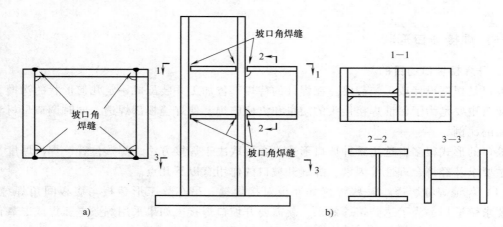

图 2-2-6 坡口角焊缝

a）箱形柱棱角焊缝 b）工形柱节点坡口角焊缝

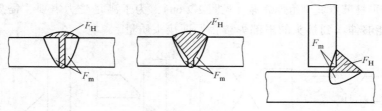

图 2-2-7 焊缝熔合比

坡口的改变会使熔合比发生变化，在碳钢、合金钢的焊接中，可以通过加工适当的坡口，改变熔合比来调整焊缝金属的化学成分，从而降低裂纹的敏感性，提高接头的力学性能。

2. 确定焊接坡口的原则

焊接坡口的确定应遵循以下原则：

1）焊接坡口应便于焊接操作。应根据焊缝所处的空间位置、焊工的操作位置来确定坡口方向，以便于焊工施焊。如在容器内部不便施焊，应开单面坡口在容器外面焊接。要求熔透的焊缝，在保证不焊漏的前提下，尽可能减小钝边尺寸，以减少清根量。再如，一条熔透角焊缝或对接焊缝，一侧为平焊，另一侧为仰焊，应平焊侧开大坡口，仰焊侧开小坡口，以减小焊工的操作难度。

2）坡口的形状应易于加工。应根据加工坡口的设备情况来确定坡口形状，其形状应易于加工。

3）尽可能减小坡口尺寸，节省焊接材料，提高生产效率。

4）焊接坡口应尽可能减小焊后焊件的变形。

3. 坡口形状

根据焊缝坡口的几何形状不同，焊缝的坡口形状有Ⅰ形、Ⅴ形、Ⅴ形、Ⅰ形，根据加工面和加工边的不同，又有单面单边 V 形、双面双边 V 形（即 X 形）、双面单边 V 形（即 K 形）、双面双边 U 形、双面单边 J 形等，表 2-2-1 为常用焊缝坡口的基本形状。

表 2-2-1　常用焊缝坡口的基本形状

坡口名称	对接接头	T 形接头	角接接头
I 形	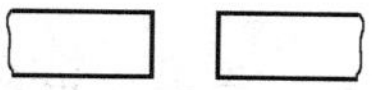	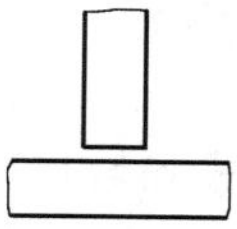	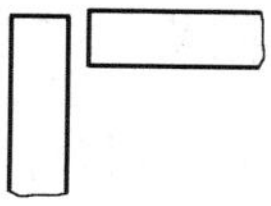
单边 V 形	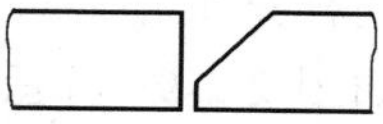	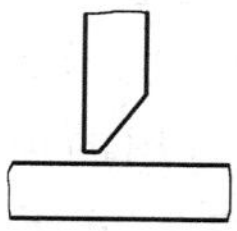	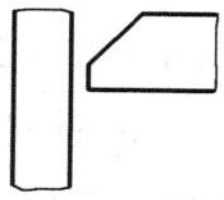
Y 形	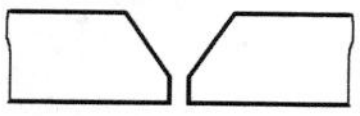	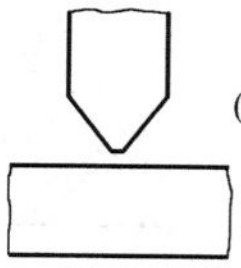 （K 形）	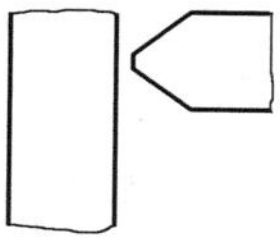 （K 形）
双 V 形（X 形）	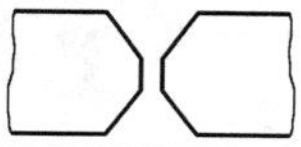	—	—
单面 J 形	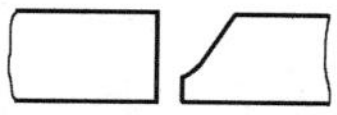	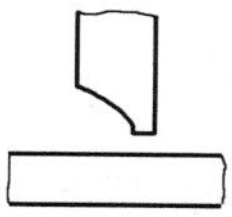	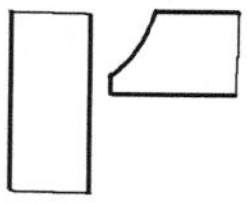
双面 J 形	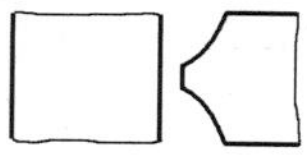	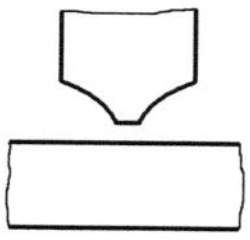	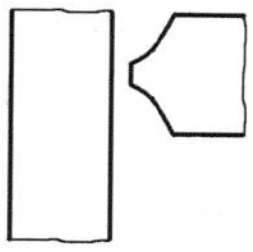
单 U 形	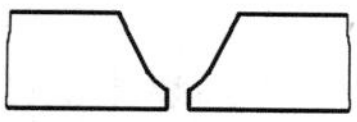	—	—
双 U 形	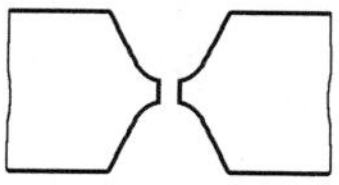	—	—

二、坡口几何尺寸

坡口几何尺寸包括坡口角度、坡口深度、根部间隙、钝边、圆弧半径等，如图 2-2-8 所示。每一个几何尺寸用一个字母表示。

（1）坡口角度（α）、坡口面角度（β）　焊件表面的垂直面与坡口面之间的夹角叫作坡口面角度，用字母 β 表示；两坡口面之间的夹角叫作坡口角度，用字母 α 表示。开单侧坡口时，坡口角度等于坡口面角度；开双侧坡口时，坡口角度等于两个坡口面角度之和。

（2）坡口深度（H）　坡口深度是焊件表面至坡口根部的距离，用字母 H 表示。

（3）根部间隙（b）　焊前焊接接头根部之间的空隙，用字母 b 表示。要求熔透的焊缝，采用一定的根部间隙可以保证熔透。

（4）钝边（*p*）　焊件在开坡口时，沿焊件厚度方向未开坡口的端面部分叫作钝边，用字母 *p* 表示。钝边的作用是防止焊缝根部焊漏。

（5）圆弧半径（*R*）　对于 U 形和 J 形坡口，坡口底部采用圆弧过渡。圆弧半径的作用是增大坡口根部的空间，使焊条或焊丝能够伸入到坡口根部，促使根部熔合良好。

三、不同焊接位置的坡口选择

对于不同的焊接位置，焊接坡口的形式和坡口角度也不同，应便于焊接操作。例如，同样是板对接焊条电弧焊坡口，如果是平焊位置焊接，则采用的坡口形式如图 2-2-9a 所示；如果是横焊，则采用的坡口形式如图 2-2-9b 所示。再如，同样是板角焊缝焊条电弧焊的坡口，如果开坡口的板在水平位置焊接，则采用的坡口形式如图 2-2-9c 所示；如果开坡口板在竖直位置焊接，则采用的坡口形式如图 2-2-9d 所示。

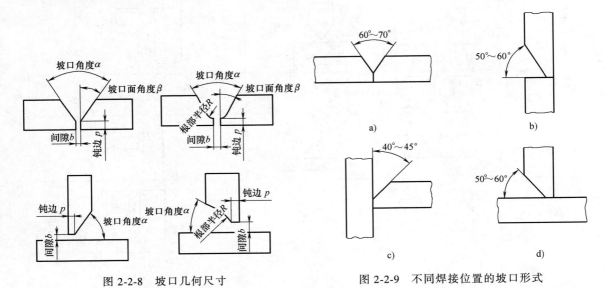

图 2-2-8　坡口几何尺寸　　　　　图 2-2-9　不同焊接位置的坡口形式

四、焊件坡口的加工方法

根据焊件的结构形式、板厚、焊接方法和材料的不同，焊接坡口的加工方法也不同，常用的焊接坡口加工方法有剪切、铣边、刨削、车削、热切割、气刨等。

1. 剪切

剪切一般用于 I 形坡口（即不开坡口）的薄板焊接边的加工，另外，目前公路钢箱梁大桥的 U 形加劲肋角焊缝的坡口也采用专用机床滚剪加工。

2. 铣边

对于薄板 I 形坡口的加工，可以将多层钢板叠在一起一次铣削完成，以提高坡口的加工效率。

3. 刨削

对于中厚钢板的直边焊接坡口可以采用刨床加工，加工后的坡口平直、精度高，刨削能够加工 V 形、U 形或更为复杂的坡口。

4. 车削

对于圆柱体，如圆管、圆棒、圆盘的圆形焊接坡口，可以在车床上采用车削方法加工。

5. 热切割

对于普通钢板焊接坡口的，可以采用火焰切割方法加工，不锈钢板的焊接坡口可以采用等离子弧切割方法加工。用热切割方法加工坡口可以提高加工效率，尤其是曲线焊接坡口，只能采用热切割方法，如管子相贯焊接坡口等。采用热切割坡口时，在焊接前应将坡口表面的氧化皮打磨干净。

6. 气刨

气刨坡口目前一般用于局部坡口修整和焊缝背面清根，气刨坡口应防止渗碳，且焊接前必须将坡口表面打磨干净。

第三节　焊　接　位　置

一、焊接位置的分类

焊接位置指熔焊时，焊件接缝所处的空间位置，有平焊、立焊、横焊和仰焊位置等。

二、板+板焊接位置

板+板焊接有五种位置，常用的有板平焊、板立焊、板横焊、板仰焊和船形焊。板+板焊接位置如图 2-2-10 所示。

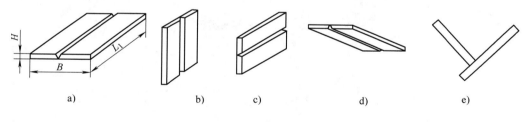

图 2-2-10　板+板焊接位置
a）板平焊　b）板立焊　c）板横焊　d）板仰焊　e）船形焊

三、管+管焊接位置

管+管焊接位置常见的有管+管水平转动焊、管+管垂直固定焊、管+管水平固定焊、管+管 45°固定焊四种焊接位置。焊接过程中，把管子固定不动，焊工不断变化焊接位置，习惯上称为全位置焊。管+管的焊接位置如图 2-2-11 所示。

四、管+板焊接位置

管+板接头种类有插入式和骑座式两种，如图 2-2-12 所示。管+板接头焊接位置有管+板垂直俯位、管+板垂直仰位、管+板水平固定、管+板 45°固定四种焊接位置，如图 2-2-13 所示。

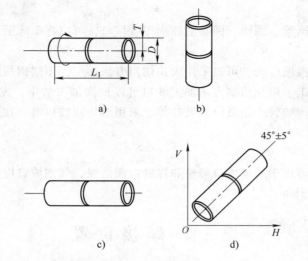

图 2-2-11　管+管焊接位置

a）管+管水平转动焊　b）管+管垂直固定焊　c）管+管水平固定焊　d）管+管 45°固定焊

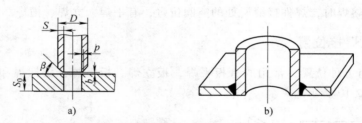

图 2-2-12　管+板接头类型

a）骑座式　b）插入式

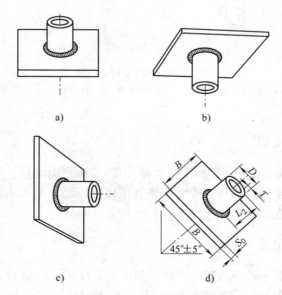

图 2-2-13　管+板焊接位置

a）垂直俯位　b）垂直仰位　c）水平固定　d）45°固定

第四节　焊缝符号

　　焊缝符号是在焊接结构图样上标注焊缝形式、焊缝尺寸、焊接方法等的工程语言，对于焊工和焊接技术人员，必须熟悉常用焊缝符号的标注方法及含义。

　　焊缝符号按 GB/T 324—2008 规定，一般由基本符号与指引线组成，必要时还可以加上辅助符号、补充符号和焊缝尺寸符号。

一、焊缝基本符号

　　焊缝基本符号是表示焊缝横截面形状的符号。焊缝基本符号有 20 种，见表 2-2-2。

表 2-2-2　焊缝基本符号

序号	名　称	示　意　图	符　号
1	卷边焊缝（卷边完全熔化）		八
2	I 形焊缝		‖
3	V 形焊缝		V
4	单边 V 形焊缝		V
5	带钝边 V 形焊缝		Y
6	带钝边单边 V 形焊缝		Y
7	带钝边 U 形焊缝		Y
8	带钝边 J 形焊缝		Y
9	封底焊缝		‿

（续）

序号	名　称	示　意　图	符　号
10	角焊缝		
11	塞焊缝或槽焊缝		
12	点焊缝		○
13	缝焊缝		
14	陡边 V 形焊缝		
15	陡边单 V 形焊缝		
16	端焊缝		|||
17	堆焊缝		
18	平面连接（钎焊）		=

（续）

序号	名　称	示　意　图	符　号
19	斜面连接（钎焊）		
20	折叠连接（钎焊）		

二、基本符号的组合

标注双面焊缝或接头时，基本符号可以组合使用，见表2-2-3。

表2-2-3　基本符号的组合

序号	名　称	示　意　图	符号
1	双面 V 形焊缝（X 焊缝）		X
2	双面单 V 形焊缝（K 焊缝）		K
3	带钝边的双面 V 形焊缝（X 焊缝）		
4	带钝边的双面单 V 形焊缝		
5	双面 U 形焊缝		

三、补充符号

补充符号用来补充说明有关焊缝或接头的某些特征（如表面形状、衬垫、焊缝分布、施焊地点等），见表2-2-4。

表2-2-4　焊缝补充符号

序号	名称	示意图	说　明
1	平面	——	焊缝表面通常经过加工后平整
2	凹面		焊缝表面凹陷

（续）

序号	名称	示意图	说　　　明
3	凸面	⌢	焊缝表面凸起
4	圆滑过渡	⌣	焊趾处过渡圆滑
5	永久衬垫	M	衬垫永久保留
6	临时衬垫	MR	衬垫在焊接完成后拆除
7	三面焊缝	⊏	三面带有焊缝
8	周围焊缝	○	沿着焊件周边施焊的焊缝,标注位置为基准线与箭头线的交点处
9	现场焊缝	▶	在现场焊接的焊缝
10	尾部	＜	可标注焊接方法数字代号、验收标准、填充材料等,相互独立的条款可用斜线隔开

四、基本符号与基准线的相对位置

基本符号与基准线的相对位置如图 2-2-14 所示。

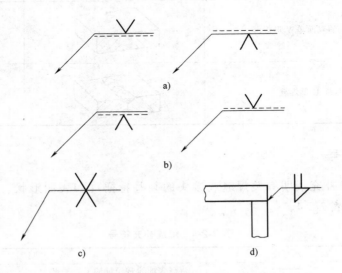

图 2-2-14　基本符号与基准线的相对位置

a）焊缝在接头的箭头侧　b）焊缝在接头的非箭头侧　c）对称焊缝　d）双面焊缝

五、尺寸及标注

尺寸标注规则如下：

1）焊缝横向尺寸标注在基本符号的左侧。

2）焊缝纵向尺寸标注在基本符号的右侧。

3）坡口角度、坡口面角度、根部间隙标注在基本符号的上侧或下侧。

4）相同焊缝数量标注在尾部。

5）当尺寸较多不易分辨时，可以在尺寸数据前标注相应的尺寸符号。尺寸符号见表 2-2-5。

尺寸标注方法如图 2-2-15 所示。

表 2-2-5　尺寸符号

符号	名称	示意图	符号	名称	示意图
δ	工件厚度	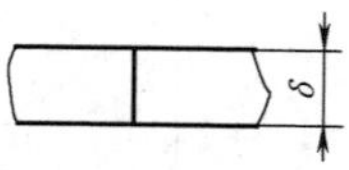	c	焊缝宽度	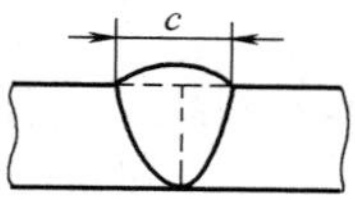
α	坡口角度	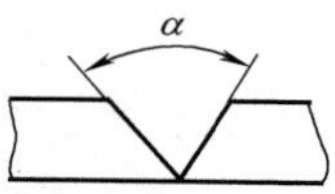	K	焊脚尺寸	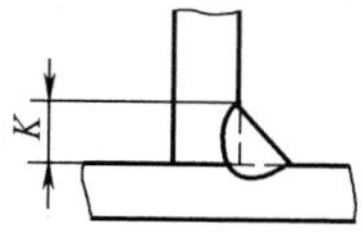
β	坡口面角度	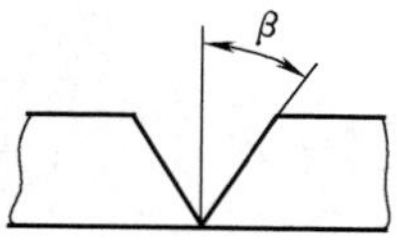	d	点焊：熔核直径 塞焊：孔径	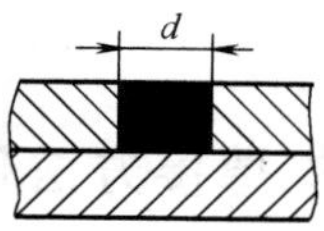
b	根部间隙	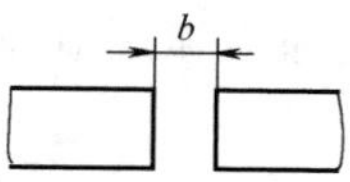	n	焊缝段数	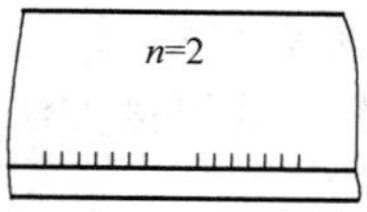
p	钝边	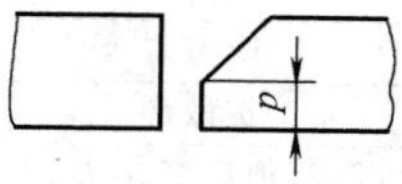	l	焊缝长度	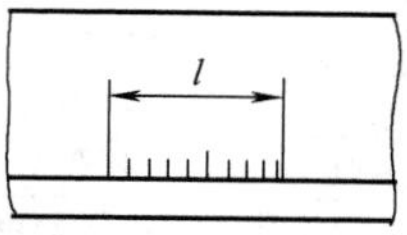

（续）

符号	名称	示意图	符号	名称	示意图
R	根部半径		e	焊缝间距	
H	坡口深度		N	相同焊缝数量	
S	焊缝有效厚度		h	余高	

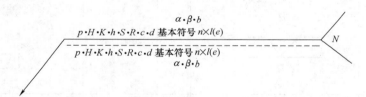

图 2-2-15 尺寸标注方法

六、焊接方法代号

在焊接结构图样上，为了简化焊接方法的标注说明，GB/T 5185—2005 规定，可用阿拉伯数字表示金属焊接及钎焊等各种焊接方法。当一种焊接接头同时采用两种焊接方法时，例如：V 形坡口焊缝先由钨极氩弧焊（TIG）打底，再用焊条电弧焊盖面焊接，其标注为 111/141。常用的焊接方法代号见表 2-2-6。

表 2-2-6　常用的焊接方法代号

焊接方法名称	焊接方法代号	焊接方法名称	焊接方法代号
电弧焊	1	气焊	3
焊条电弧焊	111	氧乙炔焊	311
埋弧焊	12	压力焊	4
丝极埋弧焊	121	摩擦焊	42
带极埋弧焊	122	扩散焊	45
熔化极气体保护电弧焊	13	其他焊接方法	7
熔化极惰性气体保护电弧焊（MIG）	131	电渣焊	72
熔化极非惰性气体保护电弧焊（MAG）	135	气电立焊	73

（续）

焊接方法名称	焊接方法代号	焊接方法名称	焊接方法代号
非熔化极气体保护电弧焊	14	激光焊	751
钨极惰性气体保护电弧焊（TIG）	141	电子束焊	76
等离子弧焊	15	螺柱焊	78
电阻焊	2	钎焊	9
点焊	21	硬钎焊	91

七、焊缝标注示例

1. 基本符号应用示例

基本符号应用示例见表2-2-7。

表2-2-7　基本符号应用示例

序号	符号	示意图	标注示例
1	 V	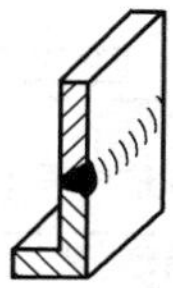	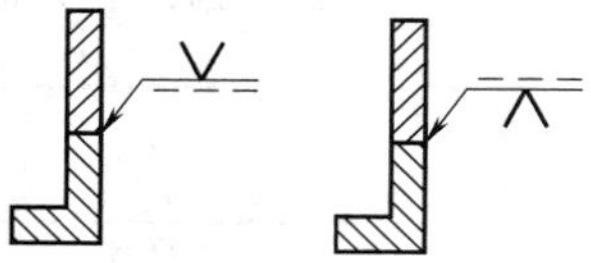
2	 Y	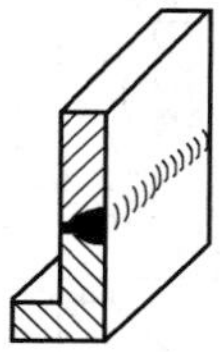	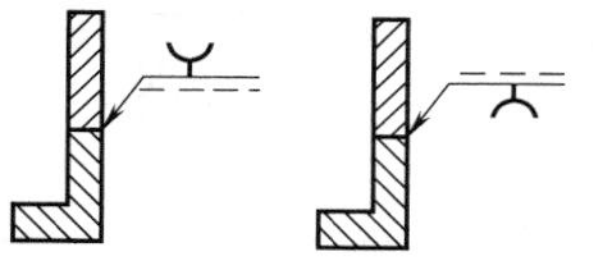
3	△	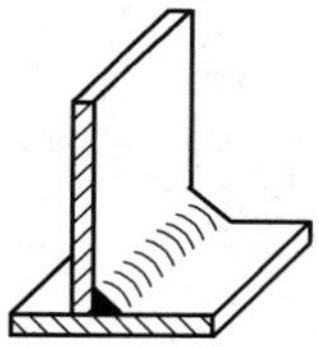	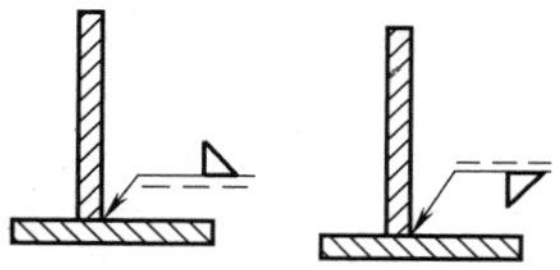
4	 X	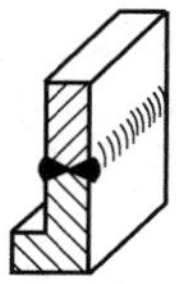	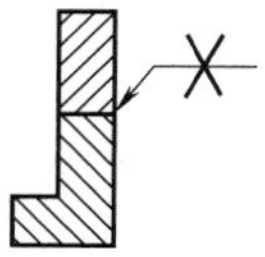
5	 K	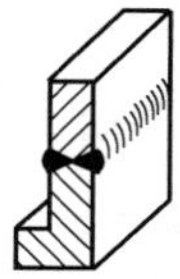	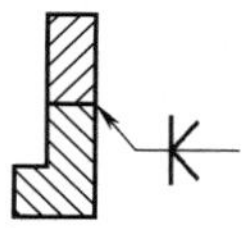

2. 补充符号应用示例

补充符号应用示例见表2-2-8。补充符号标注示例见表2-2-9。尺寸标注示例见表2-2-10。其他补充说明见表2-2-11。

表 2-2-8 补充符号应用示例

序号	名 称	示意图	符号
1	平齐的 V 形焊缝		
2	凸起的双面 V 形焊缝		
3	凹陷的角焊缝		
4	平齐的 V 形焊缝和封底焊缝		
5	表面过渡平滑的角焊缝		

表 2-2-9 补充符号标注示例

序号	符号	示意图	标注示例
1			
2			
3			

表 2-2-10 尺寸标注示例

序号	名称	示意图	尺寸符号	标注方法
1	对接焊缝		S:焊缝有效厚度	
2	连续角焊缝		K:焊脚尺寸	

（续）

序号	名称	示意图	尺寸符号	标注方法
3	断续角焊缝		l：焊缝长度； e：间距； n：焊缝段数； K：焊脚尺寸	
4	交错断续角焊缝		l：焊缝长度； e：间距； n：焊缝段数； K：焊脚尺寸	
5	塞焊缝或槽焊缝		l：焊缝长度； e：间距； n：焊缝段数； c：槽宽； d：孔径	
6	点焊缝		n：焊点数量； e：焊点距； d：熔核直径	
7	缝焊缝		l：焊缝长度； e：间距； n：焊缝段数； c：焊缝宽度	

表 2-2-11 其他补充说明

序号	补充说明	示意图
1	周围焊缝	

（续）

序号	补充说明	示　意　图
2	现场焊缝	
3	焊接方法的尾部标注	111
4	封闭尾部示例	A1

第三章　常用金属材料

第一节　碳素结构钢

一、碳素结构钢分类

1. 按化学成分分类

碳素结构钢（简称碳钢）按含碳量的多少可分为：低碳钢（$w_C < 0.25\%$）、中碳钢（$w_C = 0.25\% \sim 0.6\%$）、高碳钢（$w_C > 0.6\%$）三类。

2. 按钢中的硫、磷等有害杂质的含量分类

按照钢中有害硫和磷的含量，可将碳素结构钢分为：普通碳素钢（硫含量 $w_S \leqslant 0.055\%$，磷含量 $w_P \leqslant 0.045\%$），优质碳素钢（$w_S \leqslant 0.040\%$、$w_P \leqslant 0.040\%$），高级优质碳素钢（$w_S \leqslant 0.030\%$、$w_P \leqslant 0.035\%$）。

二、碳素结构钢牌号表示方法

1. 普通碳素结构钢牌号表示方法

碳素结构钢牌号由代表屈服强度的字母、屈服强度数值、质量等级符号、脱氧方法符号4个部分按顺序组成。代表字母表示如下：

Q——钢材屈服强度"屈"字汉语拼音首位字母；

A、B、C、D——分别为质量等级；

F——沸腾钢"沸"字汉语拼音首位字母；

Z——镇静钢"镇"字汉语拼音首位字母；

TZ——特殊镇静钢"特镇"两字汉语拼音首位字母。

例如，Q235AF 钢表示该碳素结构钢屈服强度数值为 235MPa，A 级质量，沸腾钢。

碳素结构钢牌号和化学成分见表2-3-1。

2. 优质碳素结构钢牌号表示方法

优质碳素结构钢牌号通常由五部分组成：

第一部分：以两位阿拉伯数字表示平均碳含量（以万分之几计）。

第二部分（必要时）：较高含锰量的优质碳素结构钢，加锰元素符号 Mn。

第三部分（必要时）：钢材冶金质量，即高级优质钢、特级优质钢分别以 A、E 表示，优质钢不用字母表示。

第四部分（必要时）：脱氧方式是符号，即沸腾钢、半镇静钢、镇静钢分别以"F""b""Z"表示，但镇静钢的表示符号通常可以省略。

第五部分（必要时）：产品用途、特性表示符号，见表2-3-2。

表 2-3-1 碳素结构钢牌号和化学成分

牌号	统一数字代号[①]	等级	厚度(或直径)/mm	脱氧方法	化学成分(质量分数,%)不大于				
					C	Si	Mn	P	S
Q195	U11952	—	—	F、Z	0.12	0.30	0.50	0.035	0.040
Q215	U12152	A	—	F、Z	0.15	0.35	1.20	0.045	0.050
	U12155	B							0.045
Q235	U12352	A	—	F、Z	0.22	0.35	1.40	0.045	0.050
	U12355	B			0.20[b]				0.045
	U12358	C		Z	0.17			0.040	0.040
	U12359	D		TZ				0.035	0.035
Q275	U12752	A	—	F、Z	0.24	0.35	1.50	0.045	0.050
	U12755	B	≤40	Z	0.21			0.045	0.045
			>40		0.22			0.040	0.040
	U12758	C	—	Z	0.20				
	U12759	D		TZ				0.035	0.035

注:经需方同意,Q235B 的碳含量 w_C 可不大于 0.22%。

[①] 表中为镇静钢、特殊镇静钢牌号的统一数字,沸腾钢牌号的统一数字代号如下:

Q195F——U11950;

Q215AF——U12150,Q215BF——U12153;

Q235AF——U12350,Q235BF——U12353;

Q275AF——U12750。

表 2-3-2 常用的优质碳素结构钢产品用途、特性表示符号

产品名称	采用的汉字及汉语拼音		采用字母	位置
	汉字	汉语拼音		
锅炉和压力容器用钢	容	RONG	R	牌号尾
锅炉用钢(管)	锅	GUO	G	牌号尾
低温压力容器用钢	低容	DI RONG	DR	牌号尾
桥梁用钢	桥	QIAO	Q	牌号尾
耐候钢	耐候	NAI HOU	NH	牌号尾
高耐候钢	高耐候	GAO NAI HOU	GNH	牌号尾
汽车大梁用钢	梁	LIANG	L	牌号尾
高性能建筑结构用钢	高建	GAO JIAN	GJ	牌号尾

优质碳素结构钢的化学成分见表 2-3-3。

表 2-3-3 优质碳素结构钢的化学成分

统一数字代号	牌号	化学成分(质量分数,%)					
		C	Si	Mn	Cr	Ni	Cu
					≤		
U20080	08F	0.05~0.11	≤0.03	0.25~0.50	0.10	0.30	0.25
U20100	10F	0.07~0.13	≤0.07	0.25~0.50	0.15	0.30	0.25
U20150	15F	0.12~0.18	≤0.07	0.25~0.50	0.25	0.30	0.25
U20082	08	0.05~0.11	0.17~0.37	0.35~0.65	0.10	0.30	0.25
U20102	10	0.07~0.13	0.17~0.37	0.35~0.65	0.15	0.30	0.25
U20152	15	0.12~0.18	0.17~0.37	0.35~0.65	0.25	0.30	0.25
U20202	20	0.17~0.23	0.17~0.37	0.35~0.65	0.25	0.30	0.25
U20252	25	0.22~0.29	0.17~0.37	0.50~0.80	0.25	0.30	0.25
U20302	30	0.27~0.34	0.17~0.37	0.50~0.80	0.25	0.30	0.25
U20352	35	0.32~0.39	0.17~0.37	0.50~0.80	0.25	0.30	0.25

（续）

统一数字代号	牌号	化学成分（质量分数,%）					
		C	Si	Mn	Cr	Ni	Cu
					≤		
U20402	40	0.37~0.44	0.17~0.37	0.50~0.80	0.25	0.30	0.25
U20452	45	0.42~0.50	0.17~0.37	0.50~0.80	0.25	0.30	0.25
U20502	50	0.47~0.55	0.17~0.37	0.50~0.80	0.25	0.30	0.25
U20552	55	0.52~0.60	0.17~0.37	0.50~0.80	0.25	0.30	0.25
U20602	60	0.57~0.65	0.17~0.37	0.50~0.80	0.25	0.30	0.25
U20652	65	0.62~0.70	0.17~0.37	0.50~0.80	0.25	0.30	0.25
U20702	70	0.67~0.75	0.17~0.37	0.50~0.80	0.25	0.30	0.25
U20752	75	0.72~0.80	0.17~0.37	0.50~0.80	0.25	0.30	0.25
U20802	80	0.77~0.85	0.17~0.37	0.50~0.80	0.25	0.30	0.25
U20852	85	0.82~0.90	0.17~0.37	0.50~0.80	0.25	0.30	0.25
U21152	15Mn	0.12~0.18	0.17~0.37	0.70~1.00	0.25	0.30	0.25
U21202	20Mn	0.17~0.23	0.17~0.37	0.70~1.00	0.25	0.30	0.25
U21252	25Mn	0.22~0.29	0.17~0.37	0.70~1.00	0.25	0.30	0.25
U21302	30Mn	0.27~0.34	0.17~0.37	0.70~1.00	0.25	0.30	0.25
U21352	35Mn	0.32~0.39	0.17~0.37	0.70~1.00	0.25	0.30	0.25
U21402	40Mn	0.37~0.44	0.17~0.37	0.70~1.00	0.25	0.30	0.25
U21452	45Mn	0.42~0.50	0.17~0.37	0.70~1.00	0.25	0.30	0.25
U21502	50Mn	0.48~0.56	0.17~0.37	0.70~1.00	0.25	0.30	0.25
U21602	60Mn	0.57~0.65	0.17~0.37	0.70~1.00	0.25	0.30	0.25
U21652	65Mn	0.62~0.70	0.17~0.37	0.90~1.20	0.25	0.30	0.25
U21702	70Mn	0.67~0.75	0.17~0.37	0.90~1.20	0.25	0.30	0.25

三、碳素结构钢的焊接

1. 低碳钢的焊接

（1）焊前预热　低碳钢焊接性良好，一般不需要采用焊前预热等特殊工艺措施，只有母材成分不合格（硫、磷含量过高）、焊件的刚度过大、焊接时周围环境温度过低等，才需要采取预热措施。常用低碳钢典型产品的焊前预热温度见表 2-3-4。

表 2-3-4　常用低碳钢典型产品的焊前预热温度

焊接场地环境温度/℃（小于）	焊件厚度/mm		预热温度/℃
	导管、容器类	柱、桁架、梁类	
0	41~50	51~70	100~150
-10	31~40	31~50	
-20	17~30	—	
-30	16 以下	30 以下	

（2）焊接材料的选择

1）焊条电弧焊焊条的选择。低碳钢焊接时应按焊接接头与母材等强度的原则选用焊条。常用焊条选用见表 2-3-5。

2）埋弧焊用焊剂和焊丝的选择。低碳钢埋弧焊常用焊剂和焊丝见表 2-3-6。

3）CO_2 气体保护焊用焊丝。在 CO_2 气体保护焊中应用最广泛的实心焊丝有：ER49-1、ER50-6，用 ER49-1 焊丝焊接的焊缝强度偏高，可大于或等于 490MPa。

表 2-3-5　低碳钢焊接常用焊条

钢　号	焊条型号	
	普通结构件	重要结构件
Q195、Q215、Q235	E4303、E4316、E4315	E4316、E4315、E5016、E5015
Q245R、10、15、20	E4316、E4315、	E4316、E4315、E5016、E5015
20R、25、20G	E4316、E4315	E5016、E5015

表 2-3-6　低碳钢埋弧焊常用焊剂和焊丝

钢　号	焊剂型号及焊丝牌号示例	焊剂牌号及焊丝牌号示例
Q235、15、20	F4A0-H08A	HJ431-H08A
25、30、20G、20R	F4A2-H08MnA	HJ431-H08MnA

4）手工钨极氩弧焊用焊丝。某些锅炉、压力容器等重要焊接结构焊接时，常需要用 TIG 焊打底，打底焊用 ER50-4 焊丝。

（3）焊缝层间温度及焊后回火温度　当焊件刚度较大、焊缝很长时，为避免在焊接过程中焊接裂纹倾向加大，要采取控制层间温度和焊后进行热处理等措施。焊接低碳钢时的层间温度和焊后回火温度见表 2-3-7。

表 2-3-7　焊接低碳钢时的层间温度和焊后回火温度

钢　号	焊件厚度/mm	层间温度/℃	回火温度/℃
Q235、08、10、15、20	50 左右	<350	
	>50~100	>100	
25、20G、Q215	25 左右	>50	600~650
Q245R	>50	>100	

（4）低碳钢焊接工艺要点

1）焊前焊条应按规定进行烘干。为防止焊缝产生气孔、裂纹等焊接缺陷，焊前要清除焊件表面的油、污、锈、垢。

2）避免采用深而窄的坡口形式，以免出现夹渣、未焊透等焊接缺陷。

3）控制热影响区的温度，不能太高，其在高温停留的时间也不能太长，防止形成粗大晶粒。

4）尽量采用短弧焊接。

5）多层焊时，每层焊缝金属厚度不应大于 5mm，最后一层盖面焊缝要连续焊完。

2. 中碳钢的焊接

中碳钢与低碳钢相比，中碳钢的含碳量较高，在焊接及补焊过程中容易产生的焊接问题如下：

1）焊接接头脆化。

2）焊接接头在焊接过程中容易产生裂纹，如热裂纹、冷裂纹、热应力裂纹。

3）焊接过程中容易在焊缝中产生气孔。

常见的中碳钢主要有 35 钢、40 钢、45 钢、55 钢等，为保证中碳钢在焊后获得满意的焊缝成形、力学性能，通常采取如下措施。

（1）焊前预热　焊前预热是焊接和补焊中碳钢的主要工艺措施。预热方法有整体预热和局部预热两种。整体预热除了有利于防止裂纹和淬硬组织外，还能有效地减小焊件的残余应力。

预热温度的选择与焊件的含碳量、焊缝尺寸、焊件刚度和厚度有关。一般预热温度为 $150\sim300℃$，含碳量高、焊件厚度和结构刚度大时，预热温度会达到 $400℃$。如 $\delta\geqslant100mm$ 的 45 钢焊接时，预热温度为：$200℃<t_{预热}<400℃$。

（2）焊接材料选择

1）焊条电弧焊焊条的选择。中碳钢焊条电弧焊时，按照焊接接头与母材等强度的原则选择焊条。中碳钢焊接时最好选用具有较好的脱硫能力、熔敷金属的塑性和韧性良好、扩散氢含量低，对氢致裂纹和热裂纹的抗裂性均较高，在不要求母材与焊缝等强时，可以采用强度级别稍低的低氢焊条。在能够认真控制预热温度、减少母材的熔合比等严格的工艺措施配合下，采用钛钙型或钛铁矿型焊条（如 J502、J503 等）也能获得合格的焊缝。有时也可以采用铬镍奥氏体不锈钢焊条，在焊前不预热的情况下，也可以焊出焊缝金属塑性好、焊接接头应力小、避免热影响区冷裂纹产生的焊缝。中碳钢焊接常用焊条见表 2-3-8。

表 2-3-8　中碳钢焊接常用焊条

钢号	焊接性	焊条型号（牌号）		
		要求等强构件	不要求等强构件	塑性好的焊条
30、35 ZG270—500 （ZG35）	较好	E5015（J506） E5516-G（J556）（J556RH） E5015（J507） E5515-G（J557）	E4303（J422） E4301（J423） E4316（J426） E4315（J427）	E308-16（A102） E308-15（A307）
40、45 ZG310—570 （ZG45）	较差	E5516-G（J556）（J556RH） E5515-G（J557）（J557Mo） E6016-D1（J606） E6015-D1（J607）	E4303（J422） E4316（J426） E4315（J427） E4301（J423） E5015（J507） E5016（J506）	E309-16（A302） E309-15（A307）
50、55 ZG340—640 （ZG55）	较差	E6016-D1（J606） E6015-D1（J607）	E4303（J422） E4301（J423） E4316（J426） E4315（J427） E5016（J506） E5015（J507）	E309-16（A302） E309-15（A307） E310-16（A402） E310-15（A407）

2）埋弧焊用焊剂和焊丝的选择。中碳钢埋弧焊时，焊接材料最好选择低氢型的，焊剂和焊丝选用见表 2-3-9。

表 2-3-9　中碳钢埋弧焊用焊剂和焊丝的选择

钢号	埋弧焊用焊剂	焊剂烘干	焊丝
30、35、40	HJ350、HJ351、SJ301	$300\sim400℃/2h$	H10Mn2

（3）层间温度及回火温度　焊件在焊接过程中的层间温度及焊后的回火处理温度与焊件的含碳量、焊件厚度、焊件刚度及焊条类型有关。常用的中碳钢焊接过程层间温度及焊后回火处理温度见表 2-3-10。

（4）中碳钢焊接工艺要点

1）选用直径较小的焊条焊接，通常焊条直径为 $\phi3.2\sim\phi4mm$。

2）焊件坡口尽量开成 U 形，以减少母材的熔入量。

3）焊后要保温缓冷，这样有利于防止裂纹等缺陷的产生。

表 2-3-10　常用的中碳钢焊接过程层间温度及焊后回火处理温度

钢号	板厚/mm	操作工艺		锤击
		预热及层间温度/℃	消除应力回火温度/℃	
25	25	>50	—	否
30	25~50	>100	600~650	是
		>150		
35	50~100	>150		
45	100	>200		

4）焊接速度应稍慢，以免焊层太薄而开裂。

5）焊接过程中，宜采用锤击焊缝金属的方法减少焊接残余应力。

6）采用局部预热方法焊接时，坡口两侧的加热范围为150~200mm。

7）焊接过程中为减少焊接变形和温度应力，宜采取逐步退焊法或短段多层焊法。

8）采用直流反接电源焊接，这样除了满足低氢型焊条的使用要求外，使用钛钙型焊条也有利于减小焊缝熔深。

9）在焊条直径相同时，中碳钢焊接要比低碳钢焊接小10%~15%的焊接电流。

3. 高碳钢的焊接

高碳钢含碳量较高（$w_C > 0.6\%$），淬硬倾向和裂纹敏感性很大，属于焊接性差的钢种。一般高碳钢不用于制造焊接结构，其焊接多用于结构件的缺陷补焊或堆焊。高碳钢焊接及补焊过程中容易产生的缺陷如下：

1）焊接接头比中碳钢更容易产生硬而脆的高碳马氏体。

2）焊接接头淬硬倾向和裂纹敏感性更大。

3）焊缝中易产生气孔。

4）焊后使焊缝与母材金属的力学性能完全相同比较困难。

为保证高碳钢在焊后获得较满意的力学性能及焊缝成形，通常采取如下措施。

（1）焊前预热

高碳钢焊前预热温度较高，一般在250~400℃范围，个别结构复杂、刚度较大、焊缝较长、板厚较厚的焊件，预热温度高于400℃。常用高碳钢焊前预热温度见表2-3-11。

表 2-3-11　常用高碳钢焊前预热温度

牌　　号	预热温度/℃	备　　注
65	250~400	视焊件具体情况而定
70	>400	
85	>400	

（2）焊接材料选择

1）焊条电弧焊焊条的选择。高碳钢由于含碳量比中碳钢更高，更容易在焊接过程中产生硬而脆的高碳马氏体，所以淬硬倾向和裂纹敏感性更大，焊接性也更差。这类钢不用于焊接结构的制造，多用在铸件或零件进行局部缺陷的修复和补焊中。所以，高碳钢焊接时必须选用低氢型焊条。高碳钢焊接常用焊条见表2-3-12。

2）埋弧焊用焊剂和焊丝的选择。高碳钢埋弧焊时，焊接材料最好选择低氢型碱性焊剂，焊剂和焊丝的选择见表2-3-13。

表 2-3-12 高碳钢焊接常用焊条

力学性能要求较高时	力学性能要求不高时	焊件焊前不能预热时
E6015-D1（J607） E7015-D2（J707） E6015-G（J607Ni） E7015-G（J707Ni）	E5015（J507） E5016（J506） E5515-G（J557） E5018-G（J507FeNi） E5018-M	E308-15（A107）、E308-16（A102） E309-15（A307）、E309-16（A302） E310-15（A407）、E310-16（A402）

表 2-3-13 高碳钢埋弧焊用焊剂和焊丝的选择

钢号	埋弧焊用焊剂	焊剂烘干	焊丝
65、70、80	HJ250 或 HJ251 及 SJ101	300~400℃/2h	H10Mn2（不要求与母材等强） H10Mn2Mo、30CrMnSiA（要求与母材等强）

（3）层间温度及回火温度

高碳钢多层焊接时，各焊层的层间温度应控制在与预热温度等同。施焊结束后，应立即将焊件送入加热炉中，加热至 600~650℃，然后缓冷，进行消除应力热处理。

（4）高碳钢的焊接工艺要点

1）仔细清除待焊处的油、污、锈、垢等污渍。

2）宜开 U 形坡口，采用小直径焊条，采用小电流施焊，焊缝熔深要浅。

3）焊接过程中要采用引弧板和引出板。不要在焊件上任意引弧。

4）为防止在焊接过程中产生焊接裂纹，可采用隔离焊缝焊接法。即先在焊件的坡口上用低碳钢焊条堆焊一层，然后再在堆焊层上进行正常焊接。

5）为减少焊接应力，焊接过程中，可采用锤击焊缝金属的方法减少焊件的残余应力。

6）焊件经消除应力处理后，再按照对零件的硬度和耐磨性要求作相应的调质热处理。

第二节 低合金高强度结构钢

低合金高强度结构钢是在碳素结构钢的基础上，添加一定量的合金化的元素而成的（合金元素的质量分数小于 3%），碳的质量分数不大，一般在 0.1%~0.25% 范围内。当低合金高强度结构钢中，碳的质量分数保持在小于或等于 0.20% 的条件下，可以获得不同的强度等级。

一、低合金高强度结构钢的牌号（GB/T 1591—2018）

1. 低合金高强度结构钢牌号的表示方法（GB/T 1591—2018）

低合金高强度结构钢的牌号由代表屈服强度"屈"字的汉语拼音首字母 Q、规定的最小上屈服强度数值、交货状态代号、质量等级符号（B、C、D、E、F）四个部分组成。

1）交货状态为热轧时，交货状态代号 AR 或 WAR 可以省略；交货状态为正火或正火轧制状态时，交货状态代号均用 N 表示。

2）Q+规定的最小上屈服强度数值+交货状态代号，简称为"钢级"。

牌号示例：Q355ND。其中：

Q——钢的屈服强度的"屈"字汉语拼音首字母；

355——规定的最小上屈服强度数值，单位为 MPa；

N——交货状态为正火或正火轧制；

D——质量等级为 D 级。

当需方要求钢板具有厚度方向性能时，则在上述规定的牌号后面加上代表厚度方向（Z向）性能级别的符号，如Q355NDZ25。

2. 低合金高强度结构钢的化学成分

热轧钢的牌号及化学成分（GB/T 1591—2018）见表2-3-14。热机械轧制钢的牌号及化学成分见表2-3-15。正火、正火轧制钢的牌号及化学成分见表2-3-16。低合金高强度结构钢国内外标准牌号对照见表2-3-17。

表 2-3-14　热轧钢的牌号及化学成分

牌号		化学成分(质量分数,%)													
钢级	质量等级	C[①]	Si	Mn	P[③]	S[③]	Nb[④]	V[⑤]	Ti[⑤]	Cr	Ni	Cu	Mo	N[⑥]	B
		以下公称厚度或直径/mm			不大于										
		≤40[②]	>40												
		不大于													
Q355	B	0.24		0.55	0.035	0.035	—			0.30	0.30	0.40		0.012	—
	C	0.20	0.22		1.60	0.030	0.030								
	D	0.20	0.22			0.025	0.025							—	
Q390	B	0.20		0.55	1.70	0.035	0.035	0.05	0.13	0.05	0.30	0.50	0.40	0.10	0.015	—
	C					0.030	0.030									
	D					0.025	0.025									
Q420[⑦]	B	0.20		0.55	1.70	0.035	0.035	0.05	0.13	0.05	0.30	0.80	0.40	0.20	0.015	—
	C					0.030	0.030									
Q460[⑦]	C	0.20		0.55	1.80	0.030	0.030	0.05	0.13	0.05	0.30	0.80	0.40	0.20	0.015	0.004

① 公称厚度大于100mm的型钢，碳含量可由供需双方协商确定。

② 公称厚度大于30mm的钢材，碳含量不大于0.22%。

③ 对于型钢和棒材，其硫和磷含量的上限值可提高0.005%。

④ Q390、Q420最高可到0.07%，Q460最高可到0.11%。

⑤ 最高可到0.20%。

⑥ 如果钢中酸溶铝Als含量不小于0.015%或全铝Alt含量不小于0.020%，或添加了其他固氮合金元素，氮元素含量不作限制，固氮元素应在质量证明书中注明。

⑦ 仅适用于型钢和棒材。

表 2-3-15　热机械轧制钢的牌号及化学成分

牌号		化学成分(质量分数,%)													
钢级	质量等级	C	Si	Mn	P[①]	S[①]	Nb	V	Ti[②]	Cr	Ni	Cu	Mo	N	B	Als[③] 不小于
		不大于														
Q355M	B	0.14[④]	0.50	1.60	0.035	0.035	0.01~0.05	0.01~0.10	0.006~0.05	0.30	0.50	0.40	0.10	0.015	—	0.015
	C				0.030	0.030										
	D				0.030	0.025										
	E				0.025	0.020										
	F				0.020	0.010										

（续）

牌号		化学成分（质量分数,%）														
钢级	质量等级	C	Si	Mn	P①	S①	Nb	V	Ti②	Cr	Ni	Cu	Mo	N	B	Als③
		不大于														不小于
Q390M	B	0.15④	0.50	1.70	0.035	0.035	0.01 ~0.05	0.01 ~0.12	0.006 ~0.05	0.30	0.50	0.40	0.10	0.015	—	0.015
	C				0.030	0.030										
	D				0.030	0.025										
	E				0.025	0.020										
Q420M	B	0.16④	0.50	1.70	0.035	0.035	0.01 ~0.05	0.01 ~0.12	0.006 ~0.05	0.30	0.80	0.40	0.20	0.015 / 0.025	—	0.015
	C				0.030	0.030										
	D				0.030	0.025										
	E				0.025	0.020										
Q460M	C	0.16④	0.60	1.70	0.030	0.030	0.01 ~0.05	0.01 ~0.12	0.006 ~0.05	0.30	0.80	0.40	0.20	0.015 / 0.025	—	0.015
	D				0.030	0.025										
	E				0.025	0.020										
Q500M	C	0.18	0.60	1.70	0.030	0.030	0.01 ~0.11	0.01 ~0.12	0.006 ~0.05	0.60	0.80	0.55	0.20	0.015 / 0.025	0.004	0.015
	D				0.030	0.025										
	E				0.025	0.020										
Q550M	C	0.18	0.60	2.00	0.030	0.030	0.01 ~0.11	0.01 ~0.12	0.006 ~0.05	0.80	0.80	0.80	0.30	0.015 / 0.025	0.004	0.015
	D				0.030	0.025										
	E				0.025	0.020										
Q620M	C	0.18	0.60	2.60	0.030	0.030	0.01 ~0.11	0.01 ~0.12	0.006 ~0.05	1.00	0.80	0.80	0.30	0.015 / 0.025	0.004	0.015
	D				0.030	0.025										
	E				0.025	0.020										
Q690M	C	0.18	0.60	2.00	0.030	0.030	0.01 ~0.11	0.01 ~0.12	0.006 ~0.05	1.00	0.80	0.80	0.30	0.015 / 0.025	0.004	0.015
	D				0.030	0.025										
	E				0.025	0.020										

注：钢中应至少含有铝、铌、钒、钛等细化晶粒元素中的一种，单独或组合加入时，应保证其中至少一种合金元素的含量不小于表中规定含量的下限。

① 对于型钢和棒材，磷和硫含量可以提高 0.005%。

② 最高可到 0.20%。

③ 可用全 Alt 替代，此时全铝最小含量为 0.020%，当钢中添加了铌、钒、钛等细化晶粒元素且含量不小于表中规定含量的下限值时，铝含量下限值不限。

④ 对于型钢和棒材，Q355M、Q390、Q420 和 Q460M 最大碳含量可提高 0.02%。

表 2-3-16 正火、正火轧制钢的牌号及化学成分

牌号		化学成分（质量分数,%）													
钢级	质量等级	C	Si	Mn	P①	S①	Nb	V	Ti③	Cr	Ni	Cu	Mo	N	Als④
		不大于			不大于					不大于					不小于
Q355N	B	0.20	0.50	0.90 ~1.65	0.035	0.035	0.01 ~0.05	0.01 ~0.10	0.006 ~0.05	0.30	0.50	0.40	0.10	0.015	0.015
	C				0.030	0.030									
	D				0.030	0.025									
	E	0.18			0.025	0.020									
	F	0.16			0.020	0.010									

（续）

牌号		化学成分(质量分数,%)													
钢极	质量等级	C	Si	Mn	P①	S①	Nb	V	Ti③	Cr	Ni	Cu	Mo	N	Als④
		不大于			不大于					不大于					不小于
Q390N	B	0.20	0.50	0.90~1.70	0.035	0.035	0.01~0.05	0.01~0.12	0.006~0.05	0.30	0.50	0.40	0.10	0.015	0.015
	C				0.030	0.030									
	D				0.030	0.025									
	E				0.025	0.020									
Q420N	B	0.20	0.60	1.00~1.70	0.035	0.035	0.01~0.05	0.01~0.20	0.006~0.05	0.30	0.50	0.40	0.10	0.015	0.015
	C				0.030	0.030									
	D				0.030	0.025									
	E				0.025	0.020									0.025
Q460N②	C	0.20	0.60	1.00~1.70	0.030	0.030	0.01~0.05	0.01~0.20	0.006~0.05	0.30	0.80	0.40	0.10	0.015	0.015
	D				0.030	0.025									
	E				0.025	0.020									0.025

注：钢中应至少含有铝、铌、钒、钛等细化晶粒元素中的一种，单独或组合加入时，应保证其中至少一种合金元素含量不小于表中规定含量的下限。

① 对于型钢和棒材，磷和硫含量可以提高 0.005%。

② (V+Nb+Ti) 的质量分数≤0.22%，(Mo+Cr) 的质量分数≤0.30%。

③ 最高可到 0.20%

④ 可用全 Alt 替代，此时全铝最小含量为 0.020%，当钢中添加了铌、钒、钛等细化晶粒元素且含量不小于表中规定含量的下限值时，铝含量下限值不限。

表 2-3-17　低合金高强度结构钢国内外标准牌号对照

GB/T 1591—2018	GB/T 1591—2008	ISO 630-2: 2011	ISO 630-3: 2012	EN 10025-2 2004	EN 10025-3 2004	EN 10025-4 2004
Q355B(AR)	Q355B(热轧)	S355B	—	S355JR	—	—
Q355C(AR)	Q355C(热轧)	S355C	—	S355J0	—	—
Q335D(AR)	Q355D(热轧)	S355D	—	S355J2	—	—
Q355NB	Q355B(正火/正火轧制)	—	—	—	—	—
Q355NC	Q355C(正火/正火轧制)	—	—	—	—	—
Q355ND	Q355D(正火/正火轧制)	—	S355ND	—	S355N	—
Q355NE	Q355C(正火/正火轧制)	—	S355NE	—	S355NL	—
Q355NF	—	—	—	—	—	—
Q355MB	Q335B(TMCP)	—	—	—	—	—
Q355MC	Q335C(TMCP)	—	—	—	—	—
Q355MD	Q335D(TMCP)	—	S355MD	—	—	S355M
Q355ME	Q335E(TMCP)	—	S355ME	—	—	S355ML
Q355MF	—	—	—	—	—	—
Q390B(AR)	Q390B(热轧)	—	—	—	—	—

（续）

GB/T 1591—2018	GB/T 1591—2008	ISO 630-2：2011	ISO 630-3：2012	EN 10025-2 2004	EN 10025-3 2004	EN 10025-4 2004
Q390C（AR）	Q390C（热轧）	—	—	—	—	—
Q390D（AR）	Q390D（热轧）	—	—	—	—	—
Q390NB	Q390B（正火/正火轧制）	—	—	—	—	—
Q390NC	Q390C（正火/正火轧制）	—	—	—	—	—
Q390ND	Q390D（正火/正火轧制）	—	—	—	—	—
Q390NE	Q390E（正火/正火轧制）	—	—	—	—	—
Q390MB	Q390MB（TMCP）	—	—	—	—	—
Q390MC	Q390MC（TMCP）	—	—	—	—	—
Q390MD	Q390MD（TMCP）	—	—	—	—	—
Q390ME	Q390ME（TMCP）	—	—	—	—	—
Q420B（AR）	Q420B（热轧）	—	—	—	—	—
Q420C（AR）	Q420C（热轧）	—	—	—	—	—
Q420NB	Q420B（正火/正火轧制）	—	—	—	—	—
Q420NC	Q420C（正火/正火轧制）	—	—	—	—	—
Q420ND	Q420D（正火/正火轧制）	—	S420ND	—	S420N	—
Q420NE	Q420E（正火/正火轧制）	—	S420NE	—	S420NL	—
Q420MB	Q420B（TMCP）	—	—	—	—	—
Q420MC	Q420C（TMCP）	—	—	—	—	—
Q420MD	Q420D（TMCP）	—	S420MD	—	—	S420M
Q420ME	Q420E（TMCP）	—	S420ME	—	—	S420ML
Q460C（AR）	Q460C（热轧）	S450C	—	S450J0	—	—
Q460NC	Q460C（正火/正火轧制）	—	—	—	—	—
Q460ND	Q460D（正火/正火轧制）	—	S460ND	—	S460N	—
Q460NE	Q460E（正火/正火轧制）	—	S460NE	—	S460NL	—
Q460MC	Q460C（TMCP）	—	—	—	—	—
Q460MD	Q460D（TMCP）	—	S460MD	—	—	S460M
Q460ME	Q460E（TMCP）	—	S460ME	—	—	S460ML
Q500MC	Q500C（TMCP）	—	—	—	—	—
Q500MD	Q500D（TMCP）	—	—	—	—	—
Q500ME	Q500E（TMCP）	—	—	—	—	—
Q550MC	Q550C（TMCP）	—	—	—	—	—
Q550MD	Q550D（TMCP）	—	—	—	—	—
Q550ME	Q550E（TMCP）	—	—	—	—	—
Q620MC	Q620C（TMCP）	—	—	—	—	—
Q620MD	Q620D（TMCP）	—	—	—	—	—
Q620ME	Q620E（TMCP）	—	—	—	—	—
Q690MC	Q690C（TMCP）	—	—	—	—	—
Q690MD	Q690D（TMCP）	—	—	—	—	—
Q690ME	Q690E（TMCP）	—	—	—	—	—

二、低合金高强度结构钢的焊接性

低合金高强度结构钢含有一定量的合金元素，其焊接性与碳素结构钢有差别，主要是焊接热影响区达到组织与性能的变化，对焊接热输入较敏感，热影响区淬硬倾向增大，对氢致裂纹敏感性较大，含有碳、氮化合物形成元素的低合金高强度结构钢还存在再热裂纹的危险等。只有在掌握了各种低合金高强度结构钢焊接性特点的规律的基础上，才能制定正确的焊接工艺，保证低合金高强度结构钢的焊接质量。

1. 焊接热影响区的淬硬倾向

在焊接冷却的过程中，热影响区易出现低塑性的脆硬组织，使硬度明显升高，塑性、韧性降低，低塑性的脆硬组织在焊缝含氢量较高和接头焊接应力较大时，易产生裂纹。

决定钢材焊接热影响区淬硬倾向的一个主要因素是钢材的碳当量。碳当量越高，则钢材的淬硬程度越高。决定钢材淬硬倾向的另一个主要因素是冷却速度，即 $800 \sim 500\,℃$ 的冷却速度（即 $t_{8/5}$）。冷却速度越大，热影响区淬硬程度越高。

焊接接头中热影响区的硬度值最高。一般用热影响区的最高硬度值来衡量淬硬程度的大小。

2. 冷裂纹敏感性

低合金高强度结构钢的焊接裂纹主要是冷裂纹。有关资料表明，低合金高强度结构钢在焊接中产生的裂纹 90% 属于冷裂纹。因此，在焊接时应对冷裂纹问题予以极大的重视。随着低合金高强度结构钢的强度级别提高，淬硬倾向增大，冷裂纹敏感性也增大。

低合金高强度结构钢产生冷裂纹的因素如下：

1）焊缝及热影响区的含氢量：氢对高强度钢产生焊接裂纹的影响很大。当焊缝冷却时，奥氏体向铁素体转变，氢的溶解度急剧减小，氢向热影响区扩散，使热影响区的氢含量达到饱和就容易产生裂纹。焊接低合金高强度结构钢，尤其是焊接调质钢时，应保持低氢状态，焊接坡口及两侧应严格清除水、油、锈及其他污物，焊丝应严格脱脂、除锈，尽量减少氢的来源，以防止产生冷裂纹。冷裂纹一般在焊后焊缝冷却的过程中产生，也可能在焊后数分钟或数天发生，具有延迟的特性（也称为延迟裂纹），可以理解为氢从焊缝金属扩散到热影响区的淬硬区，并达到某一极限值的时间。

2）热影响区的淬硬程度：热影响区的淬硬组织马氏体，由于氢的作用而脆化，因而淬硬程度越大，冷裂倾向越大。

3）结构的刚度越大、拘束应力越大，产生焊接冷裂纹的倾向也越大。

4）在定位焊时，由于焊缝冷却速度快，更容易出现冷裂纹。

3. 热裂纹敏感性

某些低合金高强度结构钢焊接时有热裂倾向，这主要是 S 在晶间形成低熔点的硫化物及其共晶体而引起的。

4. 再热裂纹敏感性

当焊接厚壁压力容器等结构件，焊后进行消除应力热处理时，对于含有 Mn、Mo、Nb、V 等合金元素的低合金高强度结构钢，在热处理过程中，热影响区会产生晶间裂纹，这不仅发生在热处理的过程中，也可能发生在焊后再次高温加热的过程中。

5. 层状撕裂敏感性

焊接低合金高强度结构钢大型厚板结构件，特别是 T 形接头、角焊缝，由于母材在轧制过程中出现层状偏析、各向异性等缺陷，所以，在热影响区，或在远离焊缝的母材中产生与钢板表面成梯形平行的裂纹（即层状撕裂）。

三、低合金高强度结构钢的焊接

由于低合金高强度结构钢的焊接热影响区淬硬以及冷裂纹、再热裂纹、层状撕裂的敏感性，以及钢板中碳、硅、锰等合金元素的含量较高，并加入了铌、钒、钛等微量元素，所以碳当量较高，甚至大于 0.44%，使得其焊接性较差。因此在焊接工艺的确定上，应从焊接前的准备（包括接头清理、焊前预热、焊接材料的烘干等）、焊接材料的选择、焊接参数的确定、层间温度的控制、接头焊后或焊后热处理等方面入手，确定合理可行的焊接工艺。

1. 焊前准备

为了保证低合金高强度结构钢的焊接质量，必须使焊接处于低氢状态，因此对焊接坡口及两侧应严格清除油、污、锈、垢、水及其他污物，焊丝应严格脱脂、除锈，尽量减少氢的来源。

加工坡口时，对于强度级别较高的钢材，火焰切割时应注意边缘的软化或硬化。为防止切割裂纹，可采用与焊接预热温度相同的温度预热后进行火焰切割。

组装时，应尽量减小应力。定位焊时，对于强度级别高的钢材，易产生冷裂纹，应采用与焊接预热温度相同的温度预热后进行定位焊，并保证定位焊焊缝具有足够的长度和焊缝厚度。

对低碳调质钢，严禁在非焊接部位随意引弧。

焊接用 CO_2 保护气体的纯度应不低于 99.5%（体积分数），并选择有加热能力的流量计使用。

2. 焊接材料的选择

焊接材料的选用是决定焊接质量的一个重要因素，焊接材料的选择应根据母材的力学性能、化学成分、焊接方法和接头的技术要求等确定。对于低合金高强度结构钢的焊接材料选择，应从以下几个方面考虑。

1）对于要求焊缝金属与母材等强度的焊件，应选用与母材同等强度级别的焊接材料，然而焊缝强度不仅取决于焊接材料的性能，而且与焊件的厚度、接头形式、坡口形式、焊接热输入等有关，对于厚板大坡口焊接用的焊接材料，如果用到薄板小坡口焊缝上，由于焊缝的熔合比增加，焊缝的强度就会显得偏高；对接焊缝用焊接材料用到 T 形角焊缝上，由于 T 形角焊缝为三向散热，接头的冷却速度快，焊缝的强度也会显得偏高。例如，对于 Q355 钢板厚板开坡口对接焊缝埋弧焊，焊接材料可采用 SU28 焊丝配合 SJ101 焊剂焊接，而对于薄板开 I 形坡口的对接焊缝埋弧焊，焊接材料可采用 SU08A 焊丝配合 HJ430 焊剂焊接，对于 T 形角焊缝埋弧焊，焊接材料可采用 SU08A 焊丝配合 HJ431 焊剂焊接。

2）对于不要求焊缝金属与母材等强度的焊件，则选择的焊接材料强度等级可以略低，因为强度较低的焊缝一般塑性较好，对防止冷裂纹有利。

3）关于酸性、碱性焊接材料的选用。低合金高强度结构钢的焊接一般采用碱性焊接材料，尤其是强度级别为 355MPa 及以上者，因为碱性焊接材料的韧性好，抗裂性好。对于板厚大，结构刚度大，以及受动载或低温下工作的重要结构，更应该选用碱性焊接材料。对于次要结构，也可以采用酸性焊接材料。如 Q355MPa 级钢板对接焊缝，焊条电弧焊可以采用 J507（E5015）碱性焊条焊接；埋弧焊可以采用 SU08A 或 SU28 焊丝配 SJ301 烧结焊剂焊接。对于次要角焊缝焊条电弧焊可以采用酸性焊条 E5003 焊接；埋弧焊可以采用 SU08A 焊丝配 HJ431 熔炼焊剂焊接。应当指出，CO_2 气体保护焊作为一种高效、低氢型焊接方法，应当大量推广应用。

4）特殊情况下，可以选用奥氏体焊条。对于大刚度焊件或铸锻件接管的焊接或修补时，在不允许预热，焊后不能进行热处理，焊缝与母材不要求等强的条件下，可选用奥氏体焊条焊接。由于奥氏体焊条的塑性好，可减小热影响区所承受的收缩变形和应力，这有利于防止冷裂纹的产生。需要指出的是，由于焊缝金属的组织与母材不同以及奥氏体组织的非磁性，对此类焊缝不能进行超声波探伤检验和磁粉探伤检验。

常用低合金高强度结构钢焊条见表 2-3-18。常用低合金高强度结构钢 GMAW 焊接材料见表 2-3-19。常用低合金高强度结构钢埋弧焊焊接材料见表 2-3-20。

表 2-3-18　常用低合金高强度结构钢焊条

牌　　号	焊条型号	焊条牌号
（Q295）（09Mn2、09Mn2Si、09MnV、09MnVCu）	E4201、E4203、E4315、E4316	J423、J422、J427、J426
Q355（16Mn、16MnR、16MnCu、14MnNb）	E5001、E5003、E5015、E5016、E5015-G E5018、E5028	J502、J503、J506、J507、J507GR、J506Fe、J507Fe J507Fe16
Q390（15MnV、15MnTi、15MnVCu、15MnVRE、16MnNb）	E5001、E5003、E5015、E5016、E5015-G、E5516-G	J502、J503、J506、J507、J507GR、J507RH、J556 J557、J557Mo、J557MoV
Q420（15MnVN、15MnVNCu、14MnVTiRE）	E5515-G、E5516-G、E6015-D1、E6015-G E6016-D1	J556、J557、J557Mo、J557MoV J606、J607、J607Ni、J607RH
Q460（14MnMoV、14MnMoVCu、18MnMoNb）	E6015-D1、E6015-G、E6016-D1 E7015-D2、E7015-G	J606、J607、J607Ni、J607RH、J707、J707Ni、J707NiW
Q500	E7015-G、E6018-D1	J707Ni、J707RH、J707NiW、J608
Q550	E6015-G、E6016-D1	J607Ni、J607RH、J607、J607Ni、J607RH
Q620	E7515-G、E7518-G	J607、J607Ni、J607RH J757、J757Ni
Q690	E8015-G、E8515-G、	J757、J757Ni J807、J807RH、J857

注：括号内为 GB/T 1591—1988 牌号。后同。

表 2-3-19　常用低合金高强度结构钢 GMAW 焊接材料

牌号	实心焊丝			药芯焊丝	
	焊丝牌号	焊丝型号	保护气体(体积分数)	焊丝型号	保护气体(体积分数)
Q355（16Mn、16MnR、14MnNb、16MnCu）	H08Mn2SiA	ER49-1 ER50-2、6 ER50-7	CO_2 Ar50%+$CO_2$50%	E500T-I E501T-1	CO_2

（续）

牌号	实心焊丝			药芯焊丝	
	焊丝牌号	焊丝型号	保护气体（体积分数）	焊丝型号	保护气体（体积分数）
Q390 （15MnV、15MnTi、 16MnNb）	H08Mn2SiA	ER50-6 E500T4 E500T6	CO_2 50%Ar+50%CO_2 Ar+CO_2 21%～49%	E550T-1 E501T-1	CO_2
Q420 （15MnVN、 14MnVTiRE）	H10MnSiMo	ER49-1 ER50-2 ER55-D2 E550T4	Ar50%+$CO_2$50% Ar+CO_2 21%～49%	E551T1-A1	CO_2 Ar+CO_2 21%～49%
Q460 （15MnNiMoV、 18MnMoNb、 14MnMoVCu、 14MnMoV）	H10Mn2SiMo H08Mn2SiNiMo	ER55-D2 E550T4	Ar50%+$CO_2$50% Ar+CO_2 21%～49%	E601T1-D1 E551T1-Ni	Ar+CO_2 21%～49%

表 2-3-20　常用低合金高强度结构钢埋弧焊焊接材料

牌　号	焊剂与焊丝组合		
	焊剂	焊丝	
Q355 （16Mn、16MnR、14MnNb、16MnCu）	HJ430、HJ431、 SJ301、SJ501、SJ502	开I形坡口对接	SU08A、SU08E
		中板开坡口对接	SU26、SU34、SU28
Q390 （15MnV、15MnTi、16MnNb）	HJ430、HJ431、SJ301、 SJ501、SJ502 HJ250、HJ350、SJ101	开I形坡口对接	SU26
		中板开坡口对接	SU34、SU28、SU44
		厚板深坡口	SUM3
Q420 （15Mn、15MnVTiRE）	HJ431、		SU34
	HJ250、HJ252、 HJ350、SJ101		SUM3、SUM31

3. 焊接热输入的选择

焊接热输入是焊接电弧的移动热源给予单位长度焊缝的热量，它是与焊接区冶金、力学性能有关的重要参数之一。其计算公式如下：

$$E = \eta IU/v$$

式中　I——焊接电流（A）；

U——电弧电压（V）；

v——焊接速度（cm/s）；

η——代表焊接中热量损失的系数；

E——焊接热输入（J/cm）。

热输入综合考虑了焊接电流、电弧电压和焊接速度三个参数对热循环的影响，热输入增大时，热影响区的宽度增大，加热到1100℃以上温度的区域加宽，在1100℃以上停留时间加长。同时，800℃→500℃冷却时间（即$t_{8/5}$）延长，在650℃时的冷却速度减慢，适当调节焊接参数，以合理的热输入焊接，可保证焊接接头具有良好的性能。

对于热轧的低合金高强度结构钢，碳当量小于0.4%，焊接时一般对热输入不加限制。

对于低淬硬倾向的钢，碳当量为 0.4%～0.6%，焊接时对热输入要适当加以控制。热输入不可过低，否则会产生热影响区的淬硬组织，易产生冷裂纹；但焊接热输入也不可过高，否则热影响区晶粒长大；对过热倾向强的钢更要注意，否则，热影响区的冲击韧度会下降。

对于低碳调质钢，焊接热输入要严格控制，由于低碳调质钢本身的特点，与热轧和正火的低合金高强度结构钢不同，如果焊接过程中冷却速度较快，会使热影响区完全由低碳马氏体或下贝氏体组成，这种组织韧性好。如果冷却速度较慢，热影响区除马氏体外还有贝氏体及铁素体存在，会形成一种不均匀的混合组织，使冲击韧度降低。但冷却速度过快，也会产生热影响区的淬硬组织及增大冷裂倾向，因此，应根据板厚、预热和层间温度来确定合适的焊接热输入，并应严格加以限制。

随着低合金高强度钢强度级别的提高，碳当量的增大，焊接热输入的控制要求更加严格，焊接热输入的大小直接影响到接头的性能，特别是冲击韧度，也影响焊接接头的冷裂倾向。如对于 Q420E 钢的对接，为了使接头韧性达到−40℃时 47J，埋弧焊热输入应控制在 25kJ/cm 以下，这时不能采用粗丝埋弧焊，而应采用直径 2mm 或 1.6mm 的焊丝进行细丝埋弧焊。

4. 预热

（1）预热的目的　预热可以降低焊后接头的冷却速度。焊接低碳调质钢主要是降低马氏体转变时的冷却速度，避免淬硬组织的产生，加速氢的扩散、逸出，减少热影响区的氢含量；另外，预热可减少焊接残余应力。预热主要是防止焊接冷裂纹的产生。

（2）预热温度的确定　预热温度的大小主要取决于钢材的化学成分、钢板的厚度及结构的刚度、施焊时的环境温度等。当屈服强度大于 500MPa、碳当量大于 0.45%、板厚 ≥ 25mm 时，一般应考虑预热，预热温度在 100℃ 以上。预热温度不可过高，焊接低碳调质钢一般在 200℃ 以下。对于低碳调质钢，预热温度过高，会使热影响区冲击韧度和塑性降低。

（3）层间温度的控制　为了保持预热的作用，在多层焊时，层间温度的控制对焊接质量的保证也是必要的。一般对于 Q355 钢的焊接，层间温度可控制在预热温度～250℃ 之间；对于 Q390、Q420、Q460 钢的焊接，需要对层间温度更加严格地控制，可在预热温度到 200℃ 之间。

（4）后热　后热又叫作消氢处理，是焊后立即将焊件的全部（或局部）进行加热并保温，让其缓慢冷却，使扩散氢逸出的工艺措施。后热的目的是使扩散氢逸出接头，防止焊接冷裂纹的产生。后热温度一般在 200～300℃，保温时间一般为 2～6h。

5. 焊后热处理

除了电渣焊接头由于焊件严重过热而需要对接头进行正火热处理外，大量使用的热轧状态的低合金高强度结构钢，多数情况下焊后不进行热处理；低碳调质钢是否进行热处理，根据产品结构的要求决定。对于板厚较大、焊接残余应力大、在低温下工作、承受动载荷、有应力腐蚀要求或对尺寸稳定性有要求的结构，焊后才进行热处理。

低合金高强度结构钢的焊后热处理有三种：消除应力退火；正火加回火或正火；淬火加回火（一般用于调质钢的焊接结构）。

焊后热处理应注意如下问题：

1）不要超过母材的回火温度，以免影响母材的性能。一般应比母材回火温度低 30～60℃。

2）对于有回火脆性的材料，应避开出现脆性的温度区间，如含 Mo、Nb 的材料应避开 600℃ 左右保温，以免脆化。

3）含一定量 Cr、Mo、V、Ti 的低合金高强度结构钢在消除应力退火时，应注意防止产生再热裂纹。

第三节　低合金耐热钢

一、耐热钢的分类

在高温下具有较高强度和良好的耐腐蚀性的钢种称为耐热钢。按照钢的特性可分为热强钢和抗氧化钢。按组织不同可分为奥氏体型耐热钢、铁素体型耐热钢、马氏体型耐热钢和沉淀硬化型耐热钢。按合金成分的含量可分为低合金（合金元素总的质量分数小于 5%）；中合金（合金元素总的质量分数为 5%~12%）和高合金（合金元素总的质量分数大于 12%）。

二、低合金耐热钢的焊接性

（1）淬硬性　钢的淬硬性取决于钢材的含碳量和合金成分及其含量。如低合金耐热钢中的主要合金元素铬和镍等都能显著地提高钢的淬硬性。

（2）再热裂纹倾向　低合金耐热钢再热裂纹（消除应力裂纹）倾向，主要取决于钢中碳化物形成元素特性及其含量、焊接热参数、焊接接头的拘束应力大小和焊后热处理参数。

（3）回火脆性　把铬钼钢及其焊接接头在 370~565℃ 温度区间长期运行时，会发生渐进的脆变现象，称为回火脆性。为降低 Cr-Mo 钢焊缝金属的回火脆性倾向，最主要的工作是降低焊缝金属的 O、S、P 含量。

三、常用的低合金耐热钢的焊接

1. 常用的低合金耐热钢焊前准备

常用的低合金耐热钢焊前准备的内容主要有：焊件接口边缘的切割下料、焊件坡口加工、热切割边缘和坡口面的清理以及焊接材料的预处理等。

为了防止低合金耐热钢厚板的切割边缘开裂，可采取以下工艺措施来保证。

1）对于板厚 15mm 以下的 1.25Cr-0.5Mo 钢板和板厚 15mm 以上的 0.5Mo 钢板，在热切割前应先预热至 100℃ 以上，热切割后应对切割表面进行机械加工并用磁粉检测是否存在表面裂纹。

2）对于板厚 15mm 以下的 0.5Mo 钢板热切割前可不必进行预热处理，但是热切割后的板材边缘最好作机械加工，以清除热切割加工所造成的热影响区。

3）任何厚度的 2.25Cr-Mo、3Cr-1Mo 和板厚在 15mm 以上的 1.25Cr-0.5Mo 钢板，在切割前，应将待切割处预热至 150℃ 以上，热切割后应对切割表面进行机械加工，并用磁粉探伤检测切割表面是否存在表面裂纹。

热切割后如直接进行焊接时，焊前应仔细清理待焊处的油、污、锈、垢、切割熔渣及氧化皮。对焊接质量要求较高的焊件,焊前应该用丙酮擦净待焊处表面。

焊条焊前要按规定进行烘干和保存;埋弧焊光焊丝、镀铜焊丝焊前要清除焊丝表面的油、污、锈、垢,焊剂要按规定进行烘干,烘干后要妥善保存。

常用的低合金耐热钢化学成分见表 2-3-21。

表 2-3-21　常用的低合金耐热钢化学成分

钢种类型	钢号	化学成分(质量分数,%)								
		C	Si	Mn	P	S	Mo	Cr	V	其他
1Cr-0.5Mo	12CrMo	0.08~0.15	0.17~0.37	0.40~0.70	≤0.030	≤0.030	0.40~0.55	0.40~0.70	—	
	15CrMo	0.12~0.18	0.17~0.37	0.40~0.70	≤0.030	≤0.030		0.80~1.10		
1Cr-Mo-V	12Cr1MoV	0.08~0.15	0.17~0.37	0.40~0.70	≤0.030	≤0.030	0.25~0.35	0.90~1.20	0.15~0.30	
2.25Cr-1Mo	12Cr2Mo	0.08~0.15	≤0.5	0.40~0.70	≤0.030	≤0.030	0.90~1.20	2.00~2.50		
2CrMo-W-V-Ti-B	12Cr2MoWVTiB	0.08~0.15	0.45~0.75	0.45~0.65	≤0.030	≤0.030	0.45~0.65	1.60~2.10	0.28~0.42	W:0.30~0.55 Ti:0.08~0.18 B:0.002~0.008
3Cr-Mo-V-Si-Ti-B	12Cr3MoWVTiB	0.09~0.15	0.60~0.90	0.50~0.80	≤0.030	≤0.030	1.00~1.20	2.50~3.00	0.25~0.35	Ti:0.22~0.38 B:0.005~0.011
Mn-Mo-Nb	18MnMoNb	≤0.22	0.15~0.50	1.20~1.60	≤0.035	≤0.030	0.45~0.65			Nb:0.025~0.050
Mn-Ni-Mo-Nb	13MnNiMoNb	≤0.15	0.15~0.50	1.20~1.60	≤0.035	≤0.030	0.20~0.40	0.20~0.40	—	Nb:0.005~0.020

2. 常用的低合金耐热钢焊接材料的选用

低合金耐热钢焊接常用焊条见表 2-3-22。低合金耐热钢埋弧焊常用焊丝和焊剂见表 2-3-23。低合金耐热钢气体保护焊常用焊丝见表 2-3-24。

表 2-3-22　低合金耐热钢焊接常用焊条

钢号	焊条牌号	焊条型号	钢号	焊条牌号	焊条型号
12CrMo	R202 R207	E5503-B1 E5515-B1	12Cr2MoWVTiB	R347 R340	E5515-B3VWB
15CrMo	R302 R307 R306Fe R307H	E5503-B2 E5515-B2 E5518-B2 E8018-B2	18MnMoNb	J707 J707Ni J607 J606	E7015-D2 E7015-G E6015-D1 E6016-D1 E9016-D1
12Cr1MoV	R312 R316Fe R317	E5503-B2V E5518-B2V E5515-B2V	13MnNiMoNb	J607Ni J707Ni	E6015-G E7015-G E9015-G
12Cr2Mo	R406Fe R407	E6018-B3 E6015-B3 E9015-B3	—	—	—

表 2-3-23　低合金耐热钢埋弧焊常用焊丝和焊剂

钢号	牌号	型号	钢号	牌号	型号
	焊丝+焊剂	焊剂+焊丝		焊丝+焊剂	焊剂+焊丝
12CrMo	H10MnCrA+HJ350	F5114-H10MnCrA	12Cr2Mo-WVTiB	H08Cr2MoWVNbB+HJ250	F6111-H08Cr2MoWVNbB
15CrMo	H08CrMoA+HJ350 H12CrMo+HJ350	F5114-H08CrMoA	18MnMoNb	H08Mn2MoA+HJ350（SJ101）	F7124-H08Mn2Mo F7124-H08Mn2NiMo
12Cr1MoV	H08CrMoA+HJ350	F5114-H10MnCrA	13MnNiMoNb	H08Mn2NiMo+HJ350（SJ101）	F7124-H08Mn2NiMo
12Cr2Mo	H08Cr3MoMnA+HJ350	F6124-H08Cr3MnMoAA			

表 2-3-24　低合金耐热钢气体保护焊常用焊丝

钢号	实心焊丝（GMAW）			药芯焊丝（GMAW）	
	焊丝牌号	焊丝型号	保护气体（体积分数）	焊丝型号	保护气体（体积分数）
12CrMo	H08CrMnSiMo	ER55-B2	CO_2 Ar50%+CO_2 50%	E500T1-B2 E551T1-B2	CO_2
15CrMo	H08CrMnSiMo	ER55-B2	CO_2 Ar50%+CO_2 50%	E500T1-B2 E551T1-B2	CO_2
12Cr1MoV	H08CrMnSiMoV	ER55-B2-MnV	Ar+CO_2 11%~12%	E600T1-G	Ar+CO_2 11%~12%
12Cr2Mo	H08Cr3MoMnSi	ER62-B3	Ar+CO_2 11%~12%	E600T1-B3	Ar+CO_2 11%~12%
12Cr2MoWVTiB	H08Cr2MoW-VNbBSi	ER62-G	Ar+CO_2 5%~10%	E701T1-G	Ar+CO_2 11%~12%
18MnMoNb	H08Mn2SiMoA	ER55-D2	Ar+CO_2 11%~12%	E600T1-D3	Ar+CO_2 11%~12%
13MnNiMoNb	H08Mn2NiMoSi	ER55Ni1	Ar+CO_2 11%~12%	E700T1-K3 E700T5-K3	Ar+CO_2 11%~12%

3. 低合金耐热钢的焊前预热

低合金耐热钢的焊前预热是为了防止焊接接头产生冷裂纹和再热裂纹。预热温度的选择主要应根据低合金耐热钢的碳当量、焊缝金属的氢含量和焊接接头的拘束度决定。常用的低合金耐热钢焊前预热温度见表 2-3-25。

表 2-3-25　常用的低合金耐热钢焊前预热温度

钢号	预热温度/℃	钢号	预热温度/℃
12CrMo	200~250	20CrMo	250~300
15CrMo	200~250	15CrMoV	300~400
12Cr1MoV	250~350	12Cr2MoWVTiB	250~300
12Cr2Mo	250~350	12Cr3MoVSiTiB	300~350

4. 低合金耐热钢的焊后热处理

低合金耐热钢焊后热处理的目的主要有：消除焊件的焊接残余应力、改善焊接接头的金属组织、降低焊缝及热影响区硬度、提高焊接接头的综合力学性能、提高焊接接头的高温蠕变强度和组织稳定性。常用的低合金耐热钢的焊后热处理温度见表 2-3-26。

表 2-3-26　常用的低合金耐热钢焊后热处理温度

钢号	焊后热处理温度/℃	钢号	焊后热处理温度/℃
12CrMo	650~700	20CrMo	650~700
15CrMo	670~700	15CrMoV	710~730
12Cr1MoV	710~750	12Cr2MoWVTiB	760~780
12Cr2Mo	650~700	12Cr3MoVSiTiB	740~760

第四节　低　温　钢

一、低温钢的分类

低温钢实质上属于屈服强度为 350~400MPa 级别的低碳低合金钢，碳的质量分数≤0.2%。低温钢按使用温度分类：-196~-10℃为低温，-273~-196℃为"超低温"；低温钢根据使用的温度等级可分为：-40~-10℃、-90~-50℃、-120~-100℃和-273~-196℃等；按合金含量和组织可分为低合金铁素体低温钢、中合金低温钢和高合金奥氏体低温钢；按有无镍、铬元素和热处理方法可分为非调质低温钢和调质低温钢。

二、低温钢的焊接性

低温钢焊接后最重要的力学指标是确保具有足够的韧性，衡量低温韧性指标是在低温下工作的缺口韧性。影响低温钢韧性的因素很多，主要有显微组织、晶粒度、化学成分与热处理状态等。低温钢是通过合金元素的固溶强化、晶粒细化，并通过正火或正火加回火处理细化组织晶粒，从而获得良好的低温韧性。

在化学成分中的化学元素 C、Mn 与 Ni 对低温韧性影响较大，碳会降低低温韧性。为了保证焊接性与低温韧性，低温钢中的碳的质量分数应控制在 0.22% 以下，Mn 是提高韧性的元素之一，Ni 是提高低温韧性的重要元素，所以，Mn 和 Ni 是低温钢用得最多的合金元素。

低合金低温钢中碳的质量分数≤0.2%，合金元素总质量分数也不超过 5%，碳当量较低，淬硬倾向较小，冷裂敏感性不大，薄板焊接时可不用预热。当板厚超过 25mm 或焊接接头拘束度较大时，可采取预热措施，一般预热温度控制在 100~150℃。

三、低温钢的焊接

1. 常用的低温钢焊前准备

低温钢热切割后如直接进行焊接时，焊前应仔细清理待焊处的油、污、锈、垢、切割熔渣及氧化皮。对焊接质量要求高的焊件，焊前应用丙酮擦净待焊处表面。

焊条焊前要按规定进行烘干和保存；埋弧焊光焊丝、镀铜焊丝焊前要清除焊丝表面的油、污、锈、垢，焊剂要按规定进行烘干，烘干后要妥善保存。常用的低温钢化学成分见表 2-3-27。

表 2-3-27 常用的低温钢化学成分

分类	温度等级/℃	钢牌号	化学成分(质量分数,%)									
			C	Mn	Si	V	Nb	Cu	Al	Cr	Ni	其他
无镍低温钢	-40	Q355	≤0.20	1.20~1.60	0.20~0.60	—	—	—	—	—	—	—
	-70	09Mn2VRE	≤0.12	1.40~1.80	0.20~0.50	0.04~0.10	—	—	—	—	—	—
	-70	09MnTiCuRE	≤0.12	1.40~1.70	≤0.40	—	—	0.20~0.40	—	—	—	Ti=0.03~0.08 RE=0.15
	-90	06MnNb	≤0.07	1.20~1.60	0.17~0.37	—	0.02~0.04	—	—	—	—	—
	-100	06MnVTi	≤0.07	1.40~1.80	0.17~0.37	0.14~0.10	—	—	0.04~0.08	—	—	—
	-105	06AlCuNbN	≤0.08	0.80~1.20	≤0.35	—	0.04~0.08	0.03~0.40	0.04~0.15	—	—	N=0.010~0.015
	-196	26Mn23Al	≤0.10~0.25	21.0~26.0	≤0.50	0.06~0.12	—	0.10~0.20	0.70~1.20	—	—	N=0.03~0.08 B=0.001~0.005
	-253	15Mn26Al4	≤0.13~0.19	24.5~27.0	≤0.50	—	—	—	3.80~4.70	—	—	—
含镍低温钢	-60	0.5NiA	≤0.14	0.70~1.50	0.10~0.30	0.02~0.05	0.15~0.50	≤0.035	0.15~0.50	≤0.25	0.30~0.70	Mo≤0.10
	-60	1.5NiA	≤0.14	0.30~0.70	0.10~0.30	0.02~0.05	0.15~0.50	≤0.035	0.15~0.50	≤0.25	1.30~1.60	Mo≤0.10
	-60	1.5NiB	≤0.18	0.50~1.50	0.10~0.30	0.02~0.05	0.15~0.50	≤0.035	0.15~0.50	≤0.25	1.30~1.70	Mo≤0.10
	-60	2.5NiA	≤0.14	≤0.80	0.10~0.30	0.02~0.05	0.15~0.50	≤0.035	0.15~0.50	≤0.25	2.00~2.50	Mo≤0.10
	-60	2.5NiB	≤0.18	≤0.80	0.10~0.30	0.02~0.05	0.15~0.50	≤0.035	0.15~0.50	≤0.25	2.00~2.50	Mo≤0.10
	-100	3.5NiA	≤0.14	≤0.80	0.10~0.30	0.02~0.05	0.15~0.50	≤0.35	0.10~0.50	≤0.25	3.25~3.75	—
	-100	3.5NiB	≤0.18	≤0.80	0.10~0.30	0.02~0.05	0.15~0.50	≤0.35	0.10~0.50	≤0.25	3.25~3.75	—
	-120~-170	5Ni	≤0.12	≤0.80	0.10~0.30	0.02~0.05	0.15~0.50	≤0.35	0.10~0.50	≤0.25	4.75~5.25	—
	-196	9Ni	≤0.10	≤0.80	0.10~0.30	0.02~0.05	0.15~0.50	≤0.35	0.10~0.50	≤0.25	8.00~10.00	—
	-196~-253	12Cr18Ni9	≤0.08	≤2.00	≤1.00	—	—	—	—	17.00~19.00	9.00~11.00	—
	-196~-253	07Cr18Ni11Ti	≤0.08	≤2.00	≤1.00	—	—	—	—	17.00~19.00	9.00~11.00	5(Ti)(C)~0.80
	-269	16Cr25Ni20	≤0.08	≤2.00	≤1.50	—	—	—	—	24.00~26.00	19.00~22.00	—

2. 焊接材料的选择

低温钢焊接的关键是保证焊缝金属和粗晶区的低温韧性,为避免焊缝金属及近缝区形成粗晶组织而降低低温韧性,要求焊接时采用小的焊接热输入。焊接电流不宜过大,宜用快速多道焊以减少焊道过热,并通过多层焊的重复加热作用细化晶粒,多层焊时要控制层间温度。因此，掌握低温钢的焊接特点，制定严密的焊接工艺措施，是获得低温钢优质焊缝的关键。常用的低温钢焊接工艺措施见表 2-3-28。

表 2-3-28　常用的低温钢焊接工艺措施

温度级别 /℃	牌号	工艺措施	环境温度 /℃	板厚 /mm	预热温度 /℃	层间温度 /℃
-40	Q355 （16Mn）	1. 仔细清除待焊处油、污、锈、垢 2. 焊件、焊条应保持在低氢状态 3. 正确选用焊接材料 4. 按钢材的温度级别、使用条件、结构刚度，合理制定焊接工艺	<-10	<16	100~150	100~150
			<-5	16~24	100~150	100~150
			<0	25~40	100~150	100~150
			任意温度	>40	100~150	100~150
-70	09Mn2VRE	5. 严格控制母材的 P、S、O、N 杂质，尤其是含镍量 w_{Ni}>4% 的低温钢，接头脆性大，要严格控制杂质含量			—	200
	09MnTiCuRE				—	200
-90	06MnNb	6. 为细化晶粒，提高韧性，采用小热输入、小电流、快速多层多道焊，层间温度应控制在 200~300℃			—	200
-120	06AlCuNbN				—	200
-196	26Mn23Al	7. 合理设计焊接接头，尽量避免和减小应力集中 8. 避免和消除焊接缺陷，焊接大刚度结构时要填满弧坑 9. 严格执行焊接工艺规程，控制焊接热输入，减小焊接区高温停留时间			—	200
	9Ni				100~150	200
-253	15Mn26Al4				—	200

（1）低温钢焊条电弧焊用焊条　低温钢焊条电弧焊选择焊条时，要考虑低温钢的温度等级与之相适应，选用焊接含镍低合金低温钢焊条时，焊条的含镍量要与钢材的含镍量相当或稍高些，当焊条的镍的质量分数>2.5% 时，要考虑焊缝组织中会出现大量粗大的板条贝氏体或马氏体，会使低温钢韧性较低，为了提高低温钢韧性，焊后要进行调质处理。常用的低温钢焊条电弧焊焊条见表 2-3-29。

表 2-3-29　常用的低温钢焊条电弧焊焊条

温度等级/℃	牌号	状态	焊条型号	焊条牌号
-40	Q355 （16MnR）	热轧	E5003 E5015-G E5016-G	J506RH J507RH
-70	09Mn2VRE	正火	E5515-G	W707 W807
	09MnTiCuRE	正火	E5015-G E5515-C1 E5515-G	W607 W607H W807
-90	06MnNb	正火	E5515-C2 E5015-C2L	W907Ni W107
-120	06AlCuNbN	正火		W107Ni
-196	9Ni	淬火+回火	E310-15	A407
-253	15Mn26Al4	固溶	E310-15	A407

（2）低温钢埋弧焊焊剂与焊丝的选用　为了保证低温钢埋弧焊焊缝金属的韧性，要控制焊丝成分中的碳、硅含量，要尽量低，有害杂质硫、磷的含量也要尽可能地低。通常选用烧结焊剂配合 Mn-Mo 焊丝或者含镍焊丝，也可以选用中性熔炼焊剂配合 Mn-Mo 焊丝或含镍焊丝。焊丝中加入不同数量的镍，可能增大焊缝的热裂纹倾向。为了不使焊缝强度过高而影响低温韧性，可以调节焊丝中合金元素的含量：当焊丝含镍量低时，可适当提高含锰量；当焊丝含镍量高时（有增大热裂纹倾向），可适当降低含锰量。此外，还要添加质量分数为 0.3% 左右的钼，用来消除焊缝回火脆性。常用低温钢埋弧焊焊剂与焊丝见表 2-3-30。

表 2-3-30　常用低温钢埋弧焊焊剂与焊丝

温度等级/℃	牌号	状态	焊丝牌号	焊剂牌号
-40	Q355（16MnR）	热轧	SU08A SU26	HJ431
-70	09Mn2VRE	正火	SUM3V	HJ250
	09MnTiCuRE	正火	SU26	HJ250
-90	06MnNb	正火	SUM3	HJ250

（3）低温钢气体保护焊用焊丝与保护气体　低温钢气体保护焊时，无论是实心焊丝或者药芯焊丝，都采用与母材含镍量相近的镍合金化低合金钢焊丝，并且尽量降低焊丝中的碳、硫、磷及其他杂质的含量。也可以采用含钛、硼微量元素的焊丝，充分利用钛和硼细化焊缝晶粒的效果，在不受后续焊道影响的条件下，保证焊缝晶粒细化，使焊缝具有稳定的高韧性。常用低温钢气体保护焊用焊丝与保护气体见表 2-3-31。

表 2-3-31　常用低温钢气体保护焊用焊丝与保护气体

温度等级/℃	牌号	状态	焊丝牌号	保护气体成分（体积分数）
-40	Q355（16MnR）	热轧	ER55-C1、ER55-C2	CO_2
-70	09Mn2VRE	正火	ER55-C1、ER55-C2	CO_2 或
-70	09MnTiCuRE	正火	YJ502Ni-1、YJ507Ni-1	Ar 80%+CO_2 20%
-90	06MnNb	正火	ER55-C3	Ar 98%+O_2 2% 或
-90	3.5Ni	正火或调质		Ar 95%+O_2 5%

第五节　奥氏体不锈钢

一、不锈钢的分类与性能

不锈钢中的主要合金元素是铬，当含铬量 $w_{Cr}>12\%$ 时，铬比铁优先与氧化合并在钢的表面形成一层致密的氧化膜，可以提高钢的抗氧化性和耐腐蚀性。只在空气、水及蒸汽中具有不腐蚀、不生锈性能的不锈钢是普通不锈钢；在不锈钢中加入 Ni、Mn 等元素，使钢材能抵抗某些酸性、碱性及其他化学介质侵蚀的钢是耐腐蚀不锈钢；在不锈钢中加入一定量的 Si、Al 等合金元素，可以提高其在高温下的抗氧化性和高温强度，这类不锈钢是耐热不锈钢。

1. 不锈钢的分类

（1）按化学成分分类

1）铬不锈钢。如 12Cr13、10Cr17 等。

2）铬镍不锈钢。如 12Cr18Ni9、07Cr19Ni11Ti 等。

（2）按室温金相组织分类

1）奥氏体不锈钢。在钢中加入 w_{Cr} 为 18%、w_{Ni} 为 8%～10%时，钢中便有了稳定的奥氏体组织，这种钢就是奥氏体不锈钢。该钢无磁性，具有良好的耐蚀性、塑性、高温性能和焊接性，焊接时一般不需要采取特殊的焊接工艺措施，虽然经淬火也不会硬化，但经冷加工后，钢材表面有加工硬化性。属于这类钢的牌号有 12Cr17Ni7、12Cr18Ni9、07Cr19Ni11Ti、06Cr25Ni20 等。实际应用最多的是 12Cr17Ni7、12Cr18Ni9。

2）马氏体不锈钢。这种钢除了含有较高的铬（w_{Cr} 为 11.5%～18%）外，还含有较高的碳（w_C 为 0.1%～0.5%），室温下钢的金相组织是马氏体，具有淬硬性，提高了钢的强度和硬度，属于这类钢的牌号有：20Cr13、30Cr13、14Cr17Ni2 等，实际应用最多的是 20Cr13、14Cr17Ni2。

3）铁素体不锈钢。室温下的金相组织为铁素体，w_{Cr} 为 13%～30%，含碳量很低，w_C 为 0.15%以下，经过淬火也不会硬化，具有良好的热加工性和冷加工性，属于这类钢的牌号有 10Cr17、06Cr13Al、10Cr17Mo 等，现实中应用最多的是 10Cr17、10Cr17Mo。

4）奥氏体+铁素体型不锈钢。室温下的金相组织为奥氏体+铁素体，铁素体的体积分数小于 10%，是在奥氏体钢的基础上发展的钢种，它与相同含碳量的奥氏体型不锈钢相比，具有较小的晶间腐蚀倾向和较高的力学性能，并且韧性比铁素体型不锈钢好。当铁素体的体积分数在 30%～60%时，该类钢具有特殊抗点蚀、抗应力腐蚀性能。从金相组织上分类，该类钢属于典型的双相不锈钢。属于这类钢的牌号有：14Cr18Ni11Si4AlTi、12Cr21Ni5Ti 等。

5）沉淀硬化型不锈钢 这种钢有很好的成形性能和良好的焊接性，属于这类钢的牌号有 07Cr17Ni7Al、07Cr15Ni7Mo2Al、05Cr17Ni4Cu4Nb 等。

（3）按用途分类

1）不锈钢。包括高铬钢（Cr13 之类）、铬镍钢（12Cr17Ni7 之类）、铬锰氮钢（20Cr15Mn15Ni2N）等。用于有浸蚀性的化学介质（主要是各类酸），要求能耐腐蚀，对强度要求不高。

2）热稳定钢。主要用于高温下要求抗氧化或耐气体介质腐蚀的一类钢，也叫作抗氧化不起皮钢，对高温强度并无特别要求。常用的钢有铬镍钢（如 Cr25Ni20 类）、高铬钢（如 Cr17 类）等。

3）热强钢。在高温下要既能抗氧化或耐气体介质腐蚀，又必须具有一定的高温强度。常用的钢有高铬镍钢（如 12Cr18Ni9）、多元合金化的以 Cr12 为基的马氏体钢也可用来做热强钢。

2. 不锈钢的物理性能

1）奥氏体不锈钢的线胀系数比碳素结构钢大 50%，只有马氏体不锈钢和铁素体不锈钢的线胀系数与碳素结构钢大体相等。

2）不锈钢的电阻率高，奥氏体不锈钢的电阻率是碳素结构钢的 5 倍。

3）不锈钢的热导率低于碳素结构钢，奥氏体不锈钢的热导率约为碳素结构钢的 1/3。

4）奥氏体不锈钢的密度大于碳素结构钢，马氏不锈钢和铁素体不锈钢的密度比碳素结构钢稍小。

5）奥氏体不锈钢没有磁性，马氏体不锈钢和铁素体不锈钢有磁性。

6）奥氏体不锈钢、马氏体不锈钢的比热容与碳素结构钢相差不大，只有铁素体不锈钢的比热容比碳素结构钢要小一些。

二、奥氏体不锈钢的焊接性

1. 焊接接头热裂纹

奥氏体不锈钢焊接时，在焊缝及近缝区都可以见到热裂纹，但是，最常见的是焊缝凝固裂纹，有时也以液化裂纹形式出现在近缝区。其中，25-20 类高镍奥氏体耐热钢的焊缝产生凝固裂纹倾向比 18-8 类钢大得多，而且含镍量越高，产生裂纹的倾向也越大，并且越不容易控制。

（1）奥氏体不锈钢焊接时热裂纹产生的原因

1）奥氏体不锈钢焊接时，容易形成方向性较强的柱状晶焊缝组织，这有利于有害杂质的偏析，促使形成晶间液态夹层并产生焊缝凝固裂纹。

2）奥氏体不锈钢的热导率小而线胀系数大，在焊接局部加热和冷却条件下，焊接接头在冷却过程中，可以形成较大的拉应力，焊缝金属在凝固过程中存在较大的拉应力是产生凝固裂纹的必要条件。

3）奥氏体不锈钢及其焊缝的合金较复杂，不仅 P、S、Sn、Sb 之类的杂质可以形成易熔夹层，有些合金元素因溶解度有限，也能形成有害的易熔夹层。

（2）防止奥氏体不锈钢产生焊接热裂纹的措施

1）严格限制有害杂质。严格限制 P、S 杂质含量对防止 18-8 类钢产生热裂纹很有效；对 25-20 类钢也有一定的效果，但不理想。

2）尽可能避免形成单相奥氏体组织。焊缝组织如果是奥氏体+铁素体的双相组织时，就不容易产生低熔点杂质偏析，由此可减少热裂纹的产生。但双相组织中的铁素体不宜超过 5%，否则会产生 σ 相而脆化。

3）适当调整合金成分。在不适宜采用双相组织焊缝时，必须在焊接过程中进行合理的合金化。适当提高奥氏体化元素 Mn、C、N 的含量，这样可以明显改善单相奥氏体焊缝的抗裂性。必须注意的是，当 Mn 的质量分数为 4%～6% 时，产生热裂纹的倾向最小；当 Mn 的质量分数大于 7% 时，热裂纹倾向反而有增大趋势。

4）尽量减少焊缝的过热。在选择焊接参数时，尽量减小熔池过热，避免焊缝形成粗大柱状晶，采用小热输入、快速焊、小截面焊道对提高焊缝抗热裂性是有益的。

5）选择合适的焊条药皮类型。低氢型药皮焊条可以使焊缝晶粒细化，减少杂质偏析，提高抗裂性。不利的因素是随着含碳量的增加，焊接接头的耐腐蚀性将下降。

2. 焊接接头晶间腐蚀

把集中发生在金属显微组织晶界，并向金属材料内部深入的腐蚀称为晶间腐蚀。这类腐蚀发生以后，有时从外观不易被发现，但由于晶界区因腐蚀已遭到破坏，晶粒间的结合强度几乎完全丧失。腐蚀深度较大的可以失去金属声，焊件因有效承载面积大减而导致过载断裂。受腐蚀严重的不锈钢甚至形成粉末，从焊件上脱落下来，这种腐蚀危害极大。

（1）奥氏体不锈钢晶间腐蚀机理　奥氏体不锈钢在 450～850℃ 温度区间停留一段时间后，在晶界处会析出碳化铬（$Cr_{23}C_6$），其中铬主要来自晶粒表层，当铬的质量分数小于

12%时，因内部的铬来不及补充而使晶界的晶粒表层含铬量下降形成贫铬区，在强腐蚀介质作用下，晶界贫铬区受到腐蚀而形成晶间腐蚀。受到晶间腐蚀的不锈钢表面上没有明显的变化，当受到外力作用后，会沿晶界断裂，这是不锈钢最危险的一种破坏形式。

（2）防止和减少奥氏体不锈钢晶间腐蚀的措施

1）采用小电流、快速焊、短弧焊、焊条不作横向摆动、减小焊缝在高温停留时间；为了加快焊接接头的冷却速度，减小焊接热影响区，可以给焊缝采取强制冷却措施（如用铜垫板、水冷等）；多层焊时，要控制好层间温度，（前一道焊缝冷却到60℃以下再焊下一道焊缝）。

2）选择超低碳（$w_C \leqslant 0.03\%$）焊条，或用含有 Ti 或 Nb 等稳定元素的不锈钢焊条。

3）先焊接不与腐蚀介质接触的非工作面焊缝，最后焊接与腐蚀介质接触的工作面焊缝。

4）焊后进行固溶处理，把焊件加热至 1050～1150℃后进行淬火处理，使晶界上的 $Cr_{23}C_6$ 溶入晶粒内部，形成均匀的奥氏体组织。

5）对于奥氏体不锈钢焊缝金属，一般希望铁素体 δ 相数量为 4%～12%比较适宜。实践证明，5%的铁素体 δ 相是可以获得比较满意的抗晶间腐蚀性能的，焊接生产中常用的 18-8 钢焊条就是出于这一要求而研制的。

3. 焊接接头应力腐蚀

（1）奥氏体不锈钢应力腐蚀机理　奥氏体不锈钢由于导热性差、线胀系数大，焊接过程中在约束焊接变形时，会产生较大的残余应力。众所周知：拉应力的存在是应力腐蚀开裂不可缺少的重要条件，而焊接残余应力所引起的应力腐蚀开裂实例占全部应力腐蚀开裂实例的 60%以上。

1）应力条件。应力腐蚀对应力有选择性，通常压应力是不会引起应力腐蚀开裂的，只有在拉应力的作用下才会导致应力腐蚀裂纹开裂。

2）材料条件。一般情况下，纯金属不会产生应力腐蚀，应力腐蚀大多发生在合金中（含各种杂质的工业纯金属，也属于合金），在晶界上的合金元素偏析是引起晶间应力腐蚀开裂的重要因素之一。

3）介质的影响。应力腐蚀的最大特点是腐蚀介质与材料组合上有选择性，在特定组合以外的条件下不会产生应力腐蚀。如奥氏体不锈钢在 Cl⁻环境中的应力腐蚀，不仅与溶液中的 Cl⁻离子浓度有关，而且还与溶液中的氧含量有关。当溶液中的 Cl⁻离子浓度很高而氧含量很少，或者 Cl⁻离子浓度较低而氧含量较高时，都不会引起奥氏体不锈钢应力腐蚀。

Cr-Ni 奥氏体不锈钢由于所处的腐蚀介质不同，其应力腐蚀开裂形式也不同：可以呈晶间开裂形式，也可以呈穿晶开裂形式或者穿晶与沿晶混合开裂形式。

（2）控制应力腐蚀开裂的措施

1）尽量降低焊接残余应力。在焊接施工中，除尽量消除应力集中源和减少焊接应力外，焊后消除应力处理也是非常重要的。

2）合理调整焊缝成分。在奥氏体不锈钢中增加铁素体含量，使铁素体组织在奥氏体组织中起到阻碍裂纹的发展，从而提高其耐应力腐蚀的能力（铁素体的体积分数不宜超过60%，否则将使不锈钢性能下降）。

4. 焊接接头的脆化

奥氏体不锈钢在高温下持续加热的过程中，就会形成一种以 Fe-Cr 为主、成分不定的金属间化合物，即 σ 相。σ 相性能硬脆而无磁性，并且分布在晶界处，使奥氏体不锈钢因冲击韧度大大下降而脆化。实践表明，σ 相的析出温度为 650～850℃。常用的 Cr18Ni9 类钢在 700～800℃ 温度下，Cr25Ni20 类钢在 800～850℃ 温度下，σ 相析出的敏感性最大。以上两类钢在低于 σ 相的析出温度时，σ 相的析出速度要缓慢得多；在高于 σ 相析出温度时，σ 相将不再析出。在高温加热过程中，如伴有塑性变形或施加应力，就将大大加速 σ 相的析出。

σ 相对奥氏体不锈钢性能最明显的影响就是促使缺口冲击韧度急剧下降。此外，σ 相对奥氏体不锈钢抗高温氧化、蠕变强度也产生一定的有害影响。

为了消除已经生成的 σ 相，恢复焊接接头冲击韧度，焊后可以把焊接接头加热到 1000～1050℃，然后快速冷却。

5. 焊接变形与收缩

奥氏体不锈钢的热导率小而线胀系数大，在自由状态下焊接时，容易产生较大的焊接变形。

三、奥氏体不锈钢的焊接

1. 奥氏体不锈钢的焊接工艺特点

1）焊接热输入要小。奥氏体不锈钢焊接过程中，为了缩短高温停留时间，加快冷却速度，采用小的热输入，短弧快速焊，这样不仅能防止晶间腐蚀，而且还能减小焊接变形。

2）焊接操作正确。焊接过程中，焊条不作横向摆动，采用直线形运条，每道焊道不宜过宽，焊道宽度应小于焊条直径的 3 倍。

3）快速冷却。为了防止晶间腐蚀，奥氏体不锈钢焊后可采取强制冷却措施，如采用铜垫板、用水冷却等。

4）焊前预热和后热处理。为了防止焊后冷却速度降低，奥氏体不锈钢焊前不进行预热、焊后不采取后热工艺措施。多层多道焊接时，其层间温度应低于 60℃。

5）焊后热处理。焊后一般不进行热处理，只是在有应力腐蚀开裂倾向时，进行消除应力退火处理，退火温度的选择可根据设计要求在低于 350℃ 退火或者在高于 850℃ 进行退火处理。热处理前，必须将钢材表面的油脂洗净，以免加热时产生渗碳现象。当在 800℃ 以上温度进行加热消除应力处理时，850℃ 以下升温要缓慢，在 850℃ 以上的升温速度要快，以免焊缝晶粒受热长大。

2. 焊后表面处理

对奥氏体不锈钢焊后进行表面处理，可以增加不锈钢的耐蚀性，主要处理方法有以下几种。

（1）表面抛光处理　不锈钢光滑的表面，能产生一层致密而均匀的氧化膜，保护内部的金属不再受到氧化和腐蚀，所以，焊后应对不锈钢表面的凹痕、刻痕、污点、粗糙点、焊接飞溅等进行表面抛光处理。

（2）表面钝化处理　为增加不锈钢焊后的耐腐蚀性，把在其表面人工形成一层起保护作用的氧化膜的工艺措施称为表面钝化处理。钝化处理的工艺流程如下：表面清理和修补—酸洗—水洗和中和—钝化—水洗和吹干。

1）表面清理和修补。用手提砂轮将焊接飞溅、焊瘤磨光，把表面损伤处修好。

2）酸洗。用酸洗液或酸膏去除经热加工和焊接高温所形成的氧化皮。

3）水洗和中和。经酸洗的焊件，用清水冲洗干净。

4）钝化。在焊件表面用钝化液擦拭一遍，停留1h后。

5）水洗和吹干。用清水冲洗，再用布仔细擦洗，最后用热水冲洗干净并吹干。

3. 焊接工艺方法的选择

奥氏体不锈钢有优良的焊接性，可以用焊条电弧焊、钨极氩弧焊、熔化极氩弧焊、埋弧焊和等离子弧焊等。最常用的是焊条电弧焊、埋弧焊和氩弧焊。

（1）焊条电弧焊

1）焊条的选择。选用焊条应根据焊件的化学成分来考虑，焊条的化学成分类型尽量与母材相近，焊条的含碳量不要高于母材、铬镍含量应不低于母材。常用奥氏体不锈钢焊条电弧焊焊条的选用见表2-3-32。不锈钢焊条药皮分为以下三类：

① 焊条药皮类型代号为15的焊条。通常为碱性焊条，焊接电弧不够稳定，飞溅较多，脱渣性稍差，焊缝外观容易形成凸形，可以进行全位置焊接，焊波粗糙，只适用直流反接电源。焊条金属抗裂性好，适用于焊接刚度较大、中厚板以上的焊接结构。

② 焊条药皮类型代号为16的焊条。药皮可以是碱性的，也可以是钛型的或钛钙型的。焊接工艺性良好，电弧柔软，焊接飞溅少，焊缝光滑、美观，熔深稍浅，可使用交流或直流电源进行全位置焊接，由于不锈钢焊条钢芯电阻大，交流电源焊接时，焊条药皮容易发红、开裂，使后半根焊条工艺性能恶化，所以，最好不用交流电源。

③ 焊条药皮类型代号为17的焊条。它是焊条药皮类型代号为16的变型，可以使用交流或直流电源进行全位置焊接。这类焊条熔滴以附壁过渡为主，比药皮类型代号为16的焊条焊缝成形更好，焊波更细密、圆滑、扁平。横角焊焊缝的形状呈凹形，立角焊焊缝由下向上焊接时，熔渣凝固较慢，焊条要作轻微摆动，以加速熔池冷却速度，使焊缝形成合适的形状，因此，角焊缝的最小尺寸比药皮类型为16的焊条焊接的角焊缝应大一些。与药皮类型代号为16的焊条相比，熔化系数可提高20%以上，焊接过程中，焊条药皮不发红，减少了焊条头的损失，并且提高了熔敷效率，是目前国内外大力发展、推广的焊条。

表 2-3-32　常用奥氏体不锈钢焊条电弧焊焊条的选用

牌号		工作条件及要求	焊条型号及牌号
新牌号	旧牌号		
06Cr19Ni10	0Cr19Ni9	工作温度低于300℃，要求良好的耐腐蚀性	E308-16（A102） E308-15（A107）
12Cr18Ni9	1Cr18Ni9	抗裂、抗腐蚀性较高	（A122）
07Cr19Ni11Ti	1Cr18Ni11Ti	工作温度低于300℃，要求良好的耐腐蚀性	E347-16（A132） E347-15（A137）
022Cr19Ni10	00Cr19Ni10	耐腐蚀性要求较高	E308L-16（A002）
06Cr19Ni13Mo3	0Cr19Ni13Mo3	抗非氧化性酸及有机酸性能较好	E308L-16（A002） E317-16（A242）
06Cr23Ni13	0Cr23Ni13	耐热、耐氧化、异种钢焊接	E309-16（A302） E309-15（A307）
06Cr25Ni20	0Cr25Ni20	高温、异种钢焊接	E310-16（A402） E310-15（A407）

2）焊接生产注意事项如下：

① 奥氏体不锈钢焊缝性能，对化学成分变动有很大的敏感性，所以，为保证焊缝成分的稳定，必须保证有稳定的熔合比，也就是必须设法保证焊接参数的稳定性。

② 钢材的表面避免碰撞和摩擦损伤，划线下料时不要打样冲眼和用划针划线，以免损失不锈钢的耐腐蚀性。

③ 焊缝根部接触腐蚀介质时，要保证背面焊缝焊透，禁止使用金属垫板。

④ 焊接地线电缆卡头，在焊件上要卡紧，防止在焊接过程中出现起弧或过烧现象。为避免焊接飞溅损伤不锈钢表面，应在坡口及其两侧刷涂石灰水或防飞溅剂。

⑤ 焊缝交接处要错开，不要出现十字交接形焊缝。

⑥ 钢材的储存及运输要与一般的结构钢分开，以免不锈钢被铁锈污染。

⑦ 尽量用机械加工或等离子弧切割下料，避免用碳弧气刨切割下料。

⑧ 钢材的矫正不得用锤子敲击，以免破坏不锈钢表面保护膜。

⑨ 容器封头等零件最好冷压成形，如热压成形时，应检查耐蚀性的变化，并且做相应的热处理。奥氏体不锈钢焊后变形不能用火焰矫正，只能采用机械矫正。

⑩ 焊接前后需要进行热处理时，加热前必须把钢材表面的油脂清洗干净，以免在加热时产生渗碳现象。

（2）埋弧焊 奥氏体不锈钢含有较多的易氧化元素（如 Ti、Cr）等，当用普通焊剂进行埋弧焊时，焊丝中的这些元素将被严重氧化和烧损，同时还形成与焊缝表面牢固结合的渣壳，恶化了脱渣性，使焊缝金属的力学性能、耐腐蚀性降低。为了保证焊缝金属各项性能基本等同焊件母材的相应指标，必须保证焊缝金属的主要合金成分与母材的成分相匹配。

1）焊接材料的选择

① 焊剂的选择。奥氏体不锈钢埋弧焊时，应选用无锰中硅中氟焊剂、低锰低硅高氟焊剂、无锰低硅高氟焊剂，如 HJ150、HJ151、HJ151Nb、HJ172 等。

对于耐腐蚀性要求较低的焊接接头，可以选择低锰高硅中氟焊剂，如 HJ260。

烧结焊剂具有焊缝金属成分稳定、易于控制、脱渣容易、工艺性能良好等优点，在奥氏体不锈钢埋弧焊中已逐渐推广。

② 焊丝的选择。奥氏体不锈钢用焊丝选择原则是：在没有裂纹的前提下，保证焊缝金属的耐腐蚀性达到设计要求、保证焊缝金属的力学性能与母材基本相当或略高，尽量保证焊缝金属合金成分与母材成分一致或相近。在不影响耐腐蚀性的前提下，希望焊缝中含有一定数量的铁素体，这样既能保证良好的抗裂性、又能有良好的抗腐蚀性。但在某些特殊介质（尿素）中，奥氏体钢焊件要限制焊缝金属内铁素体含量不得超过 5%，以防止在使用过程中铁素体发生脆性转变。常用的奥氏体不锈钢埋弧焊用焊丝与焊剂见表 2-3-33。

表 2-3-33　常用的奥氏体不锈钢埋弧焊用焊丝与焊剂

牌 号		焊丝	焊剂
新牌号	旧牌号		
022Cr19Ni10	00Cr19Ni10	H00Cr21Ni10	HJ151、SJ601
06Cr19Ni10	0Cr18Ni10	H0Cr21Ni10	HJ151
12Cr18Ni9	1Cr18Ni9	H0Cr21Ni10	HJ151、SJ608
06Cr18Ni9Ti	0Cr18Ni9Ti	H00Cr21Ni10	HJ151Nb
12Cr18Ni9Ti	1Cr18Ni9Ti	H0Cr20Ni10Ti	HJ151、SJ608

（续）

牌　号		焊丝	焊剂
新牌号	旧牌号		
06Cr18Ni12Mo2Ti	0Cr18Ni12Mo2Ti	H00Cr19Ni12Mo2	HJ151、SJ601
022Cr17Ni12Mo2	00Cr17Ni12Mo2	H00Cr19Ni12Mo2	HJ151、SJ608
06Cr17Ni12Mo3Ti	1Cr18Ni12Mo3Ti	H0Cr20Ni14Mo3	HJ151、SJ601

2）焊接操作技术。焊丝伸出导电嘴外长度不要过长，焊丝直径为 2~3mm 时，焊丝伸出长度不应超过 20~30mm，以免在焊接过程中焊丝发红影响焊接质量。焊接过程中，导电嘴要经常更换，以保证焊接电流的稳定；10mm 以下的薄板进行单面焊接时，背面的铜垫板要夹紧和压紧，防止在焊接过程中变形，影响焊缝背面成形质量；厚板开坡口焊接时，采用窄焊道多层焊接技术，层间应仔细清渣，并且控制好层间温度，最好不要超过 60℃。焊接地线的铜质导电端头要用弹簧夹夹紧，以防止因接触不良而影响焊接电流的稳定；与腐蚀介质接触的焊缝要最后焊接。

3）焊接生产注意事项

① 奥氏体不锈钢可以采用等离子弧切割下料，切割后用机械加工的方法去除切割边缘的热影响区；如果用冲剪方法下料，则加工硬化带也要用机械加工方法去除。

② 所有焊接坡口都应用机械加工方法制备，焊接前用丙酮仔细擦洗待焊处的油、污、垢。

③ 焊丝表面用丙酮脱脂，焊丝送给轮、焊丝校正轮焊前也应清洗干净。

④ 与奥氏体不锈钢待焊处接触的工装、夹具表面，都应采用铜垫板，防止碳素结构钢器具的表面铁离子黏附在不锈钢表面，导致该部位耐腐蚀性降低。

⑤ 焊剂焊前应进行烘干，烘干温度为 250~300℃，保温 2~3h。

⑥ 奥氏体不锈钢焊丝若已经加工硬化，焊前应进行退火软化处理，退火软化温度为 900~1000℃。

（3）钨极氩弧焊（TIG 焊）　钨极氩弧焊适用于厚度在 8mm 以下的板结构的焊接，特别适宜厚度为 3mm 以下的薄板的焊接，以及 φ60mm 以下管子焊接和大直径管子打底焊。

1）焊接材料的选择

① 钨极。常用的钨极有纯钨极、钍钨极及铈钨极。

纯钨极价格比较便宜，焊接电弧稳定，不足之处是空载电压较高，导电性差、承载电流能力小、引弧性能差，使用寿命短。

钍钨极比纯钨极降低了空载电压，改善了引弧、稳弧性能，增大了焊接电流承载能力，有微量放射性。

铈钨极比钍钨极更容易引弧，电极损耗更小，放射剂量也低得多，目前应用广泛。

② 氩气。奥氏体不锈钢焊接时，要求氩气的纯度较高，体积分数应≥99.7%。

③ 焊丝。奥氏体不锈钢用焊丝的选择原则是：在没有裂纹的前提下，保证焊缝金属的耐腐蚀性能达到设计要求、保证焊缝金属的力学性能与母材基本相当或略高，尽量保证焊缝金属合金成分与母材成分一致或相近。在不影响耐腐蚀性的前提下，希望焊缝中含有一定数量的铁素体，这样既能保证良好的抗裂性能，又能有良好的耐腐蚀性。但在某些特殊介质（尿素）中，奥氏体不锈钢焊件要限制焊缝金属内铁素体含量（不得超过 5%），以防止在使用

过程中铁素体发生脆性转变。奥氏体不锈钢钨极氩弧焊（TIG焊）用焊丝选择见表2-3-34。

表 2-3-34　奥氏体不锈钢钨极氩弧焊（TIG焊）用焊丝

钢　　号	焊　　丝	保护气体成分（体积分数）
022Cr18Ni10	H03Cr21Ni10	Ar 或 Ar+He 或 Ar95%＋CO$_2$5% 或 （药芯焊丝）CO$_2$
06Cr19Ni10		
12Cr18Ni9		
06Cr18Ni11Ti	H06Cr20Ni10Nb H06Cr20Ni10Ti	
06Cr17Ni12Mo2Ti	H06Cr18Ni12Mo2Ti H06Cr18Ni12Mo2Nb	
06Cr19Ni13Mo3	H06Cr19Ni14Mo3	
022Cr17Ni12Mo2	H03Cr19Ni14Mo3	
06Cr23Ni13	H12Cr24Ni13	
06Cr25Ni20	H0Cr26Ni21	

2）焊接操作技术

① 引弧。采用高频引弧法或高频脉冲引弧法引弧，引弧时，提前5~10s送气，以便吹尽送气管中的空气，保证焊接过程中熔池中的合金元素不被氧化。引弧时，钨极与焊件要保持3~5mm的距离，按下控制开关，此时，在高频高压作用下击穿间隙，焊接电弧被引燃。

② 注意保持焊接电弧的适宜长度。焊接过程中，如果氩气的挺度稍差一些，弧长就会控制不好，从而降低保护效果。

③ 控制好填丝。焊接过程中，掌握好填丝角度和焊丝填充位置。填丝时，焊丝不要触及钨极以免污染电极。焊丝在焊接过程中的运动不要离开氩气保护区，以免高温焊丝端头被空气氧化。

3）焊接生产注意事项

① 室外焊接时，在电弧周围要有防风措施，防止风力破坏氩气保护罩，影响奥氏体不锈钢的焊接质量。

② 不要在焊件上随便起弧，起弧位置应在铜垫板上，铜垫板要紧临焊缝起始处。

第六节　铸　　铁

一、铸铁的分类及牌号

1. 铸铁的分类

铸铁是以铁、碳、硅为主的多元铁合金，其碳的质量分数大于2.14%。铸铁与钢不同，铸铁在结晶的过程中要经历共晶转变。按石墨在铸铁内存在的形状铸铁可分为灰铸铁、白口铸铁、可锻铸铁、球墨铸铁、蠕墨铸铁和耐蚀奥氏体铸铁等。

（1）灰铸铁　灰铸铁中的碳是以片状石墨的形态存在于珠光体或铁素体或珠光体和铁素体按不同比例混合的基体组织中。灰铸铁的断口呈灰色。由于石墨的力学性能很低，所以使金属基体承受负荷的有效截面积减小，特别应该提出的是：片状石墨使应力集中严重，所以灰铸铁的力学性能不高。普通灰铸铁的金属基体是由珠光体与铁素体按不同比例组成的，铸铁中的珠光体含量越高，其抗拉强度越高，硬度也相应有所提高。由于灰铸铁具有塑性好、成本低、铸造性好、容易切削加工、吸振和耐磨等优点，所以应用最广泛。

（2）白口铸铁　白口铸铁是由珠光体、共晶渗碳体和二次渗碳体组成的，在白口铸铁中，碳元素除少量溶入铁素体外，绝大部分以渗碳体（Fe_3C）的形式存在。因断口呈银白色，故称为白口铸铁。白口铸铁不含石墨，其力学性能硬而脆，几乎没有塑性。普通白口铸铁含碳量高、含硅量低。增加含碳量可提高白口铸铁的硬度，而增加白口铸铁的含硅量则会降低共晶点含碳量，促进石墨形成。白口铸铁很少用来制造机械零件，主要用作炼钢原料、可锻铸铁的毛坯，以及不需要切削加工但需要硬度高和耐磨性好的零件，如轧辊、犁铧及球磨机的磨球等。

（3）可锻铸铁　可锻铸铁是由白口铸铁经过高温退火处理后，使共晶渗碳体分解而形成团絮状石墨，然后通过不同的热处理，使基体组织变为珠光体或铁素体的铸铁。可锻铸铁又分为：以铁素体为基体的黑心可锻铸铁和白心可锻铸铁。由于白心可锻铸铁的组织从里到外都不均匀，力学性能不好，韧性较差，而且热处理温度高，时间长、能源消耗量大，所以我国基本上不生产白心可锻铸铁。可锻铸铁与灰铸铁相比，由于石墨的形态发生了改善，不仅有较高的强度，而且还有良好的塑性和韧性。

（4）球墨铸铁　在铸造的条件下，铸铁金属基体组织通常是铁素体加珠光体的混合组织。为使铸铁中的石墨球化，需要向高温的铸铁铁液中加入适量的球化剂。经过球化剂球化的铸铁，碳以球状石墨形式存在，称为球墨铸铁。球墨铸铁的正常组织是细小圆整的石墨球加金属基体。

（5）蠕墨铸铁　蠕墨铸铁中，因为高的含碳量容易促进球状石墨的形成，所以蠕墨铸铁的含碳量通常比球墨铸铁低。蠕墨铸铁的石墨呈蠕虫状，与片状石墨相比，蠕状石墨短而厚。因此，蠕墨铸铁的力学性能介于相同基体组织的灰铸铁与球墨铸铁之间。

（6）耐蚀奥氏体铸铁　含镍的质量分数在13.5%～36%的铸铁，以奥氏体为基体，称为奥氏体铸铁。这种铸铁不仅有良好的耐蚀性，而且加工性能也好。奥氏体球墨铸铁具有较高的强度，较好的塑性和韧性，特别是在焊接热影响区不产生白口及马氏体淬火组织。

由于铸铁件在生产中往往产生铸造缺陷，尤其是常出现的裂纹等缺陷，因此，在实际生产中铸铁件的补焊应用很多，而焊接应用很少。

2. 铸铁牌号

（1）灰铸铁牌号

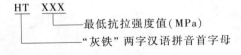

灰铸铁牌号举例如下：

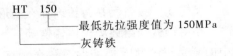

（2）球墨铸铁牌号

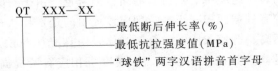

球墨铸铁牌号举例如下：

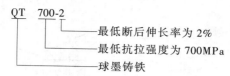

```
QT  700-2
         └──── 最低断后伸长率为2%
      └─────── 最低抗拉强度为700MPa
   └────────── 球墨铸铁
```

（3）可锻铸铁牌号

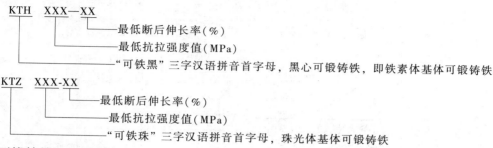

```
KTH  XXX—XX
            └──── 最低断后伸长率（%）
         └─────── 最低抗拉强度值（MPa）
   └───────────── "可铁黑"三字汉语拼音首字母，黑心可锻铸铁，即铁素体基体可锻铸铁

KTZ  XXX-XX
            └──── 最低断后伸长率（%）
         └─────── 最低抗拉强度值（MPa）
   └───────────── "可铁珠"三字汉语拼音首字母，珠光体基体可锻铸铁
```

可锻铸铁牌号举例如下：

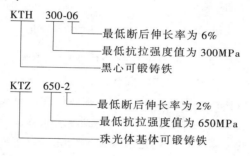

```
KTH  300-06
           └──── 最低断后伸长率为6%
        └─────── 最低抗拉强度值为300MPa
   └──────────── 黑心可锻铸铁

KTZ  650-2
          └──── 最低断后伸长率为2%
       └─────── 最低抗拉强度值为650MPa
   └─────────── 珠光体基体可锻铸铁
```

（4）蠕墨铸铁牌号

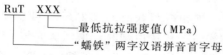

```
RuT  XXX
        └──── 最低抗拉强度值（MPa）
   └───────── "蠕铁"两字汉语拼音首字母
```

蠕墨铸铁牌号举例如下：

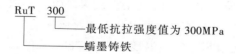

```
RuT  300
        └──── 最低抗拉强度值为300MPa
   └───────── 蠕墨铸铁
```

二、铸铁的焊接性

1. 灰铸铁的焊接性

（1）焊接接头容易出现白口及淬硬组织　以常用的灰铸铁为例，经焊条电弧焊后，焊接接头上的组织变化可以分为六个区域，如图2-3-1所示。

1）焊缝区。当焊缝的化学成分与焊件的成分相同时，焊条电弧焊焊缝的冷却速度远远大于铸件在砂型中的冷却速度，焊缝基本上是白口组织。如果增大焊接热输入，焊缝中可以出现一定量的灰铸铁，但还不能完全消除白口组织。采取以下措施可以避免白口组织。

① 采用石墨化能力很强的焊条进行电弧冷焊，并配合一定的工艺措施。

② 采用铜钢焊条及镍基焊条等，使焊缝金属成为钢或有色金属。

③ 焊前预热，焊后缓冷。

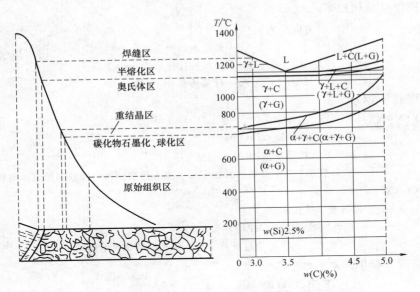

图 2-3-1 灰铸铁焊接接头的组织变化

2）半熔化区。此区较窄，处于液相线及固相线之间，其温度范围为 1150～1250℃。在焊接操作时，此区处于半熔化状态，即液—固状态。其中一部分铸铁已变为液体，另一部分铸铁通过石墨片中碳的扩散作用，也已经转变为被碳所饱和的奥氏体。在焊后快速冷却情况下，其液相部分在共晶温度转变为莱氏体（即奥氏体+渗碳体）。继续快冷时，碳的存在形式由石墨转变为化合状态的渗碳体，也就是由灰铸铁变为白口铸铁。更快的冷却速度还可能抑制奥氏体的共析转变，而转变为马氏体。

3）奥氏体区。该区位于固相线与共析温度上线之间。加热温度范围为 820～1150℃，在此区内铸铁为固态。在焊接过程快速冷却时，得到珠光体+二次渗碳体+石墨的组织，这是一种不完全石墨化的组织状态，比半熔化区的组织状态好一些。如果在焊接过程中以更快速度冷却时，也会产生马氏体组织。所以在铸铁熔焊时，采取适当工艺措施使该区缓慢冷却，就可以使奥氏体直接析出石墨，从而避免二次渗碳体的析出，防止产生淬硬组织。

4）重结晶区。这个区很窄，加热温度范围为 780～820℃。由于焊接的加热速度很快，铸铁中只有部分组织可以转变为奥氏体，在焊后冷却过程中奥氏体转变为珠光体。当冷却速度很快时，也可能出现马氏体组织。

5）碳化物石墨化区及原始组织区。该区温度低于 780℃，熔焊后该区组织没有明显变化或不变。

（2）白口及淬硬组织的危害

1）容易产生焊接裂纹。白口及淬硬组织硬而脆，极容易造成裂纹。只要采用适当的焊接工艺措施，就可以避免因半熔化区的白口组织而产生的裂纹。

2）灰铸铁焊后难于进行机械加工。

（3）焊接接头容易出现裂纹

1）冷裂纹。铸铁焊接时，冷裂纹可以发生在焊缝及热影响区，当焊缝为铸铁型时，容易产生冷裂纹，裂纹产生的温度在 400℃ 以下。这种冷裂纹常发生在较长的铸铁焊缝或较大的铸铁缺陷补焊时，并时常伴有产生裂纹的脆断声音。

当焊缝为白口铸铁时，由于白口铸铁的收缩率约为 2.3%，灰铸铁的收缩率约为 1.26%，所以白口铸铁比灰铸铁更容易出现裂纹。

2）热裂纹。当焊缝为铸铁型时，焊缝对热裂纹不敏感。当采用低碳钢焊条与镍基铸铁焊条冷焊时，焊缝容易出现结晶裂纹。当焊接应力较大时，此种裂纹也可以发展成剥离性裂纹。

总之，铸铁焊接接头容易产生裂纹的原因主要有：铸铁强度低、铸铁的塑性极差、焊件受热不均匀、焊接应力大等。

为防止铸铁补焊时产生裂纹，采取的措施主要有：焊件焊前预热，焊后缓冷；采用加热减应区法；调整焊缝化学成分；采用合理的补焊工艺；采用栽螺钉法等。

（4）变质的铸铁件出现不容易熔合的现象　当铸铁件长期在高温下工作时，会因铸铁件的变质而出现高温熔滴与变质铸铁不熔合，甚至在待焊处表面出现"打滚"现象，其主要原因如下：

1）长期在高温下工作的铸铁，基体组织发生了改变，由原先的珠光体—铁素体组织转变为铁素体组织，与此同时，石墨析出量也增多，并且进一步地集聚在一起长大，由于石墨的熔点比较高并且是非金属，所以，已变质的铸铁件容易出现焊不上的情况。

2）铸铁焊接时，石墨容易集聚长大，成为长而粗大的石墨片，从这种石墨片与基体组织的交界面上，空气容易侵入铸件内部，使铸铁金属氧化成熔点较高的铁、锰、硅的氧化物，所以增大了已变质的铸铁件焊接的难度。

2. 球墨铸铁的焊接性

球墨铸铁的焊接性与灰铸铁的焊接性有相同之处，也有不同之处。主要表现如下：

1）球墨铸铁的白口化倾向及淬硬倾向比灰铸铁大。这是由于有镁、铈、钇等球化剂的存在，大大地增加了球墨铸铁铁液的过冷倾向，提高了对白口化和淬硬倾向的敏感性。所以，在焊接球墨铸铁时，同质焊缝及半熔化区更容易形成白口组织，奥氏体区也更容易出现马氏体组织，这些将对防止焊缝及熔合区产生裂纹、提高焊接接头加工质量非常不利。

2）球墨铸铁焊接接头力学性能较高。为了保证球墨铸铁焊件可靠的工作，一般要求焊接接头的力学性能应与母材基本匹配，为此，在选择球墨铸铁的焊接方法、焊接材料及编制焊接工艺时，要认真加以考虑。

3）球墨铸铁的焊接性比灰铸铁要好些。由于球墨铸铁中的碳以球状石墨存在，因此球墨铸铁焊缝比灰铸铁焊缝具有较高的强度、塑性和韧性，尤其是以铁素体为基体的球墨铸铁，其承受塑性变形的能力更强。总之，球墨铸铁的焊接性比灰铸铁要好些。

三、灰铸铁的焊接

1. 焊接材料的选择

铸铁常用的焊接工艺方法主要有电弧热焊、电弧冷焊、气焊三种。

铸铁焊条的类别分为铁基焊条（灰铸铁焊条、球墨铸铁焊条）、镍基焊条（纯镍铸铁焊条、镍铜铸铁焊条、镍铁铸铁焊条、镍铁铜铸铁焊条）、其他焊条（纯铁及碳钢焊条、高钒焊条）三大类。

因为铸铁含碳量高、组织不均匀、塑性低、焊接性不良，所以，铸铁在焊接过程中，极容易产生白口、气孔、裂纹等缺陷，这不仅对铸铁的力学性能有很大影响，而且还会对进一步机械加工造成困难，为此在选用铸铁焊条时，可以按不同的铸铁材料、不同的切削加工要求、焊件被补焊处的重要程度等分别选取。焊条电弧焊铸铁焊条型号、牌号对照见表 2-3-35，焊条电弧焊铸铁焊条性能及用途见表 2-3-36。

根据《铸铁焊条及焊丝》（GB/T 10044—2006），填充焊丝型号中，"R"表示填充焊丝，"Z"表示用于铸铁焊接，在"RZ"后面用焊丝主要化学元素符号或金属类型代号表示。再细分时可用数字表示，气焊用铁基铸铁填充焊丝及性能见表 2-3-37。

表 2-3-35　焊条电弧焊铸铁焊条型号、牌号对照

牌号	型号	电源种类	焊缝金属类型	牌号	型号	电源种类	焊缝金属类型
Z100	EZFe-2	交直流	碳素结构钢	Z258	EZCQ	交直流	球墨铸铁
Z116	EZV		高钒钢	Z268	EZCQ		
Z117		直流		Z308	EZNi-1		纯镍
Z122Fe	EZFe-2		碳素结构钢	Z408	EZNiFe-1		镍铁合金
Z208	EZC	交直流	铸铁	Z408A	EZNiFeCu		镍铁铜合金
Z238	EZCQ		球墨铸铁	Z438	EZNiFe-2		镍铁合金
Z238SnCu	—			Z508	EZNiCu-1		镍铜合金
Z248	EZC		铸铁	Z607		直流	铜铁混合
Z612		交直流	铜铁混合				

表 2-3-36　焊条电弧焊铸铁焊条性能及用途

铸铁材料分类及焊后要求		焊条型号（牌号）
按铸铁材料类别选用	一般灰铸铁	EZFe（Z100）、EZV（Z116）、EZV（Z117）、EZC（Z208）、EZNi-1（Z308）、EZNiFe-1（Z408）、EZNiCu-1（Z508）、（Z607、Z612）
	高强铸铁，焊后进行锤击	EZV（Z116）、EZV（Z117）、EZNiFe-1（Z408）
	球墨铸铁，焊前要预热 500～700℃，焊后有正火或退火热处理要求	EZCQ（Z238）、（Z238SnCu）
按焊后焊缝切削加工性能要求选用	焊后不能进行切削加工	EZFe（Z100）、（Z607）
	焊前预热，焊后有可能进行切削加工	EZC（Z208）
	焊前预热，焊后经热处理后可以切削加工	EZCQ（Z238）、（Z238SnCu）
	冷焊后可以进行切削加工	EZV（Z116）、EZNi-1（Z308）、EZNiFe-1（Z408）、EZNiCu-1（Z508）、（Z612）

表 2-3-37　气焊用铁基铸铁填充焊丝及性能

型号	适　用	熔剂
RZC	中小型薄壁铸件气焊，焊前将待焊件依次进行低温（200～350℃）、中温（350～600℃）、高温（600～700℃）的加热，使焊件升温缓慢而均匀，出炉后进行气焊。焊后进行 600～700℃ 的消除应力处理	CJ20
RZCH	焊丝中含有一定数量的合金元素，焊缝强度较高，适用于高强度灰铸铁及合金铸铁等的气焊，补焊工艺同 RZC，根据需要进行焊后热处理	
RZCQ	焊丝中有一定的球化剂，焊缝中的石墨呈球状，具有良好的塑性和韧性。适用于球墨铸铁、高强度灰铸铁及可锻铸铁的气焊。补焊工艺同 RZC，根据需要进行焊后热处理	

2. 灰铸铁焊条电弧焊冷焊

灰铸铁焊条电弧焊冷焊分为两类：灰铸铁同质焊缝焊条电弧焊冷焊和灰铸铁异质焊缝焊条电弧焊冷焊。

（1）灰铸铁同质焊缝焊条电弧焊冷焊　利用铸铁型焊条焊后得到的焊缝金属，其焊缝组织、化学成分、焊缝力学性能以及焊缝的颜色等都与母材相接近，这种焊缝称为铸铁型焊缝，又称为同质焊缝。

1）在焊接同质焊缝时，主要解决以下两个焊接难点：

① 克服焊接接头冷却速度快、容易出现白口组织和焊接裂纹等缺陷。为此，一定要确保焊接接头的缓慢冷却速度。

② 控制焊缝的化学成分，进一步提高焊缝石墨化元素含量，使焊缝具有较强的石墨化能力，这样焊后加工性能良好。

2）焊条的选择　同质焊缝补焊用焊条主要有 Z248、Z208 等。

① Z248 焊条是强石墨化型药皮、铸铁芯焊条。强石墨化元素通过焊芯和焊条药皮向焊缝过渡，该焊条的石墨化能力较强。

② Z208 焊条是低碳钢芯强石墨化型药皮的铸铁焊条，通过灰铸铁的焊后保温和缓慢冷却，可使焊缝获得灰铸铁组织。

3）焊接操作

① 首先，在铸铁焊件缺陷处裂纹的两端打止裂孔，同时，加工出形状合适的坡口，并清除待焊处的油、污、锈、垢。当缺陷小而浅时，要开坡口予以扩大，面积须大于 $8cm^2$，深度要大于 7mm，坡口角度为 20°~30°。需要补焊的缺陷，在经过扩大成为型槽后要圆滑，为了防止铸铁熔池金属液体流散，在坡口周围边缘，要围上 6~8mm 高的黄泥条或耐火泥条。

② 选择焊接参数，灰铸铁同质焊缝焊条电弧焊冷焊参数见表 2-3-38。

③ 用较大的焊接电流、长电弧连续焊接，焊条不作横向摆动。熔池温度过高时，可以稍停一下再焊，如果焊件壁厚较薄时，可以用小电流焊接。

④ 为达到焊后熔合区缓慢冷却的目的，待补焊后的焊缝与母材齐平后，还应继续焊接，使余高加大到 6~8mm 为止。

⑤ 每焊完一小段后，应立即进行焊缝锤击处理，以改善焊缝结晶，消除或减小焊缝内应力。

表 2-3-38　灰铸铁同质焊缝焊条电弧焊冷焊参数

焊件厚度/mm	15~25	25~40	>40
焊条直径/mm	5	6	6~8
焊接电流/A	250~300	300~360	300~400

（2）灰铸铁异质焊缝焊条电弧焊冷焊　用非铸铁型焊接材料补焊铸铁，其焊缝金属与母材金属不同，称为异质焊缝。

1）异质焊缝分类。异质焊缝分为钢基、铜基和镍基焊缝三种。

① 钢基焊缝。由于钢基焊条的药皮有高矾铁或强氧化性物质，用钢基焊条焊接的灰铸铁焊缝，可以降低焊缝金属中的碳含量或者消除焊缝中碳的有害作用，但是，有一些焊接问题还是不好解决。如 Z100 是氧化型药皮铸铁焊条，用该焊条焊接灰铸铁，仍容易出现热裂纹、冷裂纹以及焊后加工困难等问题。所以该焊条多用于修复在高温下工作的灰铸铁钢锭模出现的缺陷。有时也用于焊后不要求加工，致密性、受力较低的缺陷部位的补焊。再如 Z116 和 Z117 是低氢型药皮的高矾铸铁焊条，这种焊条最大的特点是：焊缝具有优良的抗

冷、热裂纹的性能，单层焊时焊缝强度、塑性比灰铸铁高很多，但是进行大面积补焊时，易在焊缝和母材的交界处出现剥离裂纹。在铸铁缺陷处开深坡口补焊时，由于缺陷的体积大、补焊的层数多、焊后的焊接应力大等因素，容易引起焊缝与母材剥离，所以，常采用栽丝法焊接，主要用于铸铁焊件非加工面的补焊。

② 铜基焊缝。用铜基焊条补焊灰铸铁时，虽然铜的屈服强度较低，但是补焊后的铜基焊缝对防止焊缝出现冷裂纹、防止母材与焊缝交界处发生剥离性裂纹等都会起着有利的作用。如 Z607 焊条的焊芯是纯铜，药皮中含有较多的低碳铁粉，是低氢型焊条。该焊条的优点是：补焊较大的缺陷时，不容易出现母材与焊缝交界处的剥离性裂纹。

③ 镍基焊缝。用镍基焊条焊接灰铸铁得到的焊缝是镍基焊缝，常用的镍基铸铁焊条有 Z308（纯镍焊芯）、Z408（镍铁焊芯）、Z508（镍铜焊芯）三种。镍是较强的石墨化元素，在高温时扩散系数较大，因此，对镍向灰铸铁母材半熔化区扩散、改善加工性能、缩小白口区的宽度等都起着非常有利的作用。多用于加工面的补焊。

2）异质焊缝焊接注意事项。灰铸铁异质焊缝焊条电弧焊冷焊操作应注意以下问题：

① 采用短弧、断续施焊。灰铸铁电弧冷焊时，随着焊缝的增长，焊缝的纵向应力加大，使焊缝产生裂纹的倾向增大。为了减小热应力、防止冷裂纹产生，必须降低补焊区的温度，所以应该采用短段焊。具体操作如下：把焊缝分段焊接，每次只焊一小段（约 10~40mm；薄壁件散热慢，焊缝长度可取 10~20mm；厚壁焊件散热快，焊缝长度适宜 30~40mm），焊接操作不能连续进行，层间温度应控制在 50~60℃。

② 采用小电流焊接。灰铸铁焊接时，应尽量采用较小的焊接电流。原因如下：

a. 过大的焊接电流会使焊缝熔深加大，母材熔入焊缝内的成分过多，如 Fe、Si、S、P、C 等含量增多，使焊接接头产生热裂纹的敏感性增大。此外，由于焊缝内含碳量的增高，使焊接接头的淬硬区和淬硬倾向也加大，但是，灰铸铁焊缝的硬度越大，焊缝产生冷裂纹的敏感性也就越大。为此应减小熔合比，减少铸铁母材的熔化量。

b. 过大的焊接电流，使焊接热输入加大，母材处于半熔化区温度范围（1150~1250℃）的宽度也加大，在焊条电弧焊的快速冷却下，使冷却速度极快的焊缝半熔化区中的白口增厚，不仅影响机械加工性能，而且还会产生裂纹和焊缝与母材剥离。

c. 随着焊接电流的加大，焊接热输入也加大，从而导致焊接接头的拉应力增高，发生裂纹敏感性也就增大。

d. 灰铸铁焊接时，与母材接触的第一、二层焊缝，适宜用小直径焊条。因为随着焊条直径的增大，适合焊接的最小电流也在增加，这将会对焊缝产生不利的影响。

e. 为了尽量避免补焊处局部温度过高，焊接应力过大，应采用断续焊接，必要时可以采取分散、分段进行焊接。

③ 为了减小熔合比，应采用 U 形坡口。补焊线状裂纹缺陷时，焊前应在裂纹处开 70°~80°的 U 形坡口，在裂纹的两端 3~5mm 处钻孔径为 4~6mm 的止裂孔，防止在焊接过程中裂纹向外扩展。

④ 采用短弧和较快的焊接速度焊接。在保证焊缝成形及母材熔合良好的前提下，尽量采用较快的速度焊接，因为随着焊接速度的加快，铸铁母材的熔深、熔宽等都在下降，焊接热输入也下降，可以提高焊接接头的性能。当然焊接速度过快，将导致焊缝成形不良，与母材熔合不好，反而会使焊接接头的性能变坏。焊接电弧如果过长时，在电弧的作用下，使母

材的熔化宽度加宽，也会降低焊缝的力学性能。

⑤ 合理选择灰铸铁焊接操作方向和顺序。为了减小焊接应力，灰铸铁裂纹补焊时，应由刚度大的部位向刚度小的部位焊接。有以下三种焊接方法可供选择。

a. 从裂纹的一端向另一端依次逆向分段焊接。

b. 从裂纹的中心向裂纹的两端交替逆向分段焊接。

c. 从裂纹的两端交替向裂纹的中心逆向分段焊接。

在灰铸铁机床座的中心部位出现一条裂纹时，由于裂纹的两端刚度大，而裂纹中心部位的刚度相对较小，所以采用第三种焊接方法较好，即从裂纹的两端交替向裂纹的中心逆向分段焊接。

⑥ 采用锤击焊缝的方法。为了能松弛灰铸铁焊缝的焊接应力，使焊缝金属承受塑性变形，防止产生焊接裂纹，每焊完一段焊缝后，可立即用圆头的小锤快速锤击焊缝。

⑦ 合理选择焊条。灰铸铁厚大件补焊时，焊接应力很大，焊缝金属发生裂纹以及在焊缝金属与母材交界处产生剥离性裂纹的危险性增大。为了防止裂纹的产生，常选用屈服强度较低的焊接材料补焊厚度较大的灰铸铁缺陷则更为有利；或者采用栽螺钉法防止焊接过程中焊缝与母材剥离。

总之，铸铁冷焊时，为了减小焊接应力，防止裂纹，采取的工艺措施主要有分散焊；断续焊；细焊条；小电流；浅熔深和焊后立即锤击焊缝等。为了得到钢焊缝和有色金属焊缝，可以采用纯镍铸铁焊条、镍铁铸铁焊条、铜镍铸铁焊条、高钒铸铁焊条、普通低碳钢焊条。

3. 灰铸铁焊条电弧焊半热焊

（1）半热焊预热温度及应用 焊前将灰铸铁整体或局部预热至400℃左右进行焊条电弧补焊焊，并在焊后采取缓慢冷却的工艺方法称为半热焊。主要用于补焊处刚度较小、结构比较简单的铸铁焊件。

半热焊的预热温度，对于防止焊接热影响区马氏体的生成是有效的，因此也可以防止该区产生冷裂纹。同时，减少了灰铸铁接头高硬度区的宽度，使焊接接头的加工性得到了改善。

（2）焊接材料 半热焊时，由于预热温度较低，冷却速度较快，为了保证焊缝石墨化的进行，防止产生白口组织，应提高焊缝石墨化元素的含量。以碳的质量分数为3.5%～4.5%、硅的质量分数为3%～3.8%较合适。焊条型号选择EZC。如铸铁芯强石墨化型药皮焊条（Z248）和低碳钢芯强石墨化型药皮焊条（Z208）。

（3）预热 预热温度的选择主要依据铸件的体积、壁厚、缺陷位置、结构复杂程度、补焊处拘束度及预热设备来决定。预热灰铸铁焊件时加热速度应予以控制，使铸铁件的内部和外部温度应该尽可能均匀，防止铸铁件在加热过程中，因为热应力过大而产生裂纹。

（4）补焊操作 根据灰铸铁焊件的壁厚尽量选择大直径的焊条，焊接电流可根据下列公式选择：

$$I = (40 \sim 50)d$$

式中 I——焊接电流（A）；

d——焊条直径（mm）。

焊接操作时，电弧从缺陷中心引弧，逐渐移向边缘，但是焊接电弧在缺陷边缘处不宜停留时间过长，以免母材熔化过多或造成咬边。同时在保证焊条药皮中石墨能充分熔化的前提下，焊接电弧要适当予以拉长。此外，在焊接过程中还要时刻注意熔渣的多少，随时用焊条将熔渣挑出熔池。补焊缺陷时，缺陷小的可连续焊完；缺陷大的要逐层堆焊填满，焊接过程中焊件始终要保持预热温度，否则应重新进行预热。

（5）焊后处理　灰铸铁焊后一定要采取保温缓冷的措施，通常用保温材料将其覆盖，对于重要的铸件焊后最好进行消除应力处理，然后随炉冷却。

4. 灰铸铁焊条电弧焊热焊

灰铸铁焊条电弧焊热焊技术主要包括焊前准备、焊前预热、补焊工艺及焊后处理等。焊条电弧焊热焊法焊接灰铸铁一般用于：焊后需要加工的铸件；要求颜色一致的铸件；结构复杂的铸件；补焊处刚度较大易产生裂纹的铸件等。

（1）焊前准备　首先仔细清除待焊处的油、污、锈、垢，铲除缺陷直至露出金属光泽，然后根据焊接工艺要求开坡口，坡口的外形要求是上边稍大而底部稍小些，并且在坡口底部应圆滑过渡。为了补焊好较大的缺陷或边角处的缺陷，焊前应用黄泥、耐火泥或型砂等把缺陷周围 2~3mm 处造型围起来，其高度为 6~8mm，以保护待焊处的熔化铁液不外溢。用来围在待焊处保护灰铸铁熔化铁液的黄泥、耐火泥或型砂在焊前应烘干除水。

（2）焊前预热　灰铸铁热焊焊前应将焊件预热至 600~700℃，使焊件呈暗红色，铸铁焊件预热的加热速度应给予控制，使铸铁件的内部与外部温度尽量均匀，以减小热应力，防止灰铸铁焊件在加热过程中产生裂纹。对于结构比较复杂的焊接结构，适宜采用整体预热；对于结构简单而刚度较小的焊件，可以采用局部预热。灰铸铁焊件焊前预热温度不得超过共析温度，否则焊后由于相变的结果，会引起铸铁基体组织的变化，从而导致焊件的力学性能也发生变化。焊件的焊前预热，不仅有效地减少了焊接接头的温差，而且，还改变了铸铁常温无塑性的状态。使伸长率达到 2%~3%，再配合焊后缓慢冷却，石墨化过程进行得比较充分，焊接接头可以完全防止白口组织及淬硬组织产生，使焊接接头的应力状态大为改善。

采用电弧热焊的焊接接头，硬度与母材相近，机械加工性优良，颜色也与母材一致，焊接质量是非常满意的。但是，灰铸铁热焊的不足之处有：焊接工序复杂、生产成本高、劳动条件恶劣、生产率低、焊件变形大等。

（3）补焊工艺　尽量选择较大直径的焊条和大电流焊接，焊接电流选择参照公式选择：$I=(40~50)d$，其中 d 为焊条直径。引弧由缺陷中心逐渐移向边缘，较小的缺陷可以一次焊完；较大的缺陷应逐层堆焊直至全部缺陷填满。在焊接球墨铸铁过程中，要始终保持层间温度与预热温度相同。

为使焊条药皮中的石墨充分熔化，焊接电弧应适当拉长，为防止保护不良及合金元素的烧损，焊接电弧也不要过分拉长。

（4）焊后处理　焊后一定要采取保温缓冷的措施，通常用保温材料将焊缝盖上，对于较重要的焊件，最好进行消除应力处理。即焊后立即将焊件加热至 600~650℃，保温一段时间，然后随炉冷却。

5. 灰铸铁气焊

1）准备气焊用的焊枪、焊嘴、氧气管、燃气管、燃气瓶、氧气瓶、氧气减压器、燃气减压器、气焊熔剂 CJ201、通针、气焊必备工具、砂纸、角磨砂轮、气焊保护眼镜、手套、工作服等。

2）选择好焊炬。由于铸铁焊件较厚，同时为了更好地消除气孔、夹渣等缺陷，应选用较大的焊炬。气焊焊嘴孔径和氧气压力选择见表2-3-39。

表 2-3-39　气焊焊嘴孔径和氧气压力选择

铸铁补焊处厚度/mm	焊嘴孔径/mm	氧气压力/MPa
≤20	2	0.4
20～50	3	0.6

3）调整气焊火焰。根据焊件的情况，将火焰调整为碳化焰或中性焰。焊完全缝后，用碳化焰继续加热，使焊缝缓冷，防止白口组织的产生，消除过厚的氧化膜，减少碳和硅的烧损。

4）灰铸铁的气焊。气焊加热出现母材熔化时，用焊丝端部把覆盖在熔池表面的氧化硅薄膜拨开一个缺口，将铸铁焊丝插入熔池内，并且进行轻微搅动，使熔池成分均匀，焊丝不允许任意抽出熔池或将焊丝置于熔池表面空间，以免焊丝端部被氧化。铸件焊前预热时，注意不要过多地熔化母材。

焊接过程中，如果有气孔和白亮点夹渣物（高熔点 SiO_2）时，将气孔和白亮点夹渣物置于气焊火焰内焰离焰心末端 6～8mm 处加热熔池，使熔池温度迅速升高，同时火焰作快速轻微摆动，使白亮点夹渣物浮出渣池表面，用焊丝将夹渣物挑出熔池，然后继续进行焊接。清渣时要同时向熔池中添加少量气焊熔剂，用以去除 SiO_2。气焊结束前，熔池表面和焊丝端头都要置于火焰气氛中，使熔化金属与空气隔绝，避免氧化。

铸铁补焊过程中，应使熔池表面稍高于焊件表面，在熔池未凝固时，用焊丝刮去高出焊件的表面层，这样可使补焊处平整和容易加工。

四、球墨铸铁的焊接

1. 球墨铸铁焊条电弧焊

铸铁的球化剂，一般都能严重阻挠焊缝石墨化过程，当采用焊条电弧焊时，由于冷却速度很大，球墨铸铁焊缝白口倾向增大。这样，不仅使其机械加工性能变坏，而且在焊接应力的作用下，还容易在焊缝中产生裂纹。因此，球墨铸铁焊接时要解决好如下两个问题：一是确定好预热温度，球墨铸铁焊条电弧焊时，多采用 500～700℃ 高温预热法焊接。二是选择好球墨铸铁焊条，球墨铸铁焊条电弧焊焊缝有两种：同质焊缝和异质（非球墨铸铁型）焊缝。同质焊缝焊条可分为两类：一类是球墨铸铁芯外涂球化剂药皮，通过焊芯和药皮共同向焊缝过渡钇基重稀土等球化剂使焊缝球化，焊条的牌号为 Z258；另一类是低碳钢芯外涂球化剂和石墨化剂，通过药皮使焊缝球化，焊条的牌号为 Z238。异质焊缝（非球墨铸铁型）焊条电弧焊用焊条主要有镍铁焊条（Z408）以及高钒焊条（Z116、Z117）。

（1）同质焊缝焊条电弧冷焊　同质焊缝焊条电弧冷焊的焊接效率比气焊的焊接效率有了很大的提高，但是，由于同质球墨铸铁焊缝对冷却速度很敏感，当冷却速度在共晶转变温度区间超过某一定值后，就可能产生莱氏体组织并引发焊接裂纹。因此，同质焊缝焊条电弧焊对球墨铸铁焊件的板厚及缺陷体积大小都有一个限度要求，常用的球墨铸铁焊条有以下几种。

1）Z258 焊条。其为铸铁芯强石墨化药皮的球墨铸铁焊条，采用钇稀土或镁球化剂，其球化能力较强。

2）Z238 焊条。其为低碳钢芯强石墨化药皮焊条，焊后焊缝金属中的石墨以球状析出，焊件经正火处理后可获得硬度为 200~300HBW；焊件经退火处理后可获得硬度为 200HBW。由于有镁的存在，增加了焊缝的淬火敏感性，所以焊前应将球墨铸铁焊件预热至 500℃，焊后采取保温缓冷措施，这样该焊件的补焊处才有可能进行切削加工。

3）同质焊缝的焊接工艺要点

① 打磨焊件缺陷，小缺陷应扩大至 $\phi30~\phi40mm$，深为 8mm。裂纹处应开坡口，清除待焊处油、污、锈、垢。

② 对大刚度部位较大缺陷的补焊，应采用加热减应区工艺措施，焊前将焊件减应区预热至 200~400℃，焊后缓慢冷却防止裂纹。

③ 球墨铸铁补焊时，对于中等缺陷，采用连续焊接予以填满。对于较大的缺陷，采取分段焊接填满缺陷，然后再向前焊接，确保补焊区有较大的焊接热输入。

④ 球墨铸铁补焊时，宜采用大电流、连续焊工艺，焊接电流参照 $I=(36~60)d$ 选择，其中 d 为焊条直径，I 为焊接电流。

⑤ 如果补焊区需要进行焊态加工，焊后应立即用气体火焰加热补焊区至红热状态，并保持 3~5min。

（2）异质焊缝焊条电弧冷焊　为了保证球墨铸铁焊接接头有较好的力学性能，异质焊缝焊条电弧冷焊用焊条有镍铁焊条（EZNiFe-1）和高钒焊条（EZV）。

1）镍铁焊条（EZNiFe-1）。球墨铸铁焊接时，由于镍能够提高碳在焊缝金属中的溶解度，使其在焊缝中不能形成渗碳体，而形成奥氏体组织的焊缝，从而降低了焊缝的硬度和脆性。另外，镍虽然是弱石墨化元素，但也能促进石墨的析出，对降低熔合线产生白口组织和裂纹有一定的作用。

2）高钒焊条（EZV）。钒是强烈铁素体化元素，同时，也是碳化物形成剂。焊后焊缝金属的塑性、强度和抗裂性较好，硬度也较低。但是，焊接接头的熔合区附近容易出现白口组织，如果焊前进行 300~450℃ 预热，则产生白口的倾向得到很大的缓和。此时若再进行焊后热处理，则焊接接头可加工性明显提高。

3）异质焊缝焊接工艺要点。用镍铁焊条和高钒焊条在气温较低或焊件待焊处厚度较大的条件下焊接时，应对焊件进行预热，预热的温度为 100~200℃。焊接过程中，在保证焊缝熔合的前提下，尽量选用小的焊接电流。用这两种焊条焊的焊缝，力学性能还是比较高的，能够胜任球墨铸铁的补焊。但是，两种焊条还是有不同的特点，例如，镍铁焊条焊接的球墨铸铁焊接接头的加工性比高钒焊条好，主要用于加工面上的中、小缺陷的补焊；而高钒焊条则主要用于球墨铸铁焊件非加工面上的缺陷补焊。

2. 球墨铸铁气焊

气焊火焰温度低，焊件的加热和冷却缓慢，所以，用气焊焊接球墨铸铁会减弱接头产生白口及形成马氏体组织的倾向。又由于气焊火焰温度低，焊接过程中，减少了球化剂的蒸发，使焊缝金属的石墨化过程得以顺利进行。

球墨铸铁气焊用焊丝有 RZCQ-1 型和 RZCQ-2 型，焊丝中含有一定量的球化剂，具有良好的塑性和韧性，焊后可根据情况进行热处理。

气焊球墨铸铁时，可用中性火焰或轻微碳化焰，不能用氧化焰，否则会造成大量的球化剂烧损。如果焊缝中球化剂不足，将会使焊缝出现片状石墨，此时焊接接头力学性能将下降。石墨气焊时，还要注意连续焊接时间不宜过长，一般不超过 15min，如果焊缝熔池存在时间过长，则会使焊缝中的球化剂不足，出现片状石墨，降低焊接接头的力学性能。球墨铸铁焊后应缓慢冷却，对力学性能要求高的球墨铸铁焊件，焊后还要进行退火或正火热处理。

球墨铸铁气焊时，采用的气焊熔剂是脱水硼砂。

第七节　铜及铜合金

一、铜及铜合金的分类与牌号

铜是面心立方结构，其密度为 $0.89×10^4 kg/m^3$，约是铝的 3 倍；铜的电导率及热导率约是铝的 1.5 倍，略低于银；常温下铜的热导率比铁大 8 倍，在 1000℃ 时铜的热导率比铁大 11 倍。铜的线胀系数比铁大 15%，而收缩率比铁大 1 倍以上。铜在常温下不易氧化，而当温度超过 300℃ 时，氧化能力增长很快，当铜的温度接近熔点时，氧化能力最强。铜具有非常好的压力加工成形性能。

1. 铜及铜合金的分类

常用的铜及铜合金按 GB/T 5231—2012《加工铜及铜合金牌号和化学成分》分类有加工铜、加工高铜、加工黄铜、加工青铜、加工白铜五种。

（1）加工铜　加工铜中铜的质量分数不低于 99.5%，因其表面呈紫红色，俗称为紫铜或红铜。加工铜既有极好的导电性和导热性，又有良好的常温和低温塑性，以及对大气、海水和某些化学药品的耐腐蚀性。同时加工铜还有很好的加工硬化性能，经冷加工变形的加工铜，其强度可以提高近 1 倍，而塑性则降低好几倍，但是，经过 550~600℃ 退火后，加工硬化的加工铜还可以恢复其塑性。

（2）加工高铜　加工高铜是以铜为基体金属，在铜中加入一种或几种微量元素以获得某些预定特性的合金。加工高铜中铜的质量分数一般为 96%~99.3%，常用于冷、热压力加工。

（3）加工黄铜　加工黄铜是由铜（Cu）和锌（Zn）组成的二元合金，因其表面呈现淡黄色而得名。加工黄铜的强度、硬度和耐腐蚀能力比加工铜高得多，并且有一定的塑性，能够进行冷、热加工，所以，在工业中得到广泛的应用。

（4）加工青铜　加工青铜有锡青铜、铬青铜、锰青铜、铝青铜、硅青铜等。加工青铜虽然有一定的塑性，但其强度比加工铜和大部分加工黄铜高得多。加工青铜的热导性比加工铜和加工黄铜低几倍至几十倍，而且结晶区较窄。

（5）加工白铜　加工白铜（Cu-Ni）是铜和镍的合金，由于镍的加入而使铜的颜色由紫色逐渐变白而得名。加工白铜不仅有综合的力学性能，而且由于其热导性接近钢的热导性，所以焊前不进行预热也能很容易地进行焊接。加工白铜对磷、硫等杂质很敏感，在焊接过程中容易形成热裂纹，所以，焊接过程中要严格控制这些杂质的含量。

2. 铜及铜合金的牌号

（1）加工铜和加工高铜合金的牌号　加工铜主要分为无氧铜、纯铜、银铜、磷脱氧铜等。根据 GB/T 29091—2012《铜及铜合金牌号和代号表示方法》的规定，加工铜和加工高铜合金牌号命名如下：

1）加工铜以"T+顺序号"或"T+第一主添加元素化学符号+各添加元素含量（质量分数，数字间以"-"隔开）"命名。

示例1：铜的质量分数（含银）≥99.90%的二号纯铜的牌号为：

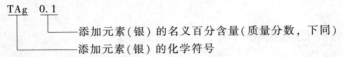

示例2：银的质量分数为0.06%~0.12%的银铜的牌号为：

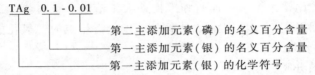

示例3：银的质量分数为0.08%~0.12%、磷的质量分数为0.004%~0.012%的银铜的牌号为：

```
TAg   0.1 - 0.01
                └── 第二主添加元素（磷）的名义百分含量
            └──── 第一主添加元素（银）的名义百分含量
      └────────── 第一主添加元素（银）的化学符号
```

2）无氧铜以"TU+顺序号"或"TU+添加元素的化学符号+各添加元素含量（质量分数）"命名。

示例1：氧的质量分数≤0.002%的一号无氧铜的牌号为：

示例2：银的质量分数为0.15%~0.25%、氧的质量分数≤0.003%的无氧银铜的牌号为：

```
TUAg   0.2
            └── 添加元素（银）的名义百分含量
      └──────── 添加元素（银）的化学符号
```

3）磷脱氧铜以"TP+顺序号"命名。

示例：磷的质量分数为0.015%~0.040%的二号磷脱氧铜的牌号为：

```
TP2
   └── 顺序号
```

4）高铜合金以"T+第一主添加元素化学符号+各添加元素含量（质量分数，数字间以"-"隔开）"命名。

示例：铬的质量分数为0.50%~1.50%、锆的质量分数为0.05%~0.25%的高铜合金的牌号为：

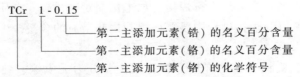

常用部分加工铜的代号、牌号、化学成分（GB/T 5231—2012）及力学性能见表2-3-40。

表 2-3-40　常用部分加工铜的代号、牌号、化学成分及力学性能

组别	代号	牌号	主要化学成分(质量分数,%)			杂质总和(质量分数,%)
			Cu+Ag(最小值)	P	Ag	
纯铜	T10900	T1	99.95	0.001	—	≤0.049
	T11050	T2	99.90	—	—	≤0.1
	T11090	T3	99.70	—	—	≤0.3
无氧铜	C10100	TU00	99.99	0.0003	0.0025	≤0.0072
	C10130	TU0	99.97	0.002	—	≤0.0028
	C10150	TU1	99.97	0.002	—	≤0.0028
	C10180	TU2	99.95	0.002	—	≤0.0028
	C10200	TU3	99.95	—	—	≤0.05
磷脱氧铜	C12000	TP1	99.90	0.004~0.012	—	<0.1
	C12200	TP2	99.90	0.015~0.040	—	<0.1
	T12210	TP3	99.90	0.010~0.025	—	<0.1
	T12400	TP4	99.90	0.040~0.065	—	<0.1
银铜	T11200	TAg0.1-0.01	99.9	0.004~0.012	0.08~0.12	<0.1
	T11210	TAg0.1	99.5	—	0.06~0.12	<0.5
	T11220	TAg0.15	Cu99.5	—	0.10~0.20	<0.5

材料状态	力学性能		物理性能			
	抗拉强度/MPa	伸长率(%)	熔点/℃	热导率/[W/(m·K)]	线胀系数/(10⁻⁶K⁻¹)	电阻率/(10⁻⁸Ω·m)
软(M)	196~235	50	1083	391	16.8	1.68
硬(Y)	392~490	6				

（2）加工黄铜的牌号　常用的黄铜主要分为加工黄铜和铸造黄铜，其中加工黄铜又分为普通黄铜、硼砷黄铜、铅黄铜、锡黄铜、铋黄铜、锰黄铜、铁黄铜、锑黄铜、硅黄铜、铝黄铜、镁黄铜、镍黄铜等。加工黄铜中锌为第一主添加元素，但牌号中不体现锌的含量。其命名方法如下：

1）普通黄铜以"H+铜含量（质量分数）"命名。

示例：铜的质量分数为 63%~68% 的普通黄铜的牌号为：

H65 ——铜的名义百分含量

2）复杂黄铜以"H+第二主添加元素化学符号+铜含量（质量分数）+除锌以外的各添加元素含量（质量分数，数字间以"-"隔开）"命名。

示例：铅的质量分数为 0.8%~1.9%、铜的质量分数为 57.0%~60.0% 的铅黄铜的牌号为：

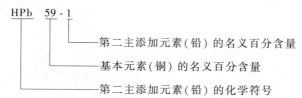

HPb　59-1
——第二主添加元素（铅）的名义百分含量
——基本元素（铜）的名义百分含量
——第二主添加元素（铅）的化学符号

部分常用加工黄铜（GB/T5231—2012）的化学成分及力学性能见表 2-3-41。

表 2-3-41 部分常用加工黄铜的化学成分及力学性能

组别	代号	牌号	主要化学成分(质量分数,%)(余量为 Zn)		杂质总和(质量分数,%)	材料状态(质量分数,%)	力学性能		
			Cu	其他合金元素			抗拉强度/MPa	伸长率(%)	硬度 HBW
普通黄铜	T26300	H68	67.0~70.0	Fe:0.10 Pb:0.03	<0.3	软态	313.6	55	—
						硬态	646.8	3	150
	T27600	H62	60.5~63.5	Fe:0.15 Pb:0.08	<0.5	软态	323.4	49	56
							硬态	588	3	164

（3）加工青铜的牌号 常用的青铜主要分为加工青铜和铸造青铜。加工青铜又分为锡青铜、铬青铜、锰青铜、铝青铜、硅青铜等。加工青铜以"Q+第一主添加元素化学符号+各添加元素含量（质量分数，数字间以"-"隔开）"命名。

示例1：铝的质量分数为 4.0%~6.0% 的铝青铜的牌号为：

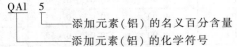

QAl 5
└──添加元素(铝)的名义百分含量
└──添加元素(铝)的化学符号

示例2：锡的质量分数为 6.0%~7.0%、磷的质量分数为 0.10%~0.25% 的锡青铜的牌号为：

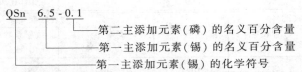

QSn 6.5 - 0.1
└──第二主添加元素(磷)的名义百分含量
└──第一主添加元素(锡)的名义百分含量
└──第一主添加元素(锡)的化学符号

部分常用加工青铜（GB/T 5231—2012）的化学成分及力学性能见表 2-3-42。

表 2-3-42 部分常用加工青铜的化学成分及力学性能

代号	牌号	化学成分(质量分数,%)		Cu
T51520	QSn6.5-0.4	Sn6.0~7.0	P0.26~4.0,Fe0.02,Pb0.02,Al0.002,Zn0.3,杂质总和 0.4	
T61700	QAl9-2	Al8.0~10.0	Mn1.5~2.5,Fe0.5,P0.01,Zn1.0,Sn0.1,Si0.1,Pb0.03	余量
T64730	QSi3-1	Si2.7~3.5	Mn1.0~1.5,Fe0.3,Ni0.2,Zn0.5,Sn0.25,Si0.1,Pb0.03	

代号	牌号	材料状态	抗拉强度/MPa	伸长率(%)
T51520	QSn6.5-0.4	软态	343~441	60~70
		硬态	686~784	7.5~12
T61700	QAl9-2	软态	441	20~40
		硬态	588~784	4~5
T64730	QSi3-1	软态	343~392	50~60
		硬态	637~735	1~5

（4）加工白铜的牌号 常用的白铜主要分为普通白铜、铁白铜、锰白铜、铝白铜和锌白铜等。加工白铜的牌号命名方法如下：

1）普通白铜以"B+铜含量（质量分数）"命名。

示例：镍的质量分数（含钴）为 29%~33% 的普通白铜的牌号为：

B30
└──镍的名义百分含量

2）复杂白铜包括铜为余量的复杂白铜和锌为余量的复杂白铜。

① 铜为余量的复杂白铜，以"B+第二主添加元素化学符号+镍含量（质量分数）+各添加元素含量（质量分数，数字间以"-"隔开）"命名。

② 锌为余量的锌白铜，以"B+Zn 元素化学符号+第一主添加元素（镍）含量（质量分数）+第二主添加元素（锌）含量（质量分数）+第三主添加元素含量（质量分数，数字间以"-"隔开）"命名。

示例1：镍的质量分数为 9.0%～11.0%、铁的质量分数为 1.0%～1.5%、锰的质量分数为 0.5%～1.0%的铁白铜的牌号为：

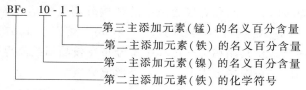

示例2：铜的质量分数为 60.0%～63.0%、镍的质量分数为 14.0%～16.0%、铅的质量分数为 1.5%～2.0%、锌为余量的含铅锌白铜的牌号为：

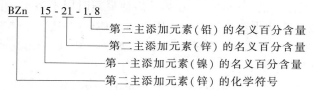

常用加工白铜的化学成分（GB/T 5231—2012）及力学性能（GB/T 2040—2008）见表2-3-43。

表2-3-43 常用加工白铜的化学成分及力学性能

代号	牌号	化学成分（质量分数,%）											
		Cu	Ni+Co	Fe	Mn	Pb	P	S	C	Mg	Si	Zn	杂质总合
T70380	B5	余量	4.4～5.0	0.2	—	0.01	0.01	0.01	0.03	—	—	—	0.5
T71050	B19	余量	18.0～20.0	0.5	0.5	0.005	0.01	0.01	0.05	0.05	0.15	0.3	1.8
代 号	牌 号	材料状态		抗拉强度/MPa		断后伸长率（%）							
T70380	B5	软态		≥215		≥20							
		硬态		≥370		≥10							
T70380	B19	软态		≥295		≥20							
		硬态		≥390		≥3							

二、铜及铜合金的焊接性

铜及铜合金的焊接性较差，很难获得优质的焊接接头，主要困难有以下方面。

1. 填充金属与焊件母材不易很好熔合，易产生未焊透和未熔合缺陷

铜及铜合金导热性强，其热导率比碳素结构钢大 7～11 倍，焊接时有大量的热量被传导损失，由于焊件母材获得焊接热输入的不足，填充金属和焊件母材之间，难于很好地熔合，容易出现未焊透和未熔合缺陷。另外，铜容易被氧化，焊接过程中如果保护不好，铜的氧化物覆盖在熔池表面，会阻碍填充金属与母材熔液的熔合。因此，焊接纯铜时，必须采用大功率、能量集中的强热源焊接，焊件厚度大于 4mm 时，还要采取预热措施，母材厚度越大，

焊接时散热越严重，焊缝也越难达到熔化温度。另外，铜在熔化时，表面张力比铁小 1/3，铜液比铁熔液大 1~1.5 倍，因此，表面成形较差，为此，焊接铜及铜合金时，背面必须加垫板等成形装置，以确保焊缝背面的成形。

2. 焊接接头的热裂倾向大

焊接铜及铜合金时，铜的线胀系数和收缩率比较大，约比铁大 1 倍以上，焊接时的大功率热源会使焊接热影响区加宽，如果焊件的刚度不大，又无防止变形的措施，必然会产生较大的焊接变形；如果焊件的刚度很大时，由于焊件变形受阻，必然会产生较大的焊接应力，这就增大了焊接接头的热裂倾向。

另外铜及铜合金焊接时，铜能和焊接熔池中的杂质分别生成熔点为 270℃ 的（Cu+Bi）、熔点为 326℃ 的（Cu+Pb）、熔点为 1064℃ 的（Cu_2+Cu）、熔点为 1067℃ 的（Cu+Cu_2S）等多种低熔点共晶。这些低熔点共晶在结晶过程中都分布在枝晶间或晶界处，特别是纯铜焊接接头具有明显的热裂倾向，在焊接应力的作用下易形成热裂纹。

3. 气孔

铜及铜合金熔焊时，生成气孔的倾向比低碳钢严重得多。气孔主要由氢气和水蒸气所引起，此外，熔池中的氧化亚铜（Cu_2O），在焊缝熔池凝固时因不溶于铜而析出，与氢（H_2）或一氧化碳（CO）反应生成水蒸气和二氧化碳气体（CO_2），这些气体在熔池凝固前来不及析出时，也会形成气孔。铜与氧化亚铜和氢（H_2）或一氧化碳（CO）反应生成水蒸气和二氧化碳（CO_2）的化学反应如下：

$$Cu_2O+H_2 \longrightarrow 2Cu+H_2O \uparrow$$
$$Cu_2O+CO \longrightarrow 2Cu+CO_2 \uparrow$$

所生成的气孔分布在焊缝的各个部分。

4. 焊接接头性能发生变化

铜及铜合金焊接时，由于焊缝晶粒受热严重长大、合金元素的蒸发和氧化、焊接过程的杂质及合金元素的渗入等，使焊接接头的性能发生了很大的变化。

（1）导电性下降　纯铜焊后，由于焊缝受杂质的污染、合金元素的渗入、焊缝不致密等因素的影响，其导电性低于基本金属，杂质和合金元素越多，导电性就越差。

（2）力学性能下降　由于焊缝与热影响区的晶粒长大，各种低熔点共晶在晶界上出现，使焊接接头的力学性能有所下降，尤其是塑性和韧性的降低更为显著。

（3）耐蚀性下降　由于焊接过程中合金元素的蒸发和氧化、焊接接头存在的各种焊接缺陷、晶界上存在的脆性共晶体等，都会不同程度地降低焊接接头的耐蚀性。

5. 焊接过程中，金属元素的蒸发对人体健康有害

铜及铜合金焊接过程中，金属元素的蒸发对人体健康有害。特别是黄铜焊接时，熔点为 420℃、燃点为 906℃ 的锌元素在焊接过程中被蒸发，在焊接区形成白色的烟雾，对人体的健康有害，所以在焊接过程中必须加强通风等安全防护措施。黄铜的热导率比纯铜小，焊接热输入损失比纯铜小，所以，焊接时的预热温度比纯铜低。

6. 青铜焊接的主要困难

青铜焊接主要用来补焊铸件的缺陷及修补损坏的机件。

1）铝青铜焊接时，铝的氧化将阻碍填充焊丝熔滴与焊缝熔池结合，严重时会在焊缝中产生夹渣。

2）青铜受热收缩率比钢大50%左右，所以，焊接收缩应力大，在刚度较大的焊件上焊接时，焊后易产生开裂。

3）由于青铜熔液凝固温度范围大，使低熔点的锡在凝固过程中产生偏析，从而削弱了焊缝晶间结合力，严重时会引起焊缝产生裂纹。

三、铜及铜合金的焊接

1. 焊前清理

焊前应仔细清除焊丝表面和焊件坡口两侧各20~30mm范围内的油、污、锈、垢及氧化膜等，清理方法有机械清理法和化学清理法两种。

（1）机械清理法　用风动、电动钢丝轮或钢丝刷或砂布等打磨焊丝和焊件表面，直至露出铜的金属光泽。

（2）化学清理法　化学清理有如下两种方法：

1）用四氯化碳或丙酮等溶剂擦拭焊丝和焊件表面。

2）铜及铜合金焊丝及焊件的焊前化学清理见表2-3-44。

表2-3-44　铜及铜合金焊丝及焊件的焊前化学清理

清理对象		清 理 内 容
焊丝	脱脂处理	放在质量分数为10%的氢氧化钠水溶液中脱脂,溶液温度30~40℃,然后再用清水冲净、干燥
	酸洗中和	放在含硝酸35%~40%(质量分数)或含硫酸10%~15%(质量分数)的水溶液中浸蚀2~3min,然后再用清水冲净、干燥
焊件	脱脂处理	放在质量分数为10%的氢氧化钠水溶液中脱脂,溶液温度30~40℃,然后再用清水冲净、干燥

2. 焊接接头形式及其选择

由于铜及铜合金具有热导率高、液态流动性好的特性，所以焊接接头形式与钢材焊接相比有如下特殊要求。一般铜及铜合金的焊接接头形式以对接接头、端接接头为好，因为，这两种接头相对于热源是对称的，接头两侧具备相同的传热条件，可以获得均匀的焊缝成形。尽量不采用搭接接头、T形接头、内角接接头形式。因为在焊接过程中，这些接头形式的热源散热不均匀，会使焊接质量有所降低。铜及铜合金的熔焊接头形式如图2-3-2所示。

3. 焊接位置的选择

因为液态铜及铜合金的流动性好，故焊接时尽量选用平焊位置施焊，不要采用立焊、仰焊及对接横焊位置施焊。用钨极氩弧焊或熔化极气体保护焊焊接时，可在全位置上焊接铝青铜、硅青铜等，为了能较好地控制熔化金属流动，保证焊缝成形和焊接质量，焊接时可采用小直径电极、小直径焊丝和小的焊接电流，用较低的焊接热输入焊接。

4. 焊接衬垫的选择

焊接熔池中的铜及铜合金熔液流动性很好，为了防止铜液从坡口背面流失，保证单面焊双面成形，在接头的根部需要采用衬垫，衬垫的形式有两种：可拆衬垫和永久衬垫。

在焊接过程中，不与焊缝粘在一起，也不会因为与焊接熔池中的铜液发生反应并污染焊缝而降低焊缝质量。常用的可拆衬垫有以下类型：

1）不锈钢衬垫。不易生锈，衬垫的熔点高，焊接过程中不容易熔化。

2）纯铜衬垫。能承受一定的压力，受热变形后也容易校正再用。不足之处是散热快，成本高，如果操作不当，衬垫可能与焊件焊在一起。

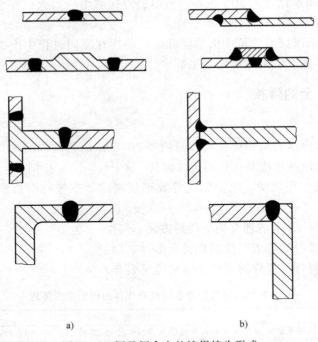

a)　　　　　　　　　　　　　b)

图 2-3-2　铜及铜合金的熔焊接头形式

a）合理的　b）不合理的

3）石棉垫。优点是散热慢，不会与焊缝焊在一起；缺点是石棉容易吸潮，焊缝容易产生气孔，所以，焊前石棉垫必须进行烘干。

4）碳精垫或石墨垫。优点是熔点极高，不足之处是质脆，容易发生断裂。焊接过程中，由于碳的燃烧而生成一氧化碳有毒气体，既对焊缝不利，也不利于焊工身体健康。

5）粘接软垫。粘接软垫使用简便，成本低，只要求被焊接的铜及铜合金焊件待焊处表面用钢丝刷打磨，去掉表面的油、污、锈、垢即可进行粘接。粘接时，用手的力量即可将软垫压紧贴牢，不需要任何卡紧装置，焊接过程中，软垫可以随着焊件受热变形，从而保证软垫与焊件紧密贴紧，保证了焊缝成形的稳定。粘接软垫主要有陶质粘接软垫和玻璃纤维软垫两种。

5. 焊前预热

由于铜及铜合金的导热性很强，为了保证焊接质量，焊前都需要进行预热，预热温度的高低，视焊件的具体形状、尺寸的大小、焊接方法和所用的焊接参数而定。

纯铜的预热温度一般为 300~700℃。

普通黄铜的导热性比加工铜差，但是为了抑制锌的蒸发，也必须预热至 200~400℃。

硅青铜的导热性较低，在 300~400℃ 又有热脆性，所以，硅青铜的预热温度和层间温度不应超过 200℃。

铝青铜的热导率高，所以焊前的预热温度应在 600~650℃。

加工白铜的热导率与钢相近，预热的目的是减少焊接应力、防止热裂纹，预热温度应偏低些。总之，采用合理的预热温度，且在焊接过程中始终保持这个温度不变，是保证铜及铜合金焊接质量的关键措施之一。

焊件预热的热源有气体火焰、电弧、红外线加热器或加热炉等。铜及铜合金焊件在预热

· 86 ·

时，不要在高温停留时间过长，以防止焊件在高温下表面过度氧化和晶粒严重长大。为了防止预热热量的散失，预热时，铜及铜合金焊件应采取隔热措施。在焊接过程中，如果焊件的温度低于预热温度，就很难保证焊接质量，所以，焊件必须重新预热，但是，同一焊件的重复预热次数不应超过 3 次，否则，可能在焊缝熔合区和焊缝中出现裂纹，以及非常显著地降低焊接接头的力学性能。

6. 焊后处理

铜及铜合金焊后，为了减小焊接应力，改善焊接接头的性能，可以对焊接接头进行热态和冷态的锤击，锤击的效果如下：

纯铜焊缝锤击后，强度由 205MPa 提高至 240MPa，而塑性则有所下降，冷弯角由 180°降至 150°。

加工青铜焊后进行热态锤击时，可以明显地细化晶粒。

对有热脆性的铜合金多层焊时，甚至可以采取每层焊后都进行锤击，以减小焊接热应力，防止出现焊接裂纹。

对要求较高的铜合金焊接接头，在焊后应采用高温热处理，消除焊接应力和改善焊后接头韧性。例如，锡青铜焊后加热至 500℃，然后快速冷却，可以获得最大的韧性；铝的质量分数为 7% 的铝青铜厚板焊接，焊后要经过 600℃ 退火处理，并且用风冷消除焊接内应力。

7. 焊接材料的选择

（1）铜及铜合金焊条　铜及铜合金焊条电弧焊用焊条选择见表 2-3-45，铜及铜合金焊条新旧型号对照见表 2-3-46。

表 2-3-45　铜及铜合金焊条电弧焊用焊条

牌号	型号	主要化学成分（质量分数，%）								主要用途及工艺特点
		Cu	Si	Mn	P	Pb	Al	Fe	其他	
T107	ECu	>95	≤0.5	≤3.0	≤0.3	≤0.02	—	—	≤0.50	用于焊接导电铜排、铜制热交换器、船舶用海水导管、在海水腐蚀环境中工作的碳素结构钢表面堆焊等。不适宜焊接电解铜及含氧铜。焊前焊件预热温度为 400~500℃
T207	ECuSi-B	>92	2.5~4.0	≤3.0	≤0.3	≤0.02	—	—	≤0.5	用于焊接纯铜、硅青铜、黄铜以及化工机械管道等内衬的堆焊。焊接硅青铜或在碳素结构钢表面堆焊时不必预热，焊接黄铜时需预热至 300℃，焊接纯铜时需预热至 450℃
T227	ECuSn-B	余量	—	—	≤0.3	≤0.02	—	—	≤0.5	用于焊接纯铜、普通黄铜等同种或异种金属，也用于铸铁的补焊及堆焊。广泛用于加工青铜轴衬、船舶推进器叶片的焊接。焊前预热温度：加工青铜 150~250℃，碳素结构钢 200℃

（续）

牌号	型号	主要化学成分（质量分数，%）								主要用途及工艺特点
		Cu	Si	Mn	P	Pb	Al	Fe	其他	
T237	ECuAl-C	余量	≤1.0	≤2.0	—	≤0.02	6.5~10	≤1.5	≤1.0	用于铝青铜及其他铜合金的焊接，也可以用于铜合金与钢的焊接及铸铁的补焊。如海水散热器、阀门的焊接，水泵、气缸的等的堆焊，船舶螺旋桨补焊等。铝青铜与碳素结构钢的堆焊，薄件不预热，厚件预热至200℃
T307	ECuNi-B	余量	≤0.5	≤2.5	≤0.020	—	—	≤2.5	Ti≤0.50	用于白铜的焊接

表 2-3-46　铜及铜合金焊条新旧型号对照

GB/T 3670—1983	GB/T 3670—1995	AWS A5.6—1984	JIS Z3231—1989	药皮类型	焊接电源	熔敷金属力学性能	
						抗拉强度/MPa	伸长率(%)
TCu	ECu	ECu	DCu	低氢型	直流正接	≥170	≥20
—	ECuSi-A	—	DCuSiA			—	—
TCuSi	ECuSi-B	ECuSi	DCuSiB			≥270	≥20
TCuSnA	ECuSn-A	ECuSn-A	DCuSnA			—	—
TCuSnB	ECuSn-B	ECuSn-C	DCuSnB			≥270	≥12
—	ECuAl-A2	ECuAl-A2	—			—	—
—	ECuAl-B	ECuAl-B	—			—	—
TCuAl	ECuAl-C		DCuAl			≥390	≥15
—	ECuNi-A	—	DCuNi-1			—	—
—	ECuNi-B	ECuNi	DCuNi-3			≥350	≥20
—	ECuAlNi	ECuNiAl	DCuAlNi			—	—
TCuMnAl	ECuMnAlNi	ECuMnNiAl	—			—	—

（2）铜及铜合金焊丝型号　铜及铜合金气焊和气体保护焊用焊丝型号和牌号的对照见表 2-3-47。

表 2-3-47　铜及铜合金气焊和气体保护焊用焊丝型号和牌号对照

牌号	型号 GB/T 9460—2008		特性及用途
HS201	SCu1898	HSCu	特制纯铜焊丝，用于纯铜氩弧焊及气焊时的填充焊丝
HS220	SCu4700	HSCuZn-1	黄铜焊丝，用于黄铜的气焊及气体保护焊，也可以钎焊铜、铜合金、铜镍合金
HS221	SCu6810A	HSCuZn-3	特殊黄铜焊丝，用于黄铜的气焊及碳弧焊，也广泛用于钎焊铜、钢、铜镍合金
HS222	SCu6800	HSCuZn-2	特殊黄铜焊丝，用于黄铜的气焊及碳弧焊，也可以用于钎焊
(211)	SCu6560	HSCuSi	用于硅青铜、黄铜及与钢的异种金属耐腐蚀表面的堆焊
(213)	SCu6100A	HSCuAl	铝青铜焊丝，用于铝青铜与钢以及铜与钢的异种金属的焊接
(214)	SCu6325	HSCuAlNi	镍铝青铜焊丝，用于耐腐蚀表面的堆焊
(234)	SCu7158	HSCuNi	铜镍合金焊丝，用于钢件上的堆焊

（3）铜及铜合金埋弧焊焊剂和焊丝的选用　铜及铜合金埋弧焊时焊剂和焊丝的选用见表 2-3-48。

表 2-3-48　铜及铜合金埋弧焊焊剂和焊丝的选用

铜及铜合金类别	铜及铜合金牌号	焊剂与焊丝的选用	
		焊丝	焊剂
纯铜	T1 T2 T3	SCu1898 SCu6560	HJ430 HJ431 HJ260 HJ150 SJ579 SJ671
普通黄铜	H68 H62 H59	SCu6560	
加工青铜	QSn6.5-0.4 QA19-2 QSi3-1	SCu5210 SCu6100A SCu6560	

第八节　铝及铝合金

一、铝及铝合金的分类

铝及铝合金的分类如图 2-3-3 所示。

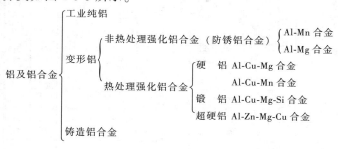

图 2-3-3　铝及铝合金的分类

部分铝及铝合金牌号与化学成分见表 2-3-49。部分铸铝合金牌号及化学成分（GB/T 1173—2013）见表 2-3-50。

二、铝及铝合金的焊接性

铝（Al）的密度为 2.7g/cm^3，比铜轻 2/3，铝为银白色的轻金属，熔点为 658℃，电导率仅次于金、银、铜而位居第四位。纯铝具有面心立方点阵结构，没有同素异构转变，塑性好，无低温脆性转变，但强度低。铝及铝合金的热导率比钢大，焊接时热输入容易向母材迅速流失，所以，熔焊时需要采用高度集中的热源。

铝及铝合金的线胀系数较大，约为钢的 2 倍，凝固时的体积收缩率达 6.5% 左右，因此，焊件不仅热裂倾向大而且还容易产生焊接变形。铝和氧的亲和力大，在空气中极容易氧化，生成高密度（3.85g/cm^3）的氧化膜（Al_2O_3），熔点高达 2050℃，该氧化膜在焊接过程中阻碍熔化金属的良好结合，容易造成夹渣、气孔、未熔合、未焊透等缺陷。铝及铝合金对光、热的反射能力较强，熔化前无色泽变化，因此，焊工很难控制加热温度。

由于铝及铝合金的化学性质非常活泼，表面极易形成难熔性质的氧化膜（如 Al_2O_3 的熔点约为 2050℃，MgO 的熔点约为 2500℃），以及铝及铝合金的导热性很强，焊接热输入容

表 2-3-49　部分铝及铝合金牌号与化学成分（GB/T 3190—2008）（质量分数，%）

类别	牌号 旧标准	牌号 新标准	Cu	Mg	Mn	Fe	Si	Zn	Ni	Cr	Ti	Be	Al	备注
工业纯铝	L1	1070A	0.03	0.03	0.03	0.25	0.20	0.07	—	—	0.03	—	≥99.35	—
工业纯铝	L2	1060	0.05	0.03	0.03	0.35	0.25	0.05	—	—	0.03	—	≥99.60	焊接性良好
工业纯铝	L3	1050A	0.05	0.05	0.05	0.4	0.25	0.07	—	—	0.05	—	≥99.50	
工业纯铝	L4	1035	0.10	0.05	0.05	0.6	0.35	0.10	—	—	0.03	—	≥99.35	
防锈铝合金	LF2	5A02	0.1	2.0~2.8	0.15~0.4	0.40	0.40	—	—	—	0.15	—	余量	除 3A21 外，焊接性都较好
防锈铝合金	LF3	5A03	0.1	3.2~3.8	0.3~0.6	0.50	0.5~0.8	0.20	—	—	0.15	—	余量	
防锈铝合金	LF5	5A05	0.10	4.8~5.5	0.3~0.6	0.50	0.50	0.20	—	—	—	—	余量	
防锈铝合金	LF6	5A06		5.8~6.8	0.5~0.8	0.40	0.40	0.20	—	—	0.02~0.10	0.0001~0.005	余量	
防锈铝合金	LF10	5B05	0.20	4.7~5.7	0.2~0.6	0.40	0.40	—	—	—	0.15	—	余量	
防锈铝合金	LF21	3A21		0.05	1.0~1.6	0.70	0.60	0.20	—	—	0.15	—	余量	
硬铝合金	LY1	2A01	2.2~3.0	0.2~0.5	0.2	0.50	0.50	0.10	—	—	0.15	—	余量	—
硬铝合金	LY16	2A16	6.0~7.0	0.05	0.4~0.8	0.3	0.3	0.20	—	—	0.1~0.2	Zr/0.20	余量	—
锻铝合金	LD2	6A02	0.2~0.6	0.45~0.9	0.15~0.35	0.50	0.5~1.2	0.20	—	—	0.15	—	余量	—
锻铝合金	LD10	2A14	3.9~4.8	0.4~0.8	0.4~1.0	0.7	0.6~1.2	0.30	0.10	—	0.15	—	余量	—
超硬铝合金	LC3	7A03	1.8~2.4	1.2~1.6	0.10	0.20	0.20	6.0~6.7	—	0.05	0.02~0.08	—	余量	—
超硬铝合金	LC9	7A09	1.2~2.0	2.0~3.0	0.15	0.50	0.50	5.1~6.1	—	1.6~0.30	—	—	余量	—
特殊铝合金	LT1	4A01	0.2	—	—	0.6	4.5~6.0	Zn+Sn0.10	—	—	0.15	—	余量	—

表2-3-50 部分铸铝合金牌号及化学成分（GB/T 1173—2013）

序号	合金牌号	合金代号	主要元素（质量分数，%）							
			Si	Mg	Mn	Ti	Cu	Zn	其他	Al
1	ZAlSi7Mg	ZL101	6.5~7.5	0.25~0.45	—	—				余量
2	ZAlSi7MgA	ZL101A	6.5~7.5	0.25~0.45		0.08~0.20	—			
3	ZAlSi12	ZL102	10~13	—			—			
4	ZAlSi9Mg	ZL104	8.0~10.5	0.17~0.35	0.2~0.5	—		—		
5	ZAlSi5Cu1Mg	ZL105	4.5~5.5	0.4~0.6	—	—	1.0~1.5			
6	ZAlSi5Cu1MgA	ZL105A	4.5~5.5	0.4~0.55			1.0~1.5			
7	ZAlSi8Cu1Mg	ZL106	7.5~8.5	0.3~0.5	0.3~0.5	0.1~0.25				
8	ZAlSi7Cu4	ZL107	6.5~7.5	—	—	—	3.5~4.5			
9	ZAlSi12Cu2Mg1	ZL108	11~13	0.4~1.0	0.3~0.9	—	1.0~2.0			
10	ZAlSi12Cu1Mg1Ni1	ZL109	11~13	0.8~1.3			0.5~1.5		Ni:0.8~1.5	
11	ZAlSi9Cu2Mg	ZL111	8~10	0.40~0.60	0.1~0.35	0.1~0.35	1.3~1.8			
12	ZAlSi7Mg1A	ZL114A	6.5~7.5	0.45~0.60	—	0.1~0.20			Be:0.04~0.07	
13	ZAlSi5Zn1Mg	ZL115	4.8~6.2	0.4~0.65				1.2~1.8	Sb:0.1~0.25	
14	ZAlSi8MgBe	ZL116	6.5~8.5	0.35~0.55		0.1~0.30			Be:0.15~0.40	
15	ZAlCu5Mn	ZL201			0.6~1.0	0.15~0.35	4.5~5.3			
16	ZAlCu5MnA	ZL201A			—	0.15~0.35	4.8~5.3	—		
17	ZAlCu4	ZL203					4.0~5.0			
18	ZAlCu5MnCdA	ZL204A			0.6~0.9	0.15~0.35	4.6~5.3			
19	ZAlMg10	ZL301		9.5~11	—					
20	ZAlMg5Si1	ZL303	0.8~1.3	4.5~5.5	0.1~0.4					
21	ZAlMg8Zn1	ZL305	—	7.5~9.0	—	0.1~0.20		1.0~1.5	Be:0.03~0.1	
22	ZAlZn11Si7	ZL401	6~8	0.1~0.3	—			9.0~13		

易迅速向母材流失，所以，容易造成铝及铝合金产生未熔合缺陷。铝及铝合金在焊接生产中的主要问题有以下几个。

1. 铝的比热容和热导率比钢大

铝的比热容和热导率比钢大，所以，焊接过程的热输入因向母材迅速传导而流失，因此，用熔焊方法焊接时，需要采用高度集中的热源焊接。为了获得高质量的焊接接头，有时需要采用预热的工艺措施才能实现熔焊过程。用电阻焊方法焊接时，需要采用特大功率的电源焊接。

2. 线胀系数较大

铝及铝合金的线胀系数较大，约为钢的 2 倍，凝固时的体积收缩率达 6.5% 左右，因此，焊件容易产生焊接变形。

3. 铝和氧的亲和力大

铝和氧的亲和力大，极容易氧化。铝及铝合金在焊接过程中，会在焊件表面氧化生成高密度（$3.85g/cm^3$）的氧化膜（Al_2O_3），其熔点高达 2050℃，该氧化膜在焊接过程中会阻碍熔化金属的良好结合，容易造成夹渣。

4. 容易产生气孔

铝及铝合金在焊接过程中最容易产生的缺陷是氢气孔，这是由于在焊接电弧弧柱的空间中，总是或多或少地存在一定数量的水分，尤其是在潮湿的季节或湿度大的地区焊接时，由弧柱气氛中的水分分解而来的氢，溶入过热的熔池金属中，在低温凝固时，氢的溶解度会发生很大的变化，急剧下降，如在焊缝熔池凝固前不能析出，就会留在焊缝中形成氢气孔。

其次，焊丝和焊件氧化膜中所吸附的水分，也是产生氢气孔的重要原因。Al-Mg 合金的氧化膜不致密、吸水性很强。所以，Al-Mg 合金要比氧化膜致密的纯铝具有更大的气孔倾向。

5. 铝及铝合金熔化时无色泽变化

铝及铝合金在焊接过程中由固态变为液态时，没有明显的颜色变化，因此，焊工很难控制加热温度，同时，还由于铝及铝合金在高温时强度很低（铝在 370℃ 时强度仅为 10MPa），容易使焊缝熔池塌陷或熔池金属下漏。所以焊接时焊接坡口背面要加垫板。

6. 焊接热裂纹

铝及铝合金焊接过程中，在焊缝金属和近缝区内出现的热裂纹主要是金属凝固裂纹。也可以在近缝区见到液化裂纹。易熔共晶体的存在，是铝及铝合金焊缝产生凝固裂纹的重要原因。铝及铝合金的线胀系数是钢的两倍，在拘束条件下焊接时，会产生较大的焊接应力，这也是铝及铝合金具有较大的裂纹倾向的原因之一。

7. 焊接接头的等强性

能时效强化的铝合金，除了 Al-Zn-Mg 合金外，无论是在退火状态下，还是在时效状态下焊接，焊后如不经热处理，其焊接强度均低于母材。

非时效强化的铝合金，如 Al-Mg 合金，在退火状态下焊接时，焊接接头同母材是等强的；在冷作硬化状态下焊接时，焊接接头强度低于母材。

铝及铝合金焊接时不等强的表现，说明焊接接头发生了某种程度的软化或存在某一性能上的薄弱环节。这种接头性能上的薄弱环节可以存在于焊缝、熔合区或热影响区中的任何一个区域内。

1）焊缝区。由于是铸造组织，与母材的强度差别可能不大，但是，焊缝的塑性一般不如母材。同时，焊接热输入越大，焊缝性能下降的趋势也越大。

2）熔合区。非时效强化的铝合金，熔合区的主要问题是因晶粒粗化而降低了塑性；时效强化的铝合金焊接时，不仅晶粒粗化，而且还可能因晶界液化而产生裂纹。所以，焊缝熔合区的主要问题是塑性发生恶化。

3）热影响区。非时效强化的铝合金和能时效强化的铝合金焊后的表现主要是焊缝金属软化。

8. 焊接接头的耐蚀性

铝及铝合金焊后，焊接接头的耐蚀性一般都低于母材。影响焊接接头耐蚀性的主要原因有以下方面：

1）由于焊接接头组织的不均匀性，使焊接接头各部位的电极电位产生不均匀性。因此，焊前焊后的热处理情况，就会对接头的耐蚀性产生影响。

2）杂质较多、晶粒粗大以及脆性相的析出等，都会使接头的耐蚀性明显下降。所以，焊缝金属的纯度和致密性是影响接头耐蚀性的原因之一。

3）焊接应力的大小也是影响耐蚀性的原因之一。

三、铝及铝合金的焊接

1. 焊接材料的选用

（1）铝及铝合金焊条的选用　由于铝及铝合金焊条电弧焊时，容易出现氧化、气孔、元素烧损以及裂纹等焊接缺陷，所以，铝及铝合金焊条在焊接过程中应用较少，常用于纯铝、铝锰、铸铝、铝镁合金焊接结构的焊接修补工艺。铝及铝合金焊条电弧焊焊条的选用见表 2-3-51。

表 2-3-51　铝及铝合金焊条电弧焊焊条的选用

焊条牌号	焊条型号	铝及铝合金		药皮类型	电源种类	抗拉强度/MPa	主要用途
		新标准	旧标准				
L109	E1100	1060	L2			≥80	焊接纯铝制品
L209	E4043	ZAlSi7Mg	ZL101	盐基型	直流反接	≥95	焊接铝板、铝硅铸件；一般的铝合金、锻铝、硬铝的焊接，不宜焊接铝镁合金
L309	E3003	3003	—				用于铝锰合金、纯铝及其他铝合金的焊接

（2）铝及铝合金气焊用焊丝和熔剂　铝及铝合金气焊时，必须使用气焊熔剂，用以消除和溶解焊丝和焊件表面的氧化膜，在熔池表面形成较薄的熔渣，保护熔池中的金属不被氧化，改善熔池金属的流动性，排除熔池中的气体、氧化物及其他夹杂物。

铝及铝合金气焊常用的熔剂是 CJ401，为白色粉状混合物，极容易吸潮和氧化，熔点为560℃，气焊使用时，先用水调成糊状，然后均匀地涂在焊丝和焊件表面。常用铝及铝合金焊丝的化学成分见表 2-3-52。常用铝及铝合金焊丝的新旧牌号、型号对照见表 2-3-53。

表 2-3-52　常用铝及铝合金焊丝的化学成分

牌号	型号	名称	熔点/℃	化学成分（质量分数，%）
HS301	SAl1100	纯铝焊丝	660	铝：99.6
HS311	SAl4043	铝硅合金焊丝	580～610	硅：4～6；铝：余量
HS321	SAl3103	铝锰合金焊丝	643～654	锰：1～1.6；铝：余量
HS331	SAl5556	铝镁合金焊丝	638～660	镁：4.5～5.7；锰：0.2～0.6；硅：0.2～0.5；铁≤0.4；铝：余量

表 2-3-53　常用铝及铝合金焊丝的新旧牌号、型号对照

焊丝类别	GB/T 10858—2008	GB/T 10858—1989	焊丝牌号	AWS A5. 10—1999
	焊丝型号	焊丝型号		
纯铝	SAl1200	SAl-1	—	ER1100
	SAl1070	SAl-2	—	
	SAl1450	SAl-3	HS301	
铝硅	SAl4043	SAlSi-1	HS331	ER4043 ER4047 ER4154
	SAl4047	SAlSi-2	—	
铝锰	SAl3103	SAlMn	HS321	—
铝镁	SAl5554	SAlMg-1	—	ER5039 ER5183 ER5356 ER5554 ER5556 ER5654
	SAl5654	SAlMg-2	—	
	SAl5183	SAlMg-3	—	
	SAl5556	SAlMg-5	HS331	
铝铜	SAl2319	SAlCu		

2. 铝及铝合金的焊前清理和焊后清理

（1）**焊前清理**　铝及铝合金在空气中极容易氧化，氧化后在表面形成致密的三氧化二铝（Al_2O_3）薄膜，氧化膜的熔点高达 2050℃，比铝的熔点 658℃高出近 1400℃，从而，在焊接加热过程中，往往表面的 Al_2O_3 氧化膜还没到温度，而氧化膜下面的纯铝却已熔化，使焊工难以控制焊接热输入，无法保证焊接质量。另外，氧化膜还极易吸收水分，它不仅妨碍焊缝的良好熔合，还是形成气孔的根源之一。为了保证焊接质量，焊前必须仔细清理焊件待焊处、焊丝表面的氧化膜及油污。焊前清理主要有两种方法：机械清理和化学清洗。

1）机械清理。清理前先用有机溶剂（汽油或丙酮）擦拭待焊处表面，紧随其后用细铜丝刷或不锈钢丝刷（金属丝直径<0.15mm）、各种刮刀，将待焊处的表面刷净（刮净），要刷（刮）到露出金属光泽为止。由于铝及铝合金表面硬度较软，所以清理焊件表面时，不允许用各种砂纸、砂布或砂轮进行打磨，以免在打磨时脱落的砂粒被压入铝及铝合金表面，影响焊接质量。

机械清理时，不仅要清理焊件表面，还要认真清理坡口钝边和坡口面，否则容易在焊接过程中产生气孔、夹渣等焊接缺陷。

机械清理的方法主要适用于去除铝及铝合金表面的氧化膜、各种锈蚀在铝及铝合金表面的污染，以及在轧制生产过程中产生的氧化皮等。常用于大尺寸的焊件表面和焊接生产周期较长、多层焊接，以及经过化学清理后又被污染的焊件的清理。

2）化学清洗。用化学清洗的方法不仅可以去除氧化膜，还可以起到去除油污的作用。清洗过程中用酸和碱等溶液清洗焊件，不仅效率高，而且清洗质量稳定，适用于被清洗的焊件尺寸不大、成批量生产的焊件。

在用碱溶液或酸溶液进行清洗时，溶液的质量分数及清洗时间是随着溶液的温度高低而不同的。如果溶液的温度高，则可以降低溶液的质量分数或缩短清洗时间；清洗后的铝及铝合金表面是无光泽的银白色。常用的铝及铝合金表面焊前化学清洗方法见表 2-3-54。

（2）**焊后清理**　焊后的铝及铝合金焊接接头及其附近区域，会残存焊接熔剂和焊渣，在空气中的水分作用下，会加快腐蚀铝及铝合金表面的氧化膜，从而也使铝及铝合金焊缝受

到腐蚀性破坏。因此，焊后应立即清除焊件上的熔剂和焊渣。常用的铝及铝合金焊后清理方法见表2-3-55。

表 2-3-54　常用的铝及铝合金表面焊前化学清洗方法

被清洗材料（母材或焊丝）	脱脂处理	碱洗			中和清洗				冷水冲洗时间/min	烘干温度/℃
		NaOH溶液 φ_{NaOH}（%）	温度/℃	时间/min	冷水冲洗时间/min	HNO₃溶液 φ_{HNO_3}（%）	温度/℃	时间/min		
纯铝	用汽油、丙酮等有机溶剂擦拭	6~10	50~70	8~16	2~3	30	室温	2~3	2~3	风干或100~150
铝合金		6~10	50~70	5~7	2~3	30	室温	2~3	2~3	风干或100~150

表 2-3-55　常用的铝及铝合金焊后清理方法

清洗方案	清洗内容及工艺过程
一般结构	在60~80℃热水中，用硬毛刷将焊缝的正面、背面仔细刷洗，直至焊接熔剂和焊渣全部清洗掉
重要焊接结构	在60~80℃热水中刷洗，用50%硝酸（体积分数）、2%重铬酸（体积分数）的混合液清洗2min，然后用热水冲洗、干燥

3. 铝及铝合金的焊接

（1）焊接垫板　铝及铝合金在高温时强度很低，在焊接过程中焊缝容易下塌，为了既保证焊缝焊透，又不至于发生焊缝下塌的缺陷，在焊接过程中，常在焊缝的背面用垫板来托住熔化、软化的铝及铝合金焊件，垫板的材料有不锈钢、石墨和碳素结构钢等。为了使焊缝背面成形良好，可以在垫板的表面开一个弧形圆槽，以确保焊缝背面的成形。熟练的专门焊接铝及铝合金的焊工，焊接时也可以不加背面的垫板。

（2）焊前预热　铝及铝合金的热导率比较大，焊接热输入要损失一部分，在焊接厚度超过5mm以上的焊件时，为了确保焊接接头达到所需要的温度，保证焊接质量，在焊接以前应对焊接接头处进行预热。预热温度为100~300℃，厚度大的铝焊件预热温度为400℃，预热的方法有氧乙炔火焰、电炉或喷灯等。

由于铝及铝合金在高温时不变颜色，无法判定焊件达到的预热温度值，所以，推荐以下几种鉴别温度的方法：

1）用TEMPILSTIK温度测试蜡笔。该系列的蜡笔共有87个温度级别，由40℃开始，在400℃以下，每增加5℃为一个级别；在400℃以上时，每增加10℃或25℃为一个级别。焊前用蜡笔在预热处画一直线，当预热的温度达到所选定的温度时，蜡笔的颜色会改变，此时可以停止预热。

2）用氧乙炔火焰的强碳化焰喷焊件的待焊处。预热前先用强碳化焰喷到铝及铝合金表面待焊处，使焊件的表面呈灰黑色，然后，将火焰调成中性火焰，在焊件的表面来回反复地进行加热，当预热的焊件表面炭黑被烧掉时，即表明该焊件已达到预热温度，此时可以停止预热。

（3）铝及铝合金焊接

1）铝及铝合金气焊。由于气焊火焰温度比其他焊接电弧温度低，所以气焊特别适用于薄板（0.5~2mm）焊件焊接和铝铸件缺陷的补焊。气焊铝及铝合金时，采用中性火焰，不用氧化焰，因为氧化焰会使焊缝熔池严重氧化和使焊缝出现气孔。

焊嘴大小应根据被焊件的厚度选择，为避免薄铝焊件烧穿，要选择比气焊同样厚度碳钢小一些的焊嘴，对于大厚度的铝及铝合金焊件，由于焊件散热快，所以要选择比气焊同样厚度碳钢大一些的焊嘴。

焊嘴的倾角一般为30°~50°，焊薄板时倾角较小，焊厚板时倾角要大一些。焊丝的倾角根据熔池的流动和母材熔化的具体情况决定，一般为40°~50°。焊接薄板时，焊丝轻划熔池表面，焊接厚板、堆焊和铸铝件补焊时，焊丝应搅动熔池，促使液态金属的良好熔合和杂质的浮出。

为了便于观察焊缝熔池的温度和流动情况，焊接3mm以下的薄板时，采用左焊法；焊接5mm以上的焊件时，采用右焊法。铝及铝合金气焊焊嘴孔径与焊丝直径见表2-3-56。

表2-3-56 铝及铝合金气焊焊嘴孔径与焊丝直径

焊件厚度/mm	<1.5	1.5~3	3~5	5~7	7~10
焊炬型号	H01-1	H01-6		H01-12	
焊嘴孔径/mm	0.9	0.9~1.0	1.1~1.2	1.4~1.8	1.6~2.0
焊丝直径/mm	1.5~2.0	2.5~3.0	3.0~4.0	4.0~4.5	4.5~5.5

2）铝及铝合金焊条电弧焊。铝及铝合金待焊处厚度在4mm以上时，应采用焊条电弧焊焊接，由于铝焊条药皮极易吸潮，为了防止焊缝产生气孔，所以焊前焊条必须经过严格的烘干，在150℃左右烘干温度下，烘干1~2h。

由于铝焊条电弧燃烧稳定性不好，所以要采用直流反接电源，焊接过程中焊条不要做摆动，可沿焊接方向作往复运动，焊条垂直于焊件表面，焊接速度要比钢焊条快2~3倍。为了防止焊缝熔池金属氧化、减小焊接飞溅和增加熔深，在保证焊接电弧稳定燃烧的前提下，采用短弧焊。

采用对接接头形式，尽量避免采用搭接和丁字接头。

焊件的厚度在3mm以下时，可以采用不开坡口的双面焊；当焊件的厚度大于4mm时，为了保证焊件焊透，应开V形坡口；当焊件厚度大于8mm时，为了保证焊透，焊件应开X形坡口。

3）钨极氩弧焊。钨极氩弧焊电源应选择交流电源，因为交流电源既可以采用较高的电流密度焊接，又可以对焊缝熔池表面铝氧化膜产生阴极破碎作用。

焊接开始前首先要检查钨极装夹情况、钨极伸出长度（通常为5mm左右）、钨极端部形状等，要保证钨极在焊嘴的中心，不准偏斜。

焊接引弧采用高频引弧装置，在石墨板或废铝件表面点燃电弧，当焊接电弧能稳定燃烧并且钨极被加热到一定的温度时，再将燃烧的电弧移到焊接区进行焊接。

焊接过程中钨极不可直接接触熔池，以免形成夹钨缺陷。焊丝不要进入弧柱区，因为焊丝容易与钨极碰撞使高温钨极磨损，在熔池中产生夹钨缺陷。

焊件平焊装配时，注意预制反变形（4°~6°）。铝板平焊时，要采用一次焊成焊缝，焊接操作采用左向焊法。

4）熔化极氩弧焊。焊件厚度大于8mm时，采用熔化极氩弧焊焊接铝及铝合金，可以高速度、大电流密度焊接，焊接生产率比钨极氩弧焊提高4~5倍，焊件越厚，焊接生产率提高越显著。

焊接电源采用直流反接，对焊接过程中熔池表面的氧化膜有阴极破碎作用，焊接电弧比较稳定，电弧的自身调节作用较强，所以焊接时电弧长度要选择合适：过短的电弧会引起焊接飞溅严重；过长的电弧会使电弧在焊接过程中产生飘移和氩气保护作用变差。焊接电流应尽量选择大些，达到射流过渡。

第四章　常用金属材料性能及钢的热处理基本知识

第一节　金属材料的力学性能

金属材料的力学性能是指材料在力作用下显示的与弹性和非弹性反应相关或包含应力-应变关系的性能。是材料抵抗外力引起的变形和破坏的能力。

金属结构、零件和工具在使用过程中所受的力按作用方式不同，可分为拉力、压力、弯曲力、剪切力、扭转力等，这种力又称为载荷。载荷分为静载荷和动载荷两种。

- 静载荷是指力的大小不变或变化缓慢的载荷，如静拉力、静压力等。
- 动载荷是指力的大小和方向随时间而发生改变的载荷，如冲击载荷、交变载荷等。

应力是指物体受外力作用后所导致物体内部之间的相互作用力。单位面积上的内力称为应力。其计算公式如下：

$$\sigma = \frac{F}{A}$$

式中　σ——应力（MPa）；

　　　F——内力（N）；

　　　A——截面积（mm^2）。

变形是指金属结构在外力的作用下，尺寸和形状的变化。变形分为弹性变形和塑性变形。

- 弹性变形是指去除外力后，物体的变形能完全恢复原状。
- 塑性变形是指当外力取消后，物体的变形不能完全恢复原状，而产生永久变形。

金属材料的力学性能指标主要有强度、塑性、硬度、韧性和疲劳强度等。

1. 强度

金属材料在力的作用下，抵抗永久变形和断裂的能力称为强度。金属材料的强度按受力的类型可分为抗拉强度、抗压强度、抗弯强度和抗剪强度等。在机械制造产品中，往往通过拉伸试验测定材料的屈服强度和抗拉强度，作为金属材料强度的主要判据。

（1）屈服强度（R_{eL}、R_{eH}）　金属材料在试验期间，产生塑性变形而拉应力不增加的应力点，金属材料出现屈服现象。表示材料发生明显塑性变形时的最低应力值。高碳钢、铸铁等材料在拉伸试验时，不产生明显屈服现象，可用规定残余伸长应力 σ_r 表示，如 $\sigma_{r0.2}$ 表示规定残余伸长率达 0.2% 时的强度值。

（2）抗拉强度（R_m）　拉伸试验时，与最大力 F_m 相对应的应力，表示材料能承受的最大应力值。

屈服强度和抗拉强度都是金属材料的重要判据，金属材料、机械零件或工具在使用时，为了安全，所受的应力必须小于屈服强度 R_{eL}，否则会引起明显的塑性变形，导致金属结构、机械零件或工具失效或破坏。因此，R_{eL} 数值是选材与设计的主要依据。

工程上把屈服点与抗拉强度的比值（R_{eL}/R_m）称为屈强比，其数值越高，则表明强度的利用率越高。一般材料的屈强比以 0.75 为宜。

2. 塑性

塑性是金属在外力的作用下能够稳定地改变自身的形状和尺寸，而且各个质点间的联系不被破坏的性能。塑性的大小可以通过拉伸试验测定。衡量塑性的指标主要有断后伸长率（A）、断面收缩率（Z）。

（1）断后伸长率（A） 拉伸试样拉断后标距的残余伸长量（L_1-L_0）与原始标距长度（L_0）之比的百分数。其计算公式为：

$$A = \frac{L_1-L_0}{L_0} \times 100\%$$

式中 L_0——试样原始标距长度（mm）；

L_1——试样拉断后的标距长度（mm）。

需要说明的是：金属拉伸试样有长试样和短试样两种。采用长试样测出的断后伸长率用（A_{10}）表示或用简化成（A）表示，采用短试样测出的短断后伸长率用（A_5）表示。

（2）断面收缩率（Z） 断裂后试样横截面积的最大缩减量（S_0-S_1）与原始横截面积（S_0）之比的百分率，即为断面收缩率。其计算公式为：

$$Z = \frac{S_0-S_1}{S_0} \times 100\%$$

式中 S_0——试样的原始横截面积（mm^2）；

S_1——试样的断口横截面积（mm^2）。

通过观察拉伸试样的断口形貌，就能判断出金属材料塑性的好坏，塑性差的材料为脆性断口，呈瓷状或晶状，有金属光泽，无缩颈，变形小而断面平整；塑性好的材料为韧性断口，呈杯锥状或纤维状撕裂断口，缩颈明显，断口无光泽。

从试样拉伸断后数值来看：断后伸长率 A 和断面收缩率 Z 的数值越大，表明材料的塑性越好，塑性良好的金属材料可以进行各种塑性加工，而且使用的安全性也较好。

3. 硬度

材料抵抗变形，特别是压痕或划痕形成的永久变形的能力称为硬度。生产过程中常用压入法测量硬度值。其方法是将一定几何形状的压头，在一定的压力作用下，压入材料的表面，根据压入材料程度来测量硬度值。用压入法测量的硬度主要有布氏硬度、洛氏硬度和维氏硬度等。

（1）布氏硬度（HBW） 布氏硬度是材料抵抗通过碳化钨合金球压头施加试验力所产生永久压痕变形的度量单位。布氏硬度是采用一定直径 D 的碳化钨合金球，加试验力 F 压入试样表面，经规定保持时间后，卸除试验力，测量试样表面压痕的直径 d。如图 2-4-1 所示。

通过实际测出的 d 值查表获得硬度值。布氏硬度 HBW 表达方法示例如下：

600 HBW 1/30/20

600——表示用碳化钨合金球压头测得的布氏硬度值。

1——球的直径为 1mm。

30——施加的试验力对应的 kgf 值，30kgf = 294.2N。

20——试验力保持时间（20s）。

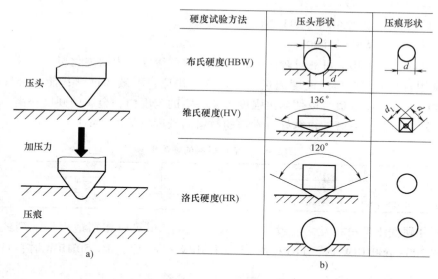

图 2-4-1　压入法测量硬度

（2）洛氏硬度（HR）　洛氏硬度是材料抵抗通过硬质合金或钢球压头，或对应某一标尺的金刚石圆锥体压头施加试验力所产生永久压痕变形的度量单位。洛氏硬度测量用金刚石圆锥或淬火钢球作压头，在试验压力 F 的作用下，将压头压入材料表面，压力保持规定的时间后，去除主试验力，保持初始试验力，用残余压痕深度增量计算硬度值，实际测量时可通过试验机的表盘直接读出洛氏硬度的数值。

洛氏硬度的表示方法如下示例：

70 HR 30T W

70——表示洛氏硬度值；

HR——洛氏硬度符号；

30T——洛氏标尺符号；

W——使用球形压头的类型，W = 碳化钨合金。

洛氏硬度测量时，具有迅速、简便、压痕小、硬度测量范围大等优点，可以应用在成品或较薄工件的测量。但是，测量数据的准确性、稳定性、重复性不如布氏硬度。通常在测量时，在试样表面的不同部位测试三个点，取其平均数作为该材料的洛氏硬度值。洛氏硬度通常不宜测量组织不均匀的材料。

（3）维氏硬度（HV）　材料抵抗通过金刚石正四棱锥体压头施加试验力所产生永久压痕变形的度量单位。试验时采用相对面夹角为 136° 的金刚石正四棱锥压头，以规定的试验压力 F 压入材料表面，保持规定的时间后卸除试验压力，然后根据压痕两对角线长度的算术平均值来计算硬度，用正四棱锥压痕单位表面积上所受的平均压力表示硬度值。实际测量时，只需测出压痕对角线长度的算术平均值，然后查表就可以获得维氏硬度值。

维氏硬度用 HV 表示，符号之前为硬度值，符号之后按如下顺序排列：

640 HV 30/20

640——维氏硬度值；

HV——维氏硬度符号；

30——试验力，此处 30kgf = 294.2N；

20——试验力保持时间（20s）。

维氏硬度测量压痕小，可测量较薄的材料或渗碳、渗氮等表面硬化层。

（4）常用材料的硬度值 硬度测量具有简便、快捷；不破坏试样；能综合反映材料的其他力学性能，根据硬度值可以估算出强度。在一定的范围内，金属的硬度提高，其强度也相应增加；硬度越高，耐磨性也越好。常用的材料的硬度值见表 2-4-1。

表 2-4-1 常用材料的硬度值

材料	中碳结构钢	碳素工具钢	灰铸铁	黄铜	硬铝合金
状态	热轧	淬火	铸态	硬化态	硬化
硬度	170~255HBW	>62HRC	100~250HBW	140~160HBW	100~180HBW

上述各种硬度测量法相互之间没有理论换算关系，但可以粗略地根据下列经验公式换算：硬度在 200~600HBW 时：1HRC 相当于 10HBW；硬度小于 450HBW 时：1HBW 相当于 1HV。

4. 韧性

韧性是指金属在断裂前吸收变形能量的能力，也就是抵抗冲击破坏的能力。衡量金属韧性大小的主要判据是冲击吸收能量，冲击吸收能量越小，材料承受冲击的能力越弱；冲击吸收能量越大，材料承受冲击的能力越强。

（1）冲击吸收能量（A_k） 冲击吸收能量可以通过一次摆锤冲击试验来测量，摆锤式冲击试验机原理如图 2-4-2 所示。冲击试样的横截面尺寸为 10mm×10mm，长度为 55mm，试样的中部开 V 形或 U 形缺口。

试验前，将冲击试样放在试验机的支架上，试样的开口背向摆锤冲击的方向。此时，将质量为 m 的摆锤举至规定的高度 H，然后让摆锤自由落下冲断试样，摆锤冲断试样后又升至高度 h。试样在冲击试验力作用下，断裂时所吸收的能量称为冲击吸收能量（A_k），单位为 J。冲击吸收能量受金属材料内部组织、缺陷、环境温度等影响较大，所以，在选材和设计时，冲击吸收能量仅作为参考依据。

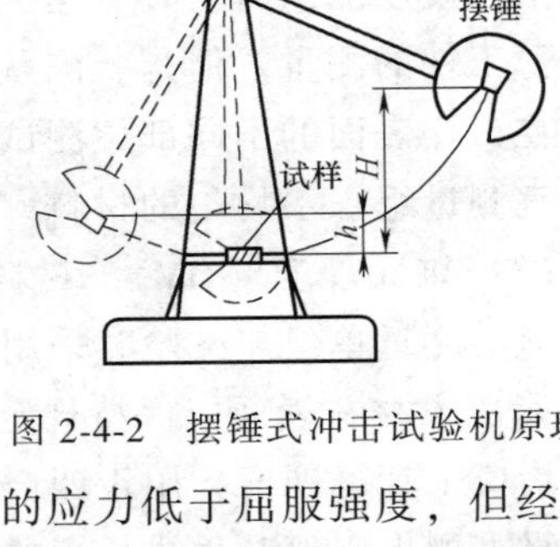

图 2-4-2 摆锤式冲击试验机原理

$$A_k = mgH - mgh = mg(H - h)$$

（2）冲击韧度 冲击韧度是指冲击试样缺口底部单位横截面积上的冲击吸收能量，用 a_k 表示，单位为 J/cm^2。

5. 疲劳

金属零件在循环应力或交变应力作用下，虽然零件所受的应力低于屈服强度，但经过较长时间的工作后，会在一处或几处产生局部永久性累积损伤，经过一定循环次数后产生裂纹或突然发生断裂，这种现象称为疲劳。

疲劳破坏是机械零件失效的主要原因之一，机械零件的失效约有 60%~70% 属于疲劳破坏。在疲劳破坏时，事先不会有明显的塑性变形预兆，因此，疲劳断裂具有很大的危险性。

（1）疲劳强度（S） 在指定寿命下使试样失效的应力水平称为疲劳强度。在规定的应力比下，使试样的寿命为 N 次循环的应力振幅值称为 N 次循环后的疲劳强度 σ_N。一般钢铁材料用循环次数 10^7 时，试样仍不断裂的最大的循环应力表示该材料的疲劳强度。

（2）疲劳强度 S 与金属材料抗拉强度 R_m 的关系 疲劳强度 S 与金属材料抗拉强度 R_m 之间存在一定的经验关系，一般对抗拉强度 R_m 低于 1400MPa 的钢材，其疲劳强度 $S \approx (0.4~0.6)R_m$。

疲劳强度与材料本身的成分、组织及残余内应力大小有关，可通过改善零件的结构形状、降低机械零件表面粗糙度值、采用各种表面强化方法的措施，来提高其疲劳强度。

第二节　金属材料的物理性能

金属材料的物理性能是指材料固有的属性，其物理性能包括熔点、密度、电性能、磁性能、热性能等。

1. 熔点

熔点是材料由固态转变为液态的温度。像属于晶体材料的金属一般都具有固定的熔点，而属于非晶体材料的高分子材料一般没有固定的熔点。常用的金属材料熔点见表 2-4-2。

表 2-4-2　常用的金属材料熔点

材料	钨	钼	钛	铁	铜	铝	铅	铋	锡	碳钢	铸铁	铝合金
熔点/℃	3380	2630	1677	1538	1083	660.1	327	271.3	231.9	1450~1500	1279~1148	447~575

2. 密度

密度是指在一定温度下单位体积物质的质量，其计算公式如下：

$$\rho = \frac{M}{V}$$

式中　ρ——物质的密度（g/cm^3）；

　　　M——物质的质量（g）；

　　　V——物质的体积（cm^3）。

常用材料的密度见表 2-4-3。

表 2-4-3　常用材料的密度（20℃）

材料	钨	铅	铜	铁	锡	钛	铝	玻璃钢	碳纤维复合材料	塑料
密度/（g/cm^3）	19.3	11.3	8.9	7.8	7.28	4.5	2.7	2.0	1.1~1.6	0.9~2.2

3. 电性能

（1）电阻率（ρ） 表示单位长度、单位截面积的电阻值，其单位为 $\Omega \cdot m$。

（2）电导率（σ） 为电阻率的倒数，单位为 $1/(\Omega \cdot m)$。

材料的电阻率 ρ 越小，导电性越好。金属中银的导电性最好，铜、铝次之。通常金属的纯度越高，其导电性越好。合金的导电性比纯金属差，高分子材料和陶瓷通常都是绝缘体。

4. 热性能

（1）热导率（λ） 在单位厚度金属温差为1℃时，每秒从单位截面通过的热量称为热导率。单位为 W/(m·K)，热导率用 λ 表示。热导率越大，金属的导热性越好。金属中银、铜导热性最好，铝次之。纯金属具有良好的导热性，合金的成分越复杂，其导热性越差，常用金属的热导率见表2-4-4。

表 2-4-4 常用金属的热导率

材料	银	铜	铝	铁	碳钢	灰铸铁
热导率/[W/(m·K)]	419	393	222	75	67(100℃)	~63

（2）热膨胀性 金属材料随着温度的改变而出现体积变化的现象称为热膨胀性。热膨胀性常用线胀系数 α 表示，其含义是温度上升1℃时，材料在单位长度的伸长量，单位是 1/℃。常用金属材料的线胀系数（0~100℃）见表2-4-5。

表 2-4-5 常用金属材料的线胀系数（0~100℃）

材料	铅	铝	锡	黄铜	青铜	铜	铁	碳钢	铸铁	钛
线胀系数/(10^{-6}/℃)	29.3	23.6	23.0	17.8~20.9	17.6~18.2	17.0	11.76	10.6~13	8.7~11.6	8.2

从材料的热膨胀性比较来看，陶瓷的热膨胀性最小，金属次之，高分子材料的热膨胀性最大。

5. 磁性能

金属材料根据磁性能可分为铁磁性材料（如 Fe、Ni、Co 等）和非铁磁性材料（如 Al、Cu 等）。铁磁性材料可以被磁铁吸引，在外磁场强度（H）的作用下产生很大的磁感应强度（B），而非铁磁材料不能被磁铁吸引，即不能被磁化。磁性能可用下列物理量表示：

（1）磁导率 μ（$\mu=B/H$） 表示铁磁材料磁化曲线上某一点的磁感应强度 B 与外磁场强度 H 的比值。

（2）磁饱和强度 B_i 表示材料能达到的最大磁化强度。

（3）剩磁 B_r 表示外磁场退为零时，材料的剩余磁感应强度。

（4）矫顽力 H_c 表示要使磁感应强度降为零时，必须加反方向的磁场 H_c。

磁性材料主要用来制造变压器的铁心、发电机转子、测量仪表等，非磁性材料可用于制造要求避免电磁干扰的零件及结构件。

第三节 金属材料的化学性能

金属材料的化学性能主要是指该材料抵抗各种化学介质作用的能力，例如耐蚀性和高温抗氧化性等。

1. 耐蚀性

金属材料在常温下抵抗氧、水及其他化学物质腐蚀破坏的能力称为耐腐蚀性。金属材料被腐蚀后，既造成金属表面丧失光泽，也会使材料力学性能有所降低，从而造成一些隐蔽性和突发性事故，因此，在各种结构制造上要采取适当的防腐措施。

2. 高温抗氧化性

在高温条件下，金属材料容易与氧结合形成氧化膜，造成金属的损耗和浪费。因此，在高温条件下使用的金属结构，要求材料具有高温抗氧化的能力，如各种锅炉、加热炉等。

第四节　金属材料的工艺性能

金属材料在各种加工方法中，对不同加工工艺有不同的适应性。材料工艺性能的好坏直接影响其加工的难易程度、工件的加工质量、生产效率和加工成本。金属材料的工艺性能主要有铸造性能、锻压性能、焊接性、切削加工性、热处理性能等。

1. 铸造性能

金属的铸造性能是指在铸造成形过程中获得外形准确、内部健全铸件的能力。铸造性能通常用金属液体的流动性、收缩性等表示。金属液体流动性越好，冷却后收缩率越小，其铸造性能就越好。

（1）流动性　流动性是金属液体本身的流动能力。流动性的好坏，直接影响到金属液体充满铸型的能力，流动性好的金属，在浇注时金属熔液容易充满铸型的型腔，能获得轮廓清晰、铸件尺寸准确、形状复杂而壁薄的铸件。而流动性差的金属，在铸件浇注时，容易出现气孔、夹渣、浇不到、冷隔等缺陷。

（2）收缩性　收缩性是指铸造合金，从液态凝固和冷却至室温过程中，产生的体积和铸件尺寸的缩减。铸造过程中的铸件，由于收缩会产生缩孔、内应力、开裂、变形等铸造缺陷。

常用的铸造合金中，灰铸铁与锡青铜的收缩率较小，而铸钢和黄铜具有较大的收缩率。

2. 压力加工性能

金属在压力加工时，塑性成形的难易程度称为压力加工性能，金属压力加工性能主要取决于塑性和变形抵抗力。塑性越好，变形抵抗力越小，金属压力加工性能就越好。一般纯金属的压力加工性能良好，含合金元素和杂质越多，压力加工性能就越差。低碳钢的压力加工性能优于高碳钢，低合金钢的压力加工性能比高合金钢的好，铸铁则不能进行压力加工。

3. 焊接性

焊接性包括两方面的内容：其一是工艺焊接性，即在一定的焊接工艺条件下，能否获得优质、无缺陷的焊接接头的能力。其二是使用焊接性，即焊接接头或整体焊接结构满足技术要求所规定的各种使用性能的程度，包括力学性能、耐蚀、耐热等特殊性能。

钢的焊接性主要取决于碳及合金元素的含量，其中碳元素的影响力最大。常把合金元素（包括碳）的含量按其作用换算成碳的相当含量称为碳当量，用符号 $w(CE)$ 表示。国际焊接学会推荐的碳钢和低合金高强度结构钢碳当量计算公式为：

$$w(CE) = \left[w(C) + \frac{w(Mn)}{6} + \frac{w(Cr) + w(Mo) + w(V)}{5} + \frac{w(Ni) + w(Cu)}{15} \right] \times 100\%$$

碳当量越高，钢的焊接性就越差。当 $w(CE) < 0.4\%$ 时，焊接性良好；当 $w(CE) = 0.4\% \sim 0.6\%$ 时，焊接性较差；当 $w(CE) > 0.6\%$ 时，焊接性差。低碳钢和低碳的合金钢焊接性良好，焊接工艺简单。高碳钢和高合金钢焊接性能较差，焊接时需要采用预热或气体保护焊等，焊接工艺复杂。

4. 切削加工性

金属材料的切削加工性是指材料接受各种切削加工的难易程度。切削加工性的好坏，直接影响零件的表面质量、切削刀具的寿命、切削加工的成本等。通常认为影响切削加工性的主要因素是材料的硬度和组织状况，材料的硬度在 170～230HBS 时较容易切削加工，碳钢具有较好的切削加工性，而高合金钢切削加工性较差。

第五节 铁碳合金的基本组织

1. 铁素体（F）

纯铁在 912℃ 以下是具有体心立方晶格的 α-Fe，碳溶于 α-Fe 中的间隙固溶体称为铁素体，用符号 F 表示。铁素体的力学性能几乎与纯铁相当，其塑性、韧性好，强度、硬度低。铁素体在 770℃ 以上则会失去磁性。

2. 奥氏体（A）

碳溶于 γ-Fe 中形成的间隙固溶体称为奥氏体，用符号 A 表示，铁碳合金中的奥氏体是一种高温组织，冷却至一定温度时将发生组织转变。

奥氏体的性能决定于溶碳量和晶粒的大小，在一般情况下，其抗拉强度 $R_m \approx 400MPa$，硬度可达 170～220HBW，塑性较好，断后伸长率 $A \approx 40\% \sim 50\%$。需要锻压加工的钢材或零件毛坯时，常常将钢材或零件毛坯加热至获得单相奥氏体，为的是获得良好的锻压性能。奥氏体为高温相，存在于 727℃ 以上，是非铁磁性相。

3. 渗碳体（Fe_3C）

渗碳体是铁和碳的金属化合物，具有复杂的晶体结构，用化学式 Fe_3C 表示。铁素体的熔点为 1227℃。渗碳体的硬度高，可以达到 800HV、塑性极差、脆性大。一般当渗碳体细小、适当、均匀分布在铁碳合金组织中，可作为强化相，但是渗碳体数量过多或呈粗大不均匀分布时，将使铁碳合金的韧性降低，脆性增大。

4. 马氏体（M）

碳在 α-Fe 中的过饱和固溶体称为马氏体，具有显著高的强度和硬度。钢在淬火时发生的强化和硬化就是因为形成马氏体，所以马氏体转变是强化金属的重要途径。

5. 珠光体（P）

铁素体和渗碳体组成的机械混合物成称为珠光体。用符号 P 表示。其力学性能介于铁素体和渗碳体之间。具有良好的力学性能，其强度较高，塑性和韧性较好，硬度适中。

6. 贝氏体（B）

贝氏体是奥氏体过冷到 550～240℃ 的中温区共析产物，是由碳过饱和的铁素体和渗碳体组成的机械混合物，是介于珠光体和马氏体之间的一种组织。

7. 莱氏体（Ld）

奥氏体和渗碳体组成的机械混合物称为莱氏体，用符号 Ld 表示。莱氏体是一种高温组织，存在于 1148～727℃ 之间，当温度降至 727℃ 以下时，莱氏体中的奥氏体将转变为珠光体，此时的组织称为低温莱氏体 L′d，莱氏体的力学性能与渗碳体差不多，硬度高、脆性大、塑性极差。

8. 魏氏组织

在 $w_C<0.6\%$ 的亚共析钢和 $w_C>1.2\%$ 的过共析钢中，由高温较快地冷却时，先共析的铁素体或渗碳体便沿着奥氏体的一定的晶面呈针片状析出，由晶界插入晶粒内部，这种组织称为魏氏组织。因为魏氏组织中的铁素体或渗碳体针片横七竖八地割断了钢的基体，形成了很多的脆弱面，使强度降低、脆性增大。钢中出现魏氏组织，一般可以通过退火或正火消除。

9. δ相

δ 相是指在铬镍不锈钢（特别是含有铌、钛的铬镍不锈钢）中存在的少量铁素体。在奥氏体不锈钢中，δ 相可以保证不锈钢焊缝不产生结晶裂纹。可以降低晶间腐蚀及应力腐蚀倾向，此外还能提高强度。但是当 δ 铁素体数量超过某一数值后，会增大点蚀倾向，在高温条件下将引起金属脆化。

10. σ相

σ 相的形成与钢的成分、组织、加热温度、保温时间以及预先变形等因素有关，一般在 $550\sim900℃$ 高温下，经过长时间才能逐步形成。σ 相在室温下无磁性，硬而脆，在合金中如沿晶界分布时，将使合金的塑性和韧性显著下降。

奥氏体钢中的 δ 铁素体容易转变为 σ 相，冷变形也会起到促进转变 σ 相的作用，使 σ 相形成的温度下降。在高铬和镍铬不锈钢中，含铬越高，越容易形成 σ 相。

第六节　钢的热处理

钢的热处理工艺是通过对固态下的材料进行加热、保温、冷却，从而获得所需要的组织和性能的工艺。根据加热工艺、保温措施和工艺方法的不同，钢的热处理工艺大致分为整体热处理、表面热处理和化学热处理。

一、整体热处理

整体热处理是指热处理时，对工件整体进行穿透加热。常用热处理方法主要有退火、正火、淬火+回火、调质等。

1. 退火

将工件加热到适当的温度，并保持一定的时间，然后缓慢冷却的热处理工艺称为退火。工件进行退火的主要目的是降低硬度、去除工件的内应力、均匀钢的化学成分和组织、细化晶粒、提高塑性、改善切削加工性能，为最终热处理做好组织准备。常用的退火工艺方法有以下几种：

（1）完全退火　又称为重结晶退火，将工件加热到 Ac_3 以上 $30\sim50℃$，保温后炉内缓慢冷却。完全退火可以获得消除应力、均匀组织、降低硬度、改善切削加工性能。30 钢铸态和完全退火后的性能比较见表 2-4-6。

表 2-4-6　30 钢铸态和完全退火后的性能比较

状态	铁素体晶粒尺寸 /mm	抗拉强度 /MPa	屈服强度 /MPa	断后伸长率 （%）	断面收缩率 （%）
铸造状态	7.15×10^{-5}	473	230	14.6	17.0
850℃退火后	1.4×10^{-5}	510	280	22.5	29.0

（2）不完全退火　是将工件加热到 Ac_1 以上 $30\sim50℃$，保温后缓慢冷却的方法。不完全退火主要应用于低合金钢、中，高碳钢的锻件和轧制件。不完全退火的目的是降低硬度、改善切削加工性能、消除内应力。

（3）等温退火　将工件加热至 Ac_3 或 Ac_1 以上的温度，并保持一定的时间后，以较快的速度冷却到珠光体转变温度区间的某一温度并等温保持，使奥氏体转变为珠光体类组织后在空气中冷却的工艺称为等温退火。

等温退火的作用与完全退火相同，组织转变比较均匀一致，生产周期短，特别适用于大工件及合金钢件的退火。

（4）球化退火　为了使钢中的碳化物球状化而进行的退火称为球化退火。球化退火时，将钢加热到 Ac_1 以上 $20\sim30℃$，保温一定时间，然后缓慢冷却至 Ar_1 以下 $20℃$ 左右等温一段时间，随后空冷。

球状碳化物可以改善钢的塑性与韧性、降低硬度、改善金属切削加工性能和减少最终热处理时的变形开裂倾向。同时，细小均匀、圆形的碳化物，将使钢的耐磨性、断裂韧性和接触疲劳强度得到改善和提高。

（5）去应力退火　去应力退火时，将工件加热到 $500\sim600℃$，并保温一定的时间，然后缓慢冷却至 $300\sim200℃$ 以下空冷，消除工件因塑性变形加工、切削加工或焊接造成的残余内应力及铸件内存在的残余应力而进行的退火，称为去应力退火。由于去应力退火温度低于 A_1 线，所以，去应力退火过程中，不发生相变。

去应力退火主要应用于消除铸件、锻件、焊接件和冷冲压件的残余应力。

2. 正火

将工件组织加热到奥氏体化后，在空气中冷却的热处理工艺称为正火。一般要求加热的温度要足够高，以保证得到均匀的单相奥氏体组织，为此，亚共析钢的加热温度为 Ac_3 以上 $30\sim50℃$；过共析钢为 Ac_{cm} 以上 $30\sim50℃$。

正火与退火工艺的主要区别是正火的冷却速度稍快，得到的组织比较细小，强度和硬度较高，同时操作简便，生产周期短，成本低。因此，正火是一种应用比较广泛的预备热处理方法。

正火与退火工艺的选择主要考虑以下因素：

1）切削加工性能。能满足金属切削加工性能要求的热处理方法选择见表 2-4-7。

表 2-4-7　能满足金属切削加工性能要求的热处理方法选择

碳的质量分数（%）	<0.5	0.5~0.75	>0.75
热处理方法	正火	完全退火	球化退火

2）满足使用性能。因为正火比退火处理具有更好的力学性能，所以，若正火和退火都能满足使用性能要求，应优先采用正火．对于形状复杂或尺寸较大的工件，正火可能引起较大的内应力，导致工件变形或开裂，故此，应该选用退火。

3）经济性。由于正火比退火效率高，生产周期短，成本低，操作简便，所以尽可能优先选用正火。

3. 淬火

将工件加热至 Ac_3（亚共析钢）或 Ac_1（过共析钢）以上给定温度，并保温一定时间后，以适当的速度冷却获得马氏体或（和）贝氏体组织的热处理工艺，称为淬火。淬火是强化钢材的重要手段，通常需要与回火处理配合使用才能获得各类零件或工具的使用性能要求。

（1）钢的淬透性　淬透性是在规定的条件下，钢试样淬硬深度和硬度分布表征的材料特性。表示钢材在淬火时能够获得马氏体的能力，它是钢材本身固有的一个属性。

（2）淬透性的表示方法　淬透性可用规定条件测得的淬硬层深度及分布曲线来表示，淬硬深度一般是指从淬硬的工件表面至规定硬度（一般为550HV）处的垂直距离。测得的淬硬深度越大，表明材料的淬透性越好。

（3）淬透性的应用　钢的淬透性对于合理选用钢材、正确制定热处理工艺，具有非常重要的意义。但是焊接件一般不选用淬透性好的钢，否则在焊缝和热影响区出现淬火组织，会造成焊件变形和开裂。

（4）淬火缺陷

1）淬火变形和开裂。由于淬火时马氏体转变伴随着体积变化，钢件淬火加热和快速冷却时各部分温度的不均匀，使钢出现较大的淬火内应力，从而导致淬火钢件产生变形和开裂。

2）硬度不足与软点。淬火后钢材的整体硬度达不到淬火要求，称为硬度不足。表面硬度出现局部小区域达不到淬火要求的称为软点。

3）过热和过烧。钢件加热时，由于温度过高，使其晶粒粗大，以致性能显著降低的现象，称为过热。轻微过热可以通过回火来补救，严重的过热需要进行一次细化晶粒退火，然后再重新淬火。

当钢件加热温度达到其液相线附近时，出现晶界氧化和部分熔化的现象，称为过烧。钢材出现过烧缺陷是无法补救的，只能报废处理。

4. 回火

工件淬硬后再加热到 Ac_1 点以下某一温度，保温一定时间，然后冷却至室温的热处理工艺，称为回火。

（1）回火的目的

1）减少或消除淬火应力。钢淬火后存在着很大的淬火内应力，如不及时消除，往往会造成变形和开裂，使用时也会发生脆断，所以通过及时的回火，减少或消除内应力，获得需要的力学性能。

2）稳定组织和尺寸。使亚稳定的淬火马氏体和残留奥氏体进一步转变成稳定的回火组织，从而稳定钢件的组织和尺寸。

（2）回火方法　根据回火温度和期望得到的结果，可将回火工艺分为：

1）低温回火。加热温度在250℃以下进行的低温回火工艺。其目的是在保持一定水平的硬度下，消除或降低由淬火产生的内应力。低温回火可得到回火马氏体组织。

2）中温回火。加热温度在250~500℃进行的回火是中温回火工艺。其目的是提高钢的弹性极限和屈服点，常用于弹性元件和工模具的回火。中温回火可以得到回火托氏体组织。

3）高温回火。加热温度在>500℃进行的回火是高温回火工艺。其目的是得到既有高强度又有韧性的综合力学性能。高温回火可以得到回火索氏体组织。

淬火加高温回火的复合热处理工艺称为调质处理。常用于承受动载荷和冲击载荷的中碳钢机械零件以及低碳调质钢、中碳调质钢等高强度焊接结构的焊后热处理。

二、表面热处理

钢的表面热处理是指仅对钢件表面进行的热处理，用以改变表面层组织，满足使用性能要求的热处理工艺。

表面淬火是表面热处理中的最常用的方法，是强化材料的重要手段，常用的表面淬火方法有感应加热表面淬火和火焰加热表面淬火。

1. 感应加热表面淬火

利用感应电流通过工件所产生的热量，使工件表层、局部或整体加热并快速冷却的工艺方法，称为感应加热表面淬火。

感应加热表面淬火的特点如下：

1）感应加热表面淬火件晶粒细、硬度高。淬火后得到很细小的马氏体组织，其硬度也比普通淬火高 2~3HRC，并且淬火件心部基本上保持了处理前的组织和性能。

2）热效率高，生产率高，生产环境好，容易实现机械化和生产自动化。

3）加热速度快，加热时间短，一般只需要几秒或几十秒即可完成。因此，感应加热表面淬火件不容易产生氧化脱碳，淬火变形也很小。

4）淬硬层深度容易控制。生产中可以通过控制电流频率来控制淬硬层深度，电流频率与淬硬层深度关系的经验公式如下：

$$\delta = \frac{500 \sim 600}{\sqrt{f}}$$

式中　δ——淬硬层深度（mm）；

　　　f——电流频率（Hz）。

5）设备投资大，维修困难，需要根据零件实际制作感应器，因此感应加热表面淬火不适合单件生产。

根据电流的频率，感应加热表面淬火可分为高频、中频和工频感应加热表面淬火，感应加热淬火方法及应用见表 2-4-8。

表 2-4-8　感应加热表面淬火方法及应用

淬火种类	频率范围	淬硬层深度/mm	应用举例
高频感应加热淬火	200~300kHz	0.5~2	在摩擦条件下工作的零件，如小齿轮、小轴
中频感应加热淬火	1~100kHz	2~8	承受扭曲、压力载荷的零件，如曲轴、大齿轮
工频感应加热淬火	50Hz	10~15	承受扭曲、压力载荷的大型零件，如轧辊

电流频率越高，淬硬层越薄。感应加热表面淬火件一般采用低温回火，回火温度为 180~200℃。

2. 火焰加热表面淬火

利用可燃气体燃烧产生的高温火焰对工件表面进行加热，然后快速冷却的淬火工艺，称为火焰加热表面淬火。火焰加热表面淬火不需要特殊的设备，操作简单，工艺灵活，淬火成本低，淬硬层深度可达 2~6mm。在实际生产中，由于加热温度和淬硬深度控制不好，所以表面淬火质量不容易控制，只适用于单件或小批量生产。

三、化学热处理

化学热处理是指将工件放在具有一定活性介质的热处理炉中加热、保温、使一种或几种元素渗入工件表面层，以改变其化学成分、组织和性能的热处理工艺。与表面热处理相比，化学热处理后的工件表层不仅具有组织上的变化，而且化学成分也发生了变化。

化学热处理由分解、吸收和扩散三个基本过程组成：

分解是指在一定的温度下，活性介质通过化学分解，形成渗入工件的活性原子。

吸收是指工件表面吸收活性原子，并溶入工件材料晶格的间隙或与其中元素形成化合物。

扩散是指被吸收的原子由表面逐渐向心部扩散，从而形成具有一定深度的渗层。

钢的化学热处理主要有：渗碳、渗氮、碳氮共渗和氮碳共渗等工艺。

1. 渗碳

将工件放在具有活性碳原子的介质中加热、保温，使碳原子渗入工件表面的化学热处理工艺称为渗碳。渗碳的目的是提高工件表层的含碳量，并形成一定含碳量梯度的渗碳层，然后经过淬火、低温回火后提高工件表面的硬度、耐磨性，心部保持良好的韧性。

经过渗碳的工件必须再经过淬火和低温回火后，才能满足使用性能的要求。经过热处理后的渗碳工件，表面具有马氏体和碳化物的组织，硬度可达 58~64HRC，而工件的心部可以获得低碳马氏体或其他非马氏体组织，具有良好的强韧性。

渗碳工艺主要应用于要求表面高硬度、高耐磨性，而心部具有良好的塑性和韧性的零件。如工程机械上的凸轮轴、活塞销等。

2. 渗氮（氮化）

在一定的温度下、一定的介质中，使氮原子渗入工件表层的化学热处理工艺称为渗氮。

渗氮的特点与应用如下：

（1）渗氮后的工件具有很高的表面硬度和耐磨性　渗氮件的表面硬度可以达到 950~1200HV（相当于 65~72HRC），而且其耐磨性和高硬度在 560~600℃ 的温度中也不降低，具有很好的热稳定性，渗氮件比渗碳件还具有更高的疲劳强度、抗咬合性能和低的缺口敏感性。

（2）渗氮后的工件具有良好的耐蚀性　渗氮后的工件表面形成致密的氧化膜，隔绝了腐蚀介质，从而使工件具有良好的耐蚀性。

（3）渗氮件的变形很小　由于渗氮的温度很低，渗氮后工件不再需要做其他热处理，所以渗氮件变形小。

渗氮工艺特别适宜精密零件的最终热处理，如磨床的主轴、镗床镗杆精密机床丝杠等。

3. 碳氮共渗

碳氮共渗是在奥氏体的状态下，同时将碳、氮渗入工件表层，并以渗碳为主的化学热处理工艺。常用的碳氮共渗是用气体进行碳氮共渗。

碳氮共渗工艺分为高温和中温两种，应用比较广泛的是中温气体碳氮共渗。中温气体碳氮共渗的温度是 820~860℃。工件完成碳氮共渗工艺后，还要进行淬火、低温回火处理。

碳氮共渗同时兼有渗碳和渗氮的优点，碳氮共渗速度显著高于单独的渗碳或渗氮。在渗层碳浓度相同的情况下，碳氮共渗件比渗碳件具有更高的表面硬度、耐磨性、耐蚀性、抗弯强度和接触疲劳强度，但耐磨性和疲劳强度低于渗氮件。碳氮共渗多用于结构零件，如齿轮、蜗杆、轴类等。

4. 氮碳共渗 (软氮化)

在工件表层同时渗入氮和碳，并以渗氮为主的化学热处理工艺，称为氮碳共渗，也称软氮化。氮碳共渗的温度为 (560±10)℃，保温时间为 3~4h，保温后即可出炉空冷。

氮碳共渗有气体氮碳共渗和液体氮碳共渗两种，生产中常采用气体氮碳共渗。

氮碳共渗层的表面硬度比渗氮件稍低，故称为软氮化，但仍具有较高的硬度、耐磨性、和高的疲劳强度，耐蚀性也有明显提高。氮碳共渗的加热温度低、热处理时间短、工件变形小，又不受钢种的限制，所以主要用于处理各种工模具以及一些轴类。

第三篇　常用焊接材料

第一章　焊　条

第一节　焊条的分类

一、按用途分类

1. 非合金钢及细晶粒钢焊条

将 GB/T 5117—1995《碳钢焊条》修订为 GB/T 5117—2012《非合金钢及细晶粒钢焊条》。这类焊条主要用于熔敷金属抗拉强度小于等于 570MPa 的碳钢及低合金钢的焊接。选择焊条时要依据钢材的化学成分、力学性能、抗裂性能要求，同时还必须考虑到焊接结构的形状、工作条件、受力状况及焊接设备性能等方面因素。

2. 热强钢焊条

将 GB/T 5118—1995《低合金钢焊条》修订为 GB/T 5118—2012《热强钢焊条》，只保留了碳钼钢焊条和铬钼钢焊条。热强钢中常含有铬、钼、钒、铌等合金元素，以适应不同的工作需要。由于焊接性较差，焊接时易形成淬硬组织，因此珠光体耐热钢通常焊前进行预热，焊后进行回火处理。

3. 不锈钢焊条

将 GB/T 983—1995《不锈钢焊条》修订为 GB/T 983—2012《不锈钢焊条》，该标准适用于熔敷金属中铬的质量分数大于 11% 的不锈钢焊条。

高铬钢（铬的质量分数为 12%~17%）若用铬不锈钢焊条焊后，易产生高硬度的马氏体和贝氏体而使脆性增加，残余应力也较大，故容易产生冷裂纹，所以焊前必须预热至 300℃ 左右，焊后要进行回火处理。

铬镍不锈钢焊条具有良好的耐蚀性和抗氧化性，不锈钢焊条药皮类型通常有金红石型和碱性药皮类型。

4. 堆焊焊条

执行 GB/T 984—2001 标准，这类焊条用于金属表面层的堆焊，其熔敷金属在常温或高温中具有较好的耐磨性、耐蚀性和耐热性能。堆焊中主要的焊接问题是开裂，防止开裂的方法主要是焊前预热、焊后缓冷。开裂原因与工件及焊缝金属的含碳量和合金元素的多少有关，预热温度用焊接材料的碳当量来估算。

低、中、高碳钢和低合金钢材料堆焊预热温度见表 3-1-1。

表 3-1-1　低、中、高碳钢和低合金钢材料堆焊预热温度

碳当量（%）	预热温度/℃	碳当量（%）	预热温度/℃
0.40	100	0.70	250
0.50	150	0.80	300
0.60	200	—	—

5. 铸铁焊条

执行 GB/T 10044—2006 标准，由于铸铁的含碳量高，组织不均匀，塑性低，属于焊接性不良的材料。在焊接过程中容易产生白口、裂纹和气孔等缺陷，因此，在焊接过程中对焊工的操作技术要求很高，焊接过程可以采用预热焊和冷态焊两种。这类焊条专用于铸铁的焊接和补焊。

6. 镍和镍合金焊条

执行 GB/T 13814—2008 标准，这类焊条用于镍及镍合金的焊接、补焊或堆焊，也可以用于异种金属的焊接及堆焊。焊接过程应注意以下问题：

1）镍及镍合金的导热性差，焊接过程的过热容易引起晶粒长大，因此焊接过程应选用较小的焊接电流、保持较低的层间温度，焊条最好不做横向摆动，收弧时注意填满弧坑。

2）焊前仔细清理焊件表面的油、污、锈、垢，避免焊件中的镍被硫、铅脆化，形成热裂纹。

3）为避免镍及镍合金焊接时产生气孔的敏感性，因此焊条中含有适量的铝、钛、锰、镁等脱氧剂，焊接过程注意控制电弧的长度。

7. 铜及铜合金焊条

执行 GB/T 3670—1995 标准，这类焊条用于铜及铜合金的焊接、补焊或堆焊，也可以用于某些铸铁的补焊或异种金属的焊接。焊接过程中，容易产生金属氧化，金属元素蒸发，焊缝产生气孔、裂纹以及变形等缺陷。

8. 铝及铝合金焊条

执行 GB/T 3669—2001 标准，这类焊条主要用于铝及铝合金的焊接、补焊。由于焊条药皮极易吸潮，焊后清理残余焊渣费力，焊接的质量不高，所以目前铝及铝合金焊条应用较少。

铝及铝合金在焊接过程中，容易出现氧化、元素烧损、产生气孔、裂纹等焊接缺陷，所以，焊接时电源应采用直流反接、短弧操作、快速焊接方法施焊。

9. 特殊用途焊条

这类焊条是指用于在水下进行焊接、切割的焊条及管状焊条、特细薄板专用焊条等。

二、按焊条药皮熔化后的熔渣特性分类

焊接过程中，焊条药皮熔化后，按所形成熔渣呈现酸性或碱性，把焊条分为碱性焊条（熔渣碱度系数大于 1）和酸性焊条（熔渣碱度系数小于 1）两大类。

1. 酸性焊条工艺特点

焊条引弧容易，电弧燃烧稳定，可用交、直流电源焊接；焊接过程中，对铁锈、油污和水分敏感性不大，抗气孔能力强，焊缝中氢含量高，易产生白点，影响塑性；焊接过程中飞溅小，脱渣性好；焊接时产生的烟尘较少；焊条使用前需 75～150℃烘干 1h，如不受潮也可

以不烘干；焊接电流较大，可以长弧操作；焊缝成形较好，除氧化铁型外，熔深较浅。

焊缝常温、低温的冲击性能一般；焊接过程中合金元素烧损较多；酸性焊条脱硫效果差，抗热裂纹性能差。由于焊条药皮中的氧化性较强，所以不适宜焊接合金元素较多的材料。

厚药皮酸性焊条，焊接过程中电弧燃烧稳定并集中在焊芯中心，因为药皮的熔点高，导热慢，所以焊条端部熔化时，药皮套筒长。由于套筒的冷却作用，压缩电弧，使电弧更加集中在焊芯中心，此时焊芯中心熔化快，焊芯边缘熔化慢，使焊条端部熔化面呈现内凹形，如图 3-1-1a 所示。

2. 碱性焊条工艺特点

焊条药皮中由于含有氟化物而影响气体电离，所以焊接电弧燃烧的稳定性差，只能使用直流焊机焊接；焊接过程中对水、铁锈产生气孔缺陷敏感性较大；焊接电流较小，比同规格的酸性焊条小 10% 左右；焊接过程中要短弧操作，否则易引起气孔和飞溅增大；多层焊焊缝，第一层焊缝脱渣性较差，其他各层脱渣较容易；焊缝成形尚好，熔深较深；焊接过程中产生的烟尘较多，由于药皮中含有萤石，焊接过程中会析出氟化氢有毒气体，注意加强通风保护；焊接熔渣流动性好，冷却过程中黏度增加很快，焊接过程宜采用短弧连弧焊手法焊接；焊条使用

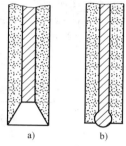

图 3-1-1　焊条端部熔化表面
a）酸性焊条　b）碱性焊条

前经 $300\sim400℃$ 烘干 $1\sim2h$，烘干后的焊条应放在 $100\sim150℃$ 的保温箱（筒）内随用随取；低氢型焊条在常温下放置，不能超过 $4h$，否则必须重新烘干。

焊缝常温、低温冲击性好；焊接过程中合金元素过渡效果好，焊缝塑性好；碱性焊条脱氧、脱硫能力强，焊缝含氢、氧、硫低，抗裂性能好，用于重要结构的焊接。

碱性焊条端部熔化面呈凸形的原因有两种说法。其一，认为碱性焊条药皮含有 CaF_2，使电弧分散在焊芯的端面上，由于药皮的熔点低，焊条端部熔化面处药皮套筒短，所以冷却压缩电弧的作用很小，焊接电弧更分散，这样焊芯边缘先熔化，端部药皮套筒也熔化，焊条端部的熔化面呈现凸形，如图 3-1-1b 所示。其二，认为碱性焊条药皮中含有的 CaF_2 使渣的表面张力加大，生成粗大的熔滴，电弧在熔滴下端发生，热量由焊接电弧向焊条端部的表面传递，它首先熔化焊条端部套筒药皮及焊芯的边缘部分，所以焊条端部熔化面呈现凸形。

第二节　焊条型号表示方法

以国家标准为依据规定的焊条表示方法称为型号。

一、非合金钢及细晶粒钢焊条型号编制方法（GB/T 5117—2012）

1. 焊条型号的组成

焊条型号是根据熔敷金属的力学性能、药皮类型、焊接位置、电流类型、熔敷金属化学成分和焊后状态等来划分的。焊条型号由五部分组成：

1）第一部分用字母"E"表示焊条。

2）第二部分为字母"E"后面的紧邻两位数字，表示熔敷金属的最小抗拉强度代号，见表3-1-2。

3）第三部分为字母"E"后面的第三和第四两位数字，表示药皮类型、焊接位置和电流类型，见表3-1-3。

4）第四部分为熔敷金属的化学成分分类代号，可为"无标记"或短划"-"后的字母、数字或字母和数字的组合，见表3-1-4。

5）第五部分为熔敷金属的化学成分代号后的焊后状态代号，其中"无标记"表示焊态，"P"表示热处理状态，"AP"表示焊态和焊后热处理两种状态均可。

除以上强制分类代号外，根据供需双方协商，可在型号后依次附加可选代号。

1）字母"U"，表示在规定的试验温度下，冲击吸收能量可以达到47J以上。

2）扩散氢代号"HX"，其中X代表15、10或5，分别表示每100g熔敷金属中扩散氢含量最大值（mL），见表3-1-5。

表 3-1-2　熔敷金属抗拉强度代号

抗拉强度代号	最小抗拉强度值/MPa	抗拉强度代号	最小抗拉强度值/MPa
43	430	55	550
50	490	57	570

型号示例1：

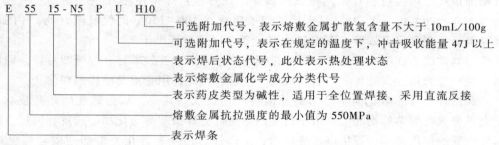

型号示例2：

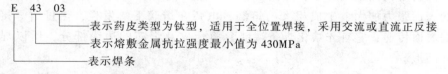

表 3-1-3　焊条药皮类型、焊接位置、电流类型代号

代号	药皮类型	焊接位置[1]	电流类型
03	钛型	全位置[2]	交流和直流正、反接
10	纤维素	全位置	直流反接
11	纤维素	全位置	交流和直流反接
12	金红石	全位置[2]	交流和直流正接
13	金红石	全位置[2]	交流和直流正、反接
14	金红石+铁粉	全位置[2]	交流和直流正、反接
15	碱性	全位置[2]	直流反接
16	碱性	全位置[2]	交流和直流反接
18	碱性+铁粉	全位置[2]	交流和直流反接
19	钛铁矿	全位置[2]	交流和直流正、反接

（续）

代号	药皮类型	焊接位置①	电流类型
20	氧化铁	PA、PB	交流和直流正接
24	金红石+铁粉	PA、PB	交流和直流正、反接
27	氧化铁+铁粉	PA、PB	交流和直流正、反接
28	碱性+铁粉	PA、PB、PC	交流和直流反接
40	不做规定	由制造商确定	
45	碱性	全位置	直流反接
48	碱性	全位置	交流和直流反接

① 焊接位置见 GB/T 16672—1996，其中 PA＝平焊、PB＝平角焊、PC＝横焊、PG＝向下立焊。
② 此处"全位置"并不一定包含向下立焊，由制造商确定。

表 3-1-4　熔敷金属的化学成分分类代号

分类代号	主要化学成分的名义含量(质量分数,%)				
	Mn	Ni	Cr	Mo	Cu
无标记、-1、-P1、-P2	1.0	—	—	—	—
-1M3	—	—	—	0.5	—
-3M2	1.5	—	—	0.4	—
-3M3	1.5	—	—	0.5	—
-N1	—	0,5	—	—	—
-N2	—	1.0	—	—	—
-N3	—	1.5	—	—	—
-3N3	1.5	1.5	—	—	—
-N5	—	2.5	—	—	—
-N7	—	3.5	—	—	—
-N13	—	6.5	—	—	—
-N2M3	—	1.0	—	0.5	—
-NC	—	0.5	—	—	0.4
-CC	—	—	0.5	—	0.4
-NCC	—	0.2	0.6	—	0.5
-NCC1	—	0.6	0.6	—	0.5
-NCC2	—	0.3	0.2	—	0.5
-G	其他成分				

表 3-1-5　熔敷金属扩散氢含量

扩散氢代号	扩散氢含量/(mL/100g)	扩散氢代号	扩散氢含量/(mL/100g)
H15	≤15	H5	≤5
H10	≤10	—	—

2. 焊条药皮类型说明

1）焊条药皮中的组成物可以分为如下六类：造渣剂、脱氧剂、造气剂、稳弧剂、黏结剂、合金化元素（如需要）。此外，加入铁粉可以提高焊条熔敷效率，但对焊接位置有影响。

2）药皮类型 03。此药皮类型包含二氧化钛和碳酸钙的混合物，所以同时具有金红石焊条和碱性焊条的某些性能。

3）药皮类型 10。此药皮类型内含有大量的可燃有机物，尤其是纤维素，由于其强电弧特性特别适用于向下立焊。由于钠影响电弧的稳定性，因而焊条主要适用于直流焊接，通常使用直流反接。

4）药皮类型 11。此药皮类型内含有大量的可燃有机物，尤其是纤维素，由于其强电弧特性特别适用于向下立焊。由于钾增强电弧的稳定性，因而适用于交、直流两用焊接，直流焊接时使用直流反接。

5）药皮类型12。此药皮类型内含有大量的二氧化钛（金红石），其柔软的电弧特性适用于在简单装配条件下对大的根部间隙进行焊接。

6）药皮类型13。此药皮类型内含有大量的二氧化钛（金红石）和增强电弧稳定性的钾。与药皮类型12相比，能在低电流条件下产生稳定电弧，特别适宜金属薄板的焊接。

7）药皮类型14。与药皮类型12和13类似，但是添加了少量铁粉。加入铁粉可以提高电流承载能力和熔敷效率，适于全位置焊接。

8）药皮类型15。此药皮类型碱度较高，含有大量的氧化钙和萤石。由于钠影响电弧的稳定性，焊条只适用于直流反接。此药皮类型的焊条可以得到低氢含量、高冶金性能的焊缝。

9）药皮类型16。此药皮类型碱度较高，含有大量的氧化钙和萤石。由于钾增强电弧的稳定性，焊条适用于交流焊接。此药皮类型的焊条可以得到低氢含量、高冶金性能的焊缝。

10）药皮类型18。此药皮类型除了药皮略厚和含有大量的铁粉外，其他与药皮类型16类似。与药皮类型16相比，药皮类型18中的铁粉可以提高电流承载能力和熔敷效率。

11）药皮类型19。此药皮类型包含钛和铁的氧化物，通常在钛铁矿获取。虽然它们不属于碱性药皮类型焊条，但是可以制造出高韧性的焊缝金属。

12）药皮类型20。此药皮类型包含大量的铁氧化物，熔渣流动性好，所以通常只在平焊和横焊中使用。主要用于角焊缝和搭接焊缝。

13）药皮类型24。此药皮类型除了药皮略厚和含有大量的铁粉外，其他与药皮类型14类似。通常只在平焊和横焊中使用。主要用于角焊缝和搭接焊缝。

14）药皮类型27。此药皮类型除了药皮略厚和含有大量的铁粉外，其他与药皮类型20类似。主要用于高速角焊缝和搭接焊缝的焊接。

15）药皮类型28。此药皮类型除了药皮略厚和含有大量的铁粉外，其他与药皮类型18类似，通常只在平焊和横焊中使用。能得到低氢含量、高冶金性能的焊缝。

16）药皮类型40。此药皮类型不属于上述任何焊条类型。其制造商是为了达到购买商的特定使用要求。焊接位置由供应商和购买商之间需要协议确定。如要求在圆孔内部焊接（塞焊）或者在槽内进行特殊焊接。由于药皮类型40并无具体指定，此药皮类型可按照具体要求有所不同。

17）药皮类型45。除了主要用于向下立焊外，此药皮类型与药皮类型15类似。

18）药皮类型48。除了主要用于向下立焊外，此药皮类型与药皮类型18类似。

3. 常用焊条型号对照

非合金钢及细晶粒钢常用焊条型号对照见表3-1-6。

表3-1-6 非合金钢及细晶粒钢常用焊条型号对照

GB/T 5117—2012	AWS A5.1M:2004	AWS A5.5M:2006	ISO 2560:2009	GB/T 5117—1995	GB/T 5118—1995
碳钢					
E4303	—	—	E4303	E4303	—
E4310	E4310	—	E4310	E4310	—
E4311	E4311	—	E4311	E4311	—
E4312	E4312	—	E4312	E4312	—

（续）

GB/T 5117—2012	AWS A5.1M:2004	AWS A5.5M:2006	ISO 2560:2009	GB/T 5117—1995	GB/T 5118—1995
碳钢					
E4313	E4313	—	E4313	E4313	—
E4315	—	—	—	E4315	—
E4316	—	—	E4316	E4316	—
E4318	E4318	—	E4318	—	—
E4319	E4319	—	E4319	E4301	—
E4320	E4320	—	E4320	E4320	—
E4324	—	—	E4324	E4324	—
E4327	—	—	E4327	E4327	—
E4328	—	—	—	E4328	—
E4340	—	—	E4340	E4340	—
E5003	—	—	E4903	E5003	—
E5010	—	—	E4910	E5010	—
E5011	—	—	E4911	E5011	—
E5012	—	—	E4912	—	—
E5013	—	—	E4913	—	—
E5014	E4914	—	E4914	E5014	—
E5015	E4915	—	E4915	E5015	—
E5016	E4916	—	E4916	E5016	—
E5016-1	—	—	E4916-1	—	—
E5018	E4918	—	E4918	E5018	—
E5018-1	—	—	E4918-1	—	—
E5019	—	—	E4919	E5001	—
E5024	E4924	—	E4924	E5024	—
E5024-1	—	—	E4924-1	—	—
E5027	E4927	—	E4927	E5027	—
E5028	E4928	—	E4928	E5028	—
E5048	E4948	—	E4948	E5048	—
E5716	—	—	E5716	—	—
E5728	—	—	E5728	—	—
管线钢					
E5010-P1	—	E4910-P1	E4910-P1	—	—
E5510-P1	—	E5510-P1	E5510-P1	—	—
E5518-P2	—	E5518-P2	E5518-P2	—	—
E5545-P2	—	E5545-P2	E5545-P2	—	—
碳钼钢					
E5003-1M3	—	—	—	—	E5003-A1
E5010-1M3	—	E4910-A1	E4910-1M3	—	E5010-A1
E5011-1M3	—	E4911-A1	E4911-1M3	—	E5011-A1
E5015-1M3	—	E4915-A1	E4915-1M3	—	E5015-A1
E5016-1M3	—	E4916-A1	E4916-1M3	—	E5016-A1
E5018-1M3	—	E4918-A1	E4918-1M3	—	E5018-A1
E5019-1M3	—	—	E4919-1M3	—	—
E5020-1M3	—	E4920-A1	E4920-1M3	—	E5020-A1
E5027-1M3	—	E4927-A1	E4927-1M3	—	E5027-A1
锰钼钢					
E5518-3M2	—	E5518-D1	E5518-3M2	—	—
E5515-3M3	—	—	—	—	E5515-D3
E5516-3M3	—	E5516-D3	E5516-3M3	—	E5516-D3
E5518-3M3	—	E5518-D3	E5518-3M3	—	E5518-D3

（续）

GB/T 5117—2012	AWS A5.1M:2004	AWS A5.5M:2006	ISO 2560:2009	GB/T 5117—1995	GB/T 5118—1995
镍钢					
E5015-N1	—	—	—	—	—
E5016-N1	—	—	E4916-N1	—	—
E5028-N1	—	—	E4928-N1	—	—
E5515-N1	—	—	—	—	—
E5516-N1	—	—	E5516-N1	—	—
E5528-N1	—	—	E5528-N1	—	—
E5015-N2	—	—	—	—	—
E5016-N2	—	—	E4916-N2	—	—
E5018-N2	—	E4918-C3L	E4918-N2	—	—
E5515-N2	—	—	—	—	E5515-C3
E5516-N2	—	E5516-C3	E5516-N2	—	E5516-C3
E5518-N2	—	E5518-C3	E5518-N2	—	E5518-C3
E5015-N3	—	—	—	—	—
E5016-N3	—	—	E4916-N3	—	—
E5515-N3	—	—	—	—	—
E5516-N3	—	E5516-C4	E5516-N3	—	—
E5516-3N3	—	—	E5516-3N3	—	—
E5518-N3	—	E5518-C4	E5518-N3	—	—
E5015-N5	—	E4915-C1L	E4915-N5	—	E5015-C1L
E5016-N5	—	E4916-C1L	E4916-N5	—	E5016-C1L
E5018-N5	—	E4918-C1L	E4918-N5	—	E5018-C1L
E5028-N5	—	—	E4928-N5	—	—
E5515-N5	—	—	—	—	E5515-C1
E5516-N5	—	E5516-C1	E5516-N5	—	E5516-C1
E5518-N5	—	E5518-C1	E5518-N5	—	E5518-C1
E5015-N7	—	E4915-C2L	E4915-N7	—	E5015-C2L
E5016-N7	—	E4916-C2L	E4916-N7	—	E5016-C2L
E5018-N7	—	E4918-C2L	E4918-N7	—	E5018-C2L
E5515-N7	—	—	—	—	—
E5516-N7	—	E5516-C2	E5516-N7	—	E5516-C2
E5518-N7	—	E5518-C2	E5518-N7	—	E5518-C2
E5515-N13	—	—	—	—	—
E5516-N13	—	—	E5516-N13	—	—
镍钼钢					
E5518-N2M3	—	E5518-NM1	E5518-N2M3	—	E5518-NM
耐候钢					
E5003-NC	—	—	E4903-NC	—	—
E5016-NC	—	—	E4916-NC	—	—
E5028-NC	—	—	E4928-NC	—	—
E5716-NC	—	—	E5716-NC	—	—
E5728-NC	—	—	E5728-NC	—	—
E5003-CC	—	—	E4903-CC	—	—
E5016-CC	—	—	E4916-CC	—	—
E5028-CC	—	—	E4928-CC	—	—
E5716-CC	—	—	E5716-CC	—	—
E5728-CC	—	—	E5728-CC	—	—
E5003-NCC	—	—	E4903-NCC	—	—
E5016-NCC	—	—	E4916-NCC	—	—

（续）

GB/T 5117—2012	AWS A5.1M:2004	AWS A5.5M:2006	ISO 2560:2009	GB/T 5117—1995	GB/T 5118—1995
耐候钢					
E5028-NCC	—	—	E4928-NCC	—	—
E5716-NCC	—	—	E5716-NCC	—	—
E5728-NCC	—	—	E5728-NCC	—	—
E5003-NCC1	—	—	E4903-NCC1	—	—
E5016-NCC1	—	—	E4916-NCC1	—	—
E5028-NCC1	—	—	E4928-NCC1	—	—
E5516-NCC1	—	—	E5516-NCC1	—	—
E5518-NCC1	—	E5518-W2	E5518-NCC1	—	E5518-W
E5716-NCC1	—	—	E5716-NCC1	—	—
E5728-NCC1	—	—	E5728-NCC1	—	—
E5016-NCC2	—	—	E4916-NCC2	—	—
E5018-NCC2	—	E4918-W1	E4918-NCC2	—	E5018-W
其他					
E50XX-G	—	—	E49XX-G	—	E50XX-G
E55XX-G	—	—	E55XX-G	—	E55XX-G
E57XX-G	—	—	E57XX-G	—	—

二、热强钢焊条型号编制方法（GB/T 5118—2012）

1. 焊条型号的组成

焊条型号按熔敷金属力学性能、药皮类型、焊接位置、电流类型、熔敷金属化学成分等进行划分。焊条型号由以下四部分组成。

1）第一部分用字母"E"表示焊条。

2）第二部分为字母"E"后面的紧邻两位数字，表示熔敷金属的最小抗拉强度代号，见表3-1-7。

3）第三部分为字母"E"后面的第三和第四两位数字，表示药皮类型、焊接位置和电流类型，见表3-1-8。

4）第四部分为短划"-"后的字母、数字或数字的组合，表示熔敷金属的化学成分分类代号，见表3-1-9。

除以上强制分类代号外，根据供需双方协商，可在型号后依次附加扩散氢代号"HX"，其中：X为15、10或5，分别表示每100g熔敷金属中扩散氢含量的最大值（mL）。

型号示例：

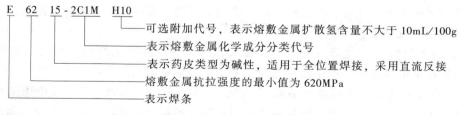

表 3-1-7　熔敷金属的最小抗拉强度代号

抗拉强度代号	最小抗拉强度/MPa	抗拉强度代号	最小抗拉强度/MPa
50	490	55	550
52	520	62	620

表 3-1-8　焊条药皮类型、焊接位置和电流类型

代号	药皮类型	焊接位置	电流类型
03	钛型	全位置	交流和直流正、反接
10	纤维素	全位置	直流反接
11	纤维素	全位置	交流和直流反接
13	金红石	全位置	交流和直流正、反接
15	碱性	全位置	直流反接
16	碱性	全位置	交流和直流反接
18	碱性+铁粉	全位置(PG除外)	交流和直流反接
19	钛铁矿	全位置	交流和直流正、反接
20	氧化铁	PA、PB	交流和直流正接
27	氧化铁+铁粉	PA、PB	交流和直流正接
40	不做规定	由制造商确定	

注：1. 焊接位置见 GB/T 16672—1996，其中 PA=平焊、PB=平角焊、PG=向下立焊。
　　2. 仅限于熔敷金属化学成分代号-1M3。
　　3. 表中"全位置"并不一定包含向下立焊，由制造商确定。

表 3-1-9　焊条熔敷金属的化学成分分类代号

分类代号	主要化学成分的名义含量
-1M3	此类焊条中含有 Mo，Mo 是在非合金钢焊条基础上的唯一添加合金元素，数字 1 约等于名义上 Mn 含量两倍的整数，字母"M"表示 Mo，数字 3 表示 Mo 的名义含量，大约 0.5%
-XCXMX	对于含铬-钼的热强钢，标识"C"前的整数表示 Cr 的名义含量，"M"前的整数表示 Mo 的名义含量。对于 Cr 或者 Mo，如果名义含量少于 1%，则字母前不标记数字。 如果在 Cr 和 Mo 之外还加入 W、V、B、Nb 等合金成分，则按照此顺序，加于铬和钼标记之后。标识末尾的"L"表示含碳量较低。最后一个字母后的数字表示成分有所改变
-G	其他成分

2. 焊条药皮类型说明

1）焊条药皮中的组成物可以概括如下六类：造渣剂；脱氧剂；造气剂；稳弧剂；粘结剂；合金化元素（如需要）。此外，加入铁粉可以提高焊条熔敷效率，但对焊接位置有影响。

2）药皮类型 03。此药皮类型包含二氧化钛和碳酸钙的混合物，所以同时具有金红石焊条和碱性焊条的某些性能。

3）药皮类型 10。此药皮类型内含有大量的可燃有机物，尤其是纤维素，由于其强电弧特性特别适用于向下立焊。由于钠影响电弧的稳定性，因而焊条主要适用于直流焊接，通常使用直流反接。

4）药皮类型 11。此药皮类型内含有大量的可燃有机物，尤其是纤维素，由于其强电弧特性特别适用于向下立焊。由于钾增强电弧的稳定性，因而适用于交、直流两用焊接，直流焊接时使用直流反接。

5）药皮类型 13。此药皮类型内含有大量的二氧化钛（金红石）和增强电弧稳定性的钾。可以在低电流条件下产生稳定电弧，特别适宜金属薄板的焊接。

6）药皮类型 15。此药皮类型碱度较高，含有大量的氧化钙和萤石。由于钠影响电弧的稳定性，因而焊条只适用于直流反接。此药皮类型的焊条可以得到低氢含量、高冶金性能的焊缝。

7）药皮类型 16。此药皮类型碱度较高，含有大量的氧化钙和萤石。由于钾增强电弧的稳定性，因而焊条适用于交、直流两用焊接。此药皮类型的焊条可以得到低氢含量、高冶金

性能的焊缝。

8）药皮类型 18。此药皮类型除了药皮略厚和含有大量的铁粉外，其他与药皮类型 16 类似，药皮类型 18 中的铁粉可以提高电流承载能力和熔敷效率。

9）药皮类型 19。此药皮类型包含钛和铁的氧化物，通常在钛铁矿获取。虽然它们不属于碱性药皮类型焊条，但是可以制造出高韧性的焊缝金属。

10）药皮类型 20。此药皮类型包含大量的氧化物，熔渣流动性好，所以通常只在平焊和横焊中使用。主要用于角焊缝和搭接焊缝。

11）药皮类型 27。此药皮类型除了药皮略厚和含有大量的铁粉外，其他与药皮类型 20 类似。主要用于高速角焊缝和搭接焊缝的焊接。

12）药皮类型 40。此药皮类型属于特殊类型，此药皮类型可按照具体要求有所不同。

3. 常用焊条型号对照

热强钢常用焊条型号对照表 3-1-10。

表 3-1-10　热强钢常用焊条型号对照

GB/T 5118—2012	ISO 3580:2010	AWS A5.5M:2006	GB/T 5118—1995
E50XX-1M3	E49XX-1M3	—	E50XX-A1
E50YY-1M3	E49YY-1M3	—	E50YY-A1
E5515-CM	E5515-CM	—	E5515-B1
E5516-CM	E5516-CM	E5516-B1	E5516-B1
E5518-CM	E5518-CM	E5518-B1	E5518-B1
E5540-CM	—	—	E5500-B1
E5503-CM	—	—	E5503-B1
E5515-1CM	E5515-1CM	—	E5515-B2
E5516-1CM	E5516-1CM	E5516-B2	E5516-B2
E5518-1CM	E5518-1CM	E5518-B2	E5518-B2
E5513-1CM	E5513-1CM	—	—
E5215-1CML	E5215-1CML	E4915-B2L	E5515-B2L
E5216-1CML	E5216-1CML	E4916-B2L	—
E5218-1CML	E5218-1CML	E4918-B2L	E5518-B2L
E5540-1CMV	—	—	E5500-B2-V
E5515-1CMV	—	—	E5515-B2-V
E5515-1CMVNb	—	—	E5515-B2-VNb
E5515-1CMWV	—	—	E5515-B2-VW
E6215-2C1M	E6215-2C1M	E6215-B3	E6015-B3
E6216-2C1M	E6216-2C1M	E6216-B3	E6016-B3
E6218-2C1M	E6218-2C1M	E6218-B3	E6018-B3
E6213-2C1M	E6213-2C1M	—	—
E6240-2C1M	—	—	E6000-B3
E5515-2C1ML	E5515-2C1ML	E5515-B3L	E6015-B3L
E5516-2C1ML	E5516-2C1ML	—	—
E5518-2C1ML	E5518-2C1ML	E5518-B3L	E6018-B3L
E5515-2CML	E5515-2CML	E5515-B4L	E5515-B4L
E5516-2CML	E5516-2CML	—	—
E5518-2CML	E5518-2CML	—	—
E5540-2CMWVB	—	—	E5500-B3-VWB
E5515-2CMWVB	—	—	E5515-B3-VWB
E5515-2CMVNb	—	—	E5515-B3-VNb

（续）

GB/T 5118—2012	ISO 3580:2010	AWS A5.5M:2006	GB/T 5118—1995
E62XX-2C1MV	E62XX-2C1MV	—	—
E62XX-3C1MV	E62XX-3C1MV	—	—
E5515-C1M	E5515-C1M	—	—
E5516-C1M	E5516-C1M	E5516-B5	E5516-B5
E5518-C1M	E5518-C1M	—	—
E5515-5CM	E5515-5CM	E5515-B6	—
E5516-5CM	E5516-5CM	E5516-B6	—
E5518-5CM	E5518-5CM	E5518-B6	—
E5515-5CML	E5515-5CML	E5515-B6L	—
E5516-5CML	E5516-5CML	E5516-B6L	—
E5518-5CML	E5518-5CML	E5518-B6L	—
E5515-5CMV	—	—	—
E5516-5CMV	—	—	—
E5518-5CMV	—	—	—
E5515-7CM	—	E5515-B7	—
E5516-7CM	—	E5516-B7	—
E5518-7CM	—	E5518-B7	—
E5515-7CML	—	E5515-B7L	—
E5516-7CML	—	E5516-B7L	—
E5518-7CML	—	E5518-B7L	—
E6215-9C1M	E6215-9C1M	E5515-B8	—
E6216-9C1M	E6216-9C1M	E5516-B8	—
E6218-9C1M	E6218-9C1M	E5518-B8	—
E6215-9C1ML	E6215-9C1ML	E5515-B8L	—
E6216-9C1ML	E6216-9C1ML	E5516-B8L	—
E6218-9C1ML	E6218-9C1ML	E5518-B8L	—
E6215-9C1MV	E6215-9C1MV	E6215-B9	—
E6216-9C1MV	E6216-9C1MV	E6216-B9	—
E6218-9C1MV	E6218-9C1MV	E6218-B9	—
E62XX-9C1MV1	E62XX-9C1MV1	—	—

注：焊条型号中 XX 代表药皮类型 15、16 或 18，YY 代表药皮类型 10、11、19、20 或 27。

三、不锈钢焊条型号编制方法（GB/T 983—2012）

1. 焊条型号的组成

焊条型号按熔敷金属化学成分、焊接位置和药皮类型等进行划分。焊条型号由四部分组成：

1）第一部分用字母"E"表示焊条。

2）第二部分为字母"E"后面的数字，表示熔敷金属的化学成分分类，数字后面的"L"表示含碳量较低，"H"表示含碳量较高，如有其他特殊要求的化学成分，该化学成分用元素符号表示放在后面，见表3-1-11。

3）第三部分为短划"-"后面的第一位数字，表示焊接位置，见表3-1-12。

4）第四部分为最后一位数字，表示药皮类型和电流类型，见表3-1-13。

型号示例：

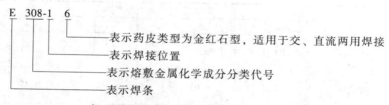

表 3-1-11　不锈钢焊条熔敷金属化学成分

焊条型号[①]	化学成分(质量分数[②],%)									
	C	Mn	Si	P	S	Cr	Ni	Mo	Cu	其他
E209-XX	0.06	4.0~7.0	1.00	0.04	0.03	20.5~24.0	9.5~12.0	1.5~3.0	0.75	N:0.10~0.30 V:0.10~0.30
E219-XX	0.06	8.0~10.0	1.00	0.04	0.03	19.0~21.5	5.5~7.0	0.75	0.75	N:0.10~0.30
E240-XX	0.06	10.5~13.5	1.00	0.04	0.03	17.0~19.0	4.0~6.0	0.75	0.75	N:0.10~0.30
E307-XX	0.04~0.14	3.30~4.75	1.00	0.04	0.03	18.0~21.5	9.0~10.7	0.5~1.5	0.75	—
E308-XX	0.08	0.5~2.5	1.00	0.04	0.03	18.0~21.0	9.0~11.0	0.75	0.75	—
E308H-XX	0.04~0.08	0.5~2.5	1.00	0.04	0.03	18.0~21.0	9.0~11.0	0.75	0.75	—
E308L-XX	0.04	0.5~2.5	1.00	0.04	0.03	18.0~21.0	9.0~12.0	0.75	0.75	—
E308Mo-XX	0.08	0.5~2.5	1.00	0.04	0.03	18.0~21.0	9.0~12.0	2.0~3.0	0.75	—
E308LMo-XX	0.04	0.5~2.5	1.00	0.04	0.03	18.0~21.0	9.0~12.0	2.0~3.0	0.75	—
E309L-XX	0.04	0.5~2.5	1.00	0.04	0.03	22.0~25.0	12.0~14.0	0.75	0.75	—
E309-XX	0.15	0.5~2.5	1.00	0.04	0.03	22.0~25.0	12.0~14.0	0.75	0.75~	—
E309H-XX	0.04~0.15	0.5~2.5	1.00	0.04	0.03	22.0~25.0	12.0~14.0	0.75	0.75	—
E309LNb-XX	0.04	0.5~2.5	1.00	0.04	0.03	22.0~25.0	12.0~14.0	0.75	0.75	Nb+Ta: 0.70~1.00
E309Nb-XX	0.12	0.5~2.5	1.00	0.04	0.03	22.0~25.0	12.0~14.0	0.75	0.75	Nb+Ta: 0.70~1.00
E309Mo-XX	0.12	0.5~2.5	1.00	0.04	0.03	22.0~25.0	12.0~14.0	2.0~3.0	0.75	—
E309LMo-XX	0.04	0.5~2.5	1.00	0.04	0.03	22.0~25.0	12.0~14.0	2.0~3.0	0.75	—
E310-XX	0.08~0.20	1.0~2.5	0.75	0.03	0.03	25.0~28.0	20.0~22.5	0.75	0.75	—
E310H-XX	0.35~0.45	1.0~2.5	0.75	0.03	0.03	25.0~28.0	20.0~22.5	0.75	0.75	—
E310Nb-XX	0.12	1.0~2.5	0.75	0.03	0.03	25.0~28.0	20.0~22.0	0.75	0.75	Nb+Ta: 0.70~1.00
E310Mo-XX	0.12	1.0~2.5	0.75	0.03	0.03	25.0~28.0	20.0~22.0	2.0~3.0	0.75	—

（续）

焊条型号[①]	化学成分(质量分数[②],%)									
	C	Mn	Si	P	S	Cr	Ni	Mo	Cu	其他
E312-XX	0.15	0.5~2.5	1.00	0.04	0.03	28.0~32.0	8.0~10.5	0.75	0.75	—
E316-XX	0.08	0.5~2.5	1.00	0.04	0.03	17.0~20.0	11.0~14.0	2.0~3.0	0.75	—
E316H-XX	0.04~0.08	0.5~2.5	1.00	0.04	0.03	17.0~20.0	11.0~14.0	2.0~3.0	0.75	—
E316L-XX	0.04	0.5~2.5	1.00	0.04	0.03	17.0~20.0	11.0~14.0	2.0~3.0	0.75	—
E316LCu-XX	0.04	0.5~2.5	1.00	0.04	0.03	17.0~20.0	11.0~16.0	1.20~2.75	1.00~2.50	—
E316LMn-XX	0.04	5.0~8.0	0.90	0.04	0.03	18.0~21.0	15.0~18.0	2.5~3.5	0.75	N:0.10~0.25
E317-XX	0.08	0.5~2.5	1.00	0.04	0.03	18.0~21.0	12.0~14.0	3.0~4.0	0.75	—
E317L-XX	0.04	0.5~2.5	1.00	0.04	0.03	18.0~21.0	12.0~14.0	3.0~4.0	0.75	—
E317MoCu-XX	0.08	0.5~2.5	0.90	0.035	0.03	18.0~21.0	12.0~14.0	2.0~2.5	2	—
E317MoCu-XX	0.04	0.5~2.5	0.90	0.035	0.03	18.0~21.0	12.0~14.0	2.0~2.5	2	—
E318-XX	0.08	0.5~2.5	1.00	0.04	0.03	17.0~20.0	11.0~14.0	2.0~3.0	0.75	Nb+Ta:6×C~1.00
E318V-XX	0.08	0.5~2.5	1.00	0.035	0.03	17.0~20.0	11.0~14.0	2.0~2.5	0.75	V:0.30~0.70
E320-XX	0.07	0.5~2.5	0.60	0.04	0.03	19.0~21.0	32.0~36.0	2.0~3.0	3.0~4.0	Nb+Ta:8×C~1.00
E320LR-XX	0.03	1.5~2.5	0.30	0.02	0.015	19.0~21.0	32.0~36.0	2.0~3.0	3.0~4.0	Nb+Ta:8×C~0.40
E330-XX	0.18~0.25	1.0~2.5	1.00	0.04	0.03	14.0~17.0	33.0~37.0	0.75	0.75	—
E330H-XX	0.35~0.45	1.0~2.5	1.00	0.04	0.03	14.0~17.0	33.0~37.0	0.75	0.75	—
E330MoMnWNb-XX	0.20	3.5	0.70	0.035	0.030	15.0~17.0	33.0~37.0	2.0~3.0	0.75	Nb:1.0~2.0 W:2.0~3.0
E347-XX	0.08	0.5~2.5	1.00	0.04	0.03	18.0~21.0	9.0~11.0	0.75	0.75	Nb+Ta:8×C~1.00
E349-XX	0.13	0.5~2.5	1.00	0.04	0.03	18.0~21.0	8.0~10.0	0.35~0.65	0.75	Nb+Ta:0.75~1.20 V:0.10~0.30 Ti≤0.15 W:1.25~1.75

(续)

焊条型号①	化学成分(质量分数②,%)									
	C	Mn	Si	P	S	Cr	Ni	Mo	Cu	其他
E383-XX	0.03	0.5~2.5	0.90	0.02	0.02	26.5~29.0	30.0~33.0	3.2~4.2	0.6~1.5	—
E385-XX	0.03	1.0~2.5	0.90	0.03	0.02	19.5~21.5	24.0~26.0	4.2~5.2	1.2~2.0	—
E409Nb-XX	0.12	1.00	1.00	0.04	0.03	11.0~14.0	0.06	0.75	0.75	Nb+Ta:0.50~1.50
E410-XX	0.12	1.00	0.90	0.04	0.03	11.0~14.0	0.70	0.75	0.75	—
E410NiMo-XX	0.06	1.00	0.90	0.04	0.03	11.0~12.5	4.0~5.0	0.040~0.70	0.75	—
E430-XX	0.10	1.00	0.90	0.04	0.03	15.0~18.0	0.60	0.75	0.75	—
E430Nb-XX	0.10	1.00	1.00	0.04	0.03	15.0~18.0	0.60	0.75	0.75	Nb+Ta:0.50~1.50
E630-XX	0.05	0.25~0.75	0.75	0.04	0.03	16.0~16.75	4.5~5.0	0.75	3.25~4.00	Nb+Ta:0.15~0.30
E16-8-2-XX	0.10	0.5~2.5	0.60	0.03	0.03	14.5~16.5	7.5~9.5	1.0~2.0	0.75	—
E16-25MoN-XX	0.12	0.5~2.5	0.90	0.035	0.03	14.0~18.0	22.0~27.0	5.0~7.0	0.75	N≥0.1
E2209-XX	0.04	0.5~2.0	1.00	0.04	0.03	21.5~23.5	7.5~10.5	2.5~3.5	0.75	N:0.08~0.20
E2553-XX	0.06	0.5~1.5	1.00	0.04	0.03	24.0~27.0	6.5~8.5	2.9~3.9	1.5~2.5	N:0.10~0.25
E2593-XX	0.04	0.5~1.5	1.00	0.04	0.03	24.0~27.0	8.5~10.5	2.9~3.9	1.5~3.0	N:0.08~0.25
E2594-XX	0.04	0.05~2.0	1.00	0.04	0.03	24.0~27.0	8.0~10.5	3.5~4.5	0.75	N:0.20~0.30
E2595-XX	0.04	2.5	1.2	0.03	0.025	24.0~27.0	8.0~10.5	2.5~4.5	0.4~1.5	N:0.10~0.25 W:0.40~1.00
E3155-XX	0.10	1.00~2.5	1.00	0.04	0.03	20.0~22.5	19.0~21.0	2.5~3.5	0.75	Nb+Ta:0.75~1.25 Co:18.5~21.0 W:2.0~3.0
E33-31-XX	0.03	2.5~4.0	0.9	0.02	0.01	31.0~35.0	30.0~32.0	1.0~2.0	0.4~0.8	N:0.30~0.50

注：表中的单值均为最大值。
① 焊条型号中-XX 表示焊接位置和药皮类型，见表 3-1-12 和表 3-1-13。
② 化学分析应按表中规定的元素进行分析。如果在分析过程中发现其他化学成分，则应进一步分析这些元素的含量，除铁外质量分数不应超过 0.5%。

表 3-1-12 焊接位置代号

代 号	焊接位置①
-1	PA、PB、PD、PF
-2	PA、PB
-4	PA、PB、PD、PF、PG

① 焊接位置见 GB/T 16672—1996，其中 PA=平焊、PB=平角焊、PD=仰角焊、PF=向上立焊、PG=向下立焊。

表 3-1-13 药皮类型代号

代 号	药皮类型	电流类型
5	碱性	直流
6	金红石	交流或直流①
7	钛酸型	交流或直流②

① 46 型采用直流焊接。

② 47 型采用直流焊接。

2. 焊条药皮类型说明

不锈钢焊条药皮类型有以下三种：

（1）碱性药皮类型 5　此类型药皮含有大量碱性矿物质和化学物质，如石灰石（碳酸钙）、白云石（碳酸钙、碳酸镁）和萤石（氟化钙）。此类焊条通常只用于直流反接焊接。

（2）金红石药皮类型 6　此类型药皮含有大量金红石矿物质，主要是二氧化钛（氧化钛）。这类焊条药皮中含有低电离元素。用此类焊条焊接时，可以使用交直流焊接。

（3）钛酸型药皮类型 7　此类型药皮是已改进的金红石类，使用一部分二氧化硅代替氧化钛。此类药皮的特征是熔渣流动性好，引弧性能良好，电弧易喷射过渡。但是不适用于薄板的立向上位置的焊接。

3. 常用焊条型号对照

不锈钢常用焊条型号对照见表 3-1-14。

表 3-1-14　不锈钢常用焊条型号对照

GB/T 983—2012	ISO 3581:2003	AWS A5.4M:2006	GB/T 983—1995
E209-XX	ES209-XX	E209-XX	E209-XX
E219-XX	ES219-XX	E219-XX	E219-XX
E240-XX	ES240-XX	E240-XX	E240-XX
E307-XX	ES307-XX	E307-XX	E307-XX
E308-XX	ES308-XX	E308-XX	E308-XX
E308H-XX	ES308H-XX	E308H-XX	E308H-XX
E308L-XX	ES308L-XX	E308L-XX	E308L-XX
E308Mo-XX	ES308Mo-XX	E308Mo-XX	E308Mo-XX
E308LMo-XX	ES308LMo-XX	E308LMo-XX	E308MoL-XX
E309L-XX	ES309L-XX	E309L-XX	E309L-XX
E309-XX	ES309-XX	E309-XX	E309-XX
E309H-XX	—	E309H-XX	—
E309LNb-XX	ES309LNb-XX	—	—
E309Nb-XX	ES309Nb-XX	E309Nb-XX	E309Nb-XX
E309Mo-XX	ES309Mo-XX	E309Mo-XX	E309Mo-XX
E309LMo-XX	ES309LMo-XX	E309LMo-XX	E309MoL-XX
E310-XX	ES310-XX	E310-XX	E310-XX
E310H-XX	ES310H-XX	E310H-XX	E310H-XX
E310Nb-XX	ES310Nb-XX	E310Nb-XX	E310Nb-XX
E310Mo-XX	ES310Mo-XX	E310Mo-XX	E310Mo-XX
E312-XX	ES312-XX	E312-XX	E312-XX
E316-XX	ES316-XX	E316-XX	E316-XX

（续）

GB/T 983—2012	ISO 3581:2003	AWS A5.4M:2006	GB/T 983—1995
E316H-XX	ES316H-XX	E316H-XX	E316H-XX
E316L-XX	ES316L-XX	E316L-XX	E316L-XX
E316LCu-XX	ES316LCu-XX	—	—
E316LMn-XX	—	E316LMn-XX	—
E317-XX	ES317-XX	E317-XX	E317-XX
E317L-XX	ES317L-XX	E317L-XX	E317L-XX
E317MoCu-XX	—	—	E317MoCu-XX
E317LMoCu-XX	—	—	E317MoCuL-XX
E318-XX	ES318-XX	E318-XX	E318-XX
E318V-XX	—	—	E318V-XX
E320-XX	ES320-XX	E320-XX	E320-XX
E320LR-XX	ES320LR-XX	E320LR-XX	E320LR-XX
E330-XX	ES330-XX	E330-XX	E330-XX
E330H-XX	ES330H-XX	E330H-XX	E330H-XX
E330MoMnWNb-XX	—	—	E330MoMnWNb-XX
E347-XX	ES347-XX	E347-XX	E347-XX
E347L-XX	ES347L-XX	—	—
E349-XX	ES349-XX	E349-XX	E349-XX
E383-XX	ES383-XX	E383-XX	E383-XX
E385-XX	ES385-XX	E385-XX	E385-XX
E409Nb-XX	ES409Nb-XX	E409Nb-XX	—
E410-XX	ES410-XX	E410-XX	E410-XX
E410NiMo-XX	ES410NiMo-XX	E410NiMo-XX	E410NiMo-XX
E430-XX	ES430-XX	E430-XX	E430-XX
E430Nb-XX	ES430Nb-XX	E430Nb-XX	—
E630-XX	ES630-XX	E630-XX	E630-XX
E16-8-2-XX	ES16-8-2-XX	E16-8-2-XX	E16-8-2-XX
E16-25MoN-XX	—	—	E16-25MoN-XX
E2209-XX	ES2209-XX	E2209-XX	E2209-XX
E2553-XX	ES2553-XX	E2553-XX	E2553-XX
E2593-XX	ES2593-XX	E2593-XX	—
E2594-XX	—	E2594-XX	—
E2595-XX	—	E2595-XX	—
E3155-XX	—	E3155-XX	—
E33-31-XX	—	E33-31-XX	—

四、堆焊焊条型号编制方法（GB/T 984—2001）

1. 焊条型号组成

1）型号第一个字母"E"表示焊条。

2）第二个字母"D"表示用于表面耐磨堆焊。

3）D后面用一位或两位字母、元素符号表示焊条熔敷金属化学成分分类代号，见表3-1-15。还可以附加一些主要成分的元素符号。

4）在基本型号内可用数字、字母进行细分类，细分类代号也可用半字线"-"与前面符号分开。

5）型号中最后两位数字表示药皮类型和焊接电流种类，用半字线"-"与前面符号分开，见表3-1-16。

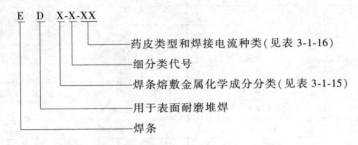

表 3-1-15　堆焊焊条熔敷金属化学成分分类

型号分类	熔敷金属化学成分分类	型号分类	熔敷金属化学成分分类
EDPXX-XX	普通低中合金钢	EDZXX-XX	合金铸铁
EDRXX-XX	热强合金钢	EDZCrXX-XX	高铬铸铁
EDCrXX-XX	高铬钢	EDCoCrXX-XX	钴基合金
EDMnXX-XX	高锰钢	EDWXX-XX	碳化钨
EDCrMnXX-XX	高铬锰钢	EDTXX-XX	特殊型
EDCrNiXX-XX	高铬镍钢	EDNiXX-XX	镍基合金
EDDXX-XX	高速钢		

表 3-1-16　堆焊焊条药皮类型和焊接电流种类

型号	药皮类型	焊接电流种类
EDXX-00	特殊型	交流或直流
EDXX-03	钛钙型	交流或直流
EDXX-15	低氢钠型	直流
EDXX-16	低氢钾型	交流或直流
EDXX-08	石墨型	交流或直流

碳化钨管状焊条型号表示方法：

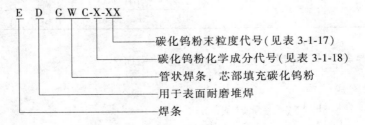

表 3-1-17 堆焊焊条碳化钨粉的粒度

型 号	粒度分布
EDGWCX-12/30	600~1700μm（-12目，+30目）
EDGWCX-20/30	600~850μm（-20目，+30目）
EDGWCX-30/40	600~425μm（-30目，+40目）
EDGWCX-40	<425μm（-40目）
EDGWCX-40/120	125~425μm（-40目，+120目）

注：1. 焊条型号中的"X"代表"1"或"2"或"3"。

2. 允许通过"-"筛网的筛上物≤5%，不通过"+"筛网的筛下物≤20%。

表 3-1-18 堆焊焊条碳化钨粉的化学成分

型号	化学成分（质量分数，%）							
	C	Si	Ni	Mo	Co	W	Fe	Th
EDGWC1-XX	3.6~4.2	≤0.3	≤0.3	≤0.6	≤0.3	≥94.0	≤1.0	≤0.01
EDGWC2-XX	6.0~6.2					≥91.5	≤0.5	
EDGWC3-XX	由供需双方商定							

堆焊焊条型号举例：

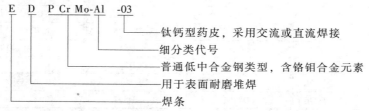

碳化钨管状焊条型号举例：

2. 堆焊焊条药皮类型说明

1）药皮类型属于特殊型，可用交流或直流电进行焊接。

2）药皮类型属于钛钙型，可用交流或直流电进行焊接，药皮含30%（质量分数）以上的氧化钛和20%（质量分数）以下的钙或镁的碳酸盐矿石。熔渣流动性良好，脱渣容易；熔深适中，电弧稳定，飞溅少，焊缝美观。

3）药皮类型属于低氢钠型，可用直流电进行焊接。药皮主要组成物是碳酸盐矿石和萤石，渣是碱性的。焊接工艺性能一般，焊接过程要短弧操作，熔渣流动性好，焊缝较高。焊接时要求焊条药皮很干燥，该类焊条具有良好的抗热裂性能和力学性能。

4）药皮类型属于低氢钾型，可用交流电或直流电进行焊接。为了用交流电焊接，在药皮中除用硅酸钾作黏结剂外，还加入了稳弧组成物。

5）药皮类型属于石墨型，可用交流电或直流电进行焊接。这类焊条除含有碱性药皮或钛矿物外，在药皮中还加入较多的石墨，使焊缝金属获得较多的游离碳或碳化物。本焊条在焊接过程中会产生较大的烟雾，容易引弧，熔深较浅，工艺性很好，焊接飞溅少，施焊时要用小规范为宜。适用于交流或直流电焊接，该焊条的药皮强度较差，所以在包装、运输、储存及使用中应注意。常用堆焊焊条型号与牌号对照见表3-1-19。

表3-1-19　常用堆焊焊条型号与牌号对照

型号	牌号	型号	牌号	型号	牌号
EDPMn2-03	D102	EDCrMn-B-15	D277	EDCrMn-D-15	D567
EDPMn2-16	D106	EDD-D-15	D307	EDCrMn-C-15	D577
EDPMn2-15	D107	EDRCrMoWV-A3-15	D317	EDZ-A1-08	D608
EDPCrMo-A1-03	D112	EDRCrMoWV-A1-03	D322	EDZCr-B-03	D642
EDPMo3-16	D126	EDRCrMoWV-A1-15	D327	EDZCr-B-16	D646
EDPMn3-15	D127	EDRCrMoWV-A2-15	EDCoCr-A-03	EDZCr-C-15	D667
EDPCrMo-A2-03	D132	EDRCrW-15	D337	EDZ-B1-08	D678
EDPMn4-16	D146	EDRCrMnMo-15	D397	EDZ-D-15	D687
EDPMn6-15	D167	EDCr-A1-03	D502	EDZ-B2-08	D698
EDPCrMo-A3-03	D172	EDCr-A1-15	D507	EDW-A-15	D707
EDPCrMnSi-15	D207	EDCr-A2-03	D507MoNb	EDW-B-15	D717
EDPCrMo-A4-03	D212	EDCr-A1-15	D507MoNb	EDCoCr-A-03	D802
EDPCrMo-A4-15	D217A	EDCr-B-03	D512	EDCoCr-B-03	D812
EDPCrMoV-A2-15	D227	EDCrMn-A-16	D516M，D516MA	EDCoCr-C-03	D822
EDPCrMoV-A1-15	D237	EDCr-B-15	D517	EDCoCr-D-03	D842
EDMn-A-16	D256	EDCrNi-A-15	D547	—	—
EDMn-B16	D266	EDCrNi-B-15	D547Mo	—	—
EDCrMn-B-16	D276	EDCrNi-C-15	D557	—	—

五、铸铁焊条型号编制方法 （GB/T 10044—2006）

1. 焊条型号组成

1）字母"E"表示焊条。

2）字母"Z"表示用于铸铁焊接。

3）字母"EZ"后用熔敷金属的主要化学元素符号或金属类型代号表示，见表3-1-20。再细分时用数字表示。铸铁焊条熔敷金属化学成分见表3-1-21，纯铁及碳钢焊条焊芯化学成分见表3-1-22。

铸铁焊条型号举例：

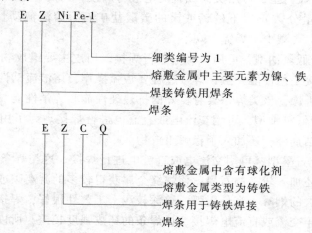

表 3-1-20 熔敷金属主要化学元素符号或金属类型

类　别	焊条名称	型　号
铁基焊条	灰铸铁焊条	EZC
	球墨铸铁焊条	EZCQ
镍基焊条	纯镍铸铁焊条	EZNi
	镍铜铸铁焊条	EZNiCu
	镍铁铸铁焊条	EZNiFe
	镍铁铜铸铁焊条	EZNiFeCu
其他焊条	纯铁及碳钢焊条	EZFe
	高钒焊条	EZV

表 3-1-21 铸铁焊条熔敷金属化学成分

焊条型号	化学成分(质量分数,%)											
	C	Si	Mn	S	P	Fe	Ni	Cu	Al	V	球化剂	其他元素总量
EZC	2.0~4.0	2.5~6.5	≤0.75	≤0.10	≤0.15	余量	—	—	—	—	—	—
EZCQ	3.2~4.2	3.0~4.0	≤0.80	≤0.10	≤0.15	余量	—	—	—	—	0.04~0.15	≤1.0
EZNi-1	≤2.0	≤2.5	≤1.0	≤0.03	—	≤8.0	≥90	—	—	—	—	≤1.0
EZNi-2	≤2.0	≤4.0	≤2.5	≤0.03	—	≤8.0	≥85	≤2.5	≤1.0	—	—	≤1.0
EZNi-3	≤2.0	≤4.0	≤2.5	≤0.03	—	≤8.0	≥85	≤2.5	1.0~3.0	—	—	≤1.0
EZNiFe-1	≤2.0	≤4.0	≤2.5	≤0.03	—	余量	45~60	≤2.5	≤1.0	—	—	≤1.0
EZNiFe-2	≤2.0	≤4.0	≤2.5	≤0.03	—	余量	45~60	≤2.5	1.0~3.0	—	—	≤1.0
EZNiFeMn	≤2.0	≤1.0	10~14	≤0.03	—	余量	35~45	≤2.5	—	—	—	≤1.0
EZNiCu-1	0.35~0.55	≤0.75	≤2.3	≤0.025	—	3.0~6.0	60~70	25~35	—	—	—	≤1.0
EZNiCu-2	0.35~0.55	≤0.75	≤2.3	≤0.025	—	3.0~6.0	50~60	35~45	—	—	—	≤1.0
EZNiFeCu	≤2.0	≤2.0	≤1.5	≤0.03	—	余量	45~60	4~10	—	—	—	≤1.0
EZV	≤0.25	≤0.70	≤1.50	≤0.04	≤0.04	余量	—	—	—	8~13	—	—

表 3-1-22 纯铁及碳钢焊条焊芯化学成分

焊条型号	化学成分(质量分数,%)					
	C	Si	Mn	S	P	Fe
EZFe-1	≤0.04	≤0.10	≤0.60	≤0.010	≤0.015	余量
EZFe-2	≤0.10	≤0.03	≤0.60	≤0.030	≤0.030	余量

2. 铸铁焊条使用说明

（1）铁基焊条

1）EZC 型灰铸铁焊条。EZC 型焊条是钢芯或铸铁芯、强石墨化型焊条,可交、直流两用。

① 钢芯铸铁焊条药皮中加入适量石墨化元素,焊缝在缓慢冷却时可变成灰铸铁。冷却速度快,就会产生白口而不易加工。冷却速度对切削加工性和焊缝组织影响很大。因此,操作工艺与一般冷焊焊条不同,该焊条使用时要求连续施焊,焊后保温,以达到焊缝缓冷。

灰铸铁焊缝的组织、性能、颜色基本与母材相近,但由于塑性差,不能松弛焊接应力,抗热应力裂纹性能较差。小型薄壁件刚度较小部位的缺陷可以不预热。为了防止裂纹和白口组织，焊接时应预热至400℃左右再焊或热焊，焊后缓冷。

② 铸铁芯铸铁焊条，采用石墨化元素较多的灰铸铁浇注成焊芯，外涂石墨化型药皮，焊缝在一定的冷却速度下成为灰铸铁。

这种焊条的特点是配合适当的焊接工艺措施，在不预热的条件下焊接可以避免白口组织产生，焊后切削加工性能较好。可以广泛用于不易产生裂纹的铸件焊接。由于灰铸铁焊缝塑性低，采用铸铁芯焊条补焊时，焊缝区温度很高，在刚度大的部位容易引起较大的内应力而产生裂纹。因此，补焊铸件较大刚度处（铸件的边角部位、不能自由热胀冷缩部位），需要进行局部加热或整体预热。

热焊时用石墨化能力较弱的焊条，以免焊缝石墨片粗大，强度和硬度降低。

冷焊和半热焊时用石墨化能力较弱的焊条，碳、硅含量较高的EZC型焊条通常用于冷焊和半热焊，碳、硅含量较低的EZC型焊条用于热焊和半热焊。

2）EZCQ型铁基球墨铸铁焊条。EZCQ型是钢芯或铸铁芯，强石墨化型药皮的球墨铸铁焊条。药皮中加入一定量的球化剂，可使焊缝金属中的碳在缓冷过程中成球状石墨析出，从而使焊缝有好的塑性和其他力学性能。焊缝的颜色与母材相匹配。焊接工艺与EZC型焊条基本相同。EZCQ型焊条的焊缝可承受较高的残余应力而不产生裂纹。但最好采用预热及缓冷，以防止母材及焊缝产生应力裂纹及白口，重要的铸件可以在焊后进行热处理得到所需要的性能和组织。

（2）镍基焊条

1）EZNi型纯镍铸铁焊条。EZNi型是纯镍焊芯、强石墨化的铸铁焊条，交、直流两用，可进行全位置焊接。施焊时，焊件可不预热，是铸铁冷焊焊条中抗裂性、切削加工性、操作工艺及力学性能等综合性能较好的一种焊条，广泛用于铸铁薄件及加工面的补焊。

2）EZNiFe型镍铁铸铁焊条。EZNiFe型是镍铁焊芯、强石墨化药皮的铸铁焊条，交、直流两用，可进行全位置焊接。施焊时，焊件可不预热，具有强度高、塑性好、抗裂性优良、与母材熔合好等特点。可用于重要灰铸铁及球墨铸铁的补焊。

3）EZNiCu型镍铜铸铁焊条。EZNiCu型是镍铜合金焊芯，强石墨化药皮的铸铁焊条，交、直流两用，可进行全位置焊接。其工艺性能和切削加工性能接近EZNi及EZNiFe型焊条。但由于收缩率较大，焊缝金属抗拉强度较低，不宜用于刚度大的铸件补焊。可在常温或低温预热（至300℃）焊接。用于强度要求不高、塑性要求好的灰铸铁补焊。

4）EZNiFeCu型镍铁铜铸铁焊条。EZNiFeCu型是镍铁铜合金芯或镀铜镍铁芯，强石墨化药皮的铸铁焊条，交、直流两用，可进行全位置焊接。具有强度高、塑性好、抗裂性优良、与母材熔合好等特点。切削加工性与EZNiFe型焊条相似，可用于重要灰铸铁及球墨铸铁的补焊。

（3）其他焊条

1）EZFe-1型纯铁焊条。EZFe-1是纯铁芯焊条，焊缝金属具有良好的塑性和抗裂性，但熔合区白口较严重，加工性能较差，适于铸铁非加工面补焊。

2）EZFe-2型碳钢焊条。EZFe-2是低碳钢芯、低熔点药皮的低氢型碳钢焊条，该焊条与GB/T 5117—2012《非合金钢及细晶粒钢焊条》中的一般碳钢焊条不同。焊缝与母材的结合较好，有一定的强度，但熔合区白口较严重，加工困难，适于铸铁非加工面补焊。

3）EZV 型高钒焊条。EZV 是低碳钢芯、低氢型药皮焊条。药皮中含有大量钒铁，碳化钒均匀分散在焊缝铁素体上，焊缝为高钒钢，特点是焊缝致密性好，强度较高，但熔合区白口较严重，加工困难，适于补焊高强度灰铸铁及球墨铸铁。在保证熔合良好的条件下，尽可能采用小电流。

六、镍及镍合金焊条型号编制方法（GB/T 13814—2008）

1. 焊条型号组成

1）第一部分为字母"ENi"，表示镍及镍合金焊条。

2）第二部分为 4 位数字，表示焊条型号。第 1 位数字表示熔敷金属的类别，其中 2 表示非合金系列；4 表示镍铜合金；6 表示含铬，且铁的质量分数不大于 25% 的 NiCrFe 和 NiCrMo 合金；8 表示含铬，且铁的质量分数大于 25% 的 NiFeCr 合金；10 表示不含铬，含钼的 NiMo 合金。

3）第三部分为可选部分，表示化学成分代号。

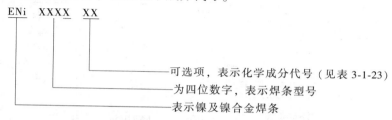

可选项，表示化学成分代号（见表 3-1-23）
为四位数字，表示焊条型号
表示镍及镍合金焊条

表 3-1-23　镍及镍合金焊条型号及化学成分代号

类别	焊条型号	化学成分代号	类别	焊条型号	化学成分代号
镍	ENi2601	NiTi3	镍钼	ENi1062	NiMo24Cr8Fe6
	ENi2601A	NiNbTi		ENi1066	NiMo28
镍铜	ENi4060	NiCu30Mn3Ti		ENi1067	NiMo30Cr
	ENi4061	NiCu27Mn3NbTi		ENi1069	NiMo28Fe4Cr
镍铬	ENi6082	NiCr20Mn3Nb	镍铬钼	ENi6002	NiCr22Fe18Mo
	ENi6231	NiCr22W14Mo		ENi6012	NiCr22Mo9
镍铬铁	ENi6025	NiCr25Fe10AlY		ENi6022	NiCr21Mo13W3
	ENi6062	NiCr15Fe8Nb		ENi6024	NiCr26Mo14
	ENi6093	NiCr15Fe8NbMo	镍铬钼	ENi6030	NiCr29Mo5Fe15W2
	ENi6094	NiCr14Fe4NbMo		ENi6059	NiCr23Mo16
	ENi6095	NiCr15Fe8NbMoW		ENi6200	NiCr23Mo16Cu2
	ENi6133	NiCr16Fe12NbMo		ENi6205	NiCr25Mo16
	ENi6152	NiCr30Fe9Nb		ENi6275	NiCr15Mo16Fe5W3
	ENi6182	NiCr15Fe6Mn		ENi6276	NiCr15Mo15Fe6W4
	ENi6333	NiCr25Fe16CoNbW		ENi6452	NiCr19Mo15
	ENi6701	NiCr36Fe7Nb		ENi6455	NiCr16Mo15Ti
镍铬铁	ENi6702	NiCr28Fe6W		ENi6620	NiCr14Mo7Fe
	ENi6704	NiCr25Fe10Al3YC		ENi6625	NiCr22Mo9Nb
	ENi8025	NiCr29Fe30Mo		ENi6627	NiCr21MoFeNb
	ENi8165	NiCr25Fe30Mo		ENi6650	NiCr20Fe14Mo11WN
镍钼	ENi1001	NiMo28Fe5		ENi6686	NiCr21Mo16W4
	ENi1004	NiMo25Cr5Fe5		ENi6985	NiCr22Mo7Fe19
	ENi1008	NiMo19WCr	镍铬钴钼	ENi6117	NiCr22Co12Mo
	ENi1009	NiMo20WCu			

镍及镍合金焊条型号举例：

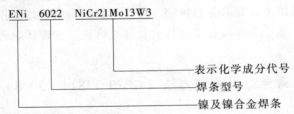

ENi　6022　NiCr21Mo13W3

表示化学成分代号
焊条型号
镍及镍合金焊条

2. 常用焊条型号对照

镍及镍合金常用焊条型号对照见表 3-1-24。

表 3-1-24　镍及镍合金常用焊条型号对照

GB/T 13814—2008	AWS A5.11:2005	ISO 14172:2003	GB/T 13814—1992
镍			
ENi2061	ENi-1	ENi2061	ENi-1
ENi2061A	—	—	ENi-0
镍铜			
ENi4060	ENiCu-7	ENi4060	ENiCu-7
ENi4061		ENi4061	
镍铬			
ENi6082	—	ENi6082	—
ENi6231	ENiCrWMo-1	ENi6231	—
镍铬铁			
ENi6025	ENiCrFe-12	ENi6025	—
ENi6062	ENiCrFe-1	ENi6062	ENiCrFe-1
ENi6093	ENiCrFe-4	ENi6093	ENiCrFe-4
ENi6094	ENiCrFe-9	ENi6094	
ENi6095	ENiCrFe-10	ENi6095	
ENi6133	ENiCrFe-2	ENi6133	ENiCrFe-2
ENi6152	ENiCrFe-7	ENi6152	—
ENi6182	ENiCrFe-3	ENi6182	ENiCrFe-3
ENi6333	—	ENi6333	
ENi6701	—	ENi6701	
ENi6702	—	ENi6702	
ENi6704	—	ENi6704	
ENi8025	—	ENi8025	
ENi8165	—	ENi8165	
镍钼			
ENi1001	ENiMo-1	ENi1001	ENiMo-1
ENi1004	ENiMo-3	ENi1004	ENiMo-3
ENi1008	ENiMo-8	ENi1008	—
ENi1009	ENiMo-9	ENi1009	—
ENi1062		ENi1062	

七、铜及铜合金焊条型号编制方法（GB/T 3670—1995）

1. 焊条型号组成

1）字母"E"表示焊条。

2）字母"E"后面直接用元素符号表示型号分类，同一分类中有不同化学成分要求时，用字母或数字表示，并以半字线"-"与前面的元素符号分开。

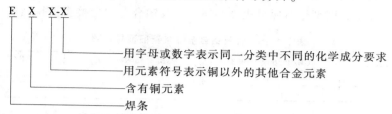

铜及铜合金焊条型号举例：

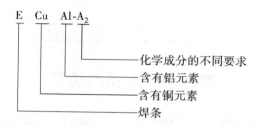

2. 常用焊条型号对照

铜及铜合金常用焊条型号对照见表3-1-25。

表3-1-25　铜及铜合金常用焊条型号对照

GB/T 3670—1995	GB/T 3670—1983	AWS A5.6：1984	JIS Z3231—1999
ECu	TCu	ECu	DCu
ECuSi-A	—	—	DCuSiA
ECuSi-B	TCuSi	ECuSi	DCuSiB
ECuSn-A	TCuSnA	ECuSn-A	DCuSnA
ECuSn-B	TCuSnB	ECuSn-C	DCuSnD
ECuAl-A2	—	ECuAl-A2	—
ECuAl-B	—	ECuAl-B	—
ECuAl-C	TCuAl	—	DCuAi
ECuNi-A	—	—	DCuNi-1
ECuNi-B	—	ECuNi	DCuNi-3
ECuAlNi	—	ECuNiAl	DCuAlNi
ECuMnAlNi	TCuMnAl	ECuMnNiAl	—

八、铝及铝合金焊条型号编制方法（GB/T 3669—2001）

1. 焊条型号组成

用字母"E"表示焊条，E后面的数字表示焊芯用的铝及铝合金牌号。

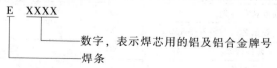

铝及铝合金焊条型号举例：

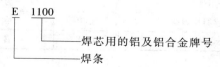

2. 铝及铝合金焊条新旧型号对照及其焊接接头性能

铝及铝合金焊条新旧型号对照见表 3-1-26。铝及铝合金焊接接头抗拉强度见表 3-1-27。

表 3-1-26　铝及铝合金焊条新旧型号对照

GB/T 3669—2001	GB/T 3669—1983	GB/T 3669—2001	GB/T 3669—1983
E1100	TAl	E4043	TAlSi
E3003	TAlMn	—	—

表 3-1-27　铝及铝合金焊条焊接接头抗拉强度

焊条型号	抗拉强度 R_m/MPa	焊条型号	抗拉强度 R_m/MPa
E1100	≥80	E4043	≥95
E3003	≥95	—	—

第三节　焊条的牌号

焊条牌号是根据焊条的主要用途及性能特点来命名的，焊条牌号通常以一个汉语拼音字母（或汉字）与三位数字表示。拼音字母（或汉字）表示焊条各大类，后面的三位数字中，前两位数字表示熔敷金属抗拉强度最低值，第三位数字表示焊条药皮类型及焊接电源种类。当熔敷金属含有某些主要元素时，也可以在焊条牌号后面加注元素符号；对某些具有特殊性能的焊条，可在焊条牌号的后面加注拼音字母。焊条牌号中第三位数字的含义见表 3-1-28；焊条牌号中具有某些特殊性能字母符号的含义见表 3-1-29；焊缝金属抗拉强度等级见表 3-1-30。

表 3-1-28　焊条牌号中第三位数字的含义

焊条牌号	药皮类型	焊接电源种类	焊条牌号	药皮类型	焊接电源种类
□XX0	不属于已规定的类型	不规定	□XX5	纤维素型	直流或交流
□XX1	氧化钛型	直流或交流	□XX6	低氢钾型	直流或交流
□XX2	钛钙型	直流或交流	□XX7	低氢钠型	直流
□XX3	钛铁矿型	直流或交流	□XX8	石墨型	直流或交流
□XX4	氧化铁型	直流或交流	□XX9	盐基型	直流

注：1. □表示焊条牌号中的拼音字母或汉字。
　　2. XX 表示焊条牌号中的前两位数字。

表 3-1-29　焊条牌号中具有某些特殊性能字母符号的含义

字母符号	含　义	字母符号	含　义
D	底层焊条	RH	高韧性超低氢焊条
DF	低尘焊条	LMA	低吸潮焊条
Fe	高效铁粉焊条	SL	渗铝钢焊条
Fe15	高效铁粉焊条,焊条名义熔敷效率150%	X	向下立焊用焊条
G	高韧性焊条	XG	管子用向下立焊焊条
GM	盖面焊条	Z	重力焊条
R	压力容器用焊条	Z16	重力焊条,焊条名义熔敷效率160%
GR	高韧性压力容器用焊条	CuP	含 Cu 和 P 的耐大气腐蚀焊条
H	超低氢焊条	CrNi	含 Cr 和 Ni 的耐海水腐蚀焊条

一、结构钢（含低合金高强度钢）焊条牌号编制方法

1. 焊条牌号组成

1）牌号前加入"J"，表示结构钢焊条。

2）"J"字后面两位数表示金属抗拉强度等级，见表 3-1-30

3）牌号第三位数字表示药皮类型和焊接电源种类，见表 3-1-28。

4）当焊条药皮中含有铁粉量为 30%（质量分数），或熔敷金属效率大于 105% 时，在焊条牌号末尾加注"Fe"；当熔敷效率为 130% 以上时，在"Fe"后还要加注两位数字（以熔敷效率的 1/10 表示）。

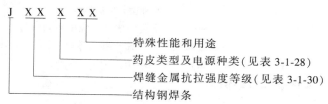

　　　　　　特殊性能和用途
　　　　　　药皮类型及电源种类（见表 3-1-28）
　　　　　　焊缝金属抗拉强度等级（见表 3-1-30）
　　　　　　结构钢焊条

表 3-1-30　焊缝金属抗拉强度等级

焊条牌号	焊缝焊接抗拉强度等级		焊条牌号	焊缝焊接抗拉强度等级	
	MPa	kgf/mm²		MPa	kgf/mm²
J（结）42X	420	43	J（结）70X	690	70
J（结）50X	490	50	J（结）75X	740	75
J（结）55X	540	55	J（结）85X	830	85
J（结）60X	590	60	—	—	—

2. 结构钢焊条牌号举例

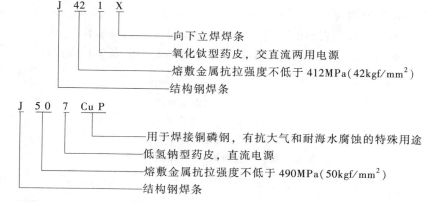

J 42 1 X
　　　　　向下立焊焊条
　　　　　氧化钛型药皮，交直流两用电源
　　　　　熔敷金属抗拉强度不低于 412MPa（42kgf/mm²）
　　　　　结构钢焊条

J 5 0 7 CuP
　　　　　用于焊接铜磷钢，有抗大气和耐海水腐蚀的特殊用途
　　　　　低氢钠型药皮，直流电源
　　　　　熔敷金属抗拉强度不低于 490MPa（50kgf/mm²）
　　　　　结构钢焊条

二、钼和铬钼耐热钢焊条牌号编制方法

1. 焊条牌号组成

1）"R"表示钼和铬钼耐热钢焊条。

2）"R"后第一位数字表示熔敷金属主要化学成分组成等级，见表 3-1-31。

3）"R"后第二位数字表示同一熔敷金属主要化学成分组成等级中的不同牌号，同一组成等级的焊条可有 10 个牌号，按 0、1、2、3、4、5、6、7、8、9 顺序编排，以区别铬钼之外的其他成分的不同。

4）"R"后第三位数字表示药皮类型和焊接电源种类，见表 3-1-28。

表 3-1-31　耐热钢焊条熔敷金属主要化学成分组成等级

焊条牌号	熔敷金属主要化学成分组成等级	焊条牌号	熔敷金属主要化学成分组成等级
R1XX	Mo 的质量分数 ≈ 0.5%	R5XX	Cr 的质量分数 ≈ 5%，Mo 的质量分数 ≈ 0.5%
R2XX	Cr 的质量分数 ≈ 0.5%，Mo 的质量分数 ≈ 0.5%	R6XX	Cr 的质量分数 ≈ 7%，Mo 的质量分数 ≈ 1%
R3XX	Cr 的质量分数 ≈ 1% ~ 2%， Mo 的质量分数 ≈ 0.5% ~ 1%	R7XX	Cr 的质量分数 ≈ 9%，Mo 的质量分数 ≈ 1%
R4XX	Cr 的质量分数 ≈ 2.5%，Mo 的质量分数 ≈ 1%	R8XX	Cr 的质量分数 ≈ 11%，Mo 的质量分数 ≈ 1%

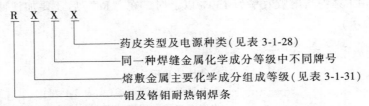

2. 钼和铬钼耐热钢焊条牌号举例

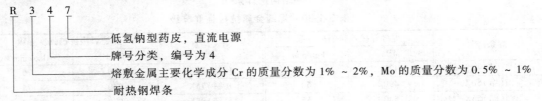

三、低温钢焊条牌号编制方法

1. 焊条牌号组成

1）"W"表示低温钢焊条。

2）"W"后前两位数字表示低温钢焊条工作温度等级，见表 3-1-32。

3）"W"后第三位数字表示药皮种类和焊接电源种类，见表 3-1-28。

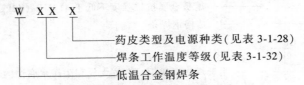

表 3-1-32　低温钢焊条工作温度等级

焊条牌号	工作温度 等级/℃	焊条牌号	工作温度 等级/℃	焊条牌号	工作温度 等级/℃
W60X	-60	W90X	-90	W25X	-253
W70X	-70	W10X	-100	—	—
W80X	-80	W19X	-196	—	—

2. 低温钢焊条牌号举例

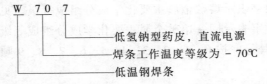

四、不锈钢焊条牌号编制方法

1. 焊条牌号组成

1)"G"表示铬不锈钢焊条,"A"表示奥氏体铬镍不锈钢焊条。

2)"G"或"A"后面第一位数字表示熔敷金属主要化学成分组成等级,见表3-1-33。

3)"G"或"A"后面第二位数字表示同一熔敷金属主要化学成分组成等级中的不同牌号,同一组成等级的焊条可有10个牌号,按0、1、2、3、4、5、6、7、8、9顺序编排,以区别镍铬之外的其他成分的不同。

4)"G"或"A"后第三位数字表示药皮类型和焊接电源种类,见表3-1-28。

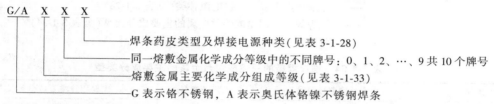

2. 不锈钢焊条牌号举例

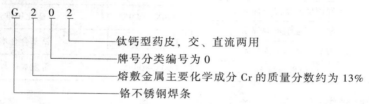

表 3-1-33　不锈钢焊条熔敷金属主要化学成分组成等级

焊条牌号	熔敷金属主要化学成分组成等级
G2XX	Cr 的质量分数约为 13%
G3XX	Cr 的质量分数约为 17%
A0XX	C 的质量分数约为 ≤0.04%(超低碳)
A1XX	Cr 的质量分数约为 19%;Ni 的质量分数约为 10%
A2XX	Cr 的质量分数约为 18%;Ni 的质量分数约为 12%
A3XX	Cr 的质量分数约为 23%;Ni 的质量分数约为 13%
A4XX	Cr 的质量分数约为 26%;Ni 的质量分数约为 21%
A5XX	Cr 的质量分数约为 16%;Ni 的质量分数约为 25%
A6XX	Cr 的质量分数约为 16%;Ni 的质量分数约为 35%
A7XX	铬锰氮不锈钢
A8XX	Cr 的质量分数约为 18%;Ni 的质量分数约为 18%
A9XX	待发展

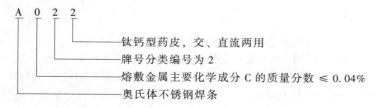

五、堆焊焊条牌号编制方法

1. 焊条牌号组成

1）"D"表示堆焊焊条。

2）"D"后面两位数字，表示堆焊焊条的用途或熔敷金属的主要成分类型等，见表 3-1-34。

3）"D"后面第三位数字表示药皮类型和焊接电源种类，见表 3-1-28。

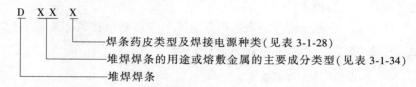

表 3-1-34 堆焊焊条的用途或熔敷金属的主要成分类型

焊条牌号	主要用途主要成分类型	焊条牌号	主要用途主要成分类型
D00X~D09X	不规定	D60C~D69X	合金铸铁堆焊焊条
D10X~D24X	不同硬度的常温堆焊焊条	D70X~D79X	碳化钨堆焊焊条
D25X~D29X	常温高锰钢堆焊焊条		
D30X~D49X	刀具工具用堆焊焊条	D80X~D89X	钴基合金堆焊焊条
D50X~D59X	阀门堆焊焊条	D90X~D99X	待发展的堆焊焊条

2. 堆焊焊条牌号举例

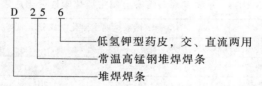

六、铸铁焊条牌号编制方法

1. 铸铁焊条牌号组成

1）"Z"表示铸铁焊条。

2）"Z"字后面第一位数字，表示熔敷金属主要化学成分组成等级，见表 3-1-35。

3）"Z"字后面第二位数字，表示同一熔敷金属主要化学成分组成等级中的不同牌号，同一组成等级的焊条可有 10 个牌号，按 0、1、2、3、4、5、6、7、8、9 顺序编排。

4）"Z"字后面第三位数字表示药皮类型和焊接电源种类。

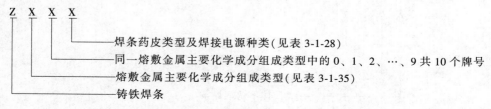

表3-1-35 铸铁焊条熔敷金属主要化学成分组成类型

焊条牌号	熔敷金属主要化学成分组成类型	焊条牌号	熔敷金属主要化学成分组成类型
Z1XX	碳素钢或高钒钢	Z5XX	镍铜合金
Z2XX	铸铁(包括球墨铸铁)	Z6XX	铜铁合金
Z3XX	纯镍	Z7XX	待发展
Z4XX	镍铁合金	—	—

2. 铸铁焊条牌号举例

Z 3 0 8

- 石墨型焊条药皮，交、直流两用
- 牌号分类编号为0
- 熔敷金属主要化学组成类型为纯镍
- 铸铁焊条

七、有色金属焊条牌号编制方法

1. 有色金属"Ni""T""L"焊条牌号组成

1)"Ni""T""L"分别表示镍及镍合金焊条、铜及铜合金焊条、铝及铝合金焊条。

2)"Ni""T""L"后面第一位数字，表示熔敷金属主要化学成分组成类型，见表3-1-36。

3)"Ni""T""L"后面第二位数字，表示同一熔敷金属主要化学成分组成等级中的不同牌号，同一组成等级的焊条可有10个牌号，按0、1、2、3、4、5、6、7、8、9顺序编排。

4)"Ni""T""L"后面第三位数字表示药皮类型和焊接电源种类，见表3-1-28。

Ni/T/L X X X

- 焊条药皮类型和焊接电源种类(见表3-1-28)
- 同一熔敷金属主要化学成分组成类型中的0、1、2、…、9共10个牌号
- 熔敷金属主要化学成分组成类型(见表3-1-36)
- Ni表示镍及镍合金焊条；T表示铜及铜合金焊条；L表示铝及铝合金焊条

表3-1-36 有色金属焊条熔敷金属化学成分组成类型

焊条牌号		熔敷金属化学成分组成类型
镍及镍合金焊条	Ni1XX	纯镍
	Ni2XX	镍铜合金
	Ni3XX	因康镍合金
	Ni4XX	待发展
铜及铜合金焊条	T1XX	纯铜
	T2XX	青铜合金
	T3XX	白铜合金
	T4XX	待发展
铝及铝合金焊条	L1XX	纯铝
	L2XX	铝硅合金
	L3XX	铝锰合金
	L4XX	待发展

2. 有色金属"Ni""T""L"焊条牌号举例

（1）镍及镍合金焊条牌号举例

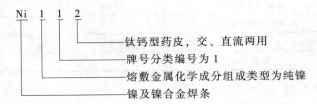

- 钛钙型药皮，交、直流两用
- 牌号分类编号为1
- 熔敷金属化学成分组成类型为纯镍
- 镍及镍合金焊条

（2）铜及铜合金焊条牌号举例

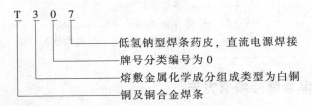

- 低氢钠型焊条药皮，直流电源焊接
- 牌号分类编号为0
- 熔敷金属化学成分组成类型为白铜
- 铜及铜合金焊条

（3）铝及铝合金焊条牌号举例

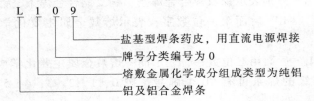

- 盐基型焊条药皮，用直流电源焊接
- 牌号分类编号为0
- 熔敷金属化学成分组成类型为纯铝
- 铝及铝合金焊条

八、特殊用途焊条牌号表示方法

1. 特殊焊条牌号组成

1）"TS"表示特殊用途焊条。

2）"TS"后面第一位数字，表示焊条用途，见表3-1-37。

3）"TS"后面第二位数字，表示同一熔敷金属主要化学成分组成等级中的不同牌号，同一组成等级的焊条可有10个牌号，按0、1、2、3、4、5、6、7、8、9顺序编排。

4）"TS"后面第三位数字表示药皮类型和焊接电源种类，见表3-1-28。

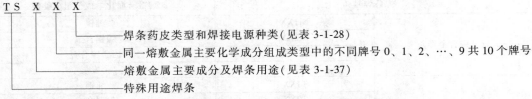

- 焊条药皮类型和焊接电源种类（见表3-1-28）
- 同一熔敷金属主要化学成分组成类型中的不同牌号0、1、2、…、9共10个牌号
- 熔敷金属主要成分及焊条用途（见表3-1-37）
- 特殊用途焊条

表3-1-37　特殊焊条熔敷金属主要成分及焊条用途

焊条牌号	熔敷金属主要成分及焊条用途	焊条牌号	熔敷金属主要成分及焊条用途
TS2XX	水下焊接用	TS5XX	电渣焊用管状焊条
TS3XX	水下切割用	TS6XX	铁锰铝焊条
TS4XX	铸铁件补焊前开坡口用	TS7XX	高硫堆焊焊条

2. 特殊用途焊条牌号举例

第四节　焊条型号与牌号对照

一、焊条型号与焊条牌号的对照关系

焊条在选用过程中，常常需要知道焊条型号与牌号的对应关系，为方便按焊条的型号或牌号选用焊条，焊条型号与牌号的对照关系见表3-1-38。

表 3-1-38　焊条型号与牌号的对照关系

型　号			牌　号			
国家标准	名　　称	代号	类型	名　　称	代号	
					字母	汉字
GB/T 5117—2012	非合金钢及细晶粒钢焊条	E	一	结构钢焊条	J	结
GB/T 5118—2012	热强钢焊条	E	一	结构钢焊条	J	结
			二	钼和铬钼耐热钢焊条	R	热
			三	低温钢焊条	W	温
GB/T 983—2012	不锈钢焊条	E	四	不锈钢焊条	G	铬
					A	奥
GB/T 984—2001	堆焊焊条	ED	五	堆焊焊条	D	堆
GB/T 3669—2001	铝及铝合金焊条	T	九	铝及铝合金焊条	L	铝
GB/T 3670—1995	铜及铜合金焊条	E	八	铜及铜合金焊条	T	铜
GB/T 13814—1992	镍及镍合金焊条	E	七	镍及镍合金焊条	Ni	镍
GB/T 10044—1988	铸铁焊条及焊丝	EZ	六	铸铁焊条	Z	铸
—	—	—	十	特殊用途焊条	TS	特

二、非合金钢及细晶粒钢焊条常用型号与牌号对照

非合金钢及细晶粒钢焊条常用型号与牌号对照见表3-1-39。

表 3-1-39　非合金钢及细晶粒钢焊条常用型号与牌号对照

型号	牌　　号	型号	牌　　号
E4300	J420G	E5001	J503、J503Z
E4301	J423	E5003	J502、J502Fe
E4303	J422	E5011	J505、J505MoD
E4311	J425	E5015	J507、J507H、J507XG、J507X、J507DF
E4313	J421、J421X、421Fe	E5016	J506、J506X、J506D、J506DF、J506GM、J506LMA
E4315	J427、J427Ni	E5018	J506Fe、J507Fe
E4316	J426	E5023	J502Fe16、J502Fe18
E4320	J424	E5024	J501Fe15、J501Fe18、J501Z18、J501Z1
E4323	J422Fe13、J422Fe16、J422Z13	E5027	J504Fe、J504Fe14
E4324	J421Fe13	E5028	J506Fe16、J506Fe18、J507Fe16
E4327	J424Fe14	—	—

三、热强钢焊条常用型号与牌号对照

热强钢焊条常用型号与牌号对照见表 3-1-40。

表 3-1-40 热强钢焊条常用型号与牌号对照

型号	牌号	型号	牌号	型号	牌号
E5003-1M3	R102	E5518-1CM	R306Fe	E5515-2CMWVB	R347
E5015-1M3	R107	E5515-1CM	R307、R307H	E6240-2C1M	R400、R402、R406Fe
E5540-CM	R200	E5540-1CMV	R310	E6215-2C1M	R407
E5503-CM	R202	E5515-1CMV	R317	E5515-2CMVNb	R427
E5515-CM	R207	E5515-1CMWV	R327	—	—
E5515-N5	W807H、W707Ni	E5015-N7	W107	—	—

四、不锈钢焊条常用型号与牌号对照

不锈钢焊条常用型号与牌号对照见表 3-1-41。

表 3-1-41 不锈钢焊条常用型号与牌号对照

型号	牌号	型号	牌号
E307-XX	A172	E316-XX	A202、A201、A202NE
E308-XX	A001、A101、A102A、A107	E316L-XX	A002Si、A022、A022L
E308L-XX	A002	E317-XX	A242
E308Mo-XX	A002Mo	E318-XX	A212
E309L-XX	A062	E318V-XX	A232
E309-XX	A302、A307	E347-XX	A132、A132A、A137
E309Mo-XX	A312、A317	E16-25MoN-XX	A502、A507
E309LMo-XX	A042	E330MoMnWNb-XX	A607
E310-XX	A402、A407	E320-XX	A902
E310H-XX	A432	E410-XX	G202、G207、G217
E310Mo-XX	A412	E430-XX	G302、G307

五、堆焊焊条常用型号与牌号对照

堆焊焊条常用型号与牌号对照见表 3-1-42。

表 3-1-42 堆焊焊条常用型号与牌号对照

型号	牌号	型号	牌号	型号	牌号
EDPMn2-03	D102	EDCrMn-B-15	D277	EDCrNi-C-15	D557
EDPMn2-16	D106	EDD-D-15	D307	EDCrMn-D-15	D567
EDPMn2-15	D107	EDRCrMoWV-A3-15	D317	EDCrMn-C-15	D577
EDPCrMo-A1-03	D112	EDRCrMoWV-A1-03	D322	EDZ-A1-08	D608
EDPMo3-16	D126	EDRCrMoWV-A1-15	D327	EDZCr-B-03	D642
EDPMn3-15	D127	EDRCrMoWV-A2-15	D327A	EDZCr-B-16	D646
EDPCrMo-A2-03	D132	EDRCrW-15	D337	EDZCr-C-15	D667
EDPMn4-16	D146	EDRCrMnMo-15	D397	EDZ-B1-08	D678
EDPMn6-15	D167	EDCr-A1-03	D502	EDZ-D-15	D687
EDPCrMo-A3-03	D172	EDCr-A1-15	D507	EDZ-B2-08	D698
EDPCrMnSi-15	D207	EDCr-A2-15	D507MoNb	EDW-A-15	D707
EDPCrMo-A4-03	D212	EDCr-A1-15	D507MoNb	EDW-B-15	D717
EDPCrMo-A4-15	D217A	EDCr-B-03	D512	EDCoCr-A-03	D802
EDPCrMOV-A2-15	D227	EDCrMn-A-16	D516M	EDCoCr-B-03	D812
EDPCrMoV-A1-15	D237	EDCrMn-A-16	D516MA	EDCoCr-C-03	D822
EDMn-A-16	D256	EDCr-B-15	D517	EDCoCr-D-03	D842
EDMn-B-16	D266	EDCrNi-A-15	D547	—	—
EDCrMn-B-16	D276	EDCrNi-B-15	D547Mo	—	—

六、铸铁焊条常用型号与牌号对照

铸铁焊条常用型号与牌号对照见表3-1-43。

表 3-1-43　铸铁焊条常用型号与牌号对照

类别	名称	药皮类型	型号	牌号
铁基焊条	灰铸铁焊条	强石墨化型药皮、交、直流两用	EZC	Z208、Z218、Z248
	球墨铸铁焊条		EZCQ	Z238、Z238SnCu、Z258、Z268
镍基焊条	纯镍铸铁焊条		EZNi	Z308
	镍铁铸铁焊条		EZNiFe	Z408、Z438
	镍铜铸铁焊条		EZNiCu	Z508
	镍铁铜铸铁焊条		EZNiFeCu	Z408A
其他焊条	纯铁及碳钢焊条	低氢型药皮	EZFe	Z100、Z122Fe
	高钒焊条		EZV	Z116、Z117

七、铝及铝合金焊条常用型号与牌号对照

铝及铝合金焊条常用型号与牌号对照见表3-1-44。

表 3-1-44　铝及铝合金焊条常用型号与牌号对照

型号	牌号	焊接电源	熔敷金属主要成分(质量分数,%)
E1100	L109	直流反接	$Al \geqslant 99.5\%$
E4043	L209	直流反接	$Si \approx 5\%$ 的铝硅合金
E3003	L309	直流反接	$Mn \approx 1.0\% \sim 1.5\%$ 的铝锰合金

八、镍及镍合金焊条常用型号与牌号对照

镍及镍合金焊条常用型号与牌号对照见表3-1-45。

表 3-1-45　镍及镍合金焊条常用型号与牌号对照

类型	型号	牌号	类型	型号	牌号
镍	ENi2061A	Ni102	镍铬铁	ENi6062	Ni347
		Ni112		ENi6133	Ni357
镍铜	ENi4060	Ni202		ENi6182	Ni307
		Ni207		ENi6625	Ni327

九、铜及铜合金焊条常用型号与牌号对照

铜及铜合金焊条常用型号与牌号对照见表3-1-46。

表 3-1-46　铜及铜合金焊条常用型号与牌号对照

型号	焊接电源	牌号	熔敷金属主要成分
ECu	直流	T107	$w_{Cu} > 95.0\%$ 的铜
ECuSi-B	直流	T207	$w_{Si} \approx 3\%$ 的硅青铜
ECuSn-B	直流	T227	$Sn \approx 8\%$ 的磷青铜(又称为锡青铜)
ECuAl-C	直流	T237	$w_{Al} \approx 8\%$ 的铝青铜
ECuNi-B	直流	T307	$w_{Ni} \approx 30\%$ 的铜镍合金

第五节　焊条的选用和使用

一、焊条的选用原则

焊条的选用正确与否，对确保焊接结构的焊接质量、焊接生产效率、焊接生产成本、焊工身体健康等都是很重要的一个环节，为此，选用焊条时应遵循以下基本原则。

1. 考虑焊缝金属的使用性能要求

焊接碳素结构钢时，同种钢的焊接，按钢材抗拉强度等强的原则选用焊条；焊接不同牌号的碳素结构钢时，按强度较低一侧钢材选用焊条；对于承受动载荷的焊缝，应选用熔敷金属具有较高冲击韧度的焊条；对于承受静载荷的焊缝，应选用抗拉强度与母材相当的焊条。

2. 考虑焊件的形状、刚度和焊接位置

结构复杂、刚度大的焊件，由于焊缝金属收缩时，产生的应力大，则应选用塑性较好的焊条焊接；选用同一种焊条，不仅要考虑其力学性能，还要考虑焊接接头形状的影响，因为强度和塑性虽然适用于对接焊缝的焊接，但是，用该焊条焊角焊缝时就会使力学性能偏高而塑性偏低；对于焊接部位焊前难以清理干净的焊件，应选用氧化性强，对铁锈、油污等不敏感的酸性焊条，这样更能保证焊缝的质量。

3. 考虑焊缝金属的抗裂性

当焊件刚度较大，母材含碳、硫、磷量偏高或外界温度偏低时，焊缝容易出现裂纹，焊接时最好选用抗裂性较好的碱性焊条。

4. 考虑焊条操作工艺性

在保证焊缝使用性能和抗裂性能要求的前提下，尽量选用焊接过程中电弧稳定、焊接飞溅少、焊缝成形美观、脱渣性好、适用于全位置焊接的酸性焊条。

5. 考虑设备及施工条件

在没有直流焊机的情况下，不能选用低氢钠型焊条，可以选用交直流两用的低氢钾型焊条；当焊件不能翻转而必须进行全位置焊接时，应选用能适合各种条件下空间位置焊接的焊条。例如，进行立焊和仰焊操作时，建议选用钛型药皮焊条、钛铁矿药皮类型焊条焊接；在密闭的容器内或狭窄的环境中进行焊接时，除考虑应加强通风外，还要尽可能避免使用碱性低氢型焊条，因为这种焊条在焊接过程中会放出大量有害气体和粉尘。

6、考虑经济合理性

在同样能保证焊缝性能要求的条件下，应当选用成本较低的焊条，如钛铁矿药皮类型焊条的成本要比具有相同性能的钛钙药皮类型焊条低得多。

7. 考虑生产效率

对于焊接工作量大的焊件，在保证焊缝性能的前提下，尽量选用生产效率高的焊条，如铁粉焊条、重力焊焊条、立向下焊条、连续焊条（CCE 技术）等专用焊条，这样不仅焊缝力学性能满足同类焊条标准，还能极大地提高焊接效率。

二、焊条的使用

焊条采购入库时，必须有焊条生产厂家的质量合格证，凡无质量合格证或对其质量有怀

疑时，应按批抽查试验。特别是焊接重要的焊接结构时，焊前应对所选用的焊条进行性能鉴定，对于长时间存放的焊条，焊前也要经过技术鉴定后方能确定是否可以使用。如发现焊条焊芯有锈迹时，该焊条需经试验，鉴定合格后方可使用。如果发现焊条受潮严重，有药皮脱落时，此焊条应报废。

焊条在使用前，一般应按说明书规定的温度进行烘干。因为焊条药皮受成分、存放空间空气湿度、保管方式和贮存时间长短等因素的影响，使焊条药皮因吸潮而工艺性能变坏，造成焊接电弧不稳定、焊接飞溅增大、容易产生气孔和裂纹等缺陷。

酸性焊条的烘干温度为 75~150℃，烘干 1~2h，当焊条包装完好且贮存时间较短，用于一般的钢结构焊接时，焊前也可以不予以烘干。烘干后允许在大气中放置的时间不超过 8h，否则，必须重新烘干。

碱性焊条的烘干温度为 350~400℃，烘干 1~2h，烘干后的焊条放在焊条保温筒中随用随取，烘干后的焊条允许在大气中放置 3~4h，对于抗拉强度在 590MPa 以上的低氢型高强度钢焊条应在 1.5h 以内用完，否则必须重新烘干。

纤维素型焊条烘干温度为 70~120℃（J425），保温时间为 0.5~1h。注意烘干温度不可过高，否则纤维素易烧损、焊条性能变坏。

对于有些管道用纤维素焊条，某些生产厂商在产品说明书中规定打开包装（镀锌铁皮筒）后，焊条即可直接使用，不准进行再烘干。因为厂家在调制焊条配方时，已将焊条药皮中所含水分对电弧吹力的影响一并考虑在内，若再进行烘干，将降低药皮的含水量，减弱电弧吹力，使焊接质量变差。

烘干焊条时，要在炉温较低时放入焊条，然后逐渐升温；取烘干好的焊条时，不可从高温的炉中直接取出，应该等待炉温降低后再取出，防止冷焊条突然被高温加热，或高温焊条突然被冷却而使焊条药皮开裂，降低焊条药皮的作用。焊条烘干箱中的焊条，不应成垛或成捆地摆放，应铺成层状，每层焊条堆放不能太厚，$\phi4mm$ 焊条不超过三层，$\phi3.2mm$ 焊条不超过五层。$\phi3.2mm$ 和 $\phi4mm$ 焊条的偏心度不大于 5%。

露天焊接施工时，下班后剩余的焊条必须妥为保管，不允许露天放在施工现场。

焊条重复进行烘干时，重复烘干次数不宜超过 3 次。各类严重变质的焊条，不允许使用，应责成有关人员，去除焊条药皮，焊芯清洗后回用。

三、焊条的保管

1. 电焊条在仓库中的管理

进厂的焊条必须按国家标准要求进行复验，只有检验合格的焊条才能办理入库手续，此时焊条生产厂家的质量合格证及入厂复验合格证必须妥善保管。

焊条堆放时，应按种类、牌号、焊条生产批次、规格、入库的时间分类存放，每垛应有明确标注，并与焊条生产厂家的质量合格证及入厂复验合格证相统一，统一备案在库房台账中。

焊条必须存放在通风良好的干燥库房内，库房内应备有温度计和湿度计，室温宜在 10~25℃，相对湿度小于 60%，焊条应放在货架上，货架离地面高度不小于 200mm，离墙壁距离不小于 300mm，架子下面应放置干燥剂，以防止焊条受潮。

焊条的出库量不能超过 2 天的焊接用量，已经出库的焊条由焊工妥善保管。焊条的发放出库原则是：先入库的焊条先发放使用。

受潮或包装损坏的焊条，未经复验或复验不合格时，不允许入库。对于焊芯有锈迹的焊条须经烘干后进行质量评定，各项复验结果合格时，该焊条方可入库，否则不准入库。

对于存放一年以上的焊条，在发放前应重新做各种性能试验，符合要求时方可发放，否则不允许出库。

2. 焊条在施工中的管理

施工中的焊条必须由专人负责，凭焊条支领单由库房中领取，支领单应写有支领人姓名、支领的焊条型（牌）号、焊条直径、领取数量、支领焊条基层单位负责人签字、支领日期，在备注单写有该焊条的生产厂家、生产批次、出厂日期、入库日期等。

焊条领到基层生产单位后，填写焊条保管账本，账本内容包括：焊条生产厂家、生产批次、焊条型（牌）号、焊条直径、进账数量。焊条在使用前应进行烘干，烘干时应填写焊条烘干记录，记录单据的主要内容有：焊条生产厂家、焊条型（牌）号、焊条生产批次、焊条直径、烘干温度、烘干时间、烘干焊条数量、烘干责任人签字、烘干检验人签字，此单据一式三份备案。经烘干后的焊条可以发放给焊工，焊工在领取烘干好的焊条时，需填写焊条领用单，领用单上应填写：焊条生产厂家、焊条型（牌）号、焊条生产批次、焊条直径、焊条数量、领用时间、领用人签字，在备注栏里写明焊条用于哪个焊件的哪条焊缝，焊工领取焊条时，应向焊条基层保管者索要焊条烘干合格的记录单据，没烘干记录单据的焊条，焊工不得领用。

焊工领用烘干后的焊条，应将焊条放入焊条保温筒内，保温筒内只允许装一种型（牌）号的焊条，不允许多种型（牌）号焊条混装在同一焊条保温筒内，以免在焊接施工中用错焊条，造成焊接质量事故。焊工每次领取焊条最多不能超过 5kg，剩余焊条必须交车间材料室或施工现场材料组妥善保管。

第二章　焊　丝

第一节　焊丝分类

焊丝的分类方法很多，常用的分类方法有以下几种：

1）按被焊的材料性质分，有碳钢焊丝、低合金钢焊丝、不锈钢焊丝、铸铁焊丝和有色金属焊丝等。

2）按不同的制造方法分，有实心焊丝和药芯焊丝两大类。其中药芯焊丝又分为气保护焊丝和自保护焊丝两种。

3）按使用的焊接工艺方法分，有埋弧焊用焊丝、气保护焊用焊丝、电渣焊用焊丝、堆焊用焊丝和气焊用焊丝等。

一、实心焊丝分类

实心焊丝是把轧制的线材经过拉拔工艺加工制成的。对于碳钢和低合金钢线材，由于产量大而合金元素含量少，所以常采用转炉加工；对于产量小而合金元素含量多的线材，则多采用电炉冶炼加工，然后再分别经过开坯、轧制拉拔而成。为了防止焊丝表面生锈，除了不锈钢焊丝以外，其他的焊丝都要进行表面处理，即在焊丝表面进行镀铜（包括电镀、浸铜以及化学镀铜等方法）。由于不同的焊接工艺方法需要不同的电流密度，所以，不同焊接方法也需要不同的焊丝直径。如：埋弧焊焊接过程用的电流较大，所以焊丝的直径也较大，焊丝直径在 3.2~6.4mm，气体保护焊时，为了得到良好的保护效果，常采用细焊丝，焊丝直径在 0.8~1.6mm。

1. 埋弧焊用焊丝

选择埋弧焊用焊丝时，既要考虑焊剂成分对焊缝的影响，又要考虑母材成分对焊缝的影响。因为焊缝的性能主要是由焊丝和焊剂共同决定的。此外，由于埋弧焊的焊接电流大、焊缝的熔深也大，所以，焊接参数的变化也会给焊缝成分和性能带来较大的影响。

埋弧焊用实心焊丝，主要有低碳钢用丝、高强度钢用焊丝、Cr-Mo 耐热钢用焊丝、低温钢用焊丝、不锈钢用焊丝、表面堆焊用焊丝等。

2. 气体保护焊用焊丝

气体保护焊的焊接方法很多，主要有不熔化极惰性气体保护焊（简称 TIG 焊）、熔化极惰性气体保护焊（简称 MIG 焊）、熔化极活性气体保护焊（简称 MAG 焊），以及自保护焊接。

（1）TIG 焊用焊丝　由于在焊接过程中用的保护气体是 Ar 气，所以焊接时无氧化，焊丝熔化后成分基本上不变化，母材的稀释率也很低，所以焊丝的成分接近于焊缝的成分。也有的采用母材作为焊丝，使焊缝成分与母材保持一致。

（2）MIG 和 MAG 焊用焊丝　在焊接过程中，气体的成分直接影响到合金元素的烧损，从而影响到焊缝金属的化学成分和力学性能，所以焊丝成分应该与焊接用的保护气体成分相匹配。对于氧化性较强的保护气体应采用高 Mn、高 Si 焊丝；对于氧化性较弱的保护气体，可以采用低 Mn、低 Si 焊丝。

（3）CO_2 焊用焊丝　在 CO_2 气体保护焊过程中，强烈的氧化反应使大量的合金元素烧损，所以 CO_2 焊用焊丝成分中应有足够数量的脱氧剂，如 Si、Mn、Ti 等元素。否则，不仅焊缝的力学性能下降（特别是韧性明显下降），而且，由于脱氧不充分，还将导致焊缝中产生气孔。

（4）自保护焊接用焊丝　为了消除从空气中进入焊接熔池内的氧和氮的不良影响，所以，除了提高焊丝中的 C、Mn、Si 的含量外，还要加入强脱氧元素 Ti、Al、Ce、Zr 等，达到利用焊丝中所含有的合金元素在焊接过程中进行脱氧、脱氮。

二、药芯焊丝的分类

1. 按药芯焊丝横截面形状分类

药芯焊丝的截面结构分为有缝焊丝和无缝焊丝两种，有缝焊丝又分为两类：一类是药芯焊丝的金属外皮没有进入到芯部粉剂材料的管状焊丝，即通常所说的"O"形截面的焊丝。另一类是药芯焊丝的金属外皮进入到芯部粉剂材料中间，并具有复杂的焊丝截面形状。药芯焊丝的截面形状如图 3-2-1 所示。

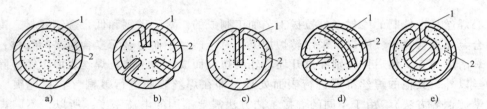

图 3-2-1　药芯焊丝的截面形状

a）O形　b）梅花形　c）T形　d）E形　e）中间填丝形

1—金属外皮　2—芯部粉剂

具有复杂截面形状的药芯焊丝，由于金属外皮进入到芯部粉剂材料中间，与芯部粉剂材料接触得更好，所以，在焊接过程中，芯部粉剂材料的预热和熔化更为均匀，能使焊缝金属得到更好的保护。另一方面，这类药芯焊丝能够增加电弧起燃点的数量，使金属熔滴向焊缝熔池做轴向过渡。但是，这种焊丝制造工艺很复杂，目前的应用不多，最常用的是 O 形梅花形和中间填丝形截面形状的药芯焊丝。

2. 按芯部粉剂填充材料中有无造渣剂分类

药芯焊丝按芯部粉剂填充材料中有无造渣剂，可分为熔渣型（有造渣剂）和金属粉型（无造渣剂）两类。

熔渣型药芯焊丝中加入的粉剂，主要是为了改善焊缝金属的力学性能、抗裂性和焊接工艺性。按照造渣剂的种类及碱度，可分为钛型、钛钙型和钙型等。经过使用表明，钛型渣系药芯焊丝焊道成形美观、全位置焊接工艺性能优良、焊缝的韧性和抗裂性稍差；钙型渣系药芯焊丝焊接的焊缝金属韧性和抗裂性优良，但是焊道成形和全位置焊接工艺性稍差；钛钙型渣系的药芯焊丝性能介于二者之间。

金属粉型药芯焊丝几乎不含造渣剂，具有熔敷速度高、熔渣少、飞溅小的特点，在抗裂性和熔敷效率方面更优于熔渣型，因为造渣量仅为熔渣型药芯焊丝的1/3，所以，多层多道焊时，可以在焊接过程中不必清渣而直接进行多层多道焊，同时在焊接过程中，其焊接特性类似实心焊丝，但是，焊接电流密度比实心焊丝更大，使焊接生产率进一步提高。

3. 按是否使用外加保护气体分类

用药芯焊丝焊接，按是否使用外加保护气体分类，可分为自保护（无外加保护气体）和气保护（有外加保护气体）两种。气保护药芯焊丝的工艺性能和熔敷金属冲击性能比自保护的好，但抗风性能不好；自保护药芯焊丝的工艺性能和熔敷金属冲击性能没有气保护的好，但抗风性能好，比较适合室外或高层结构的现场焊接。各类药芯焊丝的特性见表3-2-1。

表 3-2-1 各类药芯焊丝的特性

项目		钛型	钙型	钛钙型	自保护型	金属粉型
主要粉剂组成		TiO_2、SiO_2、MnO	CaF_2、$CaCO_3$	TiO_2、$CaCO_3$	Al、Mg、BrF_2、CaF_2	Fe、Si、Mn
操作工艺性能	熔滴过渡形式	喷射过渡	颗粒过渡	较小颗粒过渡	颗粒或喷射过渡	喷射过渡①
	电弧稳定性	良好	良好	良好	良好	良好
	飞溅量	粒小、极少	粒大、多	粒小、少	粒大、稍多	粒小、极少
	熔渣覆盖性	良好	差	稍差	稍差	渣极少
	脱渣性	良好	较差	稍差	稍差	稍差
	焊道形状	平滑	稍凸	平滑	稍凸	稍凸
	焊道外观	美观	稍差	一般	一般	一般
	烟尘量	一般	多	稍多	多	少
	焊接位置	全位置	平焊或横焊	全位置	全位置②	全位置
焊缝金属特性	抗裂性能	一般	很好	良好	良好	很好
	抗气孔性能	稍差	良好	良好	良好	良好
	缺口韧性	一般	很好	良好	一般	良好
	X射线性能	良好	良好	良好	良好	良好
	扩散氢(mL/100g)③	2～14	1～4	2～6	1～4	1～3
	含氧量(%)	$(6\sim8)\times10^{-2}$	$(4\sim6)\times10^{-2}$	$(5\sim7)\times10^{-2}$	约4×10^{-3}	$(4\sim7)\times10^{-2}$
	含氮量(%)	$(4\sim10)\times10^{-3}$	$(4\sim10)\times10^{-3}$	$(4\sim10)\times10^{-3}$	$(2\sim10)\times10^{-3}$	$(4\sim10)\times10^{-3}$
	含铝量(%)	0.01	0.01	0.01	0.5～2.0	0.01
熔敷效率(%)		70～85	70～85	70～85	90	90～95

① 金属粉型药芯焊丝在低电流时为短路过渡。
② 有些自保护药芯焊丝只能用在平焊或横焊。
③ 扩散氢含量是用甘油法测定的结果。

第二节 实心焊丝的型号和牌号

一、实心焊丝型号

1. 气体保护焊用碳钢、低合金钢焊丝型号表示方法（根据 GB/T 8110—2008 标准）

焊丝型号由三部分组成，第一部分用字母"ER"表示焊丝；第二部分用两位数字表示焊丝熔敷金属的最低抗拉强度；第三部分为短划"-"后的字母或数字，表示焊丝的化学成分代号。

根据供需双方协商，可以在型号后面附加扩散氢代号"HX"，其中"X"代表15、10或5。

（1）焊丝型号表示方法

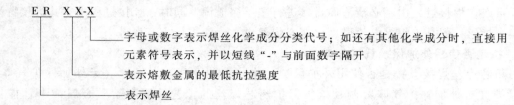

ER XX-X

字母或数字表示焊丝化学成分分类代号；如还有其他化学成分时，直接用
元素符号表示，并以短线"-"与前面数字隔开

表示熔敷金属的最低抗拉强度

表示焊丝

该标准适用于碳钢、低合金钢熔化极气体保护电弧焊用的实心焊丝，推荐用于钨极气体保护电弧焊和等离子弧焊的填充焊丝。碳钢、低合金钢焊丝化学成分分类代号见表 3-2-2，常用中外焊丝型号对照见表 3-2-3，焊接试板预热温度、道间温度和焊后热处理温度见表 3-2-4，焊丝简要说明和用途见表 3-2-5。

（2）焊丝型号举例

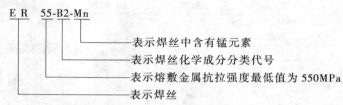

ER 55-B2-Mn

表示焊丝中含有锰元素

表示焊丝化学成分分类代号

表示熔敷金属抗拉强度最低值为 550MPa

表示焊丝

表 3-2-2　碳钢、低合金钢焊丝化学成分分类代号

焊丝化学成分分类	焊丝型号					
碳钢	ER50-2	ER50-3	ER50-4	ER50-6	ER50-7	ER49-1
碳钼钢	ER49-A1					
铬钼钢	ER55-B2	ER49-B21	ER55-V2-MnV	ER55-B2-Mn	ER62-B3	ER55-B6
	ER55-B8	ER55-B9				
镍钢	ER55-Ni	ER55-Ni2				
锰钼钢	ER55-D2	ER66-D2	ER55-D2-Ti			
其他低合金钢	ER55-1	ER69-1	ER76-1	ER83-1		
供需双方协商	ER××-G					

表 3-2-3　常用中外焊丝型号对照

类别	GB/T 8110—2008 焊丝型号	GB/T 8110—1995 焊丝型号	AWS A5.18/A5.18M:2005 AWS A5.28/A5.28M:2005	ISO 14341-B:2002
碳钢	ER50-2	ER50-2	ER48S-2	C2
	ER50-3	ER50-3	ER48S-3	C3
	ER50-4	ER50-4	ER48S-4	C4
	ER50-6	ER50-6	ER48S-6	C6
	ER50-7	ER50-7	ER48S-7	C7
铬钼钢	ER55-B2	ER55-B2	ER55S-B2	—
	ER49-B2L	ER49-B2L	ER49S-B2L	—
	ER62-B3	ER62-B3	ER62S-B3	—
	ER55-B3L	ER55-B3L	ER55S-B3L	—
镍钢	ER55-Ni1	ER55-C1	ER55S-Ni1	GN2
	ER55-Ni2	ER55-C2	ER55S-Ni2	GN5
	ER55-Ni3	ER55-C3	ER55S-Ni3	GN71
锰钼钢	ER55-D2	ER55-D2	ER55S-D2	—
其他低合金钢	ER69-1	ER69-1	ER69S-1	—
	ER76-1	ER76-1	ER76S-1	—
	ER83-1	ER83-1	ER83S-1	—
	ER××-G	ER××-G	ER48S-G	—

表 3-2-4　焊接试板预热温度、道间温度和焊后热处理温度

焊丝型号	预热温度/℃	道间温度/℃	焊后热处理温度/℃
ER50-2	室温	135~165	不需要
ER50-3			
ER50-4			
ER50-5			
ER50-7			
ER55-B2	135~165	135~165	620±15
ER49-B2L			
ER62-B3	185~215	185~215	690±15
ER55-B3L			
ER55-Ni1	135~165	135~165	不需要
ER55-Ni2			620±15
ER55-Ni3			
ER55-D2			不需要
ER69-1			
ER76-1			
ER83-1			
ER50-2	供需双方协商		

表 3-2-5　焊丝的简要说明和用途

焊丝型号	简要说明和用途
ER50-2	该焊丝主要用于镇静钢、半镇静钢和沸腾钢的单道焊,也可用于某些多道焊的场合,由于添加了脱氧剂,这种填充金属能够用来焊接表面有锈和污垢物的钢材,但可能损害焊缝质量,取决于表面条件。ER50-2 填充金属广泛用于 GTAW 方法生产的高质量和高韧性焊缝。这些填充金属可很好地用于单面焊,而不需要在接头反面采用根部气体保护焊
ER50-3	该焊丝适用于单道和多道焊缝,典型的母材标准通常与 ER50-2 类别适用的一样。ER50-3 焊丝是使用广泛的 GMAW 焊丝
ER50-4	该焊丝适用于焊接其条件要求比 ER50-3 焊丝填充金属能提供更多脱氧能力的钢种,典型的母材标准通常与 ER50-2 类别适用的一样,本类别不要求冲击试验
ER50-6	该焊丝既适用于单道焊,又适用于多道焊。并且特别适合于期望有平滑焊道的金属薄板和有中等数量铁锈或热轧氧化皮的型钢和钢板的焊接。在进行 CO_2 气体保护或 $Ar+O_2$ 或 $Ar+CO_2$ 混合气体保护焊时,这些焊丝允许较高的焊接电流范围。然而,当采用二元和三元混合保护气体时,这些焊丝要求比上述焊丝有较高的氧化性。典型的母材标准通常与 ER50-2 类别适用的母材一样
ER50-7	该焊丝适用于单道焊和多道焊。与 ER50-3 焊丝填充金属相比,其可以在较高的焊接速度下焊接。与其他填充金属相比,它们还可以提供较好的润湿作用和焊道成形。在进行 CO_2 气体保护或 $Ar+O_2$ 或 $Ar+CO_2$ 混合气体保护焊接时,这些焊丝允许采用较高的焊接电流范围。然而,当采用二元和三元混合保护气体时,这些焊丝要求像上面所述焊丝有较高的氧化性(更多的 CO_2 或 O_2)。典型的母材标准通常与 ER50-2 类别适用的一样
ER49-1	该焊丝适用于单道焊和多道焊,具有良好的抗气孔性能,用于焊接低碳钢和某些低合金钢
ER49-A1	该类焊丝的填充金属,除了加有质量分数为 0.5% 的 Mo 外,与碳钢焊丝填充金属相似,添加钼可提高焊缝金属的强度,特别是高温下的强度,使抗腐蚀性能有所提高。然而,它降低了焊缝金属的韧性。典型的应用包括焊接 C-Mo 母材
ER55-B2	该类焊丝的填充金属用于焊接在高温和腐蚀情况下使用的 1/2Cr-1/2Mo、1Cr-1/2Mo 和 1-1/4Cr-1/2Mo 钢。它们也用来连接 Cr-Mo 钢与碳钢的异种钢接头。可使用气体保护电弧焊的所有过渡形式。注意控制预热温度、层间温度和焊后热处理对避免裂纹是非常关键的。焊丝在焊后热处理状态下进行试验
ER49-B2L	该焊丝填充金属,除了低的含碳量($w_C \leqslant 0.05\%$)及由此带来的较低的强度水平外,与 ER55-B2 焊丝的填充金属是一样的。同时硬度也有所降低,并在某些条件下改善抗腐蚀性能,这种合金有较好的抗裂性,较适合在焊态下,或当严格的焊后热处理作业可能产生问题时使用的焊缝

（续）

焊丝型号	简要说明和用途
ER62-B3	该焊丝的填充金属用于焊接高温、高压管子和压力容器 2-1/4Cr-1Mo，它们也可以用来连接 Cr-Mo 钢与碳钢的接头。控制预热温度、层间温度和焊后热处理对避免裂纹非常重要。这些焊丝是在焊后热处理状态下进行分类的，当它们在焊态下使用时，由于强度较高，应谨慎使用
ER55-B3L	该焊丝填充金属，除了低的含碳量（$w_C \leqslant 0.05\%$）和强度较低外，与 ER62-B3 类别是一样的。这些合金因为具有较好的抗裂性而适合于焊态下使用的焊缝
ER55-Ni1	该焊丝用于焊接在-45℃低温下要求好的韧性的低合金高强度钢
ER55-Ni2	该焊丝用于焊接 2.5Ni 钢和在-60℃低温下要求良好韧性的材料
ER55-Ni3	该焊丝通常用来焊接低温运行的 3.5Ni 钢
ER55-D2、ER62-D2	ER55-D2 和 ER62-D2 之间的不同点在于保护气体不同和力学性能要求不同。这些类别的填充金属含有钼，提高了强度，当采用 CO_2 作为保护气体时，可提供高效的脱氧剂来控制气孔，在常用的和难焊的碳钢和低合金钢中，它们可提供射线探伤高质量的焊缝及极好的焊缝成形。采用短路和脉冲弧焊方法时，它们显示出极好的多种位置的焊接特性。焊缝致密性与强度的结合使得这些类别的填充金属适合于碳钢与低合金高强度钢在焊态和焊后热处理状态的单道焊和多道焊
ER55-1	该焊丝是耐大气腐蚀用焊丝，由于添加了 Cu、Cr、Ni 等合金元素，焊丝金属具有良好的耐大气腐蚀性能，主要用于铁路货车用 Q450NQR1 等钢的焊接
ER69-1 ER76-1 ER83-1	这些填充金属通常应用于高强度和高韧性材料，也同样可应用于要求抗拉强度超过 690MPa 和在-50℃低温下具有高韧性结构钢的焊接。因为热输入的不同，这些焊丝焊缝熔敷金属的力学性能会发生变化
ER55-B6	该焊丝含有质量分数为 4.5%~6.0% 的铬和质量分数约为 0.5% 的钼。本类别填充金属用于焊接相似成分的母材，通常为管子或管道。该合金是一种空气淬硬的材料，因此，当用这种填充金属进行焊接时要求预热和焊后热处理
ER55-B8	该焊丝含有质量分数为 8%~10.5% 的铬和质量分数约为 1.0% 的钼。本类别填充金属用于焊接相似成分的母材，通常为管子或管道。该合金是一种空气淬硬的材料，因此，当用这种填充金属进行焊接时要求预热和焊后热处理
ER62-B9	该焊丝是 9Cr-1Mo 焊丝的改型，其中加入了铌（鈳）和钒，可提高高温下的强度、韧性、疲劳寿命、抗氧化性和耐腐蚀性能。由于该合金具有较高的高温性能，所以目前用不锈钢和铁素体钢制造的部件可以用单一合金制造，以消除异种钢焊缝所带来的问题。除了本标准的分类要求外，应明确冲击韧度或高温蠕变强度性能。由于碳和铌（鈳）不同含量的影响，规定值和试验要求必须由供需双方协商确定 本合金的热处理是非常关键的，必须严格控制，显微组织完全转变为马氏体的温度相对较低，因此，在完成焊接和进行焊后热处理之前，推荐使焊件冷却到至少 93℃，使其尽可能多转变成马氏体。允许的最高焊后热处理温度也很关键，因为蠕变温度的下限 Ac_1 也相对较低，为有助于进行合适的焊后热处理，提出了限制（Mn+Ni）的含量，Mn 和 Ni 的组合趋向于降低 Ac_1 温度，当焊后热处理温度接近 Ac_1 时，可引起微观组织部分转变，通过限制 Mn+Ni，焊后热处理温度将此 Ac_1 足够低，以避免部分转变的发生
ERXX-G	该焊丝是不包括在前面类别中的那些填充金属，对它们仅规定了某些力学性能要求，焊丝用于单道焊和多道焊。关于这些类别的成分、性能和其他由供需双方协商确定

2. 不锈钢焊丝和焊带 （GB/T 29713—2013）

焊丝、填充丝（以下简称为焊丝）及焊带型号按其化学成分进行划分。

焊丝及焊带型号由以下两部分组成：

1）第一部分的首位字母表示产品分类，其中"S"表示焊丝，"B"表示焊带。

2）第二部分为字母"S"或字母"B"后面的数字或数字与字母的组合，表示化学成分分类，其中"L"表示碳含量较低，"H"表示碳含量较高，如有其他特殊要求的化学成分，该化学成分用元素符号表示并放在后面。

3）型号示例

示例1：

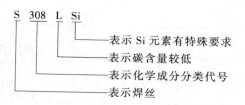

S 308 L Si
└─ 表示 Si 元素有特殊要求
└─── 表示碳含量较低
└───── 表示化学成分分类代号
└─────── 表示焊丝

示例 2：

B 347 L
└─ 表示碳含量较低
└─── 表示化学成分分类代号
└───── 表示焊带

3. 镍及镍合金焊丝（GB/T 15620—2008）

镍及镍合金焊丝按化学成分分为镍、镍铜、镍铬、镍铬铁、镍钼、镍铬钼、镍铬钴、镍铬钨等 8 类。焊丝按化学成分进行型号划分。

镍及镍合金焊丝型号由以下三部分组成。

1）第一部分：用字母"SNi"表示镍焊丝。

2）第二部分：由四位数字表示焊丝型号。

3）第三部分：为可选部分，表示化学成分代号。

镍及镍合金焊丝与国际上主要标准型号对照表见表 3-2-6。

4）镍及镍合金焊丝型号示例

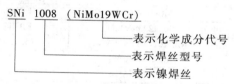

SNi 1008 （NiMo19WCr）
└─ 表示化学成分代号
└─── 表示焊丝型号
└───── 表示镍焊丝

表 3-2-6　镍及镍合金焊丝型号对照表

类别	焊丝型号	化学成分代号	AWS A5.14:2005	GB/T 15620—1995
镍	SNi2061	NiTi3	ERNi-1	ERNi-1
镍铜	SNi4060	NiCu30Mn3Ti	ERNiCu-7	ERNiCu-7
	SNi4061	NiCu30Mn3Nb	—	—
	SNi5504	NiCu25Ai3Ti	ERNiCu-8	
镍铬	SNi6072	NiCr44Ti	ERNiCr-4	
	SNi6076	NiCr20	ERNiCr-6	
	SNi6082	NiCr20Mn3Nb	ERNiCr-3	ERNiCr-3
镍铬铁	SNi6002	NiCr21Fe18Mo9	ERNiCrMo-2	ERNiCrMo-2
	SNi6025	NiCr25Fe10AlY	—	
	SNi6030	NiCr30Fe15Mo5W	ERNiCrMo-11	
	SNi6052	NiCr30Fe9	ERNiCrFe-7	
	SNi6062	NiCr15Fe8Nb	ERNiCrFe-5	ERNiCrFe-5
	SNi6176	NiCr16Fe6		
	SNi6601	NiCr23Fe15Al	ERNiCrFe-11	
	SNi6701	NiCr36Fe7Nb		
	SNi6704	NiCr25FeAl3YC		
	SNi6975	NiCr25Fe13Mo6	ERNiCrMo-8	ERNiCrMo-8
	SNi6985	NiCr22Fe20Mo7Cu2	ERNiCrMo-9	ERNiCrMo-9
	SNi7069	NiCr15Fe7Nb	ERNiCrFe-8	—

（续）

类别	焊丝型号	化学成分代号	AWS A5.14:2005	GB/T 15620—1995
镍铬铁	SNi7092	NiCr15Ti3Mn	ERNiCrFe-6	ERNiCrFe-6
	SNi7718	NiFe19Cr19Nb5Mo3	ERNiFeCr-2	ERNiFeCr-2
	SNi8025	NiFe30Cr29Mo		
	SNi8065	NiFe30Cr21Mo3	ERNiFeCr-1	ERNiFeCr-1
	SNi8125	NiFe26Cr25Mo		
镍钼	SNi1001	NiMo28Fe	ERNiMo-1	ERNiMo-1
	SNi1003	NiMo17Cr7	ERNiMo-2	ERNiMo-2
	SNi1004	NiMo25Cr5Fe5	ERNiMo-3	ERNiMo-3
	SNi1008	NiMo19WCr	ERNiMo-8	—
	SNi1009	NiMo20WCu	ERNiMo-0	—
	SNi1062	NiMo24Cr8Fe6		
	SNi1066	NiMo28	ERNiMo-7	ERNiMo-7
	SNi1067	NiMo30Cr	ERNiMo-10	—
	SNi1069	NiMo28Fe4Cr		
镍铬钼	SNi6012	NiCr22Mo9		
	SNi6022	NiCr21Mo13Fe4W3	ERNiCrMo-10	
	SNi6057	NiCr30Mo11	ERNiCrMo-16	
	SNi6058	NiCr25Mo16		
	SNi6059	NiCr23Mo16	ERNiCrMo-13	
	SNi6200	NiCr23Mo16Cu2	ERNiCrMo-17	
	SNi6276	NiCr15Mo16Fe6W4	ERNiCrMo-4	ERNiCrMo-4
	SNi6452	NiCr20Mo15		
	SNi6455	NiCr16Mo16Ti	ERNiCrMo-7	ERNiCrMo-7
	SNi6625	NiCr22Mo9Nb	ERNiCrMo-3	ERNiCrMo-3
	SNi6650	NiCr20Fe14Mo11WN	ERNiCrMo-18	
	SNi6660	NiCr22Mo10W3	—	
	SNi6686	NiCr21Mo16W4	ERNiCrMo-14	
	SNi7725	NiCr21Mo8Nb3Ti	ERNiCrMo-15	
镍铬钴	SNi6160	NiCr28Co30Si3	—	
	SNi6617	NiCr22Co12Mo9	ERNiCrCoMo-1	
	SNi7090	NiCr20Co18Ti3		
	SNi7263	NiCr20Co20Mo6Ti2		
镍铬钨	SNi6231	NiCr22W14Mo2	ERNiCrWMo-1	

4. 铸铁焊丝（GB/T 10044—2006）

（1）填充焊丝型号表示方法　字母"R"表示填充焊丝，字母"Z"表示用于铸铁焊接，字母"RZ"后为焊丝主要化学元素符号或金属类型代号，见表 3-2-7。

表 3-2-7　铸铁焊接用焊丝类别与型号

类　别	型　号	名　称
铁基填充焊丝	RZC	灰铸铁填充焊丝
	RZCH	合金铸铁填充焊丝
	RZCQ	球墨铸铁填充焊丝
镍基气体保护焊焊丝	ERZNi	纯镍铸铁气体保护焊丝
	ERZNiFeMn	镍铁锰铸铁气体保护焊丝
镍基药芯焊丝	ET3ZNiFe	镍铁铸铁自保护药芯焊丝

焊丝型号举例：

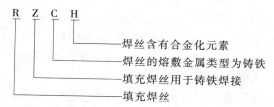

（2）气体保护焊焊丝型号表示方法　字母"ER"表示气体保护焊焊丝，字母"Z"表示用于铸铁焊接，字母"ERZ"后为焊丝主要元素符号或金属类别代号。

焊丝型号举例：

5. 铝及铝合金焊丝（GB/T 10858—2008）

铝及铝合金焊丝型号由三部分组成，第一部分字母"SAl"表示铝及铝合金焊丝；"SAl"后面的四位数字为第二部分，表示为焊丝型号；第三部分为可选部分，表示化学成分代号。常用铝及铝合金型号对照与化学成分代号见表3-2-8。

表3-2-8　常用铝及铝合金型号对照与化学成分代号

序号	类别	GB/T 10858—2008		GB/T 10858—1989	AWS A5.10:1999
		焊丝型号	化学成分代号		
1	铝	SAl1070	Al99.7	SAl-2	—
2		SAl1200	Al99.0	SAl-1	—
3		SAl1450	Al99.5Ti	SAl-3	—
4	铝铜	SAl2319	AlCu6MnZrTi	SAlCu	ER2319
5	铝锰	SAl3103	AlMn1	SAlMn	
6	铝硅	SAl4043	AlSi5	SAlSi-1	ER4043
7		SAl4047	AlSi12	SAlSi-2	ER4047
8	铝镁	SAl5554	AlMg2.7Mn	SAlMg-1	ER5554
9		SAl5654	AlMg3.5Ti	SAlMg-2	ER5654
10		SAl5654A	AlMg3.5Ti	SAlMg-2	—
11		SAl5556	AlMg5Mn1Ti	SAlMg-5	ER5556
12		SAl5556C	AlMg5MnTi	SAlMg-5	—
13		SAl5183	AlMg4.5Mn0.7（A）	SAlMg-3	ER5183
14		SAl5183A	AlMg4.5Mn0.7（A）	SAlMg-3	—

（1）焊丝型号表示方法

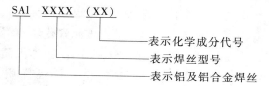

（2）焊丝型号举例

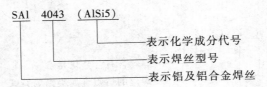

6. 铜及铜合金焊丝（GB/T 9460—2008）

焊丝型号由三部分组成，第一部分为字母"SCu"，表示铜及铜合金焊丝；第二部分为四位数字，表示焊丝型号；第三部分为可选部分，表示化学成分代号。常用铜及铜合金焊丝型号与化学成分代号对照见表3-2-9。

（1）焊丝型号表示方法

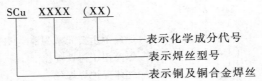

（2）焊丝型号举例

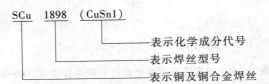

表 3-2-9　常用铜及铜合金焊丝型号与化学成分代号对照

序号	类别	GB/T 9460—2008		GB/T 9460—1988	AWS A5.7—2004
		焊丝型号	化学成分代号		
1	铜	SCu1898	CuSn1	HSCu	ERCu
2	黄铜	SCu4700	CuZn40Sn	HSCuZn-1	
3		SCu6800	CuZn40Ni	HSCuZn-2	
4		SCu6810A	CuZn40SnSi	HSCuZn-3	
5		SCu7730	CuZn40Ni10	HSCuZnNi	
6	青铜	SCu6560	CuSi3Mn	HSCuSi	ERCuSi-A
7		SCu5210	CuSn8P	HSCuSn	
8		SCu6100A	CuAl8	HSCuAl	
9		SCu6325	CuAl8Fe4Mn2Ni2	HSCuAlNi	
10	白铜	SCu7158	CuNi30Mn1FeTi	HSCuNi	ERCuNi

二、焊丝牌号表示方法

1. 碳素钢、低合金钢和不锈钢焊丝牌号

实心焊丝的牌号都是以字母"H"开头，表示焊接用焊丝；H后面的两位数字表示含碳量（质量分数），单位是万分之一；接下来的化学符号以及后面的数字表示该元素大致含量的百分数值。合金元素质量分数小于或等于1%时，该元素化学符号后面的数字省略。在结构钢焊丝牌号尾部有"A""E"或"C"时，分别表示为"优质品"：$w(S)$、$w(P) \leqslant$ 0.030%"高级优质品"：$w(S)$、$w(P) \leqslant 0.020\%$ 和"特级优质品"：$w(S)$、$w(P) \leqslant$ 0.015%。不锈钢焊丝没有此项要求。各类实心钢焊丝常见牌号见表3-2-10。

（1）焊丝牌号表示方法

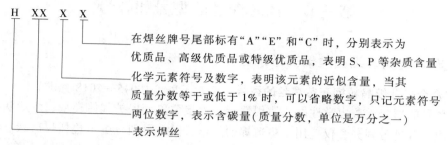

（2）焊丝牌号举例：

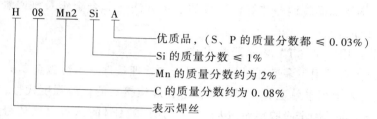

表 3-2-10　各类实心钢焊丝常见牌号

焊丝种类	焊丝牌号			
碳素钢焊丝	H08A	H08E	H08C	H08Mn
	H08MnA	H15A	H15Mn	
合金钢焊丝	H10Mn2	H08MnSi	H10MnSiMo	H08MnMoA
	H08Mn2MoA	H08Mn2MoVA	—	—
铬钼钢焊丝	H08CrMoA	H13CrMoA	H08CrMoVA	H1Cr5Mo
不锈钢焊丝	H12Cr13	H10Cr17	H08Cr21Ni10	H03Cr21Ni10
	H08Cr19Ni12Mo2	H03Cr19Ni12Mo2	H08Cr20Ni10Nb	H03Cr19Ni14Mo3

2. 铸铁焊丝和有色金属焊丝牌号

字母"HS"表示焊丝；"HS"后面第一位数字表示焊丝的化学组成类型，其中数字"1"表示堆焊用硬质合金焊丝；"2"表示铜及铜合金焊丝；"3"表示铝及铝合金焊丝；"4"表示铸铁焊丝；"5"表示镍及镍合金焊丝等。牌号第二位、第三位数字表示同一类型焊丝的不同牌号。

（1）焊丝牌号表示方法

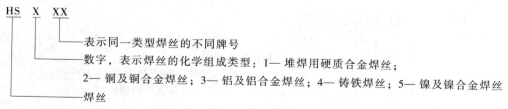

（2）焊丝牌号举例

HS311 表示铝硅合金焊丝。

HS211 表示硅青铜焊丝。

HS402 表示铁基填充焊丝。

第三节 药芯焊丝的型号和牌号

一、非合金钢及细晶粒钢药芯焊丝

1. 非合金钢及细晶粒钢药芯焊丝的型号（根据 GB/T 10045—2018 标准）

焊丝型号的划分，按力学性能、使用性能、焊接位置、保护气体类型、焊后状态和熔敷金属化学成分等进行划分，仅适用于单道焊的焊丝，其型号划分中不包括焊后状态和熔敷金属化学成分。

（1）非合金钢及细晶粒钢药芯焊丝型号的表示方法　非合金钢及细晶粒钢药芯焊丝型号由以下八部分组成：

1）第一部分：用字母"T"表示药芯焊丝。

2）第二部分：表示用于多道焊时焊态或焊后热处理条件下，熔敷金属的抗拉强度代号，见表 3-2-11。或者表示用于单道焊时焊态条件下，焊接接头的抗拉强度代号，见表 3-2-12。

3）第三部分：表示冲击吸收能量（KV_2）不小于 27J 时的试验温度代号，见表 3-2-13。仅适用于单道焊的焊丝无此代号。

4）第四部分：表示使用特性代号，见表 3-2-14。药芯焊丝使用特性说明见表 3-2-15。

5）第五部分：表示焊接位置代号，见表 3-2-16。

6）第六部分：表示保护气体类型代号，自保护的代号为"N"，保护气体的代号按 ISO 14175 规定见表 3-2-17。仅适用于单道焊的焊丝在该代号后添加字母"S"。

7）第七部分：表示焊后状态代号，其中"A"表示焊态，"P"表示焊后热处理状态，"AP"表示焊态和焊后热处理两种状态均可。

8）第八部分：表示熔敷金属化学成分分类，见表 3-2-18。

除以上强制代号外，可在其后依次附加可选代号：

① 字母"U"，表示在规定的试验温度下，冲击吸收能量（KV_2）应不小于 47J。

② 扩散氢代号"HX"，其中"X"可为数字 15、10 或 5，分别表示每 100g 熔敷金属中扩散氢含量的最大值（mL），见表 3-2-19。

（2）非合金钢及细晶粒钢药芯焊丝型号示例

1）示例 1

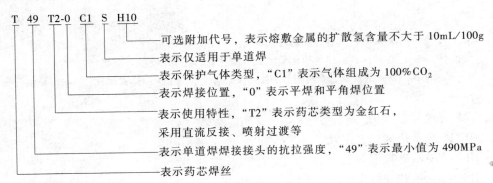

可选附加代号，表示熔敷金属的扩散氢含量不大于 10mL/100g

表示仅适用于单道焊

表示保护气体类型，"C1"表示气体组成为 100%CO_2

表示焊接位置，"0"表示平焊和平角焊位置

表示使用特性，"T2"表示药芯类型为金红石，采用直流反接、喷射过渡等

表示单道焊焊接接头的抗拉强度，"49"表示最小值为 490MPa

表示药芯焊丝

2）示例 2

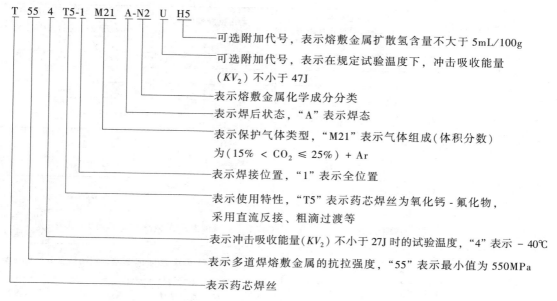

3）示例 3

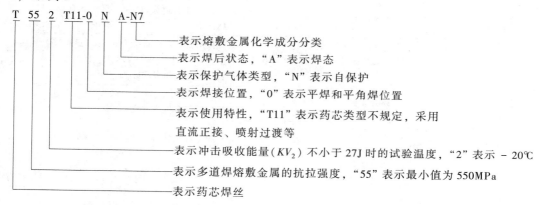

表 3-2-11　多道焊熔敷金属的抗拉强度代号

抗拉强度代号	抗拉强度 R_m /MPa	屈服强度 R_{eL}[①] /MPa	断后伸长率 A（%）
43	430~600	≥330	≥20
49	490~670	≥390	≥18
55	550~740	≥460	≥17
57	570~770	≥490	≥17

① 当屈服发生不明显时，应测定规定塑性延伸强度 $R_{p0.2}$。

表 3-2-12　单道焊焊接接头的抗拉强度代号

抗拉强度代号	抗拉强度 R_m /MPa	抗拉强度代号	抗拉强度 R_m /MPa
43	≥430	55	≥550
49	≥490	57	≥570

表 3-2-13　冲击试验温度代号

冲击试验温度代号	冲击吸收能量(KV_2)不小于 27J 时的试验温度/℃	冲击试验温度代号	冲击吸收能量(KV_2)不小于 27J 时的试验温度/℃
Z	①	5	-50
Y	+20	6	-60
0	0	7	-70
2	-20	8	-80
3	-30	9	-90
4	-40	10	-100

① 不要求冲击试验。

表 3-2-14　使用特性代号

使用特性代号	保护气体	电流类型	熔滴过渡形式	药芯类型	焊接①位置	特性	焊接类型
T1	要求	直流反接	喷射过渡	金红石	0 或 1	飞溅少,平或微凸焊道,熔敷速度高	单道焊和多道焊
T2	要求	直流反接	喷射过渡	金红石	0	与 T1 相似,高锰和/或高硅提高性能	单道焊
T3	不要求	直流反接	粗滴过渡	不规定	0	焊接速度极高	单道焊
T4	不要求	直流反接	粗滴过渡	碱性	0	熔敷速度极高,优异的抗热裂性能,熔深小	单道焊和多道焊
T5	要求	直流②反接	粗滴过渡	氧化钙②-氟化物	0 或 1	微凸焊道,不能完全覆盖焊道的薄渣,与 T1 相比,冲击韧性好,有较好的抗冷裂和抗热裂性能	单道焊和多道焊
T6	不要求	直流反接	喷射过渡	不规定	—	冲击韧性好,焊缝根部熔透性好,深坡口中仍有优异的脱渣性能	单道焊和多道焊
T7	不要求	直流正接	细熔滴到喷射过渡	不规定	0 或 1	熔敷速度高,优异的抗热裂性能	单道焊和多道焊
T8	不要求	直流正接	细熔滴到喷射过渡	不规定	0 或 1	良好的低温冲击韧性	单道焊和多道焊
T10	不要求	直流正接	细熔滴过渡	不规定	0	任何厚度上都具有高熔敷速度	单道焊
T11	不要求	直流正接	喷射过渡	不规定	0 或 1	一些焊丝设计仅用于薄板焊接,制造商需要给出板厚限制	单道焊和多道焊
T12	要求	直流反接	喷射过渡	金红石	0 或 1	与 T1 相似,提高冲击韧性和低锰要求	单道焊和多道焊
T13	不要求	直流正接	短路过渡	不规定	0 或 1	用于有根部间隙焊道的焊接	单道焊
T14	不要求	直流正接	喷射过渡	不规定	0 或 1	涂层、镀层薄板上进行高速焊接	单道焊
T15	要求	直流反接	微细熔滴喷射过渡	金属粉型	0 或 1	药芯含有合金和铁粉,熔渣覆盖率低	单道焊和多道焊
TG				供需双方协定			

注:药芯焊丝的使用特性说明见表 3-2-15。

① 见表 3-2-16。

② 在直流正接下使用,可改善不利位置的焊接性,由制造商推荐电流类型。

表 3-2-15 药芯焊丝的使用特性说明

使用特性代号	药芯焊丝的使用特性说明
T1	此类焊丝用于单道焊和多道焊,采用直流反接,较大直径焊丝(不小于 2.0mm)用于平焊位置和横焊位置角焊缝的焊接。较小直径焊丝(不大于 1.6mm)通常用于全位置焊接。此类焊丝的特点是喷射过渡,飞溅量少,焊道形状为平滑至微凸,熔渣量适中并可完全覆盖焊道,此类焊丝产生金红石类型熔渣,熔敷速度高
T2	此类焊丝与使用特性代号"T1"类焊丝相似,但含有高猛或高硅或高锰硅。主要用于平焊位置的单道焊和横焊位置的角焊缝焊接。在单道焊时有良好的力学性能。此类焊丝含有较高的脱氧剂,可以用于氧化严重的钢或沸腾钢的单道焊接。由于熔敷金属化学成分不能说明单道焊缝的化学成分,本标准对单道焊用焊丝的熔敷金属化学成分不做要求
T3	此类焊丝是自保护型,采用直流反接,熔滴过渡为粗滴过渡。渣系的设计使此类焊丝具有很高的焊接速度,适用于板材平焊、横焊和向下立焊(最多倾斜 20°),位置的单道焊。此类焊丝对母材硬化影响很敏感,通常不推荐用于下列情况: a)母材厚度超过 5mm 的 T 形或搭接接头 b)母材厚度超过 6mm 的对接、端接或角接接头 焊丝制造商应给出明确的推荐
T4	此类焊丝是自保护型,采用直流反接,熔滴过渡为粗滴过渡。碱性渣系的设计使此类焊丝具有很高的熔敷速度,焊缝硫含量非常低,抗热裂性能好。此类焊丝焊缝熔深小,一般用于不同间隙的接头焊接,可以单道焊或多道焊
T5	此类焊丝主要用于平焊位置的单道焊和多道焊,以及横焊位置的角焊缝焊接,由制造商推荐选择直流反接或直流正接。采用直流正接,可以用于全位置焊接。此类焊丝特点是粗滴过渡,微凸焊道形状,焊接熔渣为不能完全覆盖焊道的薄渣。此类焊丝为氧化钙-氟化物渣系,与金红石渣系的焊丝相比,熔敷金属具有更为优异的冲击韧性、抗热裂性和抗冷裂性能。但焊接工艺性能不如金红石渣系的焊丝
T6	此类焊丝是自保护型,采用直流反接,熔滴过渡为喷射过渡。渣系设计使此类焊丝熔敷金属具有优异的低温冲击韧性,焊道根部良好的熔透性和深坡口中的易脱渣性。此类焊丝可在平焊和横焊位置进行单道焊和多道焊
T7	此类焊丝是自保护型,采用直流正接,熔滴过渡由细熔滴过渡到喷射过渡。渣系的设计可允许大直径焊丝以高熔敷速度用于横焊和平焊位置的焊接,允许小直径焊丝用于全位置焊接。此类焊丝用于单道焊和多道焊,焊缝金属的硫含量非常低,抗热裂性能好
T8	此类焊丝是自保护型,采用直流正接,,熔滴过渡由细熔滴过渡到喷射过渡。此类焊丝适用于全位置焊接。用于单道焊和多道焊,熔敷金属具有非常好的低温冲击韧性和抗热裂性能
T10	此类焊丝是自保护型,采用直流正接,熔滴过渡为细熔滴过渡。焊丝用于任何厚度材料的平焊、横焊和立焊(最多倾斜 20°)位置的高速单道焊
T11	此类焊丝是自保护型,采用直流正接,具有平稳的喷射过渡,一般用于全位置的单道焊和多道焊。一些焊丝设计仅用于薄板焊接,制造商需要给出板厚限制
T12	此类焊丝的熔滴过渡、焊接性能和熔敷速度与"T1"类型相似,降低了熔敷金属的锰含量要求,(质量分数不大于 1.60%),抗拉强度和硬度相应降低。因为焊接工艺会影响熔敷金属的性能,要求使用者在任何有最高硬度值要求的应用中进行硬度试验
T13	此类焊丝是自保护型,采用直流正接,通常以短路过渡焊接,渣系的设计使此类焊丝用于管道环形焊缝根部焊道的全位置焊接,可用于各种壁厚的管道,但只推荐用于第一道焊,一般不推荐用于多道焊
T14	此类焊丝是自保护型,采用直流正接,熔滴过渡为平稳的喷射过渡。通常用于单道焊,渣系的设计使此类焊丝适用于全位置焊接,并具有很高的焊接速度,用于厚度不超过 4.8mm 的板材焊接,常用于镀锌、镀铝或其他涂层钢,通常不推荐用于下列情况: a)母材厚度超过 5mm 的 T 形或搭接接头 b)母材厚度超过 6mm 的对接、端接或角接接头
T15	焊丝的芯部成分包含金属合金和铁粉以及其他的电弧增强剂,使焊丝具有高熔敷速度和良好的抗未熔合性能。其特点是微细熔滴喷射过渡,熔渣覆盖率低。此类焊丝主要用于 Ar/CO$_2$ 混合气体的平焊和平角焊位置焊接。但是,在其他位置的焊接也可能出现短路过渡或脉冲电弧形式的过渡,某些操作更适于采用直流正接
TG	此类焊丝设定为以上确定类型之外的使用特性。使用要求不做规定,由供需双方协商

表 3-2-16　焊接位置代号

焊接位置代号	焊接位置①
0	PA、PB
1	PA、PB、PC、PD、PE、PF 和或 PG

① 焊接位置见 GB/T 16672，其中 PA=平焊，PB=平角焊，PC=横焊，PD=仰角焊，PE=仰焊，PF=向上立焊，PG=向下立焊。

表 3-2-17　保护气体类型代号

保护气体类型代号		保护气体组成(体积分数,%)					
		氧化性		惰性		还原性	低活性
主组分	副组分	CO_2	O_2	Ar	He	H_2	N_2
I	1	—	—	100	—	—	—
	2	—	—	—	100	—	—
	3	—	—	余量①	$0.5 \leq He \leq 95$	—	—
M1	1	$0.5 \leq CO_2 \leq 5$	—	余量①	—	$0.5 \leq H_2 \leq 5$	—
	2	$0.5 \leq CO_2 \leq 5$	—	余量①	—	—	—
	3	—	$0.5 \leq O_2 \leq 3$	余量①	—	—	—
	4	$0.5 \leq CO_2 \leq 5$	$0.5 \leq O_2 \leq 3$	余量①	—	—	—
M2	0	$5 < CO_2 \leq 15$	—	余量①	—	—	—
	1	$15 < CO_2 \leq 25$	—	余量①	—	—	—
	2	—	$3 < O_2 \leq 10$	余量①	—	—	—
	3	$0.5 \leq CO_2 \leq 5$	$3 < O_2 \leq 10$	余量①	—	—	—
	4	$5 < CO_2 \leq 15$	$0.5 \leq O_2 \leq 3$	余量①	—	—	—
	5	$5 < CO_2 \leq 15$	$3 < O_2 \leq 10$	余量①	—	—	—
	6	$15 < CO_2 \leq 25$	$0.5 \leq O_2 \leq 3$	余量①	—	—	—
	7	$15 < CO_2 \leq 25$	$3 < O_2 \leq 10$	余量①	—	—	—
M3	1	$25 \leq CO_2 \leq 50$	—	余量①	—	—	—
	2	—	$10 < O_2 \leq 15$	余量①	—	—	—
	3	$25 < CO_2 \leq 50$	$2 < O_2 \leq 10$	余量①	—	—	—
	4	$5 < CO_2 \leq 25$	$10 < O_2 \leq 15$	余量①	—	—	—
	5	$25 < CO_2 \leq 50$	$10 < O_2 \leq 15$	余量①	—	—	—
C	1	100	—	—	—	—	—
	2	余量	$0.5 \leq O_2 \leq 30$	—	—	—	—
R	1	—	—	余量①	—	$0.5 \leq H_2 \leq 15$	—
	2	—	—	余量①	—	$15 \leq H_2 \leq 50$	—
N	1	—	—	—	—	—	100
	2	—	—	余量①	—	—	$0.5 \leq N_2 \leq 5$
	3	—	—	余量①	—	—	$5 < N_2 \leq 50$
	4	—	—	余量①	—	$0.5 \leq H_2 \leq 10$	$0.5 \leq N_2 \leq 5$
	5	—	—	—	—	$0.5 \leq H_2 \leq 50$	余量
O	1	—	100	—	—	—	—
Z②		表中未列出的保护气体类型或保护气体组成					

① 以分类为目的，氩气可部分或由氦气代替；
② 同为"Z"的两种保护气体类型代号之间不可替换。

表 3-2-18　熔敷金属化学成分分类

化学成分分类	化学成分(质量分数,%)①										
	C	Mn	Si	P	S	Ni	Cr	Mo	V	Cu	Al②
无标记	0.18③	2.00	0.90	0.030	0.030	0.50④	0.20④	0.30④	0.80④	—	2.0
K	0.20	1.60	1.00	0.030	0.030	0.50④	0.20④	0.30④	0.08④	—	—

（续）

化学成分分类	化学成分（质量分数，%）[1]										
	C	Mn	Si	P	S	Ni	Cr	Mo	V	Cu	Al[2]
2M3	0.12	1.50	0.80	0.030	0.030	—	—	0.40~0.65	—		1.8
3M2	0.15	1.25~2.00	0.80	0.030	0.030	—	—	0.25~0.55	—	—	1.8
N1	0.12	1.75	0.80	0.030	0.030	0.30~1.00	—	0.35	—	—	1.8
N2	0.12	1.75	0.80	0.030	0.030	0.80~1.20	—	0.35	—	—	1.8
N3	0.12	1.75	0.80	0.030	0.030	1.00~2.00	—	0.35	—	—	1.8
N5	0.12	1.75	0.80	0.030	0.030	1.75~2.75	—	—	—	—	1.8
N7	0.12	1.75	0.80	0.030	0.030	2.75~3.75	—	—	—	—	1.8
CC	0.12	0.60~1.40	0.20~0.80	0.030	0.030	—	0.30~0.60	—	—	0.20~0.50	1.8
NCC	0.12	0.60~1.40	0.20~0.80	0.030	0.030	0.10~0.45	0.45~0.75	—	—	0.30~0.75	1.8
NCC1	0.12	0.50~1.30	0.20~0.80	0.030	0.030	0.30~0.80	0.45~0.75	—	—	0.30~0.75	1.8
NCC2	0.12	0.80~1.60	0.20~0.80	0.030	0.030	0.30~0.80	0.10~0.40	—	—	0.20~0.50	1.8
NCC3	0.12	0.80~1.60	0.20~0.80	0.030	0.030	0.30~0.80	0.45~0.75	—	—	0.20~0.50	1.8
N1M2	0.15	2.00	0.80	0.030	0.030	0.40~1.00	0.20	0.20~0.65	0.05	—	1.8
N2M2	0.15	2.00	0.80	0.030	0.030	0.80~1.20	0.20	0.20~0.65	0.05	—	1.8
N3M2	0.15	2.00	0.80	0.030	0.030	1.00~2.00	0.20	0.20~0.65	0.05	—	1.8
GX[5]	其他协定成分										

注：表中单值均为最大值。

① 如有意添加 B 元素，应进行分析；

② 只适用于自保护焊丝；

③ 对于自保护焊丝，$w_C \leqslant 0.30\%$；

④ 这些元素如果是有意添加的，应进行分析；

⑤ 表中未列出的分类可用相类似的分类表示，用词头加字母"G"，化学成分范围不进行规定，两种分类之间不可替换。

表 3-2-19　熔敷金属中的扩散氢含量

扩散氢代号	扩散氢含量/（mL/100g）	扩散氢代号	扩散氢含量/（mL/100g）
H5	≤5	H15	≤15
H10	≤10	—	—

2. 非合金钢及细晶粒钢药芯焊丝的型号对照

非合金钢及细晶粒钢药芯焊丝的型号对照表见表 3-2-20。

表 3-2-20　非合金钢及细晶粒钢药芯焊丝的型号对照表

序号	本标准	ISO 17632:2015（B 系列）	ANSI/AWS A5.36/A5.36M:2016	GB/T 10045—2001	GB/T 17493—2008
1	T492T1-XC1A	T492T1-XC1A	E49XT1-C1A2-CS1	E50XT-1	—
2	T492T1-XM21A	T492T1-XM21A	E49XT1-M21A2-CS1	E50XT-1M	—
3	T49T2-XC1S	T49T2-XC1S	E49XT1S-C1	E50XT-2	—
4	T49T2-XM21S	T49T2-XM21S	E49XT1S-M21	E50XT-2M	—
5	T49T3-XNS	T49T3-XNS	E49XT3S	E50XT-3	—
6	T49ZT4-XNA	T49ZT4-XNA	E49XT4-AZ-CS3	E50XT-4	—
7	T493T5-XC1A	T493T5-XC1A	E49XT5-C1A3-CS1	E50XT-5	—
8	T493T5-XM21A	T493T5-XM21A	E49XT5-M21A3-CS1	E50XT-5M	—
9	T493T6-XNA	T493T6-XNA	E49XT6-A3-CS3	E50XT-6	—
10	T49ZT7-XNA	T49ZT7-XNA	E49XT7-AZ-CS3	E50XT-7	—
11	T493T8-XNA	T493T8-XNA	E49XT8-A3-CS3	E50XT-8	—
12	T494T8-XNA	T494T8-XNA	E49XT8-A4-CS3	E50XT-8L	—
13	T493T1-XC1A	T493T1-XC1A	E49XT1-C1A3-CS1	E50XT-9	—
14	T493T1-XM21A	T493T1-XM21A	E49XT1-M21A3-CS1	E50XT-9M	—
15	T49T10-XNS	T49T10-XNS	E49XT10S	E50XT-10	—
16	T49ZT11-XNA	T49ZT11-XNA	E49XT11-AZ-CS3	E50XT-11	—
17	T493T12-XC1A-K	T493T12-XC1A-K	E49XT1-C1A3-CS2	E50XT-12	—
18	T493T12-XM21A-K	T493T12-XM21A-K	E49XT1-M21A3-CS2	E50XT-12M	—
19	T494T12-XM21A-K	T494T12-XM21A-K	E49XT1-M21A4-CS2	E50XT-12ML	—
20	T43T13-XNS	T43T13-XNS	—	E43XT-13	—
21	T49T13-XNS	T49T13-XNS	—	E50XT-13	—
22	T49T14-XNS	T49T14-XNS	E49XT14S	E50XT-14	—
23	T43ZTG-XNA	T43ZTG-XNA	E43XTG-AZ-CS1	E43XT-G	—
24	T49ZTG-XNA	T49ZTG-XNA	E49XTG-AZ-CS1	E50XT-G	—
25	T43TG-XNS	T43TG-XNS	E43XTG	E43XT-GS	—
26	T49TG-XNS	T49TG-XNS	E50XTG	E50XT-GS	—
27	T493T5-XC1P-2M3	T493T5-XC1P-2M3	E49XT5-C1P3-A1	—	E49XT5-A1C
28	T493T5-XM21P-2M3	T493T5-XM21P-2M3	E49XT5-M21P3-A1	—	E49XT5-A1M
29	T55ZT1-XC1P-2M3	T55ZT1-XC1P-2M3	E55XT1-C1PZ-A1	—	E55XT1-A1C
30	T55ZT1-XM21P-2M3	T55ZT1-XM21P-2M3	E55XT1-M21PZ-A1	—	E55XT1-A1M
31	T433T1-XC1A-N2	T433T1-XC1A-N2	E43XT1-C1A3-Ni1	—	E43XT1-Ni1C
32	T433T1-XM21A-N2	T433T1-XM21A-N2	E43XT1-M21A3-Ni1	—	E43XT1-Ni1M
33	T493T1- XC1A-N2	T493T1- XC1A-N2	—	—	E49XT1-Ni1C
34	T493T1-XM21A-N2	T493T1-XM21A-N2	—	—	E49XT1-Ni1M
35	T493T6-XNA-N2	T493T6-XNA-N2	E49XT6-A3-Ni1	—	E49XT6-Ni1
36	T493T8-XNA-N2	T493T8-XNA-N2	E49XT8-A3-Ni1	—	E49XT8-Ni1
37	T553T1-XC1A-N2	T553T1-XC1A-N2	E55XT1-C1A3-Ni1	—	E55XT1-Ni1C
38	T553T1-XM21A-N2	T553T1-XM21A-N2	E55XT1-M21A3-Ni1	—	E55XT1-Ni1M
39	T554T1-XM21A-N2	T554T1-XM21A-N2	E55XT1-M21A4-Ni1	—	E55XT1-Ni1M-J
40	T555T5-XC1P-N2	T555T5-XC1P-N2	E55XT5-C1P5-Ni1	—	E55XT5-Ni1C
41	T555T5-XM21P-N2	T555T5-XM21P-N2	E55XT5-M21P5-Ni1	—	E55XT5-Ni1M
42	T493T8-XNA-N5	T493T8-XNA-N5	E49XT8-A3-Ni2	—	E49XT8-Ni2
43	T553T8-XNA-N5	T553T8-XNA-N5	E55XT8-A3-Ni2	—	E55XT8-Ni2
44	T554T1-XC1A-N5	T554T1-XC1A-N5	E55XT1-C1A4-Ni2	—	E55XT1-Ni2C
45	T554T1-XM21A-N5	T554T1-XM21A-N5	E55XT1-M21A4-Ni2	—	E55XT1-Ni2M
46	T556T5-XC1P-N5	T556T5-XC1P-N5	E55XT5-C1P6-Ni2	—	E55XT5-Ni2C
47	T556T5-XM21P-N5	T556T5-XM21P-N5	E55XT5-M21P6-Ni2	—	E55XT5-Ni2M
48	T557T5-XC1P-N7	T557T5-XC1P-N7	E55XT5-C1P7-Ni3	—	E55XT5-Ni3C

（续）

序号	本标准	ISO 17632:2015 （B 系列）	ANSI/AWS A5.36/ A5.36M:2016	GB/T 10045— 2001	GB/T 17493— 2008
49	T557T5-XM21P-N7	T557T5-XM21P-N7	E55XT5-M21P7-Ni3	—	E55XT5-Ni3M
50	T552T11-XNA-N7	T552T11-XNA-N7	E55XT11-A2-Ni3	—	E55XT11-Ni3
51	T554T5-XC1A-N2M2	T554T5-XC1A-N2M2	E55XT5-C1A4-K1	—	E55XT5-K1C
52	T554T5-XM21A-N2M2	T554T5-XM21A-N2M2	E55XT5-M21A4-K1	—	E55XT5-K1M
53	T492T4-XNA-N3	T492T4-XNA-N3	E49XT4-A2-K2	—	E49XT4-K2
54	T493T7-XNA-N3	T493T7-XNA-N3	E49XT7-A3-K2	—	E49XT7-K2
55	T493T8-XNA-N3	T493T8-XNA-N3	E49XT8-A3-K2	—	E49XT8-K2
56	T490T11-XNA-N3	T490T11-XNA-N3	E49XT11-A0-K2	—	E49XT11-K2
57	T553T1-XC1A-N3	T553T1-XC1A-N3	E55XT1-C1A3-K2	—	E55XT1-K2C
58	T553T1-XM21A-N3	T553T1-XM21A-N3	E55XT1-M21A3-K2	—	E55XT1-K2M
59	T553T5-XC1A-N3	T553T5-XC1A-N3	E55XT5-C1A3-K2	—	E55XT5-K2C
60	T553T5-XM21A-N3	T553T5-XM21A-N3	E55XT5-M21A3-K2	—	E55XT5-K2M
61	T553T8-XNA-N3	T553T8-XNA-N3	—	—	E55XT8-K2
62	T496T5-XC1A-N1	T496T5-XC1A-N1	E49XT5-C1A6-K6	—	E49XT5-K6C
63	T496T5-XM21A-N1	T496T5-XM21A-N1	E49XT5-M21A6-K6	—	E49XT5-K6M
64	T433T8-XNA-N1	T433T8-XNA-N1	E43XT8-A3-K6	—	E43XT8-K6
65	T493T8-XNA-N1	T493T8-XNA-N1	E49XT8-A3-K6	—	E49XT8-K6
66	T553T1-XC1A-NCC1	T553T1-XC1A-NCC1	E55XT1-C1A3-W2	—	E55XT1-W2C
67	T553T1-XM21A-NCC1	T553T1-XM21A-NCC1	E55XT1-M21A3-W2	—	E55XT1-W2M
68	T55XT15-XXA-N2	T55XT15-XXA-N2	—	—	E55C-Ni1
69	T496T15-XM13P-N5	T496T15-XM13P-N5	E49XT15-M13P6-Ni2	—	E49C-Ni2
70	T496T15-XM22P-N5	T496T15-XM22P-N5	E49XT15-M22P6-Ni2	—	E49C-Ni2
71	T556T15-XM13P-N5	T556T15-XM13P-N5	E55XT15-M13P6-Ni2	—	E55C-Ni2
72	T556T15-XM22P-N5	T556T15-XM22P-N5	E55XT15-M22P6-Ni2	—	E55C-Ni2
73	T55XT15-XXP-N7	T55XT15-XXP-N7	—	—	E55C-Ni3
74	T553T15-XM20A-NCC1	T553T15-XM20A-NCC1	E55XT15-M20A3-W2	—	E55C-W2
75	TXXXTX-XXX-3M2	TXXXTX-XXX-3M2	—	—	—
76	TXXXTX-XXX-CC	TXXXTX-XXX-CC	—	—	—
77	TXXXTX-XXX-NCC	TXXXTX-XXX-NCC	—	—	—
78	T494T1-XXX-NCC2	—	—	—	—
79	T494T1-XXX-NCC3	—	—	—	—
80	TXXXTX-XXX-N1M2	TXXXTX-XXX-N1M2	—	—	—
81	TXXXTX-XXX-N3M2	TXXXTX-XXX-N3M2	—	—	—

3. 非合金钢及细晶粒钢药芯焊丝的使用

推荐的非合金钢及细晶粒钢药芯焊丝焊接热输入、道数和层数见表 3-2-21，预热温度和道间温度见表 3-2-22。

表 3-2-21　推荐的非合金钢及细晶粒钢药芯焊丝焊接热输入、道数和层数

焊丝直径 /mm	平均热输入 /（kJ/mm）	每层道数		层数
		第一层	其他层[①]	
≤0.8,0.9	0.8~1.6	1 或 2	2 或 3	6~9
1.0,1.2	1.0~1.2	1 或 2	2 或 3	6~9
1.4,1.6	1.0~2.2	1 或 2	2 或 3	5~8
2.0	1.4~2.6	1 或 2	2 或 3	5~8
2.4	1.6~2.6	1 或 2	2 或 3	4~8
2.8	2.0~2.8	1 或 2	2 或 3	4~7
3.2	2.2~3.0	1 或 2	2	4~7
4.0	2.6~3.3	1	2	4~7

① 最后一层可由 4 道完成。

表 3-2-22　非合金钢及细晶粒钢药芯焊丝焊接的预热温度和道间温度

化学成分分类	预热温度/℃	道间温度/℃
无标记,K	室温	150±15
2M3,3M2,N1,N2,N3,N5,N7,CC,NCC,NCC1, NCC2,NCC3,N1M2,N2M2,N3M2	≥100	
GX	供需双方协定	

二、热强钢药芯焊丝

1. 热强钢药芯焊丝的型号 （根据 GB/T 17493—2018 标准）

焊丝型号按熔敷金属力学性能、使用特性、焊接位置、保护气体类型和熔敷金属化学成分等进行划分。热强钢药芯焊丝型号由以下六部分组成：

（1）热强钢药芯焊丝型号的表示方法

1）第一部分：用字母 "T" 表示药芯焊丝。

2）第二部分：表示熔敷金属的抗拉强度代号，见表 3-2-23。

3）第三部分：表示使用特性代号，见表 3-2-24；药芯焊丝使用特性说明见表 3-2-25。

4）第四部分：表示焊接位置代号，见表 3-2-16。

5）第五部分：表示保护气体类型代号，见表 3-2-17。

6）第六部分：表示熔敷金属化学成分分类，见表 3-2-26。

熔敷金属扩散氢含量应符合表 3-2-19 的规定。使用条件对扩散氢的影响：保护气体中 CO_2 含量高时，焊缝金属的氢含量更低。随着焊丝伸出长度的增加和/或电弧电压的增加和/或焊丝送进速度（电流）的降低，氢含量都随之减少。需要注意的是，焊丝伸出长度和/或电弧电压和/或焊丝送进速度（电流）的调整，不可以超出制造商的推荐范围。

（2）热强钢药芯焊丝的型号示例

1）示例 1：

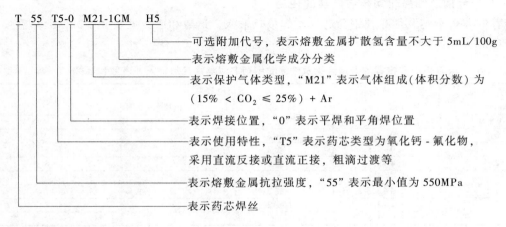

2）示例 2：

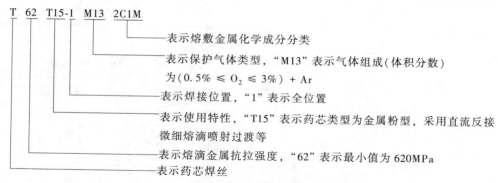

T 62 T15-1 M13 2C1M

- 表示熔敷金属化学成分分类
- 表示保护气体类型，"M13"表示气体组成（体积分数）为（0.5% ≤ O₂ ≤ 3%）+ Ar
- 表示焊接位置，"1"表示全位置
- 表示使用特性，"T15"表示药芯类型为金属粉型，采用直流反接微细熔滴喷射过渡等
- 表示熔敷金属抗拉强度，"62"表示最小值为620MPa
- 表示药芯焊丝

表 3-2-23　熔敷金属抗拉强度代号

抗拉强度代号	抗拉强度 R_m/MPa	抗拉强度代号	抗拉强度 R_m/MPa
40	490~660	62	620~760
55	550~690	69	690~830

表 3-2-24　热强钢药芯焊丝使用特性代号

使用特性代号	保护气体	电流类型	熔滴过渡形式	药芯类型	焊接[①]位置	特性
T1	要求	直流反接	喷射过渡	金红石	0 或 1	飞溅小，平或微凸焊道，熔敷速度高
T5	要求	直流反接或直流正接	粗滴过渡	氧化钙-氟化物	0 或 1	微凸焊道，不能完全覆盖焊道的薄渣，与 T1 相比，冲击韧性好，有较好的抗冷裂和抗热裂性能
T15	要求	直流反接	微细熔滴喷射过渡	金属等分型	0 或 1	药皮含有合金和铁粉，熔渣覆盖率低
TG			供需双方协定			

注：焊丝的使用特性说明参见表 3-2-25。
① 焊接位置代号见表 3-2-16。

表 3-2-25　药芯焊丝使用特性说明

使用特性代号	药芯焊丝使用特性说明
T1	此类焊丝用于单道焊和多道焊，采用直流反接，较大直径（不小于 2.0 mm）焊丝用于平焊位置和横焊位置角焊缝焊接。较小直径（不大于 1.6 mm）焊丝通常用于全位置的焊接。此类焊丝的特点是喷射过渡，飞溅量小，焊道形状为平滑至微凸，熔渣量适中并可完全覆盖焊道。此类焊丝产生金红石类型熔渣，熔敷速度高
T5	此类焊丝主要用于平焊位置的单道焊和多道焊以及横焊位置的角焊缝焊接，由制造商推荐选择直流反接或直流正接。采用直流正接，可用于全位置焊接。此类焊丝的特点是粗滴过渡，微凸焊道形状，焊接熔渣为不能完全覆盖焊道的薄渣，此类焊丝为氧化物—氟化物渣系的焊丝相比，熔敷金属具有更为优异的冲击韧性、抗热裂和抗冷裂性能。但焊接工艺性能不如金红石渣系的焊丝
T15	此类焊丝的芯部成分包含金属合金和铁粉以及其他的电弧增强剂，使焊丝具有高熔敷速度和良好的抗未熔合性能。其特点是微细熔滴喷射过渡，熔渣覆盖率低。此类焊丝主要用于 Ar/CO₂ 混合保护气体的平焊和平角焊位置焊接。但是，在其他位置的焊接也可能出现短路过渡或脉冲电弧形式的过渡。某些操作更适于采用直流正接
TG	此类焊丝设定为以上确定类型之外的使用特性，使用要求不做规定，由供需双方协商

表 3-2-26　熔敷金属化学成分分类

化学成分分类	化学成分（质量分数，%）[①]								
	C	Mn	Si	P	S	Ni	Cr	Mo	V
2M3	0.12	1.25	0.80	0.030	0.030	—	—	0.40~0.65	—
CM	0.05~0.12	1.25	0.80	0.030	0.030	—	0.40~0.65	0.40~0.65	—

（续）

化学成分分类	化学成分（质量分数，%）[1]								
	C	Mn	Si	P	S	Ni	Cr	Mo	V
CML	0.05	1.25	0.80	0.030	0.030	—	0.40~0.65	0.40~0.65	—
1CM	0.05~0.12	1.25	0.80	0.030	0.030	—	1.00~1.50	0.40~0.65	—
1CML	0.05	1.25	0.80	0.030	0.030	—	1.00~1.50	0.40~0.65	—
1CMH	0.10~0.15	1.25	0.80	0.030	0.030	—	1.00~1.50	0.40~0.65	—
2C1M	0.05~0.12	1.25	0.80	0.030	0.030	—	2.00~2.50	0.90~1.20	—
2C1ML	0.05	1.25	0.80	0.030	0.030	—	2.00~2.50	0.90~1.20	—
2C1MH	0.10~0.15	1.25	0.80	0.030	0.030	—	2.00~2.50	0.90~1.20	—
5CM	0.05~0.12	1.25	1.00	0.025	0.030	0.40	4.0~6.0	0.45~0.65	—
5CML	0.05	1.25	1.00	0.025	0.030	0.40	4.0~6.0	0.45~0.65	—
9C1M[2]	0.05~0.12	1.25	1.00	0.040	0.030	0.40	8.0~10.5	0.85~1.20	—
9C1ML[2]	0.05	1.25	1.00	0.040	0.030	0.40	8.0~10.5	0.85~1.20	—
9C1MV[3]	0.08~0.13	1.20	0.50	0.020	0.015	0.80	8.0~10.5	0.85~1.20	0.15~0.30
9C1MV1[4]	0.05~0.12	1.25~2.00	0.50	0.020	0.015	1.00	8.0~10.5	0.85~1.20	0.15~0.30
GX[5]	其他协定成分								

注：表中单值均为最大值。

[1] 化学成分应按表中规定的元素进行分析。如在分析过程中发现其他元素，这些元素的总质量分数（除铁外）不应超过 0.50%。

[2] Cu≤0.50%。

[3] Nb 0.02%~0.10%，N 0.02%~0.07%，Cu≤0.25%，Al≤0.04%，（Mn+Ni）≤1.40%。

[4] Nb 0.01%~0.08%，N 0.02%~0.07%，Cu≤0.25%，Al≤0.04%。

[5] 表中未列出的分类可用相类似的分类表示，词头加字母"G"。化学成分范围不进行规定，两种分类之间不可替代。

2. 热强钢药芯焊丝型号对照

热强钢药芯焊丝型号对照表见表 3-2-27。

表 3-2-27　热强钢药芯焊丝型号对照表

序号	本标准	ISO 17634:2015（B 系列）	ANS1/AWS A5.36/A5.36 M:2016	GB/T 17493—2008
1	T49T5-XC1-2M3	T49T5-XC1-2M3	—	E49XT5-A1C
2	T49T5-XM21-2M3	T49T5-XM21-2M3	—	E49XT5-A1M
3	T55T1-XC1-2M3	T55T1-XC1-2M3	E55XT1-C1PZ-A1	E55XT1-A1C
4	T55T1-XM21-2M3	T55T1-XM21-2M3	E55XT1-M21PZ-A1	E55XT1-A1M
5	T55T1-XC1-CM	T55T1-XC1-CM	E55XT1-C1PZ-B1	E55XT1-B1C
6	T55T1-XM21-CM	T55T1-XM21-CM	E55XT1-M21PZ-B1	E55XT1-B1M
7	T55T1-XC1-CML	T55T1-XC1-CM1	E55XT1-C1PZ-B1L	E55XT1-B1LC
8	T55T1-XM21-CML	T55T1-XM21-CML	E55XT1-M21PZ-B1L	E55XT1-B1LM
9	T55T1-XC1-1CM	T55T1-XC1-1CM	E55XT1-C1PZ-B2	E55XT1-B2C
10	T55T1-XM21-1CM	T55T1-XM21-1CM	E55XT1-M21PZ-B2	E55XT1-B2M
11	T55T5-XC1-1CM	T55T5-XC1-1CM	E55XT5-C1PZ-B2	E55XT5-B2C
12	T55T5-XM21-1CM	T55T5-XM21-1CM	E55XT5-M21PZ-B2	E55XT5-B2M
13	T55T15-XM13-1CM	T55T15-XM13-1CM	E55XT15-M13PZ-B2	E55C-B2
14	T55T15-XM22-1CM	T55T15-XM22-1CM	E55XT15-M22PZ-B2	E55C-B2
15	T55T1-XC1-1CML	T55T1-XC1-1CML	E55XT1-C1PZ-B2L	E55XT1-B2LC
16	T55T1-XM21-1CML	T55T1-XM21-1CML	E55XT1-M21PZ-B2L	E55XT1-B2LM
17	T55T5-XC1-1CML	T55T5-XC1-1CML	E55XT5-C1PZ-B2L	E55XT5-B2LC
18	T55T5-XM21-1CML	T55T5-XM21-1CML	E55XT5-M21PZ-B2L	E55XT5-B2LM
19	T49T15-XM13-1CML	—	E49XT15-M13PZ-B2L	E49C-B2L
20	T49T15-XM22-1CML	—	E49XT15-M22PZ-B2L	E49C-B2L
21	T55T1-XC1-1CMH	T55T1-XC1-1CMH	E55XT1-C1PZ-B2H	E55XT1-B2HC

（续）

序号	本标准	ISO 17634:2015（B 系列）	ANS1/AWS A5.36/A5.36 M:2016	GB/T 17493—2008
22	T55T1-XM21-1CMH	T55T1-XM21-1CMH	E55XT1-M21PZ-B2H	E55XT1-B2HM
23	T62T1-XC1-2C1M	T62T1-XC1-2C1M	E62XT1-C1PZ-B3	E62XT1-B3C
24	T62T1-XM21-2C1M	T62T1-XM21-2C1M	E62XT1-M21PZ-B3	E62XT1-B3M
25	T62T5-XC1-2C1M	T62T5-XC1-2C1M	E62XT5-C1PZ-B3	E62XT5-B3C
26	T62T5-XM21-2C1M	T62T5-XM21-2C1M	E62XT5-M21PZ-B3	E62XT5-B3M
27	T62T15-XM13-2C1M	T62T15-XM13-2C1M	E62XT15-M13PZ-B3	E62C-B3
28	T62T15-XM22-2C1M	T62T15-XM22-2C1M	E62XT15-M22PZ-B3	E62C-B3
29	T69T1-XC1-2C1M	T69T1-XC1-2C1M	E69XT1-C1PZ-B3	E69XT1-B3C
30	T69T1-XM21-2C1M	T69T1-XM21-2C1M	E69XT1-M21PZ-B3	E69XT1-B3M
31	T62T1-XC1-2C1ML	T62T1-XC1-2C1ML	E69XT1-C1PZ-B3L	E69XT1-B3LC
32	T62T1-XM21-2C1ML	T62T1-XM21-2C1ML	E62XT1-M21PZ-B3L	E62XT1-B3LM
33	T55XT15-XM13-2C1ML	—	E55XT15-M13PZ-B3L	E55C-B3L
34	T55XT15-XM22-2C1ML	—	E55XT15-M22PZ-B3L	E55C-B3L
35	T62T5-XC1-2C1MH	T62T5-XC1-2C1MH	E62XT5-C1PZ-B3H	E62XT5-B3HC
36	T62T5-XM21-2C1MH	T62T5-XM21-2C1MH	E62XT5-M21PZ-B3H	E62XT5-B3HM
37	T55T1-XC1-5CM	T55T1-XC1-5CM	E55XT1-C1PZ-B6	E55XT1-B6C
38	T55T1-XM21-5CM	T55T1-XM21-5CM	E55XT1-M21PZ-B6	E55XT1-B6M
39	T55T5-XC1-5CM	T55T5-XC1-5CM	E55XT5-C1PZ-B6	E55XT5-B6C
40	T55T5-XM21-5CM	T55T5-XM21-5CM	E55XT5-M21PZ-B6	E55XT5-B6M
41	T55T15-XM13-5CM	T55T15-XM13-5CM	E55T15-M13PZ-B6	E55C-B6
42	T55T15-XM22-5CM	T55T15-XM22-5CM	E55T15-M22PZ-B6	E55C-B6
43	T55T1-XC1-5CML	T55T1-XC1-5CML	E55XT1-C1PZ-B6L	E55XT1-B6LC
44	T55T1-XM21-5CML	T55T1-XM21-5CML	E55XT1-M21PZ-B6L	E55XT1-B6LM
45	T55T5-XC1-5CML	T55T5-XC1-5CML	E55XT5-C1PZ-B6L	E55XT5-B6LC
46	T55T5-XM21-5CML	T55T5-XM21-5CML	E55XT5-M21PZ-B6L	E55XT5-B6LM
47	T55T1-XC1-9C1M	T55T1-XC1-9C1M	E55XT1-C1PZ-B8	E55XT1-B8C
48	T55T1-XM21-9C1M	T55T1-XM21-9C1M	E55XT1-M21PZ-B8	E55XT1-B8M
49	T55T5-XC1-9C1M	T55T5-XC1-9C1M	E55XT5-C1PZ-B8	E55XT5-B8C
50	T55T5-XM21-9C1M	T55T5-XM21-9C1M	E55XT5-M21PZ-B8	E55XT5-B8M
51	T55T15-XM13-9C1M	T55T15-XM13-9C1M	E55XT15-M13PZ-B8	E55C-B8
52	T55T15-XM22-9C1M	T55T15-XM22-9C1M	E55XT15-M22PZ-B8	E55C-B8
53	T55T1-XC1-9C1ML	T55T1-XC1-9C1ML	E55XT1-C1PZ-B8L	E55XT1-B8LC
54	T55T1-XM21-9C1ML	T55T1-XM21-9C1ML	E55XT1-M21PZ-B8L	E55XT1-B8LM
55	T55T5-XC1-9C1ML	T55T5-XC1-9C1ML	E55XT5-C1PZ-B8L	E55XT5-B8LC
56	T55T5-XM21-9C1ML	T55T5-XM21-9C1ML	E55XT5-M21PZ-B8L	E55XT5-B8LM
57	T69T1-XC1-9C1MV	T69T1-XC1-9C1MV	E69XT1-C1PZ-B91	E69XT1-B9C
58	T69T1-XM21-9C1MV	T69T1-XM21-9C1MV	E69XT1-M21PZ-B91	E69XT1-B9M
59	T69TX-XX-9C1MV1	T69TX-XX-9C1MV1	—	—

3. 热强钢药芯焊丝的使用

推荐的热强钢药芯焊丝用焊接热输入、道数和层数见表 3-2-21。

三、不锈钢药芯焊丝型号（根据 GB/T 17853—2018 标准）

焊丝由以下五个部分组成。

1）第一部分：用字母"TS"表示不锈钢药芯焊丝及填充丝。

2）第二部分：表示熔敷金属化学成分分类。

3）第三部分：表示焊丝类型代号。

"F"表示非金属粉型药芯焊丝，药芯焊丝的熔渣可以完全或者基本完全覆盖焊道，药芯包括金属合金和非金属组分。

"M"表示金属粉型药芯焊丝。药芯焊丝熔渣量少，不能覆盖焊道，药芯包括金属合金和低量的非金属组分。

"R"表示钨极惰性气体保护焊用药芯填充丝。主要用于不能或不希望背部惰性气体保护时的不锈钢管接头的根部焊接，此填充丝只用于钨极惰性气体保护焊工艺，需要注意的是应将覆盖焊道的熔渣清除干净后再焊接下一焊层。

4）第四部分：表示保护气体类型代号，自保护的代号为"N"，保护气体的代号按 ISO 14175 规定。

5）第五部分：表示焊接位置代号。"0"平焊、平角焊；"1"平焊、平角焊、横焊、仰角焊、仰焊、向上立焊、向下立焊。

焊丝型号示例如下：

示例 1：

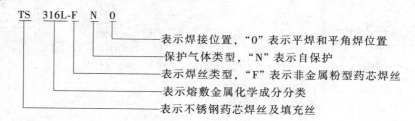

示例 2：

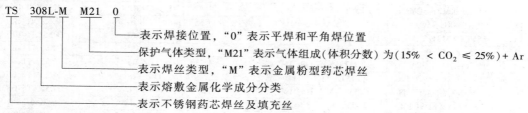

示例 3：

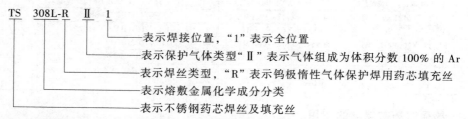

不锈钢气体保护焊非金属粉型药芯焊丝型号对照见表 3-2-28。不锈钢自保护焊非金属粉型药芯焊丝型号对照见表 3-2-29。不锈钢气体保护焊金属粉型药芯焊丝型号对照见表 3-2-30。不锈钢钨极惰性气体保护焊用药芯填充焊丝型号对照表见表 3-2-31。

表 3-2-28　不锈钢气体保护焊非金属粉型药芯焊丝型号对照

序号	GB/T 17853—2018	GB/T 17853—1999	ISO 17633:2010（B 下列）	ANSI/AWS A5.22/A5.22M:2012
1	TS307-FXX	E307TX-X	TS307-FXX	E307TX-X
2	TS308-FXX	E308TX-X	TS308-FXX	E308TX-X
3	TS308L-FXX	E308LTX-X	TS308L-FXX	E308LTX-X
4	TS308H-FXX	E308HTX-X	TS308H-FXX	E308HTX-X

（续）

序号	GB/T 17853—2018	GB/T 17853—1999	ISO 17633:2010 （B 下列）	ANSI/AWS A5. 22/A5. 22M:2012
5	TS308Mo-FXX	E308MoTX-X	TS308Mo-FXX	E308MoTX-X
6	TS308LMo-FXX	E308LMoTX-X	TS308LMo-FXX	E308LMoTX-X
7	TS309-FXX	E309TX-X	TS309-FXX	E309TX-X
8	TS309L-FXX	E309LTX-X	TS309L-FXX	E309LTX-X
9	TS309Mo-FXX	E309MoTX-X	TS309Mo-FXX	E309MoTX-X
10	TS309LMo-FXX	E309LMoTX-X	TS309LMo-FXX	E309LMoTX-X
11	TS309LNb-FXX	E309LNbTX-X	TS309LNb-FXX	E309LNbTX-X
12	TS310-FXX	E310TX-X	TS310-FXX	E310TX-X
13	TS312-FXX	E312TX-X	TS312-FXX	E312TX-X
14	TS316-FXX	E316TX-X	TS316-FXX	E316TX-X
15	TS316L-FXX	E316LTX-X	TS316L-FXX	E316LTX-X
16	TS317L-FXX	E317LTX-X	TS317L-FXX	E317LTX-X
17	TS347-FXX	E347TX-X	TS347-FXX	E347TX-X
18	TS409-FXX	E409TX-X	TS409-FXX	E409TX-X
19	TS410-FXX	E410TX-X	TS410-FXX	E410TX-X
20	TS410NiMo-FXX	E410NiMoTX-X	TS410NiMo-FXX	E410NiMoTX-X
21	TS410NiTi-FXX	—	—	E 410NiTiTX-X
22	TS430-FXX	E430TX-X	TS430-FXX	E430TX-X
23	TS2209-FXX	E2209TX-X	TS2209-FXX	E2209TX-X
24	TS2553-FXX	E2553TX-X	TS2553-FXX	E2553TX-X
25	TS316LK-FXX	E316LKTo-3	—	E316LKTo-3

表 3-2-29　不锈钢自保护焊非金属粉型药芯焊丝型号对照

序号	GB/T 17853—2018	GB/T 17853—1999	ISO 17633:2010 （B 下列）	ANSI/AWS A5. 22/A5. 22M:2012
1	TS307-FN0	E307T0-3	TS307-FN0	E307T0-3
2	TS308-FN0	E308T0-3	TS308-FN0	E308T0-3
3	TS308L-FN0	E308LT0-3	TS308L-FN0	E308LT0-3
4	TS308H-FN0	E308HT0-3	TS308H-FN0	E308HT0-3
5	TS308Mo-FN0	E308MoT0-3	TS308Mo-FN0	E308MoT0-3
6	TS308LMo-FN0	E308LMoT0-3	TS308LMo-FN0	E308LMoT0-3
7	TS308HMo-FN0	E308HMoT0-3	TS308HMo-FN0	E308HMoT0-3
8	TS309-FN0	E309T0-3	TS309-FN0	E309T0-3
9	TS309L-FN0	E309LT0-3	TS309L-FN0	E309LT0-3
10	TS309Mo-FN0	E309MoTo-3	TS309Mo-FN0	E309MoTo-3
11	TS309LMo-FN0	E309LMoT0-3	TS309LMo-FN0	E309LMoT0-3
12	TS309LNb-FN0	E309LNbT0-3	TS309LNb-FN0	E309LNbT0-3
13	TS310-FN0	E310T0-3	TS310-FN0	E310T0-3
14	TS312-FN0	E312T0-3	TS312-FN0	E312T0-3
15	TS317L-FN0	E317LT0-3	TS317L-FN0	E317LT0-3
16	TS347-FN0	E347T0-3	TS347-FN0	E347T0-3
17	TS409-FN0	E409T0-3	TS409-FN0	E409T0-3
18	TS410-FN0	E410T0-3	TS410-FN0	E410T0-3
19	TS410NiMo-FN0	E410NiMoT0-3	TS410NiMo-FN0	E410NiMoT0-3
20	TS410NiTi-FN0	E410NiTiT0-3	TS410NiTi-FN0	E410NiTiT0-3
21	TS430-FN0	E430T0-3	TS430-FN0	E430T0-3
22	TS2209-FN0	E2209T0-3	TS2209-FN0	E2209T0-3
23	TS2553-FN0	E2553T0-3	TS2553-FN0	E2553T0-3

表 3-2-30 不锈钢气体保护焊金属粉型药芯焊丝型号对照

序号	GB/T 17853—2018	ISO 17633:2010 （B 下列）	ANSI/AWS A5.22/A5.22M:2012	GB/T 17853—1999
1	TS308L-MXX	TS308L-MXX	EC308L	—
2	TS308Mo-MXX	TS308Mo-MXX	EC308Mo	—
3	TS309L-MXX	TS309L-MXX	EC309L	—
4	TS309LMo-MXX	TS309LMo-MXX	EC309LMo	—
5	TS316L-MXX	TS316L-MXX	EC316L	—
6	TS347-MXX	TS347-MXX	EC347	—
7	TS409-MXX	TS409-MXX	EC409	—
8	TS409Nb-MXX	TS409Nb-MXX	EC409Nb	—
9	TS410-MXX	TS410-MXX	EC410	—
10	TS410NiMo-MXX	TS410NiMo-MXX	EC410NiMo	—
11	TS430-MXX	TS430-MXX	EC430	—
12	TS430Nb-MXX	TS430Nb-MXX	—	—
13	TS430LNb-MXX	TS430LNb-MXX	—	—

表 3-2-31 不锈钢钨极惰性气体保护焊用药芯填充焊丝型号对照

序号	GB/T 17853—2018	ISO 17633:2010 （B 下列）	ANSI/AWS A5.22/A5.22M:2012	GB/T 17853—1999
1	TS308L-RⅡ1	TS308L-RⅡ1	R308LT1-5	R308LT1-5
2	TS309L-RⅡ1	TS309L-RⅡ1	R309LT1-5	R309LT1-5
3	TS316L-RⅡ1	TS316L-RⅡ1	R316T1-5	R316T1-5
4	TS347L-RⅡ1	TS347L-RⅡ1	R347T1-5	R347T1-5

四、铸铁药芯焊丝型号

"ET"表示铸铁药芯焊丝，"ET"后面的数字×为焊丝保护类型，"Z"表示铸铁焊接，"ET×Z"后面为焊丝熔敷金属的主要化学元素符号或金属类型代号。

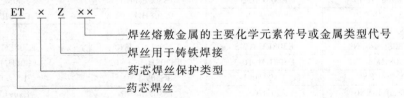

焊丝型号举例：

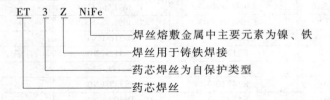

五、药芯焊丝牌号表示方法

我国的药芯焊丝曾制定了统一牌号，并在"焊接材料产品样本"中予以公布，当前，在市场经济发展的机制下，有的自行编制本厂生产的焊丝牌号、有的在原有的统一牌号前加上自己企业的代号、有的就另行编制。下面介绍的是"焊接材料产品样本"中药芯焊丝牌号的编制方法。

（1）药芯焊丝牌号表示方法

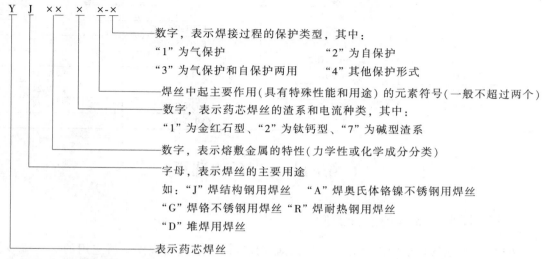

（2）焊丝牌号举例

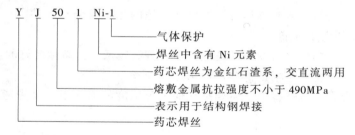

六、常用的各种类型焊丝型号、牌号对照

在各种各样的焊接结构生产制造过程中，采用焊丝作为焊缝填充金属的比例越来越多，为了便于广大焊接工作者查找、选用，将常用类型的焊丝型号、牌号对照进行了如下汇集。常用低碳钢及低合金钢气体保护焊常用的焊丝型号对照见表3-2-32。部分药芯焊丝型号与牌号对照见表3-2-33。

表3-2-32　常用低碳钢及低合金钢气体保护焊（TIG）常用的焊丝型号对照

中国 GB/T 8110—2008	日本 JISZ 3316—1999	德国 DIN 8575.I—1983	美国 A5.18—1993 A5.28—1996	英国 BS2901.I—1983
ER50-3	YGT50	SG1	ER70S.3	A15
ER50-4	YGT50	SG2	ER70S.4	A18
ER50-6	YGT50	SG2	ER70S.6	A18
ER69-1	YGT70	—	ER100S.1	—
ER76-1	YGT80	—	ER110S.1	—
ER55-D2	YGTM	SG Mo	ER70S.A1	A30、A31
ER55-B2	YGT1CM	SG CrMo1	ER80S.B2	A32
ER55-B2L	YGT1CML	—	ER80S.B2L	—
ER62-B3	YGT2CM	SG CrMo2	ER90S.B3	A33
ER62-B3L	YGT2CML	—	ER90S.B3L	—

表 3-2-33　部分药芯焊丝型号与牌号对照

中国（GB/T）	中国（统一牌号）	美国（AWS）	日本（JIS）
E500T4	YJ507-2	E70T-4	YFW-13
E500T4	YJ507R-2	E70T-GS	—
E500T5	YJ507-1	E70T-5	—
E500T5	YJ507TiB-1	E70T-5	—
E500T8	YJ507G-2	E70T-8	—
E501T1	YJ501-1	E71T-1	YFW-24
E501T1	YJ501Ni-1	E71T-5	YFW-24
E501T5	YJ507R-2	E71T-8	YFW-14
E700T5	YJ707-1	E80T5-Ni	—

第四节　焊丝的选用

一、埋弧焊焊丝的选择原则

1）碳钢或低合金钢焊接时，应该根据等强度的原则选用焊丝，所选用的焊丝应该保证焊缝的力学性能。

2）耐热钢或不锈钢焊接时，尽可能地保证焊缝的化学成分与焊件的相同或相近，同时还要考虑满足焊缝的力学性能。

3）碳钢和低合金钢焊接时，通常是选择强度等级较低、抗裂性较好的焊丝。

4）低温钢焊接，主要是根据低温韧性来选择焊丝。

5）在焊丝的合金系统选择上，主要是在保证等强度的前提下，重点考虑焊缝金属对冲击韧度的要求。

二、气体保护焊焊丝的选择原则

碳钢或低合金钢焊接时，首先要满足焊缝金属与母材等强度以及对其他力学性能指标的要求，至于焊缝金属化学成分与母材的一致性则放在次要的地位，对于某些刚度较大的焊接结构焊接时，应采用低匹配的原则，选用焊缝金属的强度要低于母材的焊丝焊接。中碳调质钢焊接时，因为焊后要进行调质处理，所以，选择焊丝时，要力求保证焊缝金属的主要合金成分与母材相近，同时还要严格控制焊缝金属中的 S、P 杂质。

三、实心不锈钢焊丝的选择

1. 实心奥氏体不锈钢焊丝的选用

焊丝的化学成分以 Cr-Ni 铁基合金为基础，其中 Cr 的质量分数为 16%~28%，Ni 的质量分数为 4%~37%，根据不同的用途选用不同合金元素的焊丝。例如：通过选用含碳量高的焊丝提高焊缝强度；通过降低焊丝含碳量提高焊缝耐腐蚀性能；通过在焊丝中加入 Ti、Nb 稳定化元素，提高焊缝耐晶间腐蚀的能力；通过在焊丝中加入适量的 Mo、Cu、Ti 元素，提高焊缝耐还原性介质腐蚀的能力和耐晶间腐蚀的能力；通过增加焊丝中 Cr、Ni 元素的含量可提高焊缝耐热性等。常用奥氏体不锈钢焊丝的主要用途及与国外焊丝牌号的对照见表 3-2-34。

表 3-2-34 常用奥氏体不锈钢焊丝的主要用途及与国外焊丝牌号的对照

序号	国产焊丝牌号	主要用途	AWS	JIS
1	H05Cr22Ni11Mn6Mo3VN	可以焊接不同牌号的不锈钢,也可以进行低碳钢与不锈钢焊接。可以直接在碳钢上堆焊 H05Cr22Ni11Mn6Mo3VN,形成具有较高强韧性和良好抗晶间腐蚀能力的耐腐蚀保护层	ER209	—
2	H08Cr21Ni10	用于 18-8、18-12 和 20-10 型奥氏体不锈钢的焊接,是 08Cr19Ni9(304)型不锈钢最常用的焊接材料	—	SUSY308
3	H06Cr21Ni10	焊缝在高温条件下具有较高的抗拉强度和较好的抗蠕变性能,常用于焊接 07Cr19Ni9(304H)不锈钢	ER308H	—
4	H03Cr21Ni10Si	除碳含量较低外,其他成分与 H08Cr21Ni10 相同,不会在晶间产生碳化物析出,抗晶间腐蚀能力与含铌或含钛等稳定化元素的钢相似,但高温强度稍低	ER308L	SUSY308L
5	H12Cr26Ni21	具有良好的耐热耐腐蚀性能,常用于焊接 25-20(310)型不锈钢	—	SUSY310
6	H21Cr16Ni35	用于焊接在 980℃以上工作的耐热和抗氧化部件,由于镍含量高,不适宜焊接在高硫气氛中工作的部件。常用于焊接成分相近的铸件和锻件,或合金铸件缺陷的补焊	ER330	—
7	H02Cr20Ni25Mo4Cu	为减少焊缝中的热裂纹和刀状腐蚀裂纹,应将焊丝中的碳、硅、磷、硫等杂质控制在规定的较低范围内。主要用于焊接装运硫酸或装运含有氯化物介质的容器,也可以用于 03Cr19Ni14Mo3 型不锈钢的焊接	ER385	—
8	H12Cr24Ni13Si	可焊接不同种类的金属,如 08Cr19Ni9 不锈钢与碳钢焊接,或在碳钢壳体内衬不锈钢薄板的焊接。常用于 08Cr19Ni9 复合钢板的复层焊接,也可以焊接成分相近的锻件和铸件	ER309	SUSY309
9	H12Cr24Ni13Mo2	该焊丝主要用于钢材表面堆焊,以及作为 H08Cr19Ni12Mo2 或 H08Cr19Ni14Mo3 填充金属多层堆焊的第一层堆焊,还可以进行在碳钢壳体中含钼不锈钢内衬的焊接、含钼不锈钢复合钢板与碳钢或 08Cr19Ni9 不锈钢的焊接	ER309Mo	SUSY309Mo
10	H12Cr26Ni21Si	具有良好的耐热和耐腐蚀性能,常用于焊接 25-20(310)型不锈钢	ER310	SUSY310
11	H03Cr19Ni14Mo3	在不添加钛或铌等稳定化元素的情况下,通过降低含碳量,提高不锈钢的抗晶间腐蚀能力	ER317L	SUSY317L

2. 实心马氏体不锈钢焊丝的选用

马氏体不锈钢焊丝有高碳 Cr13 型和低碳 Cr13 型。高碳 Cr13 型焊丝含碳量较高,焊缝具有较高的高温强度及抗高温氧化性能,也具有一定的耐腐蚀性和耐磨性,但焊接性较差。低碳 Cr13 型焊丝在大幅度降低含碳量的同时,再加入质量分数为 4%~5% 的 Ni 和少量的

Mo、Ti 等元素，成为高强度、高韧性马氏体不锈钢焊丝。具有良好的耐汽蚀性、耐腐蚀性和耐磨损性能等。常用马氏体不锈钢焊丝的主要用途及与国外焊丝牌号对照见表 3-2-35。

表 3-2-35　常用马氏体不锈钢焊丝的主要用途及与国外焊丝牌号对照

序号	国产焊丝牌号	主要用途	AWS	JIS
1	H12Cr13	可以焊接成分相近的合金，也可以用在低碳钢表面的堆焊，获得耐腐蚀、抗点蚀的耐磨层。焊前对待焊处要预热，焊后要进行热处理	ER410	SUSY410
2	H06Cr12Ni4Mo	主要用于焊接 08Cr13Ni4Mo 铸件和各种规格的 15Cr13、08Cr13、08Cr13Al 等不锈钢，该焊丝通过降铬和加镍来限制焊缝产生铁素体，为防止显微组织中未回火马氏体重新硬化，焊后热处理温度不宜超过 620℃	ER410NiMo	—
3	H31Cr13	主要用于 12%（质量分数）铬钢的表面堆焊，其熔敷层硬度更高实心铁素体不锈钢焊丝耐磨性更好	ER420	

3. 实心铁素体不锈钢焊丝的选用

根据 Cr 的含量实心铁素体不锈钢焊丝可分为低 Cr（Cr13 型）、中 Cr（Cr17 型）和高 Cr（Cr25 型）等三类。随着 Cr 含量的提高，耐酸性能也相应提高。加入 Mo 元素后，可以提高不锈钢的耐酸腐蚀性能和耐应力腐蚀的能力。

对铁素体型不锈钢选用焊丝时，应选用含有有害元素（C、N、S、P 等）低的焊丝，以便改善焊接性能和焊缝韧性。焊缝可以采用同质成分，也可以采用高 Cr、Ni 奥氏体型焊丝。选用奥氏体不锈钢焊丝的原则是：在无裂纹的前提下，保证焊缝金属的耐蚀性能及力学性能与母材基本相当或略有提高，尽可能保证其合金成分与母材基本相同或相近。

为了避免焊缝中出现脆性组织，要采用焊前预热和焊后热处理措施。焊前预热温度随着焊件含碳量的提高，预热温度也应该相应提高。如含碳量低时预热温度范围为 70～150℃，含碳量高时预热温度范围为 150～260℃。退火是常采用的焊后热处理方式，目的是使焊接接头组织均匀化、恢复焊缝金属耐蚀性能，并改善接头塑性、韧性。常用铁素体不锈钢焊丝的主要用途及与国外焊丝牌号的对照见表 3-2-36。

表 3-2-36　常用铁素体不锈钢焊丝的主要用途及与国外焊丝牌号的对照

序号	国产焊丝牌号	主要用途	AWS	JIS
1	H06Cr14	可以焊接 08Cr13 型不锈钢，焊缝韧性较好，具有一定的耐磨性能，焊前不用预热，焊后也不用热处理	—	
2	H10Cr17	焊接 12Cr17 型不锈钢，焊缝具有良好的抗腐蚀性能，焊后经过热处理后能保持足够的韧性，焊前要求焊件进行预热，焊后要进行热处理	ER430	SUSY430
3	H01Cr26Mo	超纯铁素体焊丝，主要用于超纯铁素体不锈钢的惰性气体保护焊，焊接过程中要充分保持焊件的清洁和保护气体的保护效果，防止焊缝被氧和氮污染	ER446LMo	—
4	H08Cr11Ti	焊接同类不锈钢或不同种类的低碳钢时，焊缝中含有稳定化元素钛，能改善钢的抗晶间腐蚀性能，抗拉强度也有所提高，目前主要用于汽车尾气排放部件的焊接	ER409	—
5	H08Cr11Nb	以铌代钛，用途同 H08Cr11Ti，由于铌在焊接电弧下被氧化烧损很少，可以更有效地控制焊缝成分	ER409Cb	—

4. 实心双相不锈钢焊丝的选用

双相不锈钢具有奥氏体+铁素体双相组织结构，并且两个相组织的含量基本相当，具有奥氏体不锈钢和铁素体不锈钢的特点。双相不锈钢焊丝的主要耐蚀元素 Cr、Mo 等含量与母材相当，从而保证了与母材相当的耐蚀性。为保证焊缝中奥氏体组织的含量，通常可提高焊丝中 Ni、N 的含量，也就是提高质量分数为 2%~4% 的镍当量。在双相不锈钢母材中，一般都有一定量的 N，所以，在焊接材料中也应该含有一定量的 N，但不宜太高，否则焊缝中会出现气孔。常用双相不锈钢焊丝的主要用途及与国外焊丝牌号的对照见表 3-2-37。

表 3-2-37　常用双相不锈钢焊丝的主要用途及与国外焊丝牌号的对照

序号	国产焊丝牌号	主要用途	AWS	JIS
1	H03Cr22Ni8Mo3N	该焊丝用于焊接 03Cr22Ni6Mo3N 等含有 22%（质量分数）铬的双相不锈钢，因为焊缝为奥氏体-铁素体两相组织，所以，具有抗拉强度高，抗应力腐蚀能力强，显著改善抗点蚀性能等优点	ER2209	—
2	H04Cr25Ni5Mo3Cu2N	主要用于焊接 H04Cr25Ni5Mo3Cu2N 型含有 25%（质量分数）铬的双相不锈钢，焊缝具有奥氏体-铁素体双相不锈钢的全部优点	ER2553	—
3	H15Cr30Ni9	用于焊接成分相似的铸造合金，也可以焊接碳钢和不锈钢（特别是高镍不锈钢），因为焊丝铁素体形成元素含量高，即使焊缝金属被母材（高镍）稀释，焊丝中仍能保持较高的铁素体含量，焊缝仍具有很强的抗裂能力	ER312	—

四、实心镍及镍合金焊丝的选用

镍及镍合金具有耐活泼性气体、耐苛性介质、耐还原性酸介质腐蚀的良好性能，又具有强度高、塑性好、可冷热变形和加工成形及可焊接的特点。可以解决一般不锈钢和其他金属、非金属材料无法解决的工程腐蚀问题，是一种非常重要的耐腐蚀金属材料。

镍及镍合金可以用 TIG、MIG 焊接，TIG 焊接应用最广泛，焊接时采用直流正接，可以焊接任何一种镍及镍合金，特别适合焊接薄件及小截面构件，在保证焊透的条件下，应尽量用较小的焊接热输入，多层多道焊接时，要特别注意控制道间的温度。MIG 焊接一般采用直流反接，常采用脉冲喷射过渡电弧焊接，其电弧稳定性很好。

焊丝的选择主要是根据母材的合金类别、化学成分和使用环境等条件决定。一般来说，焊丝的主要成分应和母材的主要成分尽量靠近，以保证母材焊后的各项性能。为此，焊丝中还应添加一些母材中没有或含量较低的元素，如 Nb、Ti、Mo、Mn 等。当同类焊丝达不到焊接各项性能要求或没有类似成分的焊丝时，可以选择高一档次的焊丝。如焊接铁镍合金时，为保证焊缝的使用性能不低于母材，可以选择镍基焊丝。常用镍及镍合金焊丝的简要说明及用途见表 3-2-38。

表 3-2-38　常用镍及镍合金焊丝的简要说明及用途

焊丝型号	化学成分代号	焊丝简要说明及用途
		镍焊丝
SNi2061	NiTi3	SNi2061（SNiTi3）焊丝用于工业纯镍锻件和铸件焊接，如 UNS N02200 或 UNS N02201，也可以用于焊接镍板复合钢和钢板表面堆焊以及异种金属焊接

（续）

焊丝型号	化学成分代号	焊丝简要说明及用途
		镍-铜焊丝
SNi4060	NiCu30Mn3Ti	SNi4060（SNiCu30Mn3Ti）、SNi4061（NiCu30Mn3Nb）焊丝用于镍铜合金的焊接，如 UNS N04400，也可以用于复合钢、镍铜复合面的焊接以及钢表面的堆焊
SNi4061	NiCu30Mn3Nb	
SNi5504	NiCu25Al3Ti	SNi5504（NiCu25Al3Ti）焊丝用于时效强化铜镍合金（UNS N05500）的焊接。采用钨极氩弧焊、气体保护焊，焊缝金属采用时效强化处理
		镍-铬焊丝
SNi6072	NiCr44Ti	焊丝用于 Cr50Ni50 镍铬合金的熔化极气体保护焊和钨极惰性气体保护焊，在镍铁铬钢管上堆焊镍铬合金以及铸件的补焊，焊缝金属具有耐高温腐蚀、耐空气中含硫和矾的烟尘腐蚀的能力
SNi6076	NiCr20	焊丝用于镍铬铁合金的焊接，如 UNS N06600 和 UNS N06075 的焊接、镍铬铁复合钢接头的复合面焊接、钢表面堆焊以及钢和镍基合金的焊接。可以采用钨极惰性气体保护焊、金属熔化极气体保护焊
SNi6082	NiCr20Mn3Nb	焊丝用于镍铬合金（如 UNS N06075、N07080）、镍铬铁合金（如 UNS N06600、N06601 和 UNS N08800、N08801）的焊接。也可以用于镀层与异种金属接头的焊接和低温条件下镍钢的焊接
		镍-铬-铁焊丝
SNi6002	NiCr21Fe18Mo9	焊丝用于低碳镍铬钼合金，特别是 UNS N06002 合金的焊接，也用于复合钢板低碳镍铬钼复合面的焊接、低碳镍铬钼合金与钢材以及其他镍基合金的焊接
SNi6025	NiCr25Fe10AlY	焊丝用于 UNS N06025 与 UNS N06603 成分相似的镍基合金的焊接。焊缝金属具有抗氧化、硫化和防渗碳的性能，使用温度高达 1200℃
SNi6030	NiCr30Fe15Mo5W	焊丝用于镍铬钼合金（如 UNS N06030）与钢以及和其他镍基合金的焊接，也用于镍复合镍铬钼钢板的焊接。采用钨极惰性气体保护焊、金属熔化极气体保护焊
SNi6052	NiCr30Fe9	焊丝用于高铬镍基合金（如 UNS N06690）的焊接。也可以用于低合金和不锈钢以及异种金属的耐腐蚀层的堆焊
SNi6062	NiCr15Fe8Nb	焊丝用于镍铁铬合金（如 UNS N08800）、镍铬铁（UNS N06600）的焊接以及特殊用途的异种金属焊接，工作温度高达 980℃，但温度超过 820℃ 时，可降低焊缝金属的抗氧化能力和温度
SNi6176	NiCr16Fe6	焊丝用于镍铬铁合金（UNS N06600、UNS N06601）的焊接、镍铬铁复合钢板的复合层堆焊和钢板表面堆焊。具有良好的异种金属焊接性能，工作温度高达 980℃，但温度超过 820℃ 时，可降低焊缝金属的抗氧化能力和强度
SNi6601	NiCr23Fe15Al	焊丝用于镍铬铁铝合金（如 UNS N06601）的焊接以及与其他高温成分合金的焊接，采用钨极惰性气体保护焊，焊缝金属可在超过 1150℃ 温度条件下工作
SNi6701	NiCr36Fe7Nb	焊丝用于镍铬铁合金与高温合金的焊接，焊缝工作温度高达 1200℃
SNi6704	NiCr25FeAl3YC	焊丝用于相似成分的镍基合金（如 UNS N06025、UNS N06603）的焊接，焊缝金属具有抗氧化性，防渗碳和硫化的性能，焊缝工作温度高达 1200℃
SNi6975	NiCr25Fe13Mo6	焊丝用于镍铬钼合金（如 UNS N06975）、镍铬钼合金与钢材、镍铬钼复合钢以及其他镍基合金的焊接，采用钨极惰性气体保护焊、金属熔化极气体保护焊焊接
SNi6985	NiCr22Fe20Mo7Cu2	焊丝用于镍铬铁复合钢焊接及与镍基合金的焊接，采用钨极惰性气体保护焊、金属熔化极气体保护焊焊接，焊缝金属采用时效强化处理

（续）

焊丝型号	化学成分代号	焊丝简要说明及用途
		镍-铬-铁焊丝
SNi7069	NiCr15Fe7Nb	焊丝用于镍铬铁（如 UNS N06600）合金的焊接，采用钨极惰性气体保护焊、金属熔化极气体保护焊焊接。由于焊丝中 Nb 含量高，使大截面母材出现较高的应力，从而产生裂纹倾向
SNi7092	NiCr15Ti3Mn	焊丝用于镍铬铁复合钢的焊接及其与镍基合金的焊接，采用钨极惰性气体保护焊、金属熔化极气体保护焊焊接，焊缝金属采用时效强化处理
SNi7718	NiFe19Cr19Nb5Mo3	焊丝用于镍铬铌钼（如 UNS N07718）合金的焊接，采用钨极惰性气体保护焊、金属熔化极气体保护焊焊接，焊缝金属采用时效强化处理
SNi8025	NiFe30Cr29Mo	焊丝用于含铬量较高的 Ni8125 或 Ni8065 合金的焊接，也可以用于铬镍钼铜合金（如 UNS N8904）和镍铁铬钼合金（如 UNS N8825）的焊接，也可以用于钢材表面的堆焊
SNi8065	NiFe30Cr21Mo3	SNi8065 和 SNi8125 焊丝用于铬镍钼铜合金（如 UNS N08904）、镍铁铬钼合金（如 UNS N08825）的焊接，也可以用于钢材表面的堆焊和隔离层的堆焊
		镍-钼焊丝
SNi1001	NiMo28Fe	焊丝用于镍钼合金（如 UNS N10001）的焊接
SNi1003	NiMo17Cr7	焊丝用于镍钼合金（如 UNS N10003）、镍钼合金与钢材以及其他镍基合金的焊接，采用钨极惰性气体保护焊、金属熔化极气体保护焊焊接
SNi1004	NiMo25Cr5Fe5	焊丝用于镍基、钴基和铁基合金的异种金属焊接
SNi1008	NiMo19WCr	焊丝用于质量分数为 9% 的镍钢（如 UNS K81340）的焊接，采用钨极惰性气体保护焊、金属熔化极气体保护焊焊接
SNi1009	NiMo20WCu	
SNi1062	NiMo24Cr8Fe6	焊丝用于镍钼合金，特别是 UNS N10629 合金的焊接，也可用于带有镍钼合金复合面的钢板、镍钼合金与钢材和其他镍基合金的焊接
SNi1066	NiMo28	焊丝用于镍钼合金，特别是 UNS N10665 合金的焊接，也可用于带有镍钼合金复合面的钢板、镍钼合金与钢和其他镍基合金的焊接
SNi1067	NiMo30Cr	焊丝可用于镍钼合金（如 UNS N10675）的焊接，也可用于带有镍钼合金复合面钢板、镍钼合金与钢和其他镍基合金的焊接，采用钨极惰性气体保护焊、金属熔化极气体保护焊焊接
SNi1069	NiMo28Fe4Cr	焊丝用于镍基、钴基和铁基合金的异种金属的焊接
		镍-铬-钼焊丝
SNi6012	NiCr22Mo9	焊丝用于 6-Mo 型高合金奥氏体不锈钢的焊接，焊件在含氯化物的条件下，具有良好的抗点蚀和缝蚀性能，Nb 含量较低时，可提高焊接性
SNi6022	NiCr21Mo13Fe4W3	焊丝用于低碳镍铬钼，特别是 UNS N06002 合金的焊接，也可用于铬镍钼奥氏体不锈钢、低碳镍铬钼合金复合面的焊接，还可用于低碳镍铬钼合金与钢材及其他镍基合金的焊接和钢材表面的堆焊
SNi6057	NiCr30Mo11	焊丝名义成分（质量分数）为：Ni60%、Cr30%、Mo10%。用于耐腐蚀面的堆焊，堆焊金属具有良好的耐腐蚀性能，采用钨极惰性气体保护焊、金属熔化极气体保护焊焊接
SNi6058	NiCr25Mo16	焊丝用于低碳镍铬钼，特别是 UNS N06059 合金的焊接，也可用于铬镍钼奥氏体不锈钢、低碳镍铬钼合金复合面的焊接，还可用于低碳镍铬钼合金与钢及其他镍基合金的焊接
SNi6059	NiCr23Mo16	
SNi6200	NiCr23Mo16Cu2	焊丝用于镍铬钼合金（如 UNS N06200）的焊接，也可用于钢、其他镍基合金和复合钢的焊接
SNi6276	NiCr15Mo16Fe6W4	焊丝用于镍铬钼合金（如 UNS N10276）的焊接，也可用于低碳镍铬钼合金复合钢表面、低碳镍铬钼合金与钢及其他镍基合金的焊接
SNi6452	NiCr20Mo15	焊丝用于低碳镍铬钼合金，特别是 UNS N06455 的焊接，也可用于低碳镍铬钼合金复合钢表面、低碳镍铬钼合金与钢以及其他镍基合金的焊接
SNi6455	NiCr16Mo16Ti	
SNi6625	NiCr22Mo9Nb	焊丝用于镍铬钼合金，特别是 UNS N06625 的焊接，也可用于与钢的焊接和堆焊镍铬钼合金表面，焊缝金属的耐腐蚀性能与 N06625 相当

（续）

焊丝型号	化学成分代号	焊丝简要说明及用途
		镍-铬-钼焊丝
SNi6650	NiCr20Fe14Mo11WN	焊丝用于海洋和化工用的低碳镍铬钼合金及镍铬钼不锈钢的焊接,(如 UNS N08926)。也可用于复合钢和异种金属,如低碳镍铬钼与碳钢或者镍基合金的焊接,还可用于质量分数为 9% 的 Ni 钢的焊接
SNi6660	NiCr22Mo10W3	焊丝用于超级双相不锈钢、超级奥氏体钢、质量分数为 9% 的 Ni 钢的钨极惰性气体保护焊、金属熔化极气体保护焊焊接,与 Ni6625 相比,焊缝金属具有良好的耐腐蚀性能,不产生热裂纹,具有良好的低温韧性
SNi6686	NiCr21Mo16W4	焊丝用于低碳镍铬钼合金(特别是 UNS N06686)和镍铬钼不锈钢的焊接,也可用于低碳镍铬钼复合钢表面、低碳镍铬钼与钢以及其他镍基合金的焊接还可用于钢材表面镍铬钼钨层的堆焊
SNi7725	NiCr21Mo8Nb3Ti	焊丝用于高强度耐腐蚀的镍基合金,特别是 UNS N07725 和 UNS N09925 的焊接,也可用于与钢的焊接和高强度镍铬钼合金表面的堆焊。强度达到最大值时,焊后需要进行沉淀淬火,可进行各种热处理
		镍-铬-钴焊丝
SNi6160	NiCr28Co30Si3	焊丝用于镍钴铬硅合金(UNS N02160)的焊接,采用钨极惰性气体保护焊、金属熔化极气体保护焊焊接。该焊丝对铁的敏感性强,焊丝金属在还原和氧化环境下,具有抗硫化、耐氟化物腐蚀的性能,工作温度高达 1200℃
SNi6617	NiCr22Co12Mo9	焊丝用于镍钴铬钼合金(UNS N06617)的焊接和钢表面的堆焊。也可用于异种高温合金(1150℃ 左右时具有高温强度和抗氧化性能)和铸造高镍合金的焊接
SNi7090	NiCr20Co18Ti3	焊丝用于镍钴铬合金(UNS N07090)的焊接,采用钨极惰性气体保护焊,焊缝金属进行时效强化处理
SNi7263	NiCr20Co20Mo6Ti2	焊丝用于镍铬钴钼合金(UNS N07263)以及与其他合金的焊接。采用钨极惰性气体保护焊焊接,焊缝金属进行时效强化处理
		镍-铬-钨焊丝
SNi6231	NiCr22W14Mo2	焊丝用于镍铬钴钼合金(UNS N06617)的焊接。采用钨极惰性气体保护焊和金属熔化极气体保护焊焊接

五、铝及铝合金焊丝的选用

铝及铝合金按合金系列可分为：1XXX 系（工业纯铝）、2XXX 系（铝-铜）、3XXX 系（铝-锰）、4XXX 系（铝-硅）、5XXX 系（铝-镁）、6XXX 系（铝-镁-硅）、7XXX 系（铝-锌-镁-铜）、8XXX 其他）等八类合金。按强化方式可分为热处理不可强化,仅能依靠变形强化的铝及铝合金；以及既可进行热处理强化、又可依靠变形强化的铝及铝合金。

铝及铝合金焊接用焊丝的选择,主要应根据母材的种类、性能、焊接接头的抗裂性、耐腐蚀性以及经过阳极化处理后,焊缝与母材的色彩配合等方面要求做综合考虑。从获得较好的耐腐蚀性考虑,通常是选用与母材相同或相近的牌号焊丝。焊接热处理强化型铝及铝合金时,由于其焊接热裂纹倾向大,选择焊丝则主要从解决抗裂性入手,选用的焊丝化学成分与母材化学成分会有较大的差异,为了降低焊缝热影响区晶间裂纹倾向,应该选用熔点低于母材的焊丝。

选用铝及铝合金焊丝时应注意以下问题：

（1）焊接接头的裂纹敏感性　影响裂纹敏感性的直接因素是母材与焊丝的匹配。选用熔化温度低于母材的焊缝金属,可以减小焊缝金属和热影响区的裂纹敏感性。例如：焊接 Si 的质量分数为 0.6% 的 6061 合金时,选用同一合金作焊缝,裂纹敏感性很大,但用 Si 的质量分数为 5% 的 ER4043 焊丝时，由于其熔化温度比 6061 合金低，所以，在冷却过程中，有较高的塑性，抗裂性良好。此外，在焊缝金属中应避免 Mg 与 Cu 的组合，因为 Ai-Mg-Cu 有很高的裂纹敏感性。

（2）焊接接头力学性能　工业纯铝的强度最低，4000 系列铝合金居中，5000 系列铝合金强度较高。铝硅焊丝虽然有较强的抗裂性能，但含硅焊丝塑性较差，所以，焊后需要塑性变形加工的铝合金焊接接头，应避免选用含硅的焊丝。

（3）焊接接头使用性能　填充金属的选择除取决于母材成分外，还与焊接接头的几何形状、运行中抗腐蚀性的要求以及对焊件的外观要求有关。例如，为了使容器具有良好的抗腐蚀能力或防止所储存的产品对其污染，储存过氧化氢的焊接容器要求用高纯度的铝合金。在这种情况下，填充金属的纯度至少要相当于母材。常用铝及铝合金焊丝的特点及用途见表 3-2-39，常用铝及铝合金焊接的焊丝选用见表 3-2-40。常用异种铝及铝合金焊接的焊丝选用见表 3-2-41。常用有特殊要求的铝及铝合金焊缝填充焊丝型号见表 3-2-42。

表 3-2-39　常用铝及铝合金焊丝的特点及用途

类别	特点及用途
纯铝焊丝 SAl1100 Al99.0Cu	焊丝的熔点为 660℃，焊接性和耐蚀性良好，塑性和韧性优良，但强度较低，焊缝区强度约为 80~110MPa。用于焊接纯铝及对焊接接头性能要求不高的铝及铝合金
铝锰焊丝 SAl3103 AlMn1	焊丝熔点为 643~654℃，焊缝金属具有良好的耐蚀性，焊接性及塑性也很好，强度比纯铝高，约为 120~150MPa。焊丝适用于铝锰铝合金氩弧焊及填充材料
铝硅焊丝 SAl4043 AlSi5	焊丝熔点为 580~610℃，是一种通用性较大的铝硅合金焊丝，熔融金属流动性好，特别是熔池金属凝固时收缩率小。因此抗热裂纹能力优良，焊缝区强度为 170~250MPa。焊缝阳极化处理后，与母材颜色不同。焊丝适用于铝镁合金以外的铝合金及铸铝的氩弧焊，特别是对于易产生热裂纹的热处理强化铝合金的焊接可以获得较好的效果
铝镁焊丝 SAl5556 AlMg5Mn1Ti SAl5356 AlMg5Cr(A) SAl5554 AlMg2.7Mn	SAl5556 焊丝熔点为 638~660℃，焊丝含有少量的 Ti，Ti 是用来细化焊缝金属晶粒的，具有较好的耐腐蚀性和抗热裂性，焊缝金属力学性能优良，强度高，焊缝区强度约为 280~320MPa。用作铝镁合金焊丝及填充材料，也可用于铝锌镁合金的焊接及铝镁铸件的补焊
	SAl5356 焊丝适用于铝镁、铝镁硅、铝锌镁等合金的焊接，焊接 5083 母材时，焊缝强度达 270~310MPa
	SAl5554 焊丝适用于高温（65~200℃）用焊接结构中所使用的铝镁系合金的焊接，为避免应力腐蚀，含 Mg 质量分数要控制在 3% 以下

表 3-2-40　常用铝及铝合金焊接的焊丝选用

类别	母材牌号	焊丝型号或填充金属型号
工业纯铝	1070,1070A	SAl1070
	1200	SAl1200
	1450	SAl1450
铝-铜	2219	SAl2319
铝-锰	3103,3103A	SAl3103
铝-硅	4043	SAl4043
	4047,4047A	SAl4047A
铝-镁	5554	SAl5554
	5754	SAl5754
	5183	SAl5183

表 3-2-41　常用异种铝及铝合金焊接的焊丝选用

母材型号（或牌号）	焊丝型号
纯铝（1070A、1060、1050A、1035、1200）+铝锰合金（3A21）	SAl3103、SAl4043 或与母材同质纯焊丝
5A02+3A21	SAl3103、SAl5556
5A03+3A21	SAl5556、SAl5556C
5A05+3A21	SAl5556、SAl5556C
5A06+3A21	SAl5556、SAl5556C
工业纯铝（1060、1050A、1100）+防锈铝（5A02、5A03）	SAl5556、SAl5556C
工业纯铝（1060、1050A、1100）+LF5	SAl5556、SAl5556C
3A21+ZL101	SAl4043、SAl5556C、SAl5556
3A21+ZL104	SAl4043、SAl5556C、SAl5556

表 3-2-42　常用有特殊要求的铝及铝合金焊缝填充焊丝型号

焊缝基体金属	推荐填充焊丝			
	要求必要的强度	要求必要的塑性	要求用阳极化处理后颜色一致性	要求抗海水腐蚀性能
1100	SAl4043	SAl1100	SAl1100	SAl1100
2219	SAl2319	SAl2319	SAl2319	SAl2319
6063	SAl5356	SAl5356	SAl5356	SAl4043
3003	SAl5356	SAl1100	SAl1100	SAl1100
5052	SAl5356	SAl5356	SAl5356	SAl4043
5086	SAl5556	SAl5356	SAl5356	SAl5183
5083	SAl5183	SAl5356	SAl5356	SAl5183
5454	SAl5356	SAl5554	SAl5554	SAl5554
5456	SAl5556	SAl5356	SAl5556	SAl5556

六、铜及铜合金焊丝的选用

选用铜及铜合金焊丝时，除了应满足对焊丝的一般焊接工艺性能、冶金性能要求外，更重要的是控制其中杂质的含量和提高其脱氧能力，防止焊缝出现热裂纹及气孔等缺陷。

焊丝中加入 Fe 可以提高焊缝的强度、硬度和耐磨性，但塑性有所降低；Sn 加入焊丝中可提高熔池金属的流动性，改善焊丝的工艺性能。在焊丝中加入单个或复合元素 Ti、Zr、B 可以起到脱氧及细化焊缝组织的效果，在气体保护焊中得到了很好的应用。但是，脱氧剂的加入量不可过多，如 Ti 的质量分数应小于 0.3%，否则会出现难熔的氧化物、氮化物薄膜，使熔池液化金属流动性降低，焊缝容易脆化；铜及铜合金焊接应采用与基体金属成分相近的焊丝，这样焊缝可以避免气孔、裂纹及其他缺陷；焊接有导电性要求的纯铜焊件，不能选用含铜的焊丝，应选用纯度较高的纯铜焊丝，因为过多的磷过渡到焊缝后，将引起焊接接头导电性显著下降。常用铜及铜合金焊丝型号与化学成分代号及简要说明见表 3-2-43。

表 3-2-43 常用铜及铜合金焊丝型号与化学成分代号及简要说明

焊丝型号	化学成分代号	简要说明
铜焊丝		
SCu1897	CuAg1	焊丝含铜的质量分数≥99.5%(含Ag),纯铜焊接时,可以选择含Si、Mn、P和Sn的(SCu1898)焊丝,以避免焊缝产生热裂纹和气孔。磷和硅主要是作为脱氧剂加入的,其他元素是为了有利于焊接或满足焊缝的性能而加入的。SCu1898焊丝通常用于脱氧铜或电解铜的焊接,但与氢反应和有氧化铜偏析时,可降低焊接接头的性能。SCu1898焊丝可用来焊接质量要求不高的铜合金
SCu1898	CuSn1	在大多数情况下,特别是焊接厚板时,要求焊前预热,合适的预热温度为205~540℃
SCu1898A	CuSn1MnSi	对较厚的母材焊接,应先考虑熔化极气体保护电弧焊方法,一般采用常用的焊接接头形式,以利于施焊。当焊接板厚不大于6.4mm的母材时,通常不需要预热。当焊接板厚大于6.4mm的母材时,要求在205~540℃范围内预热
黄铜焊丝		
SCu4700	CuZn40Sn	是含有少量锡的黄铜焊丝,熔融金属具有良好的流动性,焊缝金属具有一定的耐蚀性,可用于铜、铜镍合金的熔化极气体保护电弧焊。焊前需要进行400~500℃预热
SCu6800	CuZn40Ni	焊丝是含有铁、硅、锰的锡黄铜焊丝。熔融金属流动性好,由于焊丝含有硅,可以有效地抑制锌的蒸发。这类焊丝可用于铜、钢、铜镍合金、灰铸铁的焊接,也可用于镶嵌硬质合金刀具。焊前需要在400~500℃范围内预热
SCu6810A	CuZn40SnSi	
青铜焊丝		
SCu6560	CuSi3Mn	硅青铜焊丝,含有质量分数约3%的硅和少量锰、锡或锌,用于铜硅、铜锌以及其与钢的焊接。这种焊丝可采用TIG、MIG焊接,当MIG焊时,最好采用小熔池的施焊方法,层间温度低于65℃,以减少热裂纹的产生。可进行全位置焊接,但应优先采用平焊位置焊接
SCu5180	CuSnSP	焊丝是含锡质量分数约5%和8%和含磷质量分数不大于0.4%的磷青铜焊丝,锡能提高焊缝金属的耐磨性能,扩大了液相点和固相点之间的温度范围,从而增加了焊缝金属的凝固时间,增大了热脆倾向。为了减少这些影响,焊接时应以小熔池、快速焊为宜。这类焊丝可以用来焊接青铜和黄铜。如果焊缝中允许含锡,该焊丝也可以焊接纯铜。采用TIG焊时,要求焊前预热,且只能用于平焊位置施焊
SCu5210	CuSnBP	
SCu6100	CuAl7	是一种无铁铝青铜焊丝,是承受较轻载荷耐磨表面的堆焊材料,是耐盐和微碱水腐蚀的堆焊材料,还是耐各种温度和浓度的常用酸腐蚀的堆焊材料
SCu6180	CuAl10Fe3	是一种含铁铝青铜焊丝,通常用来焊接类似成分的铝青铜、锰硅青铜以及某些铜镍合金、铁基金属和异种金属。最常用的异种金属焊接是铝青铜与钢、铜与钢的焊接。该焊丝也用于耐磨和耐腐蚀表面的堆焊
SCu6240	CuAl11Fe3	是一种高强度铝青铜焊丝,用于焊接和补焊类似成分的铝青铜铸件以及熔敷轴承表面和耐磨、耐腐蚀表面
SCu6100A	CuAl8	是镍铝青铜焊丝,用于焊接和修补镍铝青铜铸造件母材或镍铝青铜的锻造母材
SCu6328	CuAl9Ni5Fe3Mn2	
SCu6338	CuMn13Al8Fe3Ni2	是锰镍铝青铜焊丝,用于焊接和修补成分类似的锰镍铝青铜铸造件母材或锰镍铝青铜的锻造母材。该焊丝也可以用于要求高耐腐蚀、浸蚀或汽蚀处的表面堆焊
白铜焊丝		
SCu7158	CuNi30Mn1FeTi	焊丝中含有镍,强化了焊缝金属并改善了耐蚀能力,特别是耐盐水腐蚀。焊缝金属具有良好的热延展性和冷延展性。白铜焊丝用来焊接绝大多数的铜镍合金。采用TIG焊接、MIG焊接时,不要求预热。可以进行全位置焊接,为了在焊接过程中获得保护气体的最佳效果和减少气孔产生,应尽可能保持短弧焊接
SCu7061	CuNi10	

七、碳钢药芯焊丝的选用

常用碳钢药芯焊丝的特点及应用见表 3-2-44

表 3-2-44　常用碳钢药芯焊丝的特点及应用

序号	药芯焊丝	特点及应用
1	EXXXT-1 EXXXT-1M	EXXXT-1 类焊丝使用 CO_2 作为保护气体,在不适当位置焊接时,也可以采用其他混合气体(如 Ar+CO_2)。随着 Ar+CO_2 混合气体中 Ar 气含量的增加,焊缝金属中锰和硅的含量将增加,从而将提高焊缝金属的屈服强度和抗拉强度,并影响冲击性能。EXXXT-1M 类焊丝使用体积分数为 75%~80% 的 Ar+CO_2 保护气体 EXXXT-1 和 EXXXT-1M 类焊丝用于单道焊和多道焊,采用直流反接(DCEP)操作,较大直径(不小于 2.0mm)焊丝用于平焊和横向角焊缝焊接(EXX0T-1M 和 EXX0T-1M),较小直径(不大于 1.6mm)焊丝,通常用于全位置焊接(EXX1T-1 和 EXX1T-1M)。该类焊丝的特点是喷射过渡、飞溅量小、焊道形状为平滑至微凸、熔渣量适中并可完全覆盖焊道,焊丝渣大多数是以氧化钛型为主,并具有较高的熔敷速度
2	EXXXT-2 EXXXT-2M	用于单道焊缝的化学成分不能说明熔敷金属的化学成分,所以,本标准对单道焊用焊丝的熔敷金属化学成分不作要求。这类焊丝在单道焊时具有良好的力学性能。使用 EXXXT-2 和 EXXXT-2M 类焊丝焊接的多道焊焊缝金属的锰含量和抗拉强度都高。这些焊丝可用于焊接 EXXXT-1 或 EXXXT-1M 类焊丝所不允许的表面有较厚氧化皮、锈蚀及其他杂质的钢材 此类焊丝的熔滴过渡、焊接特性和熔敷速度与 EXXXT-1 或 EXXXT-1M 焊丝类似
3	EXXXT-3	该类焊丝是自保护型,采用直流反接(DCEP),熔滴过渡为喷射过渡,其特点是焊接速度非常快,适用于板材平焊、横焊和立焊(最多倾斜 20°)位置单道焊。该类焊丝对母材硬化很敏感,一般建议不用于下列情况: 1)母材厚度超过 4.8mm 的 T 形或搭接接头 2)母材厚度超过 6.4mm 的对接、端接或角接接头 对特别推荐应咨询焊丝制造商
4	EXXXT-4	该类焊丝是自保护型,采用直流反接(DCEP),熔滴过渡为颗粒过渡,其特点是熔敷速度非常高,焊缝含量非常低,抗热裂性能好,一般用于非底层的浅熔深焊接,适用于焊接装配不良的接头,可以单道焊或多道焊接
5	EXXXT-5 EXXXT-5M	EXXXT-5 焊丝使用 CO_2 作为保护气体,也可以用 Ar+CO_2 混合气体,以减少飞溅。EXXXT-5M 类焊丝使用体积分数为 75%~80% 的 Ar+CO_2 作为保护气体。焊丝主要用于平焊位置单道焊和多道焊接、横焊位置角焊缝焊接。此类焊丝的特点是粗熔滴过渡、微凸焊道形状,焊接熔渣为不能完全覆盖焊道的薄渣,此类焊丝的为氧化钙-氟化物为主要渣系,与氧化钛型渣系的焊丝相比,熔敷金属具有更为优异的冲击韧度、抗热裂性和抗冷裂性能,焊丝采用直流正接(DCEN),可用于全位置焊接,但这类焊丝的焊接工艺性能不如氧化钛型渣系的焊丝
6	EXXXT-6	该类焊丝是自保护型,采用直流反接(DCEP)操作,熔滴过渡为喷射过渡,渣系特点是熔敷金属具有良好的低温冲击韧度、良好的焊缝根部熔透性和优异的脱渣性能,甚至在深坡口内脱渣也很好。该焊丝适用于平焊和横焊位置的单道焊和多道焊
7	EXXXT-7	该类焊丝是自保护型,焊丝采用直流正接(DCEN)操作,熔滴过渡形式为细熔滴过渡或喷射过渡,允许大直径焊丝以高熔敷速度用于平焊和横焊位置焊接,允许小直径焊丝用于全位置焊接,此类焊丝用于单道和多道焊接,焊缝金属硫含量非常低,抗裂性好
8	EXXXT-8	该类焊丝是自保护型,焊丝采用直流正接(DCEN)操作,熔滴过渡形式为细熔滴过渡或喷射过渡,焊丝适合于全位置焊接,熔敷金属具有非常好的低温韧性和抗裂性,用于单道焊和多道焊

（续）

序号	药芯焊丝	特点及应用
9	EXXXT-9 EXXXT-9M	EXXXT-9 类焊丝以 CO_2 作为保护气体,但有时为了改进工艺性能,尤其是用于不适当位置焊接时,也可以用 $Ar+CO_2$ 作为保护气体,提高 $Ar+CO_2$ 保护气体中的 Ar 气含量,将影响焊缝金属的化学成分和力学性能 EXXXT-9M 焊丝以体积分数为 75%~80% 的 $Ar+CO_2$ 作为保护气体,使用减少了 Ar 含量的 $Ar+CO_2$ 混合气体或使用 CO_2 作为保护气体,将导致电弧性能和不适当位置焊接性能的变坏。另外,焊缝中锰和硅含量会减少,也将对焊缝金属的性能产生某些影响
10	EXXXT-10	该类焊丝是自保护型,焊丝采用直流正接(DCEN)操作,熔滴过渡形式为细熔滴过渡,用于任何厚度材料的平焊、横焊和立焊(最多倾斜20°)位置的高速单道焊接
11	EXXXT-11	该类焊丝是自保护型,焊丝采用直流正接(DCEN)操作,具有平稳的喷射过渡,一般用于全位置单道和多道焊接。除非保证预热和道间温度控制,一般不推荐用于厚度超过 19mm 的钢材。对特定的推荐应向焊丝制造商咨询
12	EXXXT-12 EXXXT-12M	该类焊丝是在 EXXXT-1 和 EXXXT-1M 类基础上,改善了熔敷金属冲击韧度,降低了熔敷金属中的锰含量,满足 ASME《锅炉和压力容器规程》第Ⅸ章中 A-1 组化学成分要求,抗拉强度和硬度相应降低。因为焊接工艺会影响熔敷金属性能,所以要求使用者在应用中以要求的硬度作为检验硬度的条件。该类焊丝的熔滴过渡、焊接性能和熔敷速度与 EXXXT-1 和 EXXXT-1M 相似
13	EXXXT-13	该类焊丝是自保护型,焊丝采用直流正接(DCEN)操作,通常以短弧焊接,渣系能够保证焊丝用于管道环焊缝根部焊道的全位置焊接,可用于各种厚壁的管道,但只推荐用于第一道,不推荐用于多道焊缝的焊接
14	EXXXT-14	该类焊丝是自保护型,焊丝采用直流正接(DCEN)操作,具有平稳的喷射过渡,其特点是全位置和高速焊接,用于厚度不超过 4.8mm 的板材焊接,常用于镀锌、镀铝钢材和其他涂层钢板,因为这类焊丝对母材硬化的影响敏感,通常不推荐用于下列情况: 1)母材厚度超过 4.8mm 的 T 形或搭接接头 2)母材厚度超过 6.4mm 的对接、端接或角接接头 特殊的推荐应向焊丝制造商咨询
15	EXXXT-G	此类焊丝用于多道焊,是现有确定分类中所没有涉及的,除规定熔敷金属化学成分和拉伸性能外,对这类焊丝的要求未作规定,应由供需双方协商

八、低合金钢药芯焊丝的选用

低合金钢药芯焊丝按药芯类型可分为:非金属粉型药芯焊丝和金属粉型药芯焊丝两类。非金属粉型药芯焊丝按化学成分分为:钼钢、铬钼钢、镍钢、锰钼钢和其他低合金钢等五类。金属粉型药芯焊丝按化学成分分为铬钼钢、镍钢、锰钼钢和其他低合金钢等四类。

非金属粉型药芯焊丝的特点及应用见表 3-2-45,金属粉型药芯焊丝的特点及应用见表 3-2-46。

表 3-2-45　非金属粉型药芯焊丝的特点及应用

序号	药芯焊丝	药芯焊丝特点及应用
1	EXX0TX-XX 型	EXX0TX-XX 型药芯焊丝主要推荐用于平焊和横焊位置,但在焊接中采用适当的电流和较小的焊丝尺寸,也可以用在其他位置上。对于直径小于 2.4mm 的焊丝,使用制造厂推荐的电流范围的下限,就可以用于立焊和仰焊。其他较大直径的焊丝通常用于平焊和横焊位置的焊接
2	EXXXTX-XX	该药芯焊丝 EXXXTX-XX 中 T 后面的 X(1、4、5、6、7、8、11 或 G)表示不同的药芯类型,每类焊丝有类似的药芯成分,具有特殊的焊接性能及类似的渣系。但"G"类焊丝除外,其每个焊丝之间的工艺特性可能差别很大

（续）

序号	药芯焊丝	药芯焊丝特点及应用
3	EXXXT1-XX 类	EXXXT1-XC 类焊丝采用 CO_2 作保护气体，但是，在制造者推荐用于改进工艺性能时，尤其是用于立焊和仰焊时，也可以采用 $Ar+CO_2$ 的混合气体，混合气体中增加 Ar 的含量，会增加焊缝金属中锰和硅的含量，以及铬等某些其他合金的含量。这会提高屈服强度和抗拉强度，并可能影响冲击性能 　　EXXXT1-XM 类焊丝采用 $Ar+CO_2$（20%～25%）（体积分数）作保护气体，采用减少 Ar 含量的 Ar/CO_2 混合气体或采用 CO_2 保护气体会导致电弧特性和立焊及仰焊焊接特性发生某些变化。同时可能减少焊缝金属中锰、硅和某些其他合金成分，这会降低屈服强度和抗拉强度，并可能影响冲击性能 　　该类焊丝用于单道焊和多道焊，采用直流反接。大直径焊丝（≥2.0mm）可用于平焊和角焊，小直径焊丝（≤1.6mm）可用于全位置焊，该类焊丝药芯为金红石型，熔滴呈喷射过渡，飞溅小，焊缝成形较平或微凸状，熔渣适中，覆盖完全
4	EXXXT4-X 类	该类焊丝是自保护型，采用直流反接。用于平焊位置和横焊位置的单道焊或多道焊，尤其可用来焊接装配不良的接头。该类焊丝药芯具有强脱硫能力，熔滴呈粗滴过渡，焊缝金属抗裂性能良好
5	EXXXT5-XX 类	EXXXT5-XC,-XM 类焊丝也可如 EXXXT1-XC,-XM 类一样，在实际生产中根据需要分别对保护气体稍作调整 　　EXX0T5-XX 类焊丝主要用于平焊位置和平角焊位置的单道焊和多道焊，根据制造厂的推荐采用直流反接或直流正接。该类焊丝药芯为氧化钙-氟化物型，熔滴呈粗滴过渡，焊道成形为微凸状，熔渣薄且不能完全覆盖焊道，焊缝金属具有优良的冲击性能及抗热裂和冷裂性能 　　某些 EXX1T5-XX 类焊丝采用直流正接可用于全位置焊接
6	EXXXT6-X 类	该类焊丝是自保护型，采用直流反接，熔滴呈喷射过渡，焊缝熔深大，易脱渣。可用于平焊和横焊位置的单道焊或多道焊。焊缝金属具有较高的低温冲击性能
7	EXXXT7-X 类	该类焊丝是自保护型，采用直流正接，熔滴呈喷射过渡，用于单道焊或多道焊。大直径焊丝用于高熔敷率的平焊和横焊，小直径焊丝用于全位置焊。焊丝药芯具有强脱硫能力，焊缝金属具有很好的抗裂性能
8	EXXXT8-X 类	该类焊丝是自保护型，采用直流正接，熔滴呈喷射过渡，可用于全位置的单道焊或多道焊。焊缝金属具有良好的低温冲击性能和抗裂性能
9	EXXXT11-X 类	该类焊丝是自保护型，采用直流正接，熔滴呈喷射过渡，可用于全位置的单道焊或多道焊。有关板厚方面的限制可向制造厂咨询
10	EXXXTX-G、EXXXTG-X、EXXXTG-G 类	该类焊丝设定以以上确定类别之外的一种药芯焊丝，熔敷金属的拉伸性能应符合本标准的要求，分类代号的"G"表示合金元素的要求，熔敷金属的冲击性能、试样状态、药芯类型、保护气体或焊接位置等等，需由供需双方确定

表 3-2-46　金属粉型药芯焊丝的特点及应用

序号	药芯焊丝	药芯焊丝的特点及应用
		金属粉型焊丝的药芯以纯金属粉和合金粉为主，熔渣极少，熔敷效率较高，可用于单道焊或多道焊
1	E55C-B2 型	该类焊丝用于焊接在高温和腐蚀情况下使用的 1/2Cr～1/2Mo、1Cr～1/2Mo、1-1/4Cr～1/2Mo 钢，它们也用作 Cr-Mo 钢与碳钢的异种金属连接。可呈现喷射、短路或粗滴等过渡形式。这类钢的水平控制预热道间温度和焊后热处理对避免裂纹非常重要
2	E49C-B21 型	该类焊丝除了低碳含量（质量分数≤0.05%）及由此带来的较低强度水平外，与 E55C-B2 型焊丝是一样的，同时硬度也有所降低，并在某些条件下改善抗腐蚀性能，具有较好的抗裂性
3	E62C-B3 型	该类焊丝用于焊接高温、高压管子和压力容器用的 2-1/4Cr～1Mo 钢，也可以用来连接 Cr-Mo 钢与碳钢。焊接这类钢控制预热、道间温度和焊后热处理对避免裂纹非常重要。该类焊丝是在焊后热处理状态下进行分类的，当它们在焊态下使用时，由于强度较高，应谨慎
4	E55C-B31 型	该类焊丝除了低碳含量（质量分数≤0.05%）和强度较低外，与 E62C-B3 型焊丝是一样的，具有较好的抗裂性

（续）

序号	药芯焊丝	药芯焊丝的特点及应用
		金属粉型焊丝的药芯以纯金属粉和合金粉为主，熔渣极少，熔敷效率较高，可用于单道焊或多道焊
5	E55C-Ni1 型	该类焊丝用于焊接在-45℃低温下要求良好韧性的低合金高强度钢
6	E49C-Ni2 型 E55C-Ni2 型	该类焊丝用于焊接 2.5Ni 钢和在-60℃低温下要求良好韧性的材料
7	E55C-Ni3 型	该类焊丝通常用于焊接低温运行的 3.5Ni 钢
8	E62C-D2 型	该类焊丝含有 Mo，提高了强度，当采用 CO_2 作为保护气体焊接时，应提供高效的脱氧剂来控制气孔，在常用的和难焊的碳钢与低合金钢中，它们可提供射线照相高质量的焊缝及极好的焊缝成形。采用短路和脉冲弧焊方法时，它们显示出极好的多种位置的焊接性能。焊缝致密性与强度的结合使该类焊丝适合于碳钢与低合金高强度钢在焊态和焊后热处理状态的单道焊和多道焊的焊接
9	E55C-B6 型	该类焊丝含有质量分数为 4.5%～6.0%的 Cr 和质量分数约为 0.5%的 Mo，是一种空气淬硬的材料，焊接时要求预热和焊后热处理。用于焊接相似成分的管材
10	E55C-B8 型	该类焊丝含有质量分数为 8.0%～10.5%的 Cr 和质量分数约为 1.0%的 Mo，是一种空气淬硬的材料，焊接时要求预热和焊后热处理，用于焊接相似成分的管材
11	E62C-B9 型	该类焊丝是 9Cr-1Mo 焊丝的改型，其中加入了 Nb 和 V，可提高材料高温下的强度、韧性、疲劳寿命、抗氧化性和耐腐蚀性能。除了本标准的分类要求外，应确定冲击韧度或高温蠕变强度。由于 C 和 Nb 不同含量的影响，规定值和试验要求必须由供需双方协商确定 该类焊丝的热处理非常关键，必须严格控制，显微组织完全转变为马氏体的温度相对较低，因此，在完成焊接和进行焊后热处理之前，建议使焊件冷却至少 100℃，使其尽可能多地转变为马氏体。允许的最高焊后热处理温度也很关键，因为珠光体向奥氏体转变的开始温度 Ac_1 也相对较低，当焊后热处理温度接近 Ac_1 时，可能引起微观组织的部分转变，为有助于进行合适的焊后热处理，提出了限制（Mn+Ni）的含量。Mn 和 Ni 会降低 Ac_1 温度，通过限制 Mn+Ni，焊后热处理温度将比 Ac_1 足够低，以避免发生部分转变
12	E62C-K3 型 E69C-K3 型 E76C-K3 型	该类焊丝焊缝金属的典型成分（质量分数）为 1.5%Ni 和不大于 0.35%Mo，这些焊丝用于许多最低屈服强度为 550～760MPa 的高强度应用中，主要在焊态下使用。典型的应用包括船舶焊接、海上平台结构焊接以及其他许多要求低温韧性的钢结构焊接
13	E76C-K4 型 E83C-K4 型	该类焊丝与 EXXC-K3 型焊丝产生相似的熔敷金属，但加有质量分数约为 0.5%的 Cr，提高了强度，满足了超过 830MPa 抗拉强度的许多应用需求
14	E55C-W2 型	该类焊丝的焊缝金属中加入了质量分数约为 0.5%的 Cu，可与许多耐腐蚀的耐候结构钢相匹配。为满足焊缝金属的强度、塑性和缺口韧性要求，也推荐加入 Cr 和 Ni
15	EXXC-G 型	该类焊丝设定为以上确定类别之外的一种药芯焊丝，熔敷金属的抗拉强度应符合本标准的要求，分类代号中的"G"表示合金元素的要求，熔敷金属的其他力学性能、试样状态、保护气体等等，需由供需双方商定

九、不锈钢药芯焊丝的选用

1. 药芯焊丝的特点

1）焊接工艺性好。焊接电弧燃烧稳定，焊接过程中飞溅颗粒细小且飞溅很少，粘在钢板上很容易清除。

2）焊缝成形美观。药芯焊丝焊接时，有一定数量的熔渣，改善了熔池金属的表面性质，对母材金属的润湿性更好，使焊缝成形美观。

3）比实心焊丝熔敷速度高。由于药芯焊丝断面上通电部分面积比实心焊丝小，在同样的焊接电流下，药芯焊丝电流密度高，所以焊丝熔化速度大，熔敷速度高。

4）可采用大电流进行全位置焊接。在各种焊接位置下，药芯焊丝都可以采用较大的焊接电流进行全位置焊接。

5）药芯焊丝合金成分调整方便。根据被焊接钢材的质量要求，可以通过调整药芯焊丝成分达到过渡合金元素，满足对焊接接头的质量要求。

2. 药芯焊丝的类型及代号

（1）药芯焊丝类型

- TS：不锈钢药芯焊丝。
- F：非金属粉型药芯焊丝。
- M：金属粉型药芯焊丝。
- R：钨极惰性气体保护焊用药芯填充焊丝。

（2）焊接位置代号

- 0：平焊和平角焊　　其中 PA＝平焊　　　　PB＝平角焊
- Ⅰ：全位置焊接　　其中 PA＝平焊　　　　PB＝平角焊　　　　PC＝横焊　　　　PD＝仰角焊

PE＝仰焊　　PF＝向上立焊　　PG＝向下立焊

3. 常用不锈钢药芯焊丝的对照及应用（见表 3-2-47）

表 3-2-47　常用不锈钢药芯焊丝的对照及应用

序号	药芯焊丝 GB/T 17853—2018 （GB/T 17853—1999）	药芯焊丝特点及应用
1	TS307-FXX （E307TX-X）	通常适用于异种钢焊接,如奥氏体锰钢与碳钢锻件或铸件的焊接,具有良好的抗裂性,焊缝强度为中等
2	TS308-FXX （E308TX-X）	通常用于相同类型的不锈钢焊接,如:06Cr19Ni10、06Cr18Ni11Ti、10Cr18Ni12
3	TS308L-FXX （E308LTX-X）	该焊丝除碳含量较低外,与 TS308-FXX 药芯焊丝的熔敷金属合金元素含量相同。由于碳含量较低,在不含铌、钛等稳定剂时,也能抵抗因碳化物析出而产生的晶间腐蚀。与含有铌稳定剂的焊缝相比,其高温强度较低
4	TS308H-FXX （E308HTX-X）	该焊丝除碳含量限制在上限外,与 TS308-FXX 的熔敷金属合金元素含量相同,由于碳含量高,在高温下具有较强的抗拉强度和屈服强度
5	TS307Mo-FXX （E307MoTX-X）	该焊丝除钼含量较高外,与 TS308-FXX 药芯焊丝的熔敷金属合金元素含量相同,通常用于焊接同类型的不锈钢,也可以用来焊接 06Cr17Ni12Mo2 型不锈钢锻件,比采用 TS316L-FXX 焊丝焊接得到的铁素体含量要高一些
6	TS308LMo-FXX （E308LMoTX-X）	除碳含量较低外,与 TS308Mo-FXX 的熔敷金属合金元素含量相同。通常用于焊接同类型的不锈钢。也可以用来焊接 022Cr17Ni12Mo2 型不锈钢锻件,比采用 TS316L-FXX 焊丝焊接得到的铁素体含量要高一些
7	TS309-FXX （E309TX-X）	通常用于焊接同类型的不锈钢。有时也用于焊接在强腐蚀介质中使用的、要求焊缝金属合金元素较高的不锈钢。也可以用于异种钢的焊接,如 06Cr19Ni10 型不锈钢与碳钢的焊接
8	TS309L-FXX （E309LTX-X）	该焊丝除碳含量较低外。与 TS309-FXX 药芯焊丝的熔敷金属合金元素含量相同。由于碳含量低,在不含铌、钛等稳定剂时,也能抵抗因碳化物的析出而产生的晶间腐蚀。但与铌稳定剂的焊缝相比,其高温强度较低
9	TS309Mo-FXX （E309MoTX-X）	除钼含量较高外,与 TS309-FXX 的金属熔敷合金元素相同,通常用于堆焊工作温度在 320℃ 以下的碳钢和低合金钢
10	TS309LMo-FXX （E309LMoTX-X）	除碳含量较低外,与 TS308Mo-FXX 的熔敷金属合金元素含量相同。通常用于堆焊工作温度在 320℃ 以下的碳钢和低合金钢
11	TS309LNb-FXX （E309LNbTX-X）	除加入铌外,与 TS309L-FXX 的熔敷金属合金元素含量相同。通常用于堆焊碳钢和低合金钢
12	TS310-FXX （E310TX-X）	通常用于焊接同类型的不锈钢

（续）

序号	药芯焊丝 GB/T 17853—2018 （GB/T 17853—1999）	药芯焊丝特点及应用
13	TS312-FXX （E312TX-X）	通常用于高镍合金与其他金属的焊接,焊缝金属为奥氏体基与分布在其上的大量铁素体构成的双相组织,因此具有较高的抗裂性
14	TS316-FXX （E316TX-X）	通常用于焊接相同类型的不锈钢,由于钼提高了焊缝的抗高温蠕变能力,也可以用于焊接在高温下使用的不锈钢
15	TS316L-FXX （E316LTX-X）	除碳含量较低外,与 TS316-FXX 的熔敷金属合金元素含量相同,由于碳含量低,在不含铌、钛等稳定剂时,也能抵抗因碳化物析出而产生的晶间腐蚀,但与铌稳定化的焊缝相比,其高温强度较低
16	TS316LK-FN0 （E316LKT0-3）	与 TS316L-FXX 的熔敷金属合金元素含量相同,为自保护型焊丝,主要用于低温工作下的不锈钢的焊接,该焊丝降低了碳和氮的含量,焊缝金属具有较好的低温性能
17	TS317L-FXX （E317LTX-X）	通常用于焊接相同类型的不锈钢,可在强腐蚀条件下使用,由于碳含量低,在不含铌、钛等稳定剂时,也能抵抗因碳化物析出而产生的晶间腐蚀,但与铌稳定化的焊缝相比,其高温强度较低
18	TS347-FXX （E347TX-X）	用铌或铌加钽作稳定剂,提高抗晶间腐蚀的能力,通常用于焊接以铌或钛作稳定剂、成分相近的铬镍合金钢
19	TS409-FXX （E409TX-X）	用钛作稳定剂通常用于焊接相同类型的不锈钢
20	TS410-FXX （E410TX-X）	焊接接头属于空气冷淬硬型材料,因此焊接时需要进行预热和后热处理,以获得良好的塑性,通常用于焊接相同类型的不锈钢,也还用于碳钢的堆焊,以提高其抗腐蚀和耐磨性能
21	TS410NiMo-FXX （E410NiMoTX-X）	通常用于焊接相同类型的不锈钢,与 TS410-FXX 相比熔敷金属的铬含量低,镍含量高,限制了焊缝组织中的铁素体含量,减少了对力学性能的有害影响。焊后热处理温度不应超过 620℃,以防止焊缝组织中未回火马氏体重新淬硬
22	TS410NiTi-FXX （E410NiTiTX-X）	用钛作稳定剂,通常用于焊接相同类型的不锈钢
23	TS430-FXX （E430TX-X）	熔敷金属中铬含量较高,在通常使用条件下,具有优良的耐腐蚀性,而在热处理后又可获得足够的塑性。焊接时,通常需要预热和焊后热处理。焊接接头经过焊后热处理后,才能获得理想的力学性能和抗腐蚀性能
24	TS2209-FXX （E2209TX-X）	通常用于焊接铬的质量分数约为 22% 的双相不锈钢,熔敷金属的显微组织为奥氏体-铁素体基体的双相结构,焊缝金属强度较高,同时又具有良好的抗点蚀性和抗应力腐蚀开裂性能
25	TS2553-FXX （E2553TX-X）	通常用于焊接铬质量分数约为 25% 的双相不锈钢,熔敷金属的显微组织为奥氏体-铁素体基体的双相结构,焊缝金属强度较高,同时又具有良好的抗点蚀性和抗应力腐蚀开裂性能
26	TS309L-RⅡ1 （E309LT1-5）	通常用于碳钢管与不锈钢管接头根部焊道的焊接,可以不用惰性气体背部保护,仅能用于钨极惰性气体保护焊方法,每道焊道焊前必须清渣。使用时应遵循制造厂家的产品说明书
27	TS347-RⅡ1 （E347T1-5）	铌和钽作稳定剂,通常用于 06Cr18Ni11Nb 型不锈钢管接头根部焊道的焊接,可不用惰性气体背部保护,仅能用于钨极惰性气体保护焊方法,每道焊前必须清渣

注：括号内型号为 GB/T 17853—1999 标准的型号。

第三章 焊 剂

第一节 焊剂的分类

焊剂是埋弧焊工艺用的主要焊接材料，焊剂的分类主要有以下几种：

一、按制造方法分类

焊剂根据生产工艺的不同，可分为熔炼焊剂、烧结焊剂、粘结焊剂（陶质焊剂）等。

（1）熔炼焊剂制造工艺　按配方比例配料—干混均匀—熔化—注入冷水或在激冷板上粒化—干燥—捣碎—过筛（制成玻璃状、结晶状、浮石状焊剂）。是我国目前焊接应用最多的一种焊剂。

（2）烧结焊剂制造工艺　按配方比例配料—混拌均匀—加水玻璃调成湿料—在750～1000℃下烧结—破碎—过筛。

（3）粘结（陶质）焊剂制造工艺　按配方比例配料—混拌均匀—加水玻璃调成湿料—制成一定尺寸的颗粒—350～500℃烘干。

二、按焊剂中添加脱氧剂、合金剂分类

（1）中性焊剂　指在焊接后，熔敷金属化学成分与焊丝化学成分不产生明显变化的焊剂。多用于多道焊，特别适应于厚度大于25mm的母材的焊接。

（2）活性焊剂　指在焊剂中加入少量的锰、硅脱氧剂的焊剂。提高抗气孔能力和抗裂性能。主要用于单道焊，特别是对被氧化的母材。

（3）合金焊剂　指该焊剂与碳钢焊丝合用后，其熔敷金属为合金钢的焊剂，焊剂中添加较多的合金成分，用于过渡合金，多数合金焊剂为粘结焊剂和烧结焊剂。

三、按焊剂的碱度分类

碱度是表征熔渣碱性强弱程度的一个量，计算方法有多种，粗略计算可用下式：

$$碱度 = \frac{\sum 碱性氧化物(\%)}{\sum 酸性氧化物(\%)}$$

埋弧焊用焊剂按碱度分类见表3-3-1。

表 3-3-1　埋弧焊用焊剂按碱度分类

分类	碱性	中性	酸性
碱度	>1.5	1.0~1.5	<1.0

第二节 焊剂的型号

一、焊剂型号的表示方法（根据 GB/T 36037—2018）

焊剂型号按适用焊接方法、制造方法、焊剂类型和适用范围等进行划分。

焊剂型号由以下四部分组成：

1）第一部分：表示焊剂适用的焊接方法，"S"表示适用于埋弧焊，"ES"表示适用于电渣焊。

2）第二部分：表示焊剂制造方法，"F"表示熔炼焊剂，"A"表示烧结焊剂，"M"表示混合焊剂。

3）第三部分：表示焊剂类型代号，见表 3-3-2。焊剂类型说明见表 3-3-3

4）第四部分：表示焊剂适用范围代号，见表 3-3-4。

除以上强制分类代号外，根据供需双方协商，可在型号后依次附加可选代号：

1）冶金性能代号，用数字、元素符号、元素符号和数字组合等表示焊剂烧损或增加合金的程度。

2）电源类型代号，用字母表示，"DC"表示适用于直流焊接，"AC"表示适用于交流和直流焊接。

3）扩散氢代号"HX"，其中 X 可为数字 2、4、5、10 或 15，分别表示每 100g 熔敷金属中扩散氢含量的最大值（mL），见表 3-3-5。

表 3-3-2　焊剂类型代号及主要化学成分

焊剂类型代号	主要化学成分(质量分数,%)	
MS （硅锰型）	$MnO+SiO_2$	≥ 50
	CaO	≤ 15
CS （硅钙型）	$CaO+MgO+SiO_2$	≥ 55
	$CaO+MgO$	≥ 15
CG （镁钙型）	$CaO+MgO$	$5 \sim 50$
	CO_2	≥ 2
	Fe	≤ 10
CB （镁钙碱型）	$CaO+MgO$	$30 \sim 80$
	CO_2	≥ 2
	Fe	≤ 10
CG-Ⅰ （铁粉镁钙型）	$CaO+MgO$	$5 \sim 45$
	CO_2	≥ 2
	Fe	$15 \sim 60$
CB-Ⅰ （铁粉镁钙碱型）	$CaO+MgO$	$10 \sim 70$
	CO_2	≥ 2
	Fe	$15 \sim 60$
GS （硅镁型）	$MgO+SiO_2$	≥ 42
	Al_2O_3	≤ 20
	$CaO+CaF_2$	≤ 14
ZS （硅锆型）	ZrO_2+SiO_2+MnO	≥ 45
	ZrO_2	≥ 15

（续）

焊剂类型代号	主要化学成分（质量分数，%）	
RS （硅钛型）	TiO_2+SiO_2	≥50
	TiO_2	≥20
AR （铝钛型）	$Al_2O_3+TiO_2$	≥40
BA （碱铝型）	$Al_2O_3+CaF_2+SiO_2$	≥55
	CaO	≥8
	SiO_2	≤20
AAS （硅铝酸型）	$Al_2O_3+SiO_2$	≥50
	CaF_2+MgO	≥20
AB （铝碱型）	$Al_2O_3+CaO+MgO$	≥40
	Al_2O_3	≥20
	CaF_2	≤22
AS （硅铝型）	$Al_2O_3+SiO_2+ZrO_2$	≥40
	CaF_2+MgO	≥30
	ZrO_2	≥5
AF （铝氟碱型）	$Al_2O_3+CaF_2$	≥70
FB （氟碱型）	$CaO+MgO+CaF_2+MnO$	≥50
	SiO_2	≤20
	CaF_2	≥15
G[①]	其他协定成分	

① 表中未列出的焊剂类型可用相类似的符号表示，词头加字母"G"，化学成分范围不进行规定，两种分类之间不可替换。

表 3-3-3　焊剂类型说明

焊剂	焊剂类型说明
硅锰型（MS）焊剂	该类焊剂含有大量的 MnO 和 SiO_2。焊缝金属含氧量通常较高。因而韧性受限，电流承载能力相对较高，常用于单丝或多丝高速焊接。甚至在板材有锈或氧化皮严重的情况下，焊缝金属也能显示良好的抗气孔性。该类焊剂合金含量较高，因而不适用于厚截面的多道焊
硅钙型（CS）焊剂	该类焊剂主要由 MnO、MgO 和 SiO_2 组成。在其成分范围内，酸性最强的焊剂电流承载能力最高，常用于多丝焊接。碱性较强的焊剂常用于对强度和韧性要求更高的多道焊接。该类焊剂常用于耐磨和覆层堆焊，可以过渡合金
镁钙型（CG）焊剂	该类焊剂主要由 CaO、MgO 和 CaF_2 组成。由于碳酸盐较多，在焊接过程中产生 CO_2 气体，能降低焊缝金属氮和扩散氢含量。该类焊剂常用于需要高冲击韧性的多道焊或高热输入场合
镁钙碱型（CB）焊剂	该类焊剂主要由 CaO、MgO、CaF_2 和 Al_2O_3 组成。由于碳酸盐较多，在焊接过程中产生 CO_2 气体，能降低焊缝金属氮和扩散氢含量。该类焊剂常用于需要高冲击韧性的多道焊或高热输入场合
铁粉镁钙型（CG-I）焊剂	该类焊剂主要由镁钙型（CG）加入铁粉以提高熔敷效率。由于碳酸盐较多，在焊接过程中产生 CO_2 气体，能降低焊缝金属氮和扩散氢含量。该类焊剂常用于对力学性能要求不高的厚板高热输入焊接
铁粉镁钙碱型（CB-I）焊剂	该类焊剂主要由镁钙碱型（CB）加入铁粉以提高熔敷效率。由于碳酸盐较多，在焊接过程中产生 CO_2 气体，能降低焊缝金属氮和扩散氢含量。该类焊剂常用于对力学性能要求不高的厚板高热输入焊接

（续）

焊剂	焊剂类型说明
硅镁型（GS）焊剂	该类焊剂主要由 MgO 和 SiO_2 以及少量的 CaO 和 CaF_2 组成。可添加金属粉进行合金化，特别适用于要求特定焊缝金属成分的堆焊
硅锆型（ZS）焊剂	该类焊剂主要由 ZrO_2 和 SiO_2 组成。常用于洁净的板材和薄板的高速、单道焊，也能够过渡合金
硅钛型（RS）焊剂	该类焊剂主要由 TiO_2 和 SiO_2 组成。通常用于匹配中锰或高猛含量的焊丝、焊带。焊缝金属含氧量相对较高，因而韧性受限。该类焊剂常用于单丝和多丝高速双面焊场合
铝钛型（AR）焊剂	该类焊剂主要包括 Al_2O_3 和 TiO_2。冶金活性和碱度调整范围较宽，多用于单丝和多丝高速焊接，包括薄壁和角焊缝
碱铝型（BA）焊剂	该类焊剂主要包括 Al_2O_3 和 CaF_2，并含有少量的 SiO_2，因而焊缝金属具有适当的低氧含量，尤其是在多道焊应用中可以获得良好的韧性
硅铝酸型（AAS）焊剂	该类焊剂主要包括 Al_2O_3 和 SiO_2，也包含 MgO 和 CaF_2，特别适于各种堆焊应用
铝碱型（AB）焊剂	该类焊剂主要由 Al_2O_3 和碱性氧化物组成，冶金活性范围较宽。由于 Al_2O_3 含量高，液态熔渣快速凝固，常用于各种单丝或多丝的单道焊和多道焊
硅铝型（AS）焊剂	该类焊剂主要由碱性氧化物和 SiO_2、Al_2O_3、ZrO_2 等组成。由于碱度高，焊缝金属含氧量低，所以韧性较高，应用于各种接头和堆焊
铝氟碱型（AF）焊剂	该类焊剂主要由 Al_2O_3 和 CaF_2 组成，主要匹配合金焊丝用于不锈钢和镍基合金等的接头和堆焊
氟碱型（FB）焊剂	该类焊剂主要由碱性氧化物和相对较少的 SiO_2 等组成。由于碱度高，焊缝金属含氧量低，所以韧性较高，广泛用于单丝和多丝的接头和堆焊，包括电渣焊
特殊型（G）焊剂	以上未覆盖的其他成分的焊剂归入这一分类中 其化学成分不作规定，因此，同是 G 类型的两种焊剂可能差别较大

表 3-3-4　焊剂适用范围代号

代号[①]	适用范围
1	用于非合金钢及细晶粒钢、高强钢、热强钢和耐候钢，适合于焊接接头和/或堆焊。 在接头焊接时，一些焊剂可应用于多道焊和单/双道焊
2	用于不锈钢和/或镍及镍合金 主要适用于接头焊接，也能用于带极堆焊
2B	用于不锈钢和/或镍及镍合金 主要适用于带极堆焊
3	主要用于耐磨堆焊
4	1 类～3 类都不适用的其他焊剂，例如铜合金用焊剂

① 由于匹配的焊丝、焊带或应用条件不同，焊剂按此划分的适用范围代号可能不止一个，在型号中应至少标出一种适用范围代号。

表 3-3-5　熔敷金属扩散氢含量

扩散氢代号	扩散氢含量 /（mL/100g）	扩散氢代号	扩散氢含量 /（mL/100g）
H15	≤15	H4	≤4
H10	≤10	H2	≤2
H5	≤5	—	—

二、焊剂型号的示例

1. 示例1

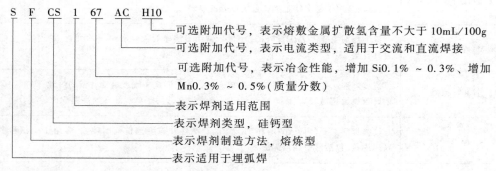

S F CS 1 67 AC H10

- 可选附加代号，表示熔敷金属扩散氢含量不大于 10mL/100g
- 可选附加代号，表示电流类型，适用于交流和直流焊接
- 可选附加代号，表示冶金性能，增加 Si0.1% ～ 0.3%、增加 Mn0.3% ～ 0.5%（质量分数）
- 表示焊剂适用范围
- 表示焊剂类型，硅钙型
- 表示焊剂制造方法，熔炼型
- 表示适用于埋弧焊

2. 示例2

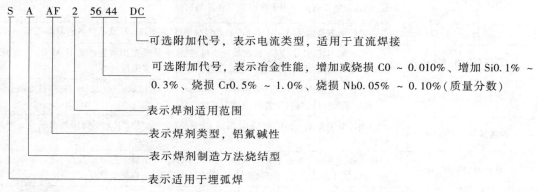

S A AF 2 56 44 DC

- 可选附加代号，表示电流类型，适用于直流焊接
- 可选附加代号，表示冶金性能，增加或烧损 C0 ～ 0.010%、增加 Si0.1% ～ 0.3%、烧损 Cr0.5% ～ 1.0%、烧损 Nb0.05% ～ 0.10%（质量分数）
- 表示焊剂适用范围
- 表示焊剂类型，铝氟碱性
- 表示焊剂制造方法烧结型
- 表示适用于埋弧焊

3. 示例3

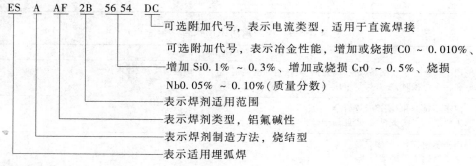

ES A AF 2B 56 54 DC

- 可选附加代号，表示电流类型，适用于直流焊接
- 可选附加代号，表示冶金性能，增加或烧损 C0 ～ 0.010%、增加 Si0.1% ～ 0.3%、增加或烧损 Cr0 ～ 0.5%、烧损 Nb0.05% ～ 0.10%（质量分数）
- 表示焊剂适用范围
- 表示焊剂类型，铝氟碱性
- 表示焊剂制造方法，烧结型
- 表示适用埋弧焊

4. 示例4

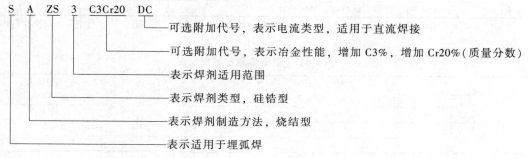

S A ZS 3 C3Cr20 DC

- 可选附加代号，表示电流类型，适用于直流焊接
- 可选附加代号，表示冶金性能，增加 C3%，增加 Cr20%（质量分数）
- 表示焊剂适用范围
- 表示焊剂类型，硅锆型
- 表示焊剂制造方法，烧结型
- 表示适用于埋弧焊

第三节　埋弧焊用实心焊丝、药芯焊丝和焊丝-焊剂组合分类要求

一、非合金钢及细晶粒钢埋弧焊用实心焊丝、药芯焊丝和焊丝-焊剂组合分类要求

按照 GB/T 5293—2018《埋弧焊用非合金钢及细晶粒钢实心焊丝、药芯焊丝和焊丝-焊剂组合分类要求》国家标准，焊丝-焊剂组合分类表示方法如下。

1. 实心焊丝分类

实心焊丝型号按照化学成分进行划分，其中字母"SU"表示埋弧焊实心焊丝，"SU"后数字或数字与字母的组合表示其化学成分分类。

实心焊丝型号示例如下：

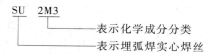

2. 焊丝-焊剂组合分类

1）实心焊丝-焊剂组合分类按照力学性能、焊后状态、焊剂类型和焊丝型号等进行划分。

2）药芯焊丝-焊剂组合分类按照力学性能、焊后状态、焊剂类型和熔敷金属的化学成分等进行划分。

3）焊丝-焊剂组合分类由以下五部分组成：

① 第一部分：用字母"S"表示埋弧焊焊丝-焊剂组合。

② 第二部分：表示多道焊在焊态或焊后热处理条件下，熔敷金属的抗拉强度代号，见表3-3-6；或者表示用于双面单道焊时焊接接头的抗拉强度代号，见表3-3-7。

③ 第三部分：表示冲击吸收能量（KV_2）不小于27J时的试验温度代号，见表3-2-13；

④ 第四部分：表示焊剂类型代号及主要化学成分，见表3-3-2。

⑤ 第五部分：表示实心焊丝型号，见表3-3-8；药芯焊丝-焊剂组合的熔敷金属化学成分见表3-3-9。

表 3-3-6　多道焊熔敷金属的抗拉强度代号

抗拉强度代号[1]	抗拉强度 R_m /MPa	屈服强度[2] R_{eL} /MPa	断后伸长率 A （%）
43X	430~600	≥330	≥20
49X	490~670	≥390	≥18
55X	550~740	≥460	≥18
57X	570~770	≥490	≥17

① X 是"A"或者"P"，"A"是指在焊态条件下试验；"P"是指在焊后热处理条件下试验。
② 当屈服发生不明显时，应测定规定塑性延伸强度 $R_{p0.2}$。

表 3-3-7　双面单道焊焊接接头抗拉强度代号

抗拉强度代号	抗拉强度 R_m /MPa	抗拉强度代号	抗拉强度 R_m /MPa
43S	≥430	55S	≥550
49S	≥490	57S	≥570

表 3-3-8 实心焊丝型号及化学成分

焊丝型号	冶金牌号分类	化学成分(质量分数,%)[1]									
		C	Mn	Si	P	S	Ni	Cr	Mo	Cu[2]	其他
SU08	H08	0.10	0.25~0.60	0.10~0.25	0.030	0.030	—	—	—	0.35	—
SU08A[3]	H08A[3]	0.10	0.40~0.65	0.03	0.030	0.030	0.30	0.20	—	0.35	—
SU08E[3]	H08E[3]	0.10	0.40~0.65	0.03	0.020	0.020	0.30	0.20	—	0.35	—
SU08C[3]	H08C[3]	0.10	0.40~0.65	0.03	0.015	0.015	0.10	0.10	—	0.35	—
SU10	H11Mn2	0.07~0.15	1.30~1.70	0.05~0.25	0.025	0.025	—	—	—	0.35	—
SU11	H11Mn	0.15	0.20~0.90	0.15	0.025	0.025	0.15	0.15	0.15	0.40	—
SU111	H11MnSi	0.07~0.15	1.00~1.50	0.65~0.85	0.025	0.030	—	—	—	0.35	—
SU12	H12MnSi	0.15	0.20~0.90	0.10~0.60	0.025	0.025	0.15	0.15	0.15	0.40	—
SU13	H15	0.11~0.18	0.35~0.65	0.03	0.030	0.030	0.30	0.20	—	0.35	—
SU21	H10Mn	0.05~0.15	0.80~1.25	0.10~0.35	0.025	0.025	0.15	0.15	0.15	0.40	—
SU22	H12Mn	0.15	0.80~1.40	0.15	0.025	0.025	0.15	0.15	0.15	0.40	—
SU23	H13MnSi	0.18	0.80~1.40	0.15~0.60	0.025	0.025	0.15	0.15	0.15	0.40	—
SU24	H13MnSiTi	0.06~0.19	0.90~1.40	0.35~0.75	0.025	0.025	0.15	0.15	0.15	0.40	Ti:0.03~0.17
SU25	H14MnSi	0.06~0.16	0.90~1.40	0.35~0.75	0.030	0.030	0.15	0.15	0.15	0.40	—
SU26	H08Mn	0.10	0.80~1.10	0.07	0.030	0.030	0.30	0.20	—	0.35	—
SU27	H15Mn	0.11~0.18	0.80~1.10	0.03	0.030	0.030	0.30	0.20	—	0.35	—
SU28	H10MnSi	0.14	0.80~1.10	0.60~0.90	0.030	0.030	0.30	0.20	—	0.35	—
SU31	H11Mn2Si	0.06~0.15	1.40~1.85	0.80~1.15	0.030	0.030	0.15	0.15	0.15	0.40	—
SU32	H12Mn2Si	0.15	1.30~1.90	0.05~0.60	0.025	0.025	0.15	0.15	0.15	0.40	—
SU33	H12Mn2	0.15	1.30~1.90	0.15	0.025	0.025	0.15	0.15	0.15	0.40	—
SU34	H10Mn2	0.12	1.50~1.90	0.07	0.030	0.030	0.30	0.20	—	0.35	—
SU35	H10Mn2Ni	0.12	1.40~2.00	0.30	0.025	0.025	0.10~0.50	0.20	—	0.35	—
SU41	H15Mn2	0.20	1.60~2.30	0.15	0.025	0.025	0.15	0.15	0.15	0.40	—
SU42	H13Mn2Si	0.15	1.50~2.30	0.15~0.65	0.025	0.025	0.15	0.15	0.15	0.40	—

（续）

焊丝型号	冶金牌号分类	化学成分（质量分数，%） ①									
		C	Mn	Si	P	S	Ni	Cr	Mo	Cu②	其他
SU43	H13Mn2	0.17	1.80~2.20	0.05	0.030	0.030	0.30	0.20	—	—	—
SU44	H08Mn2Si	0.11	1.70~2.10	0.65~0.95	0.035	0.035	0.30	0.20	—	0.35	—
SU45	H08Mn2SiA	0.11	1.80~2.10	0.65~0.95	0.030	0.030	0.30	0.20	—	0.35	—
SU51	H11Mn3	0.15	2.20~2.80	0.15	0.025	0.025	0.15	0.15	0.15	0.40	—
SUM3④	H08MnMo④	0.10	1.20~16.0	0.25	0.030	0.030	0.30	0.20	0.30~0.50	0.35	Ti:0.05~0.15
SUM31④	H08Mn2Mo④	0.06~0.11	1.60~1.90	0.25	0.030	0.030	0.30	0.20	0.50~0.70	0.35	Ti:0.05~0.15
SU1M3	H09MnMo	0.15	0.20~1.00	0.25	0.025	0.025	0.15	0.15	0.40~0.65	0.40	—
SU1M3TiB	H10MnMoTiB	0.05~0.15	0.65~1.00	0.20	0.025	0.025	0.15	0.15	0.45~0.65	0.35	Ti:0.05~0.30 B:0.005~0.030
SU2M1	H12MnMo	0.15	0.80~1.40	0.25	0.025	0.025	0.15	0.15	0.15~0.40	0.40	—
SU3M1	H12Mn2Mo	0.15	1.30~1.90	0.25	0.025	0.025	0.15	0.15	0.15~0.40	0.40	—
SU2M3	H11MnMo	0.17	0.80~1.40	0.25	0.025	0.025	0.15	0.15	0.40~0.65	0.40	—
SU2M3TiB	H11MnMoTiB	0.05~0.17	0.95~1.35	0.20	0.025	0.025	0.15	0.15	0.40~0.65	0.35	Ti:0.05~0.30 B:0.005~0.030
SU3M3	H10MnMo	0.17	1.20~1.90	0.25	0.025	0.025	0.15	0.15	0.40~0.65	0.40	—
SU4M1	H13Mn2Mo	0.15	1.60~2.30	0.25	0.025	0.025	0.15	0.15	0.15~0.40	0.40	—
SU4M3	H14Mn2Mo	0.17	1.60~2.30	0.25	0.025	0.025	0.15	0.15	0.40~0.65	0.40	—
SU4M31	H10Mn2SiMo	0.05~0.15	1.60~2.10	0.50~0.80	0.025	0.025	0.15	0.15	0.40~0.60	0.40	—
SU4M32⑤	H11Mn2Mo⑤	0.05~0.17	1.65~2.20	0.20	0.025	0.025	—	—	0.45~0.65	0.35	—
SU5M3	H11Mn3Mo	0.15	2.20~2.80	0.25	0.025	0.025	0.15	0.15	0.40~0.65	0.40	—
SUN2	H11MnNi	0.15	0.75~1.40	0.30	0.020	0.020	0.75~1.25	0.20	0.15	0.40	—
SUN21	H08MnSiNi	0.12	0.80~1.40	0.40~0.80	0.020	0.020	0.75~1.25	0.20	0.15	0.40	—
SUN3	H11MnNi2	0.15	0.80~1.40	0.25	0.020	0.020	1.20~1.80	0.20	0.15	0.40	—
SUN31	H11Mn2Ni2	0.15	1.30~1.90	0.25	0.020	0.020	1.20~1.80	0.20	0.15	0.40	—
SUN5	H12MnNi2	0.15	0.75~1.40	0.30	0.020	0.020	1.80~2.90	0.20	0.15	0.40	—
SUN7	H10MnNi3	0.15	0.60~1.40	0.30	0.020	0.020	2.40~3.80	0.20	0.15	0.40	—

（续）

焊丝型号	冶金牌号分类	化学成分（质量分数，%）①									
		C	Mn	Si	P	S	Ni	Cr	Mo	Cu②	其他
SUCC	H11MnCr	0.15	0.80~1.90	0.30	0.030	0.030	0.15	0.30~0.60	0.15	0.20~0.45	—
SUN1C1C④	H08MnCrNiCu④	0.10	1.20~1.60	0.60	0.025	0.020	0.20~0.60	0.30~0.90	—	0.20~0.50	—
SUNCC1④	H10MnCrNiCu④	0.12	0.35~0.65	0.20~0.35	0.025	0.030	0.40~0.80	0.50~0.80	0.15	0.30~0.80	—
SUNCC3	H11MnCrNiCu	0.15	0.80~1.90	0.30	0.030	0.030	0.05~0.80	0.50~0.80	0.15	0.30~0.55	—
SUN1M3④	H13Mn2NiMo④	0.10~0.18	1.70~2.40	0.20	0.025	0.025	0.40~0.80	0.20	0.40~0.65	0.35	—
SUN2M1④	H10MnNiMo④	0.12	1.20~1.60	0.05~0.30	0.020	0.020	0.75~1.25	0.20	0.10~0.30	0.40	—
SUN2M3④	H12MnNiMo④	0.15	0.80~1.40	0.25	0.020	0.020	0.80~1.20	0.20	0.40~0.65	0.40	—
SUN2M31④	H11Mn2NiMo④	0.15	1.30~1.90	0.25	0.020	0.020	0.80~1.20	0.20	0.40~0.65	0.40	—
SUN2M32④	H12Mn2NiMo④	0.15	1.60~2.30	0.25	0.020	0.020	0.80~1.20	0.20	0.40~0.65	0.40	—
SUN3M3④	H11MnNi2Mo④	0.15	0.80~1.40	0.25	0.020	0.020	0.80~1.80	0.20	0.40~0.65	0.40	—
SUN3M31④	H11Mn2Ni2Mo④	0.15	1.30~1.90	0.25	0.020	0.020	1.20~1.80	0.20	0.40~0.65	0.40	—
SUN4M1④	H15MnNi2Mo④	0.12~0.19	0.60~1.00	0.10~0.30	0.015	0.030	1.60~2.10	0.20	0.10~0.30	0.35	—
SUG⑥	HG⑥	其他协定成分									

注：表中单值均为最大值。

① 化学分析应按表中规定的元素进行分析。如果在分析过程中发现其他元素，这些元素的总量（除铁外）不应超过 0.50%。

② Cu 含量是包括镀铜层中的含量。

③ 根据供需双方协议，此类焊丝非沸腾钢允许硅含量不大于 0.07%。

④ 此类焊丝也列于 GB/T 36034 中。

⑤ 此类焊丝也列于 GB/T 12470 中。

⑥ 表中未列出的焊丝型号可用相类似的型号表示，词头加字母 "SUG"，未列出的焊丝冶金牌号分类可用相类似的冶金牌号分类表示，词头加字母 "HG"。化学成分范围不进行规定，两种分类之间不可替换。

表 3-3-9　药芯焊丝-焊剂组合的熔敷金属化学成分

化学成分分类	化学成分（质量分数，%）①									
	C	Mn	Si	P	S	Ni	Cr	Mo	Cu	其他
TU3M	0.15	1.80	0.90	0.035	0.035	—	—	—	0.35	—
TU2M3②	0.12	1.00	0.80	0.030	0.030	—	—	0.40~0.65	0.35	—
TU2M31	0.12	1.40	0.80	0.030	0.030	—	—	0.40~0.65	0.35	—
TU4M3②	0.15	2.10	0.80	0.030	0.030	—	—	0.40~0.65	0.35	—
TU3M3②	0.15	1.60	0.80	0.030	0.030	—	—	0.40~0.65	0.35	—
TUN2	0.12③	1.60③	0.80	0.030	0.025	0.75~1.10	0.15	0.35	0.35	Ti+V+Zr：0.05
TUN5	0.12③	1.60③	0.80	0.030	0.025	2.00~2.90	—	0.35	0.35	—
TUN7	0.12	1.60	0.80	0.030	0.025	2.80~3.80	0.15	0.35	0.35	—
TUN4M1	0.14	1.60	0.80	0.030	0.025	1.40~2.10	—	0.10~0.35	0.35	—
TUN2M1	0.12③	1.60③	0.80	0.030	0.025	0.70~1.10	—	0.10~0.35	0.35	—
TUN3M2④	0.12	0.70~1.50	0.80	0.030	0.030	0.90~1.70	0.15	0.55	0.35	—

（续）

化学成分分类	化学成分（质量分数，%）①									
	C	Mn	Si	P	S	Ni	Cr	Mo	Cu	其他
TUN1M3④	0.17	1.25~2.25	0.80	0.030	0.030	0.40~0.80	—	0.40~0.65	0.35	—
TUN2M3④	0.17	1.25~2.25	0.80	0.030	0.030	0.70~1.10	—	0.40~0.65	0.35	—
TUN1C2④	0.17	1.60	0.80	0.030	0.035	0.40~0.80	0.60	0.25	0.35	Ti+V+Zr:0.03
TUN5C2M3④	0.17	1.20~1.80	0.80	0.020	0.020	2.00~2.80	0.65	0.30~0.80	0.50	—
TUN4C2M3④	0.14	0.80~1.85	0.80	0.030	0.020	1.50~2.25	0.65	0.60	0.40	—
TUN3④	0.10	0.60~1.60	0.80	0.030	0.030	1.25~2.00	0.15	0.35	0.30	Ti+V+Zr:0.03
TUN4M2④	0.10	0.90~1.80	0.80	0.020	0.020	1.40~2.10	0.35	0.25~0.65	0.30	Ti+V+Zr:0.03
TUN4M3④	0.10	0.90~1.80	0.80	0.020	0.020	1.80~2.60	0.65	0.20~0.70	0.30	Ti+V+Zr:0.03
TUN5M3④	0.10	1.30~2.25	0.80	0.020	0.020	2.00~2.80	0.80	0.30~0.80	0.30	Ti+V+Zr:0.03
TUN4M21④	0.12	1.60~2.50	0.50	0.015	0.015	1.40~2.10	0.40	0.20~0.50	0.30	Ti:0.03 V:0.02 Zr:0.02
TUN4M4④	0.12	1.60~2.50	0.50	0.015	0.015	1.40~2.10	0.40	0.70~1.00	0.30	Ti:0.03 V:0.02 Zr:0.02
TUNCC	0.12	0.50~1.60	0.80	0.035	0.030	0.40~0.80	0.45~0.70	—	0.30~0.75	
TUG⑤	其他协定成分									

注：表中单值均为最大值
① 化学分析应按表中规定的元素进行分析。如果在分析过程中发现其他元素，这些元素的总量（除铁外）不应超过0.50%。
② 该分类也列于GB/T 12470中，熔敷金属的化学成分要求一致，但分类名称不同。
③ 该分类中当C最大含量限制在0.10%时，允许Mn含量不大于1.80%。
④ 该分类也列于GB/T 36034中。
⑤ 表中未列出的分类可用相类似的分类表示，词头加字母"TUG"。化学成分范围不进行规定，两种分类之间不可替换。

熔敷金属扩散氢含量见表3-3-5，实心焊丝型号/牌号对照表见表3-3-10。

表3-3-10　实心焊丝型号/牌号对照表

序号	本标准		ISO 14171：2016（B系列）	ANSI/AWS 5.17M：2007	ANSI/AWS 5.23M：2011	GB/T 3429—2015	GB/T 5293—1999	GB/T 12470—2003
	型号	冶金牌号分类						
1	SU08	H08	SU08	EL8K	EL8K	—	—	—
2	SU08A	H08A	—	EL8	EL8	H08A	H08A	—
3	SU08E	H08E	—	—	—	H08E	H08E	—
4	SU08C	H08C	—	—	—	H08C	H08C	—
5	SU10	H11Mn2	SU10	EH10K	EH10K	H11Mn	—	—
6	SU11	H11Mn	SU11	EL12	EL12	H11Mn	—	—
7	SU111	H11MnSi	SU111	EM11K	EM11K	H11MnSi	—	—
8	SU12	H12MnSi	SU12	—	—	—	—	—
9	SU13	H15	—	—	—	H15	H15A	—
10	SU21	H10Mn	SU21	EM12K（EM15K）	EM12K（EM15K）	H10Mn	—	—
11	SU22	H12Mn	SU22	EM12	EM12	H12Mn	—	—
12	SU23	H13MnSi	SU23	—	—	—	—	—
13	SU24	H13MnSiTi	SU24	EM14K	EM14K	H13MnSiTi	—	—
14	SU25	H14MnSi	SU25	EM13K	EM13K	—	—	—
15	SU26	H08Mn	—	—	—	H08Mn	H08MnA	H08MnA
16	SU27	H15Mn	—	—	—	H15Mn	H15Mn	H15Mn

（续）

序号	本标准		ISO 14171：2016（B 系列）	ANSI/AWS 5.17M：2007	ANSI/AWS 5.23M：2011	GB/T 3429—2015	GB/T 5293—1999	GB/T 12470—2003
	型号	冶金牌号分类						
17	SU28	H10MnSi	—	—	—	H10MnSi	—	—
18	SU31	H11Mn2Si	SU31	EH11K	EH11K	H11Mn2Si	—	—
19	SU32	H12Mn2Si	SU32	—	—	—	—	—
20	SU33	H12Mn2	SU33	—	—	—	—	—
21	SU34	H10Mn2	—	—	—	H10Mn2	H10Mn2	H10Mn2
22	SU35	H10Mn2Ni	—	—	—	H10Mn2Ni	—	—
23	SU41	H15Mn2	SU41	EH14	EH14	H15Mn2	—	—
24	SU42	H13Mn2Si	SU42	EH12K	EH12K	—	—	—
25	SU43	H13Mn2	—	—	—	H13Mn2	—	H10Mn2A
26	SU44	H08Mn2Si	—	—	—	—	H08Mn2Si	—
27	SU45	H08Mn2SiA	—	—	—	H08Mn2Si	H08Mn2SiA	—
28	SU51	H11Mn3	SU51	—	—	—	—	—
29	SUM3	H08MnMo	—	—	—	H08MnMo	—	H08MnMoA
30	SUM31	H08Mn2Mo	—	—	—	H08Mn2Mo	—	H08Mn2MoA
31	SU1M3	H09MnMo	SU1M3	—	EA1	—	—	—
32	SU1M3TiB	H10MnMoTiB	SU1M3TiB	—	EA1TiB	H10MnMoTiB	—	—
33	SU2M1	H12MnMo	SU2M1	—	—	—	—	—
34	SU3M1	H12Mn2Mo	SU3M1	—	—	—	—	—
35	SU2M3	H11MnMo	SU2M3	—	EA2	H11MnMo	—	—
36	SU2M3TiB	H11MnMoTiB	SU2M3TiB	—	EA2TiB	H11MnMoTiB	—	—
37	SU3M3	H10MnMo	SU3M3	—	EA4	H10MnMo	—	—
38	SU4M1	H13Mn2Mo	SU4M1	—	—	—	—	—
39	SU4M3	H14Mn2Mo	SU4M3	—	—	—	—	—
40	SU4M31	H10Mn2SiMo	SU4M31	—	EA3K	H10Mn2SiMo	—	—
41	SU4M32	H11Mn2Mo	—	—	EA3	H11Mn2Mo	—	—
42	SU5M3	H11Mn3Mo	SU5M3	—	—	—	—	—
43	SUN2	H11MnNi	SUN2	—	ENi1	H11MnNi	—	—
44	SUN21	H08MnSiNi	SUN21	—	ENi1K	—	—	—
45	SUN3	H11MnNi2	SUN3	—	—	—	—	—
46	SUN31	H11Mn2Ni2	SUN31	—	—	—	—	—
47	SUN5	H12MnNi2	SUN5	—	ENi2	—	—	—
48	SUN7	H10MnNi3	SUN7	—	ENi3	H10MnNi3	—	—
49	SUCC	H11MnCr	SUCC	—	—	—	—	—
50	SUN1C1C	H08MnCrNiCu	—	—	—	H08MnCrNiCu	—	—
51	SUNCC1	H10MnCrNiCu	SUNCC1	—	EW	H10MnCrNiCu	—	—
52	SUNCC3	H11MnCrNiCu	SUNCC3	—	—	—	—	—
53	SUN1M3	H13Mn2NiMo	SUN1M3	—	EF2	H13Mn2NiMo	—	—
54	SUN2M1	H10MnNiMo	SUN2M1	—	ENi5（ENi6）	H10MnNiMo	—	—
55	SUN2M3	H12MnNiMo	SUN2M3	—	—	—	—	—
56	SUN2M31	H11Mn2NiMo	SUN2M31	—	—	—	—	—
57	SUN2M32	H12Mn2NiMo	SUN2M32	—	EF3	—	—	—
58	SUN3M3	H11MnNi2Mo	SUN3M3	—	—	—	—	—
59	SUN3M31	H11Mn2Ni2Mo	SUN3M31	—	—	—	—	—
60	SUN4M1	H15MnNi2Mo	SUN4M1	—	ENi4	H15MnNi2Mo	—	—

3. 焊丝-焊剂组合分类示例

（1）示例1

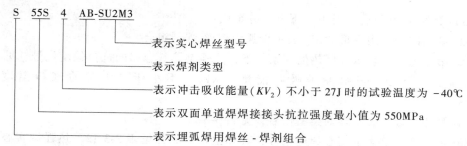

S 55S 4 AB-SU2M3

- 表示实心焊丝型号
- 表示焊剂类型
- 表示冲击吸收能量（KV_2）不小于27J时的试验温度为－40℃
- 表示双面单道焊焊接接头抗拉强度最小值为550MPa
- 表示埋弧焊用焊丝-焊剂组合

（2）示例2

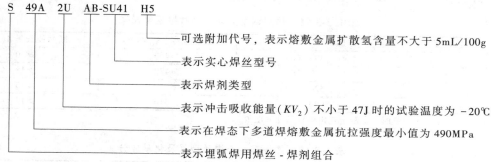

S 49A 2U AB-SU41 H5

- 可选附加代号，表示熔敷金属扩散氢含量不大于5mL/100g
- 表示实心焊丝型号
- 表示焊剂类型
- 表示冲击吸收能量（KV_2）不小于47J时的试验温度为－20℃
- 表示在焊态下多道焊熔敷金属抗拉强度最小值为490MPa
- 表示埋弧焊用焊丝-焊剂组合

（3）示例3

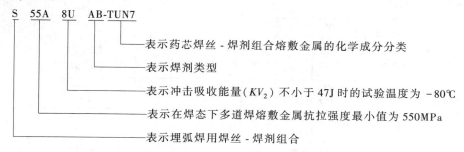

S 55A 8U AB-TUN7

- 表示药芯焊丝-焊剂组合熔敷金属的化学成分分类
- 表示焊剂类型
- 表示冲击吸收能量（KV_2）不小于47J时的试验温度为－80℃
- 表示在焊态下多道焊熔敷金属抗拉强度最小值为550MPa
- 表示埋弧焊用焊丝-焊剂组合

二、热强钢埋弧焊用实心焊丝、药芯焊丝和焊丝-焊剂组合分类要求

按照 GB/T 12470—2018《埋弧焊用热强钢实心焊丝、药芯焊丝和焊丝-焊剂组合分类要求》国家标准，焊丝-焊剂组合分类表示方法如下。

1. 实心焊丝分类

实心焊丝型号按照化学成分进行划分，其中字母"SU"表示埋弧焊实心焊丝，"SU"后数字与字母的组合表示其化学成分分类。

实心焊丝型号示例如下：

SU 1CM

- 表示化学成分分类
- 表示埋弧焊实心焊丝

2. 焊丝-焊剂组合分类

1）实心焊丝-焊剂组合分类按照力学性能、焊剂类型和焊丝型号等进行划分。

2）药芯焊丝-焊剂组合分类按照力学性能、焊剂类型和熔敷金属的化学成分等进行划分。

3）焊丝-焊剂组合分类由以下五部分组成：

① 第一部分：用字母"S"表示埋弧焊焊丝-焊剂组合。

② 第二部分：表示焊后热处理条件下，热强钢熔敷金属的抗拉强度代号，见表3-3-11。

③ 第三部分：表示冲击吸收能量（KV_2）不小于27J时的试验温度代号，参见表3-2-13。

④ 第四部分：表示焊剂类型代号，见表3-3-2。

⑤ 第五部分：表示实心焊丝型号，其焊丝化学成分见表3-3-12。热强钢实心焊丝型号/牌号对照表见表3-3-13。热强钢实心/药芯焊丝-焊剂组合熔敷金属化学成分见表3-3-14。

表 3-3-11　热强钢熔敷金属的抗拉强度代号

抗拉强度代号	抗拉强度 R_m/MPa	屈服强度[①] R_{eL}/MPa	断后伸长率 A(%)
49	490~660	≥400	≥20
55	550~700	≥470	≥18
62	620~760	≥540	≥15
69	690~830	≥610	≥14

① 当屈服发生不明显时，应测定规定塑性延伸强度 $R_{p0.2}$。

表 3-3-12　热强钢实心焊丝型号及化学成分

焊丝型号	冶金牌号分类	化学成分（质量分数,%）[①]										
		C	Mn	Si	P	S	Ni	Cr	Mo	V	Cu[②]	其他
SU1M31	H13MnMo	0.05~0.15	0.65~1.00	0.25	0.025	0.025	—	—	0.45~0.65	—	0.35	—
SU3M31[③]	H15MnMo[③]	0.18	1.10~1.90	0.60	0.025	0.025	—	—	0.30~0.70	—	0.35	—
SU4M32[③④]	H11Mn2Mo[③④]	0.05~0.17	1.65~2.20	0.20	0.025	0.025	—	—	0.45~0.65	—	0.35	—
SU4M33[③]	H15Mn2Mo[③]	0.18	1.70~2.60	0.60	0.025	0.025	—	—	0.30~0.70	—	0.35	—
SUCM	H07CrMo	0.10	0.40~0.80	0.05~0.30	0.025	0.025	—	0.40~0.75	0.45~0.65	—	0.35	—
SUCM1	H12CrMo	0.15	0.30~1.20	0.40	0.025	0.025	—	0.30~0.70	0.30~0.70	—	0.35	—
SUCM2	H10CrMo	0.12	0.40~0.70	0.15~0.35	0.030	0.030	0.30	0.45~0.65	0.40~0.60	—	0.35	—
SUC1MH	H19CrMo	0.15~0.23	0.40~0.70	0.40~0.60	0.025	0.025	—	0.45~0.65	0.90~1.20	—	0.30	—
SU1CM[③]	H11CrMo[③]	0.07~0.15	0.45~1.00	0.05~0.30	0.025	0.025	—	1.00~1.75	0.45~0.65	—	0.35	—
SU1CM1	H14CrMo	0.15	0.30~1.20	0.60	0.025	0.025	—	0.80~1.80	0.40~0.65	—	0.35	—
SU1CM2	H08CrMo	0.10	0.40~0.70	0.15~0.35	0.030	0.030	0.30	0.80~1.10	0.40~0.60	—	0.35	—
SU1CM3	H13CrMo	0.11~0.16	0.40~0.70	0.15~0.35	0.030	0.030	—	0.80~1.10	0.40~0.60	—	0.35	—
SU1CMV	H08CrMoV	0.10	0.40~0.70	0.15~0.35	0.030	0.030	0.30	1.00~1.30	0.50~0.70	0.15~0.35	0.35	—

（续）

焊丝型号	冶金牌号分类	化学成分(质量分数,%)①										
		C	Mn	Si	P	S	Ni	Cr	Mo	V	Cu②	其他
SU1CMH	H18CrMo	0.15~0.22	0.40~0.70	0.15~0.35	0.025	0.030	0.30	0.80~1.10	0.15~0.25	—	0.35	—
SU1CMVH	H30CrMoV	0.28~0.33	0.45~0.65	0.55~0.75	0.015	0.015	—	1.00~1.50	0.40~0.65	0.20~0.30	0.30	—
SU2C1M⑤	H10Cr3Mo⑤	0.05~0.15	0.40~0.80	0.05~0.30	0.025	0.025	—	2.25~3.00	0.90~1.10	—	0.35	
SU2C1M1	H12Cr3Mo	0.15	0.30~1.20	0.35	0.025	0.025	—	2.20~2.80	0.90~1.20	—	0.35	
SU2C1M2	H13Cr3Mo	0.08~0.18	0.30~1.20	0.35	0.025	0.025	—	2.20~2.80	0.90~1.20	—	0.35	
SU2C1MV	H10Cr3MoV	0.05~0.15	0.50~1.50	0.40	0.025	0.025	—	2.20~2.80	0.90~1.20	0.15~0.45	0.35	Nb:0.01~0.10
SU5CM	H08MnCr6Mo	0.10	0.35~0.70	0.05~0.50	0.025	0.025	—	4.50~6.50	0.45~0.70	—	0.35	
SU5CM1	H12MnCr5Mo	0.15	0.30~1.20	0.60	0.025	0.025	—	4.50~6.00	0.40~0.65	—	0.35	
SU5CMH	H33MnCr5Mo	0.25~0.40	0.75~1.00	0.25~0.50	0.025	0.025	—	4.80~6.00	0.45~0.65	—	0.35	
SU9C1M	H09MnCr9Mo	0.10	0.30~0.65	0.05~0.50	0.025	0.025	—	8.00~10.50	0.80~1.20	—	0.35	
SU9C1MV⑥	H10MnCr9NiMoV⑥	0.07~0.13	1.25	0.50	0.010	0.010	1.00	8.50~10.50	0.85~1.15	0.15~0.25	0.10	Nb:0.02~0.10 N:0.03~0.07 Al:0.04
SU9C1MV1	H09MnCr9NiMoV	0.12	0.50~1.25	0.50	0.025	0.025	0.10~0.80	8.00~10.50	0.80~1.20	0.10~0.35	0.35	Nb:0.01~0.12 N:0.01~0.05
SU9C1MV2	H09Mn2Cr9NiMoV	0.12	1.20~1.90	0.50	0.025	0.025	0.20~1.00	8.00~10.50	0.80~1.20	0.15~0.50	0.35	Nb:0.01~0.12 N:0.01~0.05
SUG⑦	HG⑦	其他协定成分										

注：表中单值均为最大值。

① 化学分析应按表中规定的元素进行分析，如果在分析过程中发现其他元素，这些元素的总量（除铁外）不应超过 0.50%。

② Cu 含量包括镀铜层中的含量。

③ 该分类中含有约 0.5% 的 Mo，不含 Cr，如果 Mn 的含量超过 1%，可能无法提供最佳的抗蠕变性能。

④ 此类焊丝也列于 GB/T 5293 中。

⑤ 若后缀附加可选代号字母 "R"，则该分类应满足以下要求：S 0.010%，P 0.010%，Cu 0.15%，Ag 0.005%，Sn 0.005%；Sb 0.005%。

⑥ Mn+Ni≤1.50%。

⑦ 表中未列出的焊丝型号可用相类似的型号表示，词头加字母 "SUG"，未列出的焊丝冶金牌号分类可用相类似的冶金牌号分类表示，词头加字母 "HG" 化学成分范围不进行规定，两种分类之间不可替换。

表 3-3-13 热强钢实心焊丝型号/牌号对照表

序号	本标准		ISO 24598:2012（B 系列）	ANSI/AWS 5.23M:2011	GB/T 3429—2015	GB/T 12470—2003
	型号	冶金牌号分类				
1	SU1M31	H13MnMo	SU1M3	EA1		
2	SU3M31	H15MnMo	SU3M31	—		
3	SU4M32	H11Mn2Mo	SU4M3	EA3	H11Mn2Mo	
4	SU4M33	H15Mn2Mo	SU4M31	—		
5	SUCM	H07CrMo	SUCM	EB1		
6	SUCM1	H12CrMo	SUCM1	—		
7	SUCM2	H10CrMo	—	—	H10CrMo	H10MoCrA
8	SUC1MH	H19CrMo	SUC1MH	EB5		
9	SU1CM	H11CrMo	SU1CM	EB2	H11CrMo	
10	SU1CM1	H14CrMo	SU1CM1	—		
11	SU1CM2	H08CrMo	—	—	H08CrMo	H08CrMoA
12	SU1CM3	H13CrMo	—	—	H13CrMo	H13CrMoA
13	SU1CMV	H08CrMoV	—	—	H08CrMoV	H08CrMoVA
14	SU1CMH	H18CrMo	—	—	H18CrMo	H18CrMoA
15	SU1CMVH	H30CrMoV	SU1CMVH	EB2H	—	—
16	SU2C1M	H10Cr3Mo	SU2C1M	EB3	H10Cr3Mo	
17	SU2C1M1	H12Cr3Mo	SU2C1M1	—		
18	SU2C1M2	H13Cr3Mo	SU2C1M2	—		
19	SU2C1MV	H10Cr3MoV	SU2C1MV	—		
20	SU5CM	H08MnCr6Mo	SU5CM	EB6		
21	SU5CM1	H12MnCr5Mo	SU5CM1	—		
22	SU5CMH	H33MnCr5Mo	SU5CMH	EB6H		
23	SU9C1M	H09MnCr9Mo	SU9C1M	EB8		
24	SU9C1MV	H10MnCr9NiMoV	SU9C1MV	EB91	H10MnCr9NiMoV	
25	SU9C1MV1	H09MnCr9NiMoV	SU9C1MV1	—		
26	SU9C1MV2	H09Mn2Cr9NiMoV	SU9C1MV2	—		

表 3-3-14 热强钢实心/药芯焊丝-焊剂组合熔敷金属化学成分

化学成分分类[①]	化学成分(质量分数,%)[②]										
	C	Mn	Si	P	S	Ni	Cr	Mo	V	Cu	其他
XX1M31[③]	0.12	1.00	0.80	0.030	0.030	—	—	0.40~0.65	—	0.35	—
XX3M31[③]	0.15	1.60	0.80	0.030	0.030	—	—	0.40~0.65	—	0.35	—
XX4M32[③] XX4M33[③]	0.15	2.10	0.80	0.030	0.030	—	—	0.40~0.65	—	0.35	—
XXCM XXCM1	0.12	1.60	0.80	0.030	0.030	—	0.40~0.65	0.40~0.65	—	0.35	—
XXC1MH	0.18	1.20	0.80	0.030	0.030	—	0.40~0.65	0.90~1.20	—	0.35	—
XX1CM[④] XX1CM1	0.05~0.15	1.20	0.80	0.030	0.030	—	1.00~1.50	0.40~0.65	—	0.35	—
XX1CMVH	0.10~0.25	1.20	0.80	0.020	0.020	—	1.00~1.50	0.40~0.65	0.30	0.35	—
XX2C1M[④] XX2C1M1 XX2C1M2	0.05~0.15	1.20	0.80	0.030	0.030	—	2.00~2.50	0.90~1.20	—	0.35	—

（续）

化学成分分类[①]	化学成分(质量分数,%)[②]										
	C	Mn	Si	P	S	Ni	Cr	Mo	V	Cu	其他
XX2C1MV	0.05~0.15	1.30	0.80	0.030	0.030	—	2.00~2.60	0.90~1.20	0.40	0.35	Nb:0.01~0.10
XX5CM XX5CM1	0.12	1.20	0.80	0.030	0.030	—	4.50~6.00	0.40~0.65		0.35	—
XX5CMH	0.10~0.25	1.20	0.80	0.030	0.030	—	4.50~6.00	0.40~0.65		0.35	—
XX9C1M	0.12	1.20	0.80	0.030	0.030	—	8.00~10.00	0.80~1.20		0.35	—
XX9C1MV[⑤]	0.08~0.13	1.20	0.80	0.010	0.010	0.80	8.00~10.50	0.85~1.20	0.15~0.25	0.10	Nb:0.02~0.10 N:0.02~0.07 Al:0.04
XX9C1MV1[⑤]	0.12	1.25	0.60	0.030	0.030	1.00	8.00~10.50	0.80~1.20	0.10~0.50	0.35	Nb:0.01~0.12 N:0.01~0.05
XX9C1MV2	0.12	1.25~2.00	0.60	0.030	0.030	1.00	8.00~10.50	0.80~1.20	0.10~0.50	0.35	Nb:0.01~0.12 N:0.01~0.05
XXG[⑥]	其他协定成分										

注:表中单值均为最大值。
① 当采用实心焊丝时,"XX"为"SU";当常用药芯焊丝时,"XX"为"TU"。
② 化学分析应按表中规定的元素进行分析,如果在分析过程中发现其他元素,这些元素的总量(除铁外)不应超过0,50%。
③ 当采用药芯焊丝时,该分类也列入 GB/T 5293 中,熔敷金属化学成分要求一致,但分类名称不同。
④ 若后缀附加可选代号字母"R",则该分类应满足以下要求:S 0.010%, P 0.010%, Cu 0.15%, As 0.005%, Sn 0.005%, Sb 0.005%。
⑤ Mn+Ni≤1.50%。
⑥ 当表中未列出的分类可用相类似的分类表示,词头加字母"XXG",化学成分范围不进行规定,两种分类之间不可替换。

3. 焊丝-焊剂组合分类示例

（1）示例 1

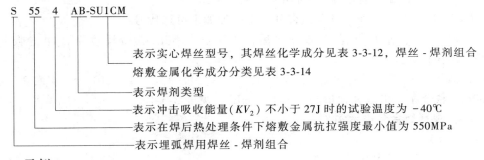

（2）示例 2

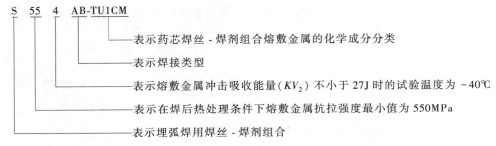

三、埋弧焊用高强钢实心焊丝、药芯焊丝和焊丝-焊剂组合分类要求

按照 GB/T 36034—2018《埋弧焊用高强钢实心焊丝、药芯焊丝和焊丝-焊剂组合分类要求》国家标准，焊丝-焊剂组合分类表示方法如下。

1. 实心焊丝分类

实心焊丝型号按照化学成分进行划分，其中字母"SU"表示埋弧焊实心焊丝，"SU"后数字与字母的组合表示其化学成分分类。

实心焊丝型号示例如下：

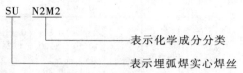

2. 焊丝-焊剂组合分类

1）实心焊丝-焊剂组合分类按照力学性能、焊后状态、焊剂类型和焊丝型号等进行划分。

2）药芯焊丝-焊剂组合分类按照力学性能、焊后状态、焊剂类型和熔敷金属的化学成分等进行划分。

3）焊丝-焊剂组合分类由以下五部分组成：

① 第一部分：用字母"S"表示埋弧焊焊丝-焊剂组合。

② 第二部分：表示焊态或焊后热处理条件下，熔敷金属的抗拉强度代号，见表 3-3-15。

③ 第三部分：表示冲击吸收能量（KV_2）不小于 27J 时的试验温度代号，参见表 3-2-13。

④ 第四部分：表示焊剂类型代号，见表 3-3-2。

⑤ 第五部分：表示实心焊丝型号，见表 3-3-16；药芯焊丝-焊剂组合的熔敷金属化学成分见表 3-3-17；实心焊丝型号/牌号对照表见表 3-3-18。

除以上强制分类代号外，可在组合分类中附加如下可选代号：

a）字母"U"，附加在第三部分之后，表示在规定的试验温度下，冲击吸收能量（KV_2）应不小于 47J。

b）扩散氢代号"HX"，附加在最后，其中"X"可为数字 15、10、5、4 或 2，分别表示每 100g 熔敷金属中扩散氢含量的最大值"mL"，见表 3-3-4。

3. 焊丝-焊剂组合分类示例

（1）示例 1

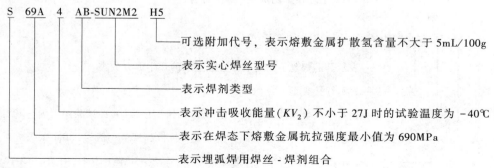

（2）示例 2

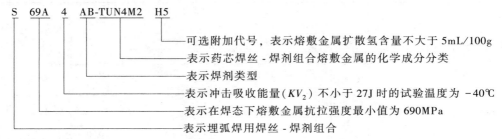

（3）示例 3

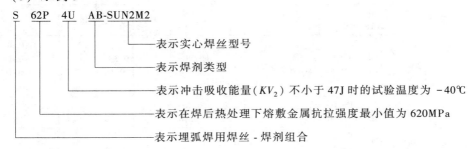

表 3-3-15 焊态或焊后热处理条件下熔敷金属的抗拉强度代号

抗拉强度代号[1]	抗拉强度 R_m /MPa	屈服强度[2] R_{eL} /MPa	断后伸长率 A （%）
59X	590~790	≥490	≥16
62X	620~820	≥500	≥15
69X	690~890	≥550	≥14
76X	760~960	≥670	≥13
78X	780~980	≥670	≥13
83X	830~1030	≥740	≥12

[1] X 是 "A" 或者 "P"，"A" 指在焊态条件下试验；"P" 指在焊后热处理条件下试验。
[2] 当屈服发生不明显时，应测定规定塑性延伸强度 $R_{p0.2}$。

表 3-3-16 高强钢实心焊丝型号及化学成分

焊丝型号	焊丝牌号分类	化学成分（质量分数，%）[1]									
		C	Mn	Si	P	S	Ni	Cr	Mo	Cu[2]	其他
SUM3[3]	H08MnMo[3]	0.10	1.20~1.60	0.25	0.030	0.030	0.30	0.20	0.30~0.50	0.35	Ti：0.05~0.15
SUM31[3]	H08Mn2Mo[3]	0.06~0.11	1.60~1.90	0.25	0.030	0.030	0.30	0.20	0.50~0.70	0.35	Ti：0.05~0.15
SUM3V	H08Mn2MoV	0.06~0.11	1.60~1.90	0.25	0.030	0.030	0.30	0.20	0.50~0.70	0.35	Ti：0.05~0.15 V：0.06~0.12
SUM4	H10Mn2Mo	0.08~0.13	1.70~2.00	0.40	0.030	0.030	0.30	0.20	0.60~0.80	0.35	Ti：0.05~0.15
SUM4V	H10Mn2MoV	0.08~0.13	1.70~2.00	0.40	0.030	0.030	0.30	0.20	0.60~0.80	0.35	Ti：0.05~0.15 V：0.06~0.12
SUN1M3[3]	H13Mn2NiMo[3]	0.10~0.18	1.70~2.40	0.20	0.025	0.025	0.40~0.80	0.20	0.40~0.65	0.35	—
SUN2M1[3]	H10MnNiMo[3]	0.12	1.20~1.60	0.05~0.30	0.020	0.020	0.75~1.25	0.20	0.10~0.30	0.40	—

（续）

焊丝型号	焊丝牌号分类	化学成分(质量分数,%)[1]									
		C	Mn	Si	P	S	Ni	Cr	Mo	Cu[2]	其他
SUN2M2	H11MnNiMo	0.07~0.15	0.90~1.70	0.15~0.35	0.025	0.025	0.95~1.60	—	0.25~0.55	0.35	—
SUN2M3[3]	H12MnNiMo[3]	0.15	0.80~1.40	0.25	0.020	0.020	0.80~1.20	0.20	0.40~0.65	0.40	—
SUN2M31[3]	H11Mn2NiMo[3]	0.15	1.30~1.90	0.25	0.020	0.020	0.80~1.20	0.20	0.40~0.65	0.40	—
SUN2M32[3]	H12Mn2NiMo[3]	0.15	1.60~2.30	0.25	0.020	0.020	0.80~1.20	0.20	0.40~0.65	0.40	—
SUN2M33	H14Mn2NiMo	0.10~0.18	1.70~2.40	0.30	0.025	0.025	0.70~1.10	—	0.40~0.65	0.35	—
SUN3M2	H09Mn2Ni2Mo	0.10	1.25~1.80	0.20~0.60	0.010	0.015	1.40~2.10	0.30	0.25~0.55	0.25	Ti:0.10 Zr:0.10 Al:0.10 V:0.05
SUN3M3[3]	H11MnNi2Mo[3]	0.15	0.80~1.40	0.25	0.020	0.020	1.20~1.80	0.20	0.40~0.65	0.40	—
SUN3M31[3]	H11Mn2Ni2Mo[3]	0.15	0.30~1.90	0.25	0.020	0.020	1.20~1.80	0.20	0.40~0.65	0.40	—
SUN4M1[3]	H15MnNi2Mo[3]	0.12~0.19	0.60~1.00	0.10~0.30	0.015	0.030	1.60~2.10	0.20	0.10~0.30	0.35	—
SUN4M3	H12Mn2Ni2Mo	0.15	1.30~1.90	0.25	—	—	1.80~2.40	—	0.40~0.65	0.40	—
SUN4M31	H13Mn2Ni2Mo	0.15	1.60~2.30	0.25	—	—	1.80~2.40	—	0.40~0.65	0.40	—
SUN4M2	H08Mn2Ni2Mo[3]	0.10	1.40~1.80	0.20~0.60	0.010	0.015	1.80~2.60	0.55	0.25~0.65	0.25	Ti:0.10 Zr:0.10 Al:0.10 V:0.04
SUN5M3	H08Mn2Ni3Mo[3]	0.10	1.40~1.80	0.20~0.60	0.010	0.015	2.00~2.80	0.60	0.30~0.65	0.25	Ti:0.10 Zr:0.10 Al:0.10 V:0.03
SUN5M4	H13Mn2Ni3Mo	0.15	1.60~2.30	0.25	—	—	2.20~3.00	0.20	0.40~0.90	—	—
SUN6M1	H11MnNi3Mo	0.15	0.80~1.40	0.25	—	—	2.40~3.70	—	0.15~0.40	—	—
SUN6M11	H11Mn2Ni3Mo	0.15	1.30~1.90	0.25	—	—	2.40~3.70	—	0.15~0.40	—	—
SUN6M3	H12MnNi3Mo	0.15	0.80~1.40	0.25	—	—	2.40~3.70	—	0.40~0.65	—	—
SUN6M31	H12Mn2Ni3Mo	0.15	1.30~1.90	0.25	—	—	2.40~3.70	—	0.40~0.65	—	—
SUN1C1M1	H20MnNiCrMo	0.16~0.23	0.60~0.90	0.15~0.35	0.025	0.030	0.40~0.80	0.40~0.60	0.15~0.30	0.35	—
SUN2C1M3	H12Mn2NiCrMo	0.15	1.30~2.30	0.40	—	—	0.40~1.75	0.05~0.70	0.30~0.80	—	—
SUN2C2M3	H11Mn2NiCrMo	0.15	1.00~2.30	0.40	—	—	0.40~1.75	0.50~1.20	0.30~0.90	—	—

（续）

焊丝型号	焊丝牌号分类	化学成分(质量分数,%)①									
		C	Mn	Si	P	S	Ni	Cr	Mo	Cu②	其他
SUN3C2M1	H08CrNi2Mo	0.05~0.10	0.50~0.85	0.10~0.30	0.030	0.025	1.40~1.80	0.70~1.00	0.20~0.40	0.35	—
SUN4C2M3	H12Mn2Ni2CrMo	0.15	1.20~1.90	0.40	—	—	1.50~2.25	0.50~1.20	0.30~0.80	0.40	—
SUN4C1M3	H13Mn2Ni2CrMo	0.15	1.20~1.90	0.40	0.018	0.018	1.50~2.25	0.20~0.65	0.30~0.80	0.40	—
SUN4C1M31	H15Mn2Ni2CrMo	0.10~0.20	1.40~1.60	0.10~0.30	0.020	0.020	2.00~2.50	0.50~0.80	0.35~0.55	0.35	—
SUN5C2M3	H08Mn2Ni3CrMo	0.10	1.30~2.30	0.40			2.10~3.10	0.60~1.20	0.30~0.70	0.50	—
SUN5CM3	H13Mn2Ni3CrMo	0.10~0.17	1.70~2.20	0.20	0.010	0.015	2.30~2.80	0.25~0.50	0.45~0.65	0.50	—
SUN7C3M3	H13MnNi4Cr2Mo	0.08~0.18	0.20~1.20	0.40	—	—	3.00~4.00	1.00~2.00	0.30~0.70	0.40	—
SUN10C1M3	H13MnNi6CrMo	0.08~0.18	0.20~1.20	0.40			4.50~5.50	0.30~0.70	0.30~0.70	0.40	—
SUN2M2C1	H10Mn2NiMoCu	0.12	1.25~1.80	0.20~0.60	0.010	0.010	0.80~1.25	0.30	0.20~0.55	0.35~0.65	Ti:0.10 Zr:0.10 Al:0.10 V:0.05
SUN1C1C③	H08MnCrNiCu③	0.10	1.20~1.60	0.60	0.025	0.020	0.20~0.60	0.30~0.90	—	0.20~0.50	—
SUNCC1③	H10MnCrNiCu③	0.12	0.35~0.65	0.20~0.35	0.025	0.030	0.40~0.80	0.50~0.80	0.15	0.30~0.80	—
SUG④	HG④	其他协定成分									

注：表中单值均为最大值。

① 化学分析应按表中规定的元素进行分析。如果在分析过程中发现其他元素，这些元素的总量（除铁外）不应超过 0.50%。

② Cu 含量是包括镀铜层中的含量。

③ 此类焊丝也列于 GB/T 5293《埋弧焊用非合金钢及细晶粒钢实心焊丝、药芯焊丝和焊丝-焊剂组合分类要求》中。当此类实心焊丝匹配相应焊剂，其熔敷金属抗拉强度能够达到本标准适用范围时，这些焊丝也适用于本标准。

④ 表中未列出的焊丝型号可用相类似的型号表示，词头加字母"SUG"，未列出的焊丝冶金牌号分类可用相类似的冶金牌号分类表示，词头加字母"HG"，化学成分范围不进行规定，两种分类之间不可替换。

表3-3-17 高强钢药芯焊丝-焊剂组合的熔敷金属化学成分

化学成分分类①	化学成分(质量分数,%)②									
	C	Mn	Si	P	S	Ni	Cr	Mo	Cu	其他
TUN1M3	0.17	1.25~2.25	0.80	0.030	0.030	0.40~0.80	—	0.40~0.65	0.35	—
TUN2M3	0.17	1.25~2.25	0.80	0.030	0.030	0.70~1.10	—	0.40~0.65	0.35	—
TUN3M2	0.12	0.70~1.50	0.80	0.030	0.030	0.90~1.70	0.15	0.55	0.35	—
TUN3	0.10	0.60~1.60	0.80	0.030	0.030	1.25~2.00	0.15	0.35	0.30	Ti+V+Zr:0.03
TUN4M2	0.10	0.90~1.80	0.80	0.020	0.020	1.40~2.10	0.35	0.25~0.65	0.30	Ti+V+Zr:0.03
TUN4M21	0.12	1.60~2.50	0.50	0.015	0.015	1.40~2.10	0.40	0.20~0.50	0.30	Ti:0.03 V:0.02 Zr:0.02
TUN4M4	0.12	1.60~2.50	0.50	0.015	0.015	1.40~2.10	0.40	0.70~1.00	0.30	Ti:0.03 V:0.02 Zr:0.02

（续）

化学成分分类[①]	化学成分（质量分数，%）[②]									
	C	Mn	Si	P	S	Ni	Cr	Mo	Cu	其他
TUN4M3	0.10	0.90~1.80	0.80	0.020	0.020	1.80~2.60	0.65	0.20~0.70	0.30	Ti+V+Zr:0.03
TUN5M3	0.10	1.30~2.25	0.80	0.020	0.020	2.00~2.80	0.80	0.30~0.80	0.30	Ti+V+Zr:0.03
TUN1C2	0.17	1.60	0.80	0.030	0.035	0.40~0.80	0.60	0.25	0.35	Ti+V+Zr:0.03
TUN4C2M3	0.14	0.80~1.85	0.80	0.030	0.020	1.50~2.25	0.65	0.60	0.40	—
TUN5C2M3	0.17	1.20~1.80	0.80	0.020	0.020	2.00~2.80	0.65	0.30~0.80	0.50	—
TUG[③]	其他协定成分									

注：表中单值均为最大值。

① 此化学成分分类也列于 GB/T 5293《埋弧焊用非合金钢及细晶粒钢实心焊丝、药芯焊丝和焊丝-焊剂组合分类要求》中。

② 化学分析应按表中规定的元素进行分析，如果在分析过程中发现其他元素，这些元素总量（除铁外）不应超过 0.50%。

③ 表中未列出的分类可用相类似的分类表示，词头加字母"TUG"。化学成分范围不进行规定，两种分类之间不可替换。

<h3 align="center">表 3-3-18　高强钢实心焊丝型号/牌号对照表</h3>

序号	GB/T 36034—2018		ISO 26304:2011（B 系列）	ANSI/AWS 5.23M:2011	GB/T 3429—2015	GB/T 12470—2003
	型号	冶金牌号分类				
1	SUM3	H08MnMo	—	—	H08MnMo	H08MnMoA
2	SUM31	H08Mn2Mo	—	—	H08Mn2Mo	H08Mn2MoA
3	SUM3V	H08Mn2MoV	—	—	H08Mn2MoV	H08Mn2MoVA
4	SUM4	H10Mn2Mo	—	—	H10Mn2Mo	H10Mn2MoA
5	SUM4V	H10Mn2MoV	—	—	H10Mn2MoV	H10Mn2MoVA
6	SUN1M3	H13Mn2NiMo	SUN1M3	EF2	H13Mn2NiMo	—
7	SUN2M1	H10MnNiMo	SUN2M1	ENi5	H10MnNiMo	—
8	SUN2M2	H11MnNiMo	SUN2M2	EF1	H11MnNiMo	—
9	SUN2M3	H12MnNiMo	SUN2M3	—	—	—
10	SUN2M31	H11Mn2NiMo	SUN2M31	—	—	—
11	SUN2M32	H12Mn2NiMo	SUN2M32	—	—	—
12	SUN2M33	H14Mn2NiMo	SUN2M33	EF3	H14Mn2NiMo	—
13	SUN3M2	H09Mn2Ni2Mo	SUN3M2	EM2	—	—
14	SUN3M3	H11MnNi2Mo	SUN3M3	—	—	—
15	SUN3M31	H11Mn2Ni2Mo	SUN3M31	—	—	—
16	SUN4M1	H15MnNi2Mo	SUN4M1	ENi4	H15MnNi2Mo	—
17	SUN4M3	H12Mn2Ni2Mo	SUN4M3	—	—	—
18	SUN4M31	H13Mn2Ni2Mo	SUN4M31	—	—	—
19	SUN4M2	H08Mn2Ni2Mo	SUN4M2	EM3	H08Mn2Ni2Mo	H08Mn2Ni2MoA
20	SUN5M3	H08Mn2Ni3Mo	SUN5M3	EM4	H08Mn2Ni3Mo	H08Mn2Ni3MoA
21	SUN5M4	H13Mn2Ni3Mo	SUN5M4	—	—	—
22	SUN6M1	H11MnNi3Mo	SUN6M1	—	—	—
23	SUN6M11	H11Mn2Ni3Mo	SUN6M11	—	—	—
24	SUN6M3	H12MnNi3Mo	SUN6M3	—	—	—
25	SUN6M31	H12Mn2Ni3Mo	SUN6M31	—	—	—
26	SUN1C1M1	H20MnNiCrMo	SUN1C1M1	EF4	H20MnNiCrMo	—
27	SUN2C1M3	H12Mn2NiCrMo	SUN2C1M3	—	—	—
28	SUN2C2M3	H11Mn2NiCrMo	SUN2C2M3	—	—	—
29	SUN3C2M1	H08CrNi2Mo	—	—	H08CrNi2Mo	H08CrNi2MoA
30	SUN4C2M3	H12Mn2Ni2CrMo	SUN4C2M3	—	—	—
31	SUN4C1M3	H13Mn2Ni2CrMo	SUN4C1M3	—	—	—
32	SUN4C1M31	H15Mn2Ni2CrMo	—	—	H15Mn2CrNi2Mo	—

（续）

序号	GB/T 36034—2018 型号	GB/T 36034—2018 冶金牌号分类	ISO 26304:2011（B 系列）	ANSI/AWS 5.23M:2011	GB/T 3429—2015	GB/T 12470—2003
33	SUN5C2M3	H08Mn2Ni3CrMo	SUN5C2M3	—	—	—
34	SUN5CM3	H13Mn2Ni3CrMo	SUN5CM3	EF5	H13Mn2CrNi3Mo	—
35	SUN7C3M3	H13MnNi4Cr2Mo	SUN7C3M3	—	—	—
36	SUN10C1M3	H13MnNi6CrMo	SUN110C1M3	—	—	—
37	SUN2M2C1	H10Mn2NiMoCu	—	—	H10Mn2NiMoCu	H10Mn2NiMoCuA
38	SUN1C1C	H08MnCrNiCu	—	—	H08MnCrNiCu	—
39	SUNCC1	H10MnCrNiCu	—	EW	H10MnCrNiCu	—

四、埋弧焊用不锈钢焊丝-焊剂组合分类要求

按照 GB/T 17854—2018《埋弧焊用不锈钢焊丝-焊剂组合分类要求》国家标准，焊丝-焊剂组合分类表示方法如下。

不锈钢焊丝-焊剂组合分类按照熔敷金属化学成分和力学性能进行划分。

（1）焊丝-焊剂组合分类

① 第一部分：用字母"S"表示埋弧焊焊丝-焊剂组合。

② 第二部分：表示熔敷金属分类，熔敷金属化学成分见表 3-3-19，熔敷金属力学性能见表 3-3-20。

③ 第三部分：表示焊剂类型代号及主要化学成分，见表 3-3-2。

④ 第四部分：表示焊丝型号，见表 3-3-21。

（2）焊丝-焊剂组合分类示例

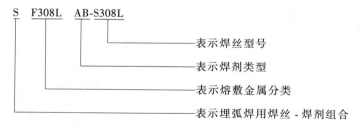

表 3-3-19　焊丝-焊剂组合熔敷金属化学成分

熔敷金属分类	化学成分（质量分数，%）								
	C	Mn	Si	P	S	Ni	Cr	Mo	其他
F308	0.08	0.5~2.5	1.00	0.040	0.030	9.0~11.0	18.0~21.0	—	—
F308L	0.04	0.5~2.5	1.00	0.040	0.030	9.0~12.0	18.0~21.0	—	—
F309	0.15	0.5~2.5	1.00	0.040	0.030	12.0~14.0	22.0~25.0	—	—
F309L	0.04	0.5~2.5	1.00	0.040	0.030	12.0~14.0	22.0~25.0	—	—
F309LMo	0.04	0.5~2.5	1.00	0.040	0.030	12.0~14.0	22.0~25.0	2.0~3.0	—
F309Mo	0.12	0.5~2.5	1.00	0.040	0.030	12.0~14.0	22.0~25.0	2.0~3.0	—
F310	0.20	0.5~2.5	1.00	0.030	0.030	20.0~22.0	25.0~28.0	—	—

（续）

熔敷金属分类	化学成分（质量分数，%）								
	C	Mn	Si	P	S	Ni	Cr	Mo	其他
F312	0.15	0.5~2.5	1.00	0.040	0.030	8.0~10.5	28.0~32.0	—	—
F16-8-2	0.10	0.5~2.5	1.00	0.040	0.030	7.5~9.5	14.5~16.5	1.0~2.0	—
F316	0.08	0.5~2.5	1.00	0.040	0.030	11.0~14.0	17.0~20.0	2.0~3.0	—
F316L	0.04	0.5~2.5	1.00	0.040	0.030	11.0~16.0	17.0~20.0	2.0~3.0	—
F316LCu	0.04	0.5~2.5	1.00	0.040	0.030	11.0~16.0	17.0~20.0	1.2~2.75	Cu：1.0~2.5
F317	0.08	0.5~2.5	1.00	0.040	0.030	12.0~14.0	18.0~21.0	3.0~4.0	—
F317L	0.04	0.5~2.5	1.00	0.040	0.030	12.0~16.0	18.0~21.0	3.0~4.0	—
F347	0.08	0.5~2.5	1.00	0.040	0.030	9.0~11.0	18.0~21.0	—	Nb：8×C~1.0
F347L	0.04	0.5~2.5	1.00	0.040	0.030	9.0~11.0	18.0~21.0	—	Nb：8×C~1.0
F385	0.03	1.0~2.5	0.90	0.030	0.020	24.0~26.0	19.5~21.5	4.2~5.2	Cu：1.2~2.0
F410	0.12	1.2	1.00	0.040	0.030	0.60	11.0~13.5	—	—
F430	0.10	1.2	1.00	0.040	0.030	0.60	15.0~18.0	—	—
F2209	0.04	0.5~2.0	1.00	0.040	0.030	7.5~10.5	21.5~23.5	2.5~3.5	N：0.08~0.20
F2594	0.04	0.5~2.0	1.00	0.040	0.030	8.0~10.5	24.0~27.0	3.5~4.5	N：0.20~0.30
FXXX[①]	供需双方协商确定								

注：表中单值均为最大值。

① 允许增加表中未列出的其他熔敷金属分类，其化学成分要求由供需双方协商确定，"XXX"为焊丝化学成分分类，见 GB/T 29713。

表 3-3-20　焊丝-焊剂组合熔敷金属力学性能

熔敷金属分类	抗拉强度 R_m /MPa	断后伸长率 （%）	熔敷金属分类	抗拉强度 R_m /MPa	断后伸长率 （%）
F308	≥520	≥30	F316LCu	≥480	≥30
F308L	≥480	≥30	F317	≥520	≥25
F309	≥520	≥25	F317L	≥480	≥25
F309L	≥510	≥25	F347	≥520	≥25
F309LMo	≥510	≥25	F347L	≥510	≥25
F309Mo	≥550	≥25	F385	≥520	≥28
F310	≥520	≥25	F410[①]	≥440	≥15
F312	≥660	≥17	F430[②]	≥450	≥15
F16-8-2	≥550	≥30	F2209	≥690	≥15
F316	≥520	≥25	F2594	≥760	≥13
F316L	≥480	≥30	FXXX[③]	供需双方协商确定	

① 试件加工前经 730~760℃加热 1h 后，以小于 110℃/h 的冷却速度炉冷至 315℃以下，随后空冷。

② 试件加工前经 760~790℃加热 2h 后，以小于 55℃/h 的冷却速度炉冷至 595℃以下，随后空冷。

③ 允许增加表中未列出的其他熔敷金属分类，其力学性能要求由供需双方协商确定，"XXX"为焊丝化学成分分类，见 GB/T 29713。

表 3-3-21　常用不锈钢焊丝型号及化学成分

焊丝型号	化学成分分类	化学成分(质量分数,%)								
		C	Si	Mn	P	S	Cr	Ni	Mo	Cu
S308	308	0.08	0.65	1.0~2.5	0.03	0.03	19.5~22.0	9.0~11.0	0.75	0.75
S308Si	308Si	0.08	0.65~1.00	1.0~2.5	0.03	0.03	19.5~22.0	9.0~11.0	0.75	0.75
S308H	308H	0.04~0.08	0.65	1.0~2.5	0.03	0.03	19.5~22.0	9.0~11.0	0.50	0.75
S308L	308L	0.03	0.65	1.0~2.5	0.03	0.03	19.5~22.0	9.0~11.0	0.75	0.75
S308LSi	308LSi	0.03	0.65~1.00	1.0~2.5	0.03	0.03	19.5~22.0	9.0~11.0	0.75	0.75
S308Mo	308Mo	0.08	0.65	1.0~2.5	0.03	0.03	18.0~21.0	9.0~12.0	2.0~3.0	0.75
S309	309	0.12	0.65	1.0~2.5	0.03	0.03	23.0~25.0	12.0~14.0	0.75	0.75
S309Si	309Si	0.12	0.65~1.00	1.0~2.5	0.03	0.03	23.0~25.0	12.0~14.0	0.75	0.75
S309L	309L	0.03	0.65	1.0~2.5	0.03	0.03	23.0~25.0	12.0~14.0	0.75	0.75
S309LSi	309LSi	0.03	0.65~1.00	1.0~2.5	0.03	0.03	23.0~25.0	12.0~14.0	0.75	0.75
S312	312	0.15	0.65	1.0~2.5	0.03	0.03	28.0~32.0	8.0~10.5	0.75	0.75
S316	316	0.08	0.65	1.0~2.5	0.03	0.03	18.0~20.0	11.0~14.0	2.0~3.0	0.75
S317	317	0.08	0.65	1.0~2.5	0.03	0.03	18.5~20.5	13.0~15.0	3.0~4.0	0.75
S317L	317L	0.03	0.65	1.0~2.5	0.03	0.03	18.5~20.5	13.0~15.0	3.0~4.0	0.75
S330	330	0.18~0.25	0.65	1.0~2.5	0.03	0.03	15.0~17.0	34.0~37.0	0.75	0.75
S410	410	0.12	0.50	0.60	0.03	0.03	11.5~13.5	0.60	0.75	0.75
S410NiMo	410NiMo	0.06	0.50	0.60	0.03	0.03	11.0~12.5	4.0~5.0	0.4~0.7	0.75
S420	420	0.25~0.40	0.50	0.60	0.03	0.03	12.0~14.0	0.75	0.75	0.75
S430	430	0.10	0.50	0.60	0.03	0.03	15.5~17.0	0.60	0.75	0.75
S16-8-2	16-8-2	0.10	0.65	1.0~2.5	0.03	0.03	14.5~16.5	7.5~9.5	1.0~2.0	0.75

注：表中单值均为最大值。

第四节 焊剂的牌号

焊剂牌号是焊剂的商品代号，其编制方法与焊剂型号不同，焊剂牌号所表征的是焊剂中主要化学成分。

一、熔炼焊剂牌号

1. 熔炼焊剂牌号表示方法

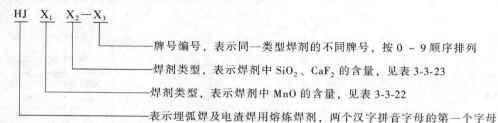

$$HJ \quad X_1 \quad X_2 - X_3$$

牌号编号，表示同一类型焊剂的不同牌号，按 0 ~ 9 顺序排列

焊剂类型，表示焊剂中 SiO_2、CaF_2 的含量，见表 3-3-23

焊剂类型，表示焊剂中 MnO 的含量，见表 3-3-22

表示埋弧焊及电渣焊用熔炼焊剂，两个汉字拼音字母的第一个字母

表 3-3-22 熔炼焊剂牌号第一个字母 X_1 的含义

焊剂牌号 X_1	焊剂类型	焊剂中 MnO 的平均质量分数（%）
$HJ1X_2X_3$	无锰	<2
$HJ2X_2X_3$	低锰	2~15
$HJ3X_2X_3$	中锰	15~30
$HJ4X_2X_3$	高锰	>30

表 3-3-23 熔炼焊剂牌号第二个字母 X_2 的含义

焊剂牌号 X_2	焊剂类型	平均含量（%）	
		$w(SiO_2)$	$w(CaF_2)$
HJX_11X_3	低硅低氟	<10	<10
HJX_12X_3	中硅低氟	10~30	<10
HJX_13X_3	高硅低氟	>30	<10
HJX_14X_3	低硅中氟	<10	10~30
HJX_15X_3	中硅中氟	10~30	10~30
HJX_16X_3	高硅中氟	>30	10~30
HJX_17X_3	低硅高氟	<10	>30
HJX_18X_3	中硅高氟	10~30	>30
HJX_19X_3	其他	不规定	不规定

2. 熔炼焊剂牌号举例

低碳钢埋弧焊常用的高锰高硅低氟焊剂：

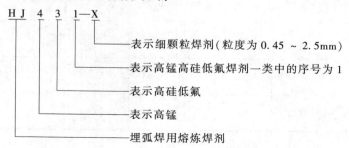

$$HJ \quad 4 \quad 3 \quad 1 - X$$

表示细颗粒焊剂（粒度为 0.45 ~ 2.5mm）

表示高锰高硅低氟焊剂一类中的序号为 1

表示高硅低氟

表示高锰

埋弧焊用熔炼焊剂

3. 熔炼焊剂特点

熔炼焊剂是将各种选中的矿石原料按一定比例配成炉料，放入电炉中熔炼，出炉后粒化、过筛、烘干而成。其特点如下：

1）化学成分比较均匀，受焊接参数影响小，焊缝成分稳定。

2）熔炼焊剂除硅、锰外，不能向焊缝过渡其他合金元素。

3）熔炼焊剂几乎不吸潮，颗粒强度高，容易保管。

二、烧结焊剂牌号

烧结焊剂的牌号由字母"SJ"和三位数字组成。

1. 烧结焊剂牌号表示方法

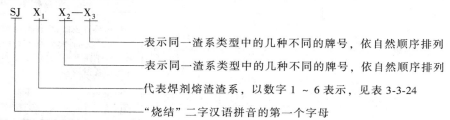

2. 烧结焊剂牌号举例

低合金钢埋弧焊用硅钙型烧结焊剂：

表 3-3-24　烧结焊剂牌号中 X_1 的含义

焊剂牌号	熔渣渣系类型	主要组分范围（质量分数）
$SJ1X_2X_3$	氟碱型	$w(CaF_2) \geqslant 15\%$，$w(CaO+MgO+MnO+CaF_2) \geqslant 50\%$ $w(SiO_2) < 20\%$
$SJ2X_2X_3$	高铝型	$w(Al_2O_3) \geqslant 20\%$，$w(Al_2O_3+CaO+MgO) > 45\%$
$SJ3X_2X_3$	硅钙型	$w(CaO+MgO+SiO_2) > 60\%$
$SJ4X_2X_3$	硅锰型	$w(MnO+SiO_2) > 50\%$
$SJ5X_2X_3$	铝钛型	$w(Al_2O_3+TiO_2) > 45\%$
$SJ6X_2X_3$	其他型	不规定

3. 非熔炼焊剂（包括粘结焊剂和烧结焊剂）特点

把焊剂原料粉碎，按配方混合后加入黏结剂，通过振动或挤压制成小颗粒，经过烘焙后而成。其特点如下：

1）烧结焊剂生产条件好，生产过程对环境污染小，耗能较低。

2）可以向焊缝过渡合金元素，埋弧焊选用碱性焊剂时，合金元素过渡系数高。

3）提高焊剂的碱度，可以降低焊缝中的氧、磷、硫的含量，从而使焊缝获得较好的强度、塑性和韧性。同时，为兼顾工艺性能，可以在较大范围内调节碱度。

4）焊剂中的黏结剂，如果不含有 SiO_2 的水玻璃，可以制成无氧焊剂，用于特种合金的焊接。

5）焊剂的颗粒比较小，一般为 0.9~1.2g/cm³，焊接过程中焊剂消耗量很小。

6）在焊剂中加入氧化物、氟化物可提高抗锈性能。

7）非熔炼焊剂适合大热容量、高速度焊接。

8）非熔炼焊剂为小圆形颗粒，容易输送和回收。

9）与熔炼焊剂相比，吸潮性大，烘干温度高，焊缝的成分对焊接参数变动的敏感性大。

熔炼焊剂与烧结焊剂的主要性能比较见表 3-3-25。不同焊剂的主要用途见表 3-3-26。常用熔炼焊剂碱度近似值见表 3-3-27。常用烧结焊剂碱度近似值见表 3-3-28。

表 3-3-25　熔炼焊剂与烧结焊剂的主要性能比较

性能比较		烧结焊剂	熔炼焊剂
一般特点		焊剂熔点较高，松装密度较小（一般为 0.9~1.2g/cm³），颗粒圆滑呈球状（可用管道输送。回收时阻力小），焊剂强度低，生产成本低，焊接时焊剂消耗量较大	焊剂熔点较低，松装密度较大（一般为 1.0~1.8g/cm³），颗粒不规则，但强度较高。焊剂生产中耗电多，成本高，焊接时焊剂消耗量较小
焊接工艺性能	高速焊接性能	焊缝无光泽，容易生成气孔、夹渣	焊道均匀，不容易生成气孔、夹渣
	大工艺参数焊接性能	焊道均匀容易脱渣	焊道凹凸显著，容易粘渣
	抗锈性能	不敏感	比较敏感
	吸潮性能	比较大，使用前必须再烘干	比较小，使用前可不必再烘干
焊缝性能	成分波动	焊接参数变化时，焊剂熔化不同，成分波动较大，不易均匀	焊接参数变化时，成分波动小，均匀
	脱氧能力	较好	较差
	合金剂的添加	容易	几乎不可能
	多层焊接性	焊缝金属的成分变动较大	焊缝金属的成分变动小
	韧性	比较容易得到高韧性焊缝	受焊丝成分和焊剂碱度影响大

表 3-3-26　不同焊剂类型的主要用途

焊剂类型	主要用途
高硅型熔炼焊剂	根据焊剂含 MnO 量的不同，有高锰高硅、中锰高硅、低锰高硅、无锰高硅四种焊剂，在焊接过程中向焊缝中过渡硅，锰的过渡量与 SiO₂ 的含量有关，也与焊丝中的含锰量有关，应根据焊剂中的 MnO 含量来选择焊丝。用于焊接低碳钢和某些低合金结构钢
中硅型熔炼焊剂	焊剂碱度较高，大多数属于弱氧化性焊剂，焊缝金属含氢量低，韧性较高。配合适当的焊丝可焊接合金结构钢，如加入一定量的 FeO，成为中硅性氧化性焊剂，可以焊接高强度钢
低硅型熔炼焊剂	焊剂对焊缝金属没有氧化作用，配合相应焊丝可焊接不锈钢、热强钢等高合金钢
硅钙型烧结焊剂	属于中性焊剂，配合适当焊丝，可焊接普通结构钢、锅炉用钢、管线用钢。熔渣为短渣，可焊接小直径管线。用多丝快速焊接，特别适用于双面单道焊接
硅锰型烧结焊剂	属于酸性焊剂，配合适当焊丝可焊接低碳钢及某些低合金钢，用于机车车辆、矿山机械等金属结构的焊接
高铝型烧结焊剂	焊剂碱度为中等，熔渣为短渣，焊接工艺性能好，特别是脱渣性能优良，配合适当焊丝，可焊接小直径环缝、深坡口、窄间隙等低合金结构钢，如锅炉、船舶、化工设备等
铝钛型烧结焊剂	属于酸性焊剂，有较强的抗气孔能力，对少量的铁锈及高温氧化膜不敏感，配合适当的焊丝，可焊接低碳钢及某些低合金结构钢，如锅炉、压力容器、船舶等，多用于多丝快速焊，特别适用于双面单道焊接
氟碱型烧结焊剂	属于碱性焊剂，焊缝金属有较高的低温冲击韧度，配合适当的焊丝，焊接各种低合金结构钢，用于重要的金属结构焊接，可以采用多丝埋弧焊，特别适用于大直径容器的双面单道焊接

表 3-3-27　常用熔炼焊剂碱度近似值

焊剂牌号	碱度 B_{IIW}	酸、碱度
HJ130	0.78	酸性
HJ131	1.46	中性
HJ150	1.30	中性
HJ172	2.68	碱性
HJ230	0.80	酸性
HJ250	1.75	碱性
HJ251	1.68	碱性
HJ260	1.11	中性
HJ330	0.81	酸性
HJ350	1.1	中性
HJ360	0.94	酸性
HJ430	0.78	酸性
HJ431	0.79	酸性
HJ433	0.65	酸性
HJ434	0.67	酸性

表 3-3-28　常用烧结焊剂碱度近似值

焊剂牌号	碱度 B_{IIW}	酸、碱度
SJ101	1.7	碱性
SJ103	1.7~2.0	碱性
SJ104	1.6~1.9	碱性
SJ105	2.2	碱性
SJ201	1.6	碱性
SJ203	1.3	中性
SJ302	1.0	中性
SJ303	1.0	中性
SJ401	0.63	酸性
SJ403	0.60~0.67	酸性
SJ501	0.75	酸性
SJ502	0.6~0.8	酸性
SJ503	0.7~0.9	弱酸性
SJ601	1.8	碱性
SJ605	3.5	碱性
SJ606	1.1	中性
SJ701	1.3	中性

第五节　焊剂的应用

一、焊剂的选用原则

1. 低碳钢埋弧焊焊剂选用原则

选择低碳钢埋弧焊焊剂时，在考虑焊件钢种和配用焊丝种类的情况下，应遵循以下原则：

1）为了保证焊缝金属能通过冶金反应得到必要的硅锰渗合金，形成致密的、具有足够强度和韧性的焊缝金属，在采用沸腾钢焊丝进行埋弧焊时，必须配用高锰高硅焊剂。如：用

H08A 或 H08MnA 焊丝焊接时，必须采用 HJ43×系列的焊剂。

2）在中厚板对接大电流单面不开坡口埋弧焊焊接时，为了提高焊缝金属的抗裂性，应该尽量降低焊缝金属的含碳量，为此，要选用氧化性较高的高锰高硅焊剂配用 H08A 或 H08MnA 焊丝焊接。

3）厚板埋弧焊时，为了得到冲击韧度较高的焊缝金属，应选用中锰中硅焊剂（如 HJ301、HJ350 等）配用 H10Mn2 高锰焊丝，直接由焊丝向焊缝金属进行渗锰，同时通过焊剂中的 SiO_2 还原向焊缝金属进行渗硅。

4）薄板用埋弧焊高速焊接时，主要考虑的是薄板在高速焊接时的良好焊缝熔合及成形，对焊缝的强度和韧性要求不是主要的，所以选用烧结焊剂 SJ501 配用强度相宜的焊丝即可。

5）SJ501 焊剂抗锈能力较强，按焊件的强度要求配用相应的焊丝，可以焊接表面锈蚀严重的焊件。

2. 低合金钢埋弧焊焊剂选用原则

1）低合金钢埋弧焊焊接时，首先应选用碱度较高的低氢型 HJ25X 系列焊剂，这些焊剂是低锰中硅型焊剂，在焊接过程中，由于 Si 和 Mn 还原渗合金的作用不强，所以，必须配用含硅、含锰量适中的合金焊丝，如 H08MnMo、H08Mn2Mo 及 H08CrMoA 等，这样可以防止冷裂纹及氢致延迟裂纹的产生。

2）低合金钢埋弧焊焊接时，HJ250 和 SJ101 是硅锰还原反应较弱的高碱度焊剂，在这种焊剂下焊接的焊缝金属非金属夹杂物较少，焊缝金属纯度较高，可以保证焊接接头的强度和韧性不低于母材的相应指标。

3）由于高碱度的烧结焊剂比高碱度的熔炼焊剂具有良好的脱渣性，所以，低合金钢厚板多层多道埋弧焊时，很多时候都选择烧结焊剂焊接。

3. 不锈钢埋弧焊焊剂的选用原则

1）不锈钢埋弧焊时，焊剂的主要任务是防止合金元素的过度烧损，因此，在选择焊剂时，应该首选氧化性低的焊剂。

2）HJ260 为低锰高硅中氟型焊剂，是不锈钢埋弧焊常用的焊剂。由于焊剂有些氧化性，所以在埋弧焊时应配用铬、镍含量较高的铬镍钢焊丝。

3）HJ150、HJ172 型焊剂虽然氧化性较低，焊接过程元素烧损较少，可以用于不锈钢埋弧焊，但是，由于该焊剂脱渣性不良，所以不锈钢厚板多层埋弧焊时不建议使用 HJ150、HJ172 焊剂。

4）SJ103、SJ601 为氟碱型烧结焊剂，埋弧焊过程中，不仅具有良好的工艺性，脱渣良好，焊缝成形美观，而且还能保证焊缝金属具有足够的 Cr、Mo、Ni 合金含量，因此，不锈钢在进行埋弧焊时，烧结焊剂将取代熔炼焊剂。

5）由于埋弧焊的熔深大，尽量选用细焊丝和低的热输入，避免焊接过程中，在焊缝中心区出现热裂纹和热影响区耐蚀性的降低缺陷。

6）含 Nb 的不锈钢埋弧焊时，为了改善脱渣性，可选用 HJ107Nb、HJ151Nb 等含 Nb 焊剂或 HJ172 焊剂。

7）马氏体不锈钢有较大的淬硬倾向，容易产生冷裂纹。埋弧焊时要采取严格的工艺措施、可采用异质（奥氏体）或同质焊缝（焊丝）、碱性焊剂等，降低产生冷裂纹倾向。但是，由于这类钢导热性差，易过热，在热影响区产生粗大组织，使焊接接头性能降低，所以这类钢不常用埋弧焊工艺焊接。

8）高铬铁素体不锈钢埋弧焊时，主要问题是热影响区晶粒长大，使焊接接头塑性、韧性很低，耐蚀性差，采用同质焊缝时，容易产生裂纹；采用异质（奥氏体）焊缝可免除预热和焊后热处理，但对不含稳定元素的钢，热影响区敏化仍然存在。

二、焊剂的烘干和储存

1. 焊剂的烘干

焊剂在使用前，必须对焊剂进行烘干，清除焊剂中的水分。焊剂烘干时，先将焊剂平铺在干净的铁板上，放入电炉或火焰炉内烘干，烘干炉内焊剂的堆放高度不要超过50mm，部分焊剂烘干温度及时间见表3-3-29。部分焊剂烘干机技术数据见表3-3-30。

表3-3-29　部分焊剂烘干温度及时间

焊剂牌号	焊剂类型	焊前烘干温度/℃	保温时间/h
HJ130	无锰高硅低氟	250	2
HJ131	无锰高硅低氟	250	2
HJ150	无锰中硅中氟	300～450	2
HJ172	无锰低硅高氟	350～400	2
HJ251	低锰中硅中氟	300～350	2
HJ351	中锰中硅中氟	300～400	2
HJ360	中锰高硅中氟	250	2
HJ431	高锰高硅低氟	200～300	2
SJ101	氟碱型（碱度值为1.7）	300～350	2
SJ102	氟碱型（碱度值为3.5）	300～350	2
SJ105	氟碱型（碱度值为2.2）	300～350	2
SJ402	锰硅型,酸性（碱度值为0.7）	300～350	2
SJ502	铝钛型,酸性	300	1
SJ601	专用碱性焊剂	300～350	2

表3-3-30　部分焊剂烘干机技术数据

型号	YJJ-A-100	YJJ-A-200	YJJ-A-300	YJJ-A-500
焊剂装载容量/kg	100	200	300	500
最高工作温度/℃	400			
电热功率/kW	4.6	6.3	7.8	9
电源电压/V	380（50Hz）			
吸入焊剂速度/（kg/min）	3.2			
上料机功率/kW	0.75			
烘干方式	连续			
烘干后焊剂水分含量（%）	0.05			

2. 焊剂的储存

出厂焊剂的含水的质量分数不得大于 0.20%；焊剂在温度 25℃、相对湿度为 70% 的环境条件下放置 24h，焊剂的吸潮率不应大于 0.15%。为此，在焊剂的储存环境应该达到以下要求：

1）储存焊剂的环境，室温最好在 10~25℃，相对湿度应小于 50%。

2）储存焊剂的环境应通风良好，焊剂应摆放在距离地面 400mm、与墙壁距离为 300mm 的货架上。

3）焊剂的使用原则是先买进的焊剂先使用，本着先进先出的原则发放焊剂。

4）回收后并准备再用的焊剂，应存放在保温箱内。

5）进入保管库内的焊剂，同时还要保存好入库焊剂的质量证明书、焊剂的发放记录等。

6）不合格的焊剂、报废的焊剂要妥善处理，不得与库存待用的焊剂混淆。

7）刚买进的焊剂要进行产品质量验收，在未得出结果之前要与验收合格的焊剂进行隔离摆放。

8）每种储存的焊剂前，都应有焊剂的标签，标签应注明：焊剂的型号、牌号、生产日期、有效日期、生产批号、生产厂家、购入日期等。

三、常用埋弧焊焊剂及配用焊丝

埋弧焊焊剂可分为熔炼焊剂和烧结焊剂两种。

熔炼焊剂表面呈玻璃状，几乎不吸潮，在 1000A 以下的大、中电流区，焊接工艺性能良好。其不足之处是除了 Mn、Si 元素外，几乎不可能通过焊剂向熔敷金属补充合金元素。

烧结焊剂的制造过程是，把粉状的原料经过粒状化后焙烧而成。与熔炼焊剂相比：优点是可以通过焊剂向熔敷金属进行渗合金，以便调整焊渣的碱度。不足之处，焊剂容易吸潮、焊剂颗粒的强度稍差，在 600A 以上的大电流区，焊接工艺性能良好。由于熔炼焊剂在生产制造过程中耗能大污染严重，所以，国外 80% 以上的焊剂都使用烧结焊剂。常用低碳钢埋弧焊时焊剂与焊丝的选用见表 3-3-31。常用低合金钢埋弧焊时焊剂与焊丝的选用见表 3-3-32。常用不锈钢埋弧焊时焊剂与焊丝的选用见表 3-3-33。

表 3-3-31　常用低碳钢埋弧焊时焊剂与焊丝的选用

钢号	埋弧焊焊接材料的选用			
	烧结焊剂与焊丝		熔炼焊剂与焊丝	
	焊丝	焊剂	焊丝	焊剂
Q235	SU08A SU08E SU26	SJ301 SJ302 SJ401	SU08A SU08E SU26	HJ431 HJ430
Q255				
Q275				
15、20		SJ501 SJ502 SJ503（中等厚度板材）	SU08A、SU26	HJ431 HJ430 HJ330
25、30			SU26、SU34	
20R			SU26、SU28 SU34	

表 3-3-32　常用低合金钢埋弧焊时焊剂与焊丝的选用

类别	钢号	强度级别 $R_{P0.2}$/MPa	焊剂与焊丝的组合	
			焊剂	焊丝
热轧及正火钢	Q295	295	HJ430 、HJ431 SJ301	SU08E 、SU08A SU26
	Q355	345	SJ501、SJ502	薄板，SU08A、SU26
			HJ430、HJ431 SJ301	不开坡口对接，SU08A 中板开坡口对接，SU26、SU34
			HJ350	厚板深坡口，SU34、SUM3
	Q390	390	HJ430、HJ430 SJ101	不开坡口对接，SU26 中板开坡口对接，SU34、SU28 SU45
			HJ250、HJ350 SJ101	厚板深坡口，SUM3
	Q420	420	HJ431	SU34
			HJ350、HJ250 HJ252、SJ101	SUM3、SUM31
	Q490	490	HJ250、HJ252 HJ350、SJ101	SUM31、SUN2M31
管线钢	X60	415	HJ431	SUM31
			SJ101	SUM3
			SJ102	SU34
	X65	450	SJ101	SUM31
			SJ102、SJ301	SUM3

表 3-3-33　常用不锈钢埋弧焊时焊剂与焊丝的选用

类型	钢号	焊剂与焊丝的组合	
		焊剂	焊丝
奥氏体钢	00Cr18Ni10N[①]	SJ601 SJ608 SJ701 SJ107 HJ151 HJ172	H00Cr21Ni10
	06Cr19Ni10 12Cr18Ni9		H0Cr21Ni10
	1Cr18Ni9Ti[①] 0Cr18Ni9Ti[①]		H0Cr20Ni10Ti、 H0Cr20Ni10Nb
	1Cr18Ni12Mo2Ti[①]		H0Cr19Ni12Mo2
	0Cr18Ni12Mo2Ti[①]		H00Cr19Ni12Mo2
	022Cr17Ni14Mo2		H00Cr18Ni14Mo2
	0Cr18Ni14MoCu2[①]		H00Cr19Ni12Mo2Cu2
铁素体钢	10Cr17 1Cr17Ti[①] 10Cr17Mo 1Cr25Ti[①] 1Cr28[①]	SJ601 SJ608 SJ701 HJ172 HJ151	H1Cr17、H0Cr21Ni10、 H1Cr24Ni13、 H0Cr26Ni21 H0Cr26Ni21、H1Cr26Ni21、 H1Cr24Ni13
马氏体钢	12Cr13	SJ601 HJ151	H1Cr13、H0Cr14、 H0Cr21Ni10、H1Cr24Ni13、 H0Cr26Ni21
	14Cr17Ni2		H0Cr26Ni21、H1Cr26Ni21 H1Cr24Ni13

①　为在用非标准牌号。

第四章 焊接与气割常用气体及钨极

第一节 焊接用保护气体

一、氩气

氩气是无色无味的惰性气体，化学性质很不活泼，在常温、高温下，既不与其他元素发生化学反应，也不溶于金属中，所以，在焊接过程中用它作为保护气体，可以避免合金元素的烧损以及由此而产生的其他焊接缺陷，因此使焊接过程中的冶金反应变得简单而易于控制，确保了焊缝的高质量。

氩气的密度为 $1.784kg/m^3$；在 20℃时，热导率为 $0.0168W/(m·K)$，由于是单原子气体，在高温时不分解吸热，所以在氩气保护中的焊接电弧热量损失较少，焊接电弧燃烧比较稳定；氩气电离势为 15.7V；其沸点为 -186℃；化学元素符号为 Ar。

氩气比空气约重 25%，比氦气（He）大约重 10 倍，在焊接过程中不容易飘浮散失，所以，在平焊和横向角焊时，只需要少量的氩气就能使焊接区受到良好的保护。氩气还能较好地控制仰焊和立焊的焊缝熔池，因此，常推荐用于仰焊缝或立焊缝的焊接。但是，在仰焊或立焊焊接过程中，由于氩气重于空气和氦气，所以，焊枪氩气喷嘴向上输送氩气保护熔池的效果比用氦气保护的效果差。此外，在自动氩弧焊时，如果自动焊的速度超过 635mm/min 时，焊缝中会出现气孔和咬边缺陷。

氩气的电离势比氦气低，在同样的弧长下，电弧电压较低。所以，用同样的焊接电流，氩弧焊比氦弧焊产生的热量少，因此，手工钨极氩弧焊最适宜焊接 4mm 以下的金属材料。

焊接过程中，用氩气保护的电弧稳定性比氦气保护的电弧稳定性更好。用氩气保护时，引弧容易，这对减少薄板焊接起弧点处金属组织容易过热会很有好处。钨极氩弧焊电弧在焊接过程中，有自动清除焊件表面氧化膜的作用，所以，最适宜在焊接过程中容易被氧化、氮化、化学性质比较活泼金属的焊接。

焊接过程中对氩气纯度的要求：碳钢、铝及铝合金焊接时，纯度≥99.99%（体积分数），钛及钛合金焊接时，纯度≥99.999%（体积分数）。

氩弧焊适用于高碳钢、铝及铝合金、铜及铜合金、镁及镁合金、镍及镍合金、钛及钛合金、不锈钢、耐热钢以及要求单面焊双面成形的打底层焊缝焊接。

氩气用气瓶储运，瓶内装有氩气气体，瓶体为银灰色，标有深绿色字样"氩气"。氩气的价格比氦气价格低。

二、氦气

氦气是无色无味的惰性气体，化学性质很不活泼，在常温、高温下，既不与其他元素发生化学反应，也不溶于金属，是一种单原子气体。所以，在焊接过程中用它作为保护气体，可以避免合金元素的烧损以及由此而产生的其他焊接缺陷。

氦气的密度为 0.179kg/m³；在 20℃ 时，热导率为 0.151W/(m·K)；氦气电离势为 24.5V；其沸点为 -269℃；化学元素符号为 He。

与氩气相比，氦气的电离势较高，所以在相同的电弧长度下电弧电压高，因此焊接电弧的温度高，向母材输入的热量也大，加快了焊接速度，这也是氦气保护焊的优点。在氦气保护中的焊接电弧，由于氦气热导率比氩气的大，所以焊接过程中，焊接电弧燃烧不如氩气保护焊稳定。

氦气的质量只有空气的 14%，在焊接过程中用氦气作保护，更适合仰焊位焊接和爬坡立焊。

氦气保护焊时，由于采用了大的焊接热输入和高的焊接速度，所以，焊件的热影响区比较小，从而不仅减少了焊接变形，还使焊缝金属也具有了较高的力学性能。

氦气保护自动焊，当焊接速度大于 635mm/min 时，焊缝金属中的气孔和咬边都比较少。氦气的成本比较高，来源也不足，从而限制了它的使用。

三、二氧化碳

纯二氧化碳气体是无色、无臭而有酸味。其密度为 1.977kg/m³，比空气重（空气为 1.29kg/m³），其密度是随着温度的不同而变化，当温度低于 -11℃ 时比水重，当温度高于 -11℃ 时，则比水轻；热导率为 0.0143W/(m·K)；最小电离势为 14.3V；化学符号为 CO_2。

CO_2 有三种状态：固态、液态和气态。CO_2 液态变为气体的沸点很低（-78℃），所以工业用的 CO_2 都是液态，在常温即可变为气体。在不加压力冷却时，CO_2 即可变为干冰。当温度升高时，干冰又可直接变为气体。因为空气中的水分不可避免地凝结在干冰上，使干冰在气化时产生的 CO_2 气体中，含有大量的水分，所以，固态的 CO_2 不能用在焊接工艺制造上。在 0℃、0.1MPa 压力下，1kg 的液态 CO_2 可以气化成 509L 气态 CO_2。

焊接时用的 CO_2 气体是用压缩气瓶盛装，气瓶喷成银白色，注有黑漆字样"二氧化碳"。容量为 40L 的气瓶，可以灌入 25kg 液态 CO_2，约占气瓶容积的 80%，其余 20% 的空间充满了 CO_2 气体。气瓶压力表所显示的压力就是这部分气体的饱和压力，它的数值与温度有关，温度升高时，饱和压力就高；温度低时，饱和压力就降低。如：0℃ 时，饱和气压为 3.63MPa、升温至 20℃ 时，饱和气压为 5.72MPa、升温至 30℃ 饱和气压可为 7.48MPa，所以，应防止 CO_2 气瓶靠近高温热源或让烈日暴晒，以免发生气瓶爆炸事故。当气瓶内的液态 CO_2 全部挥发成气体后，气瓶上的压力表压力逐渐降低，当气瓶的压力降至 1MPa 以下时，CO_2 气体中所含水分将增加 1 倍以上，如果继续使用时，焊缝中将产生气孔。如果焊接对水比较敏感的金属材料时，压力降至 0.98MPa 就不宜再用于焊接了。

液态的 CO_2 中可以溶解质量分数约 0.05% 的水，剩余的水则沉在瓶底，这些水和 CO_2 一起挥发后，将混入 CO_2 气体进入焊接区。使焊缝的缺陷增多。水蒸气的蒸发量与气瓶的气体压力有关，气瓶内压力越低，CO_2 气体含有水蒸气就越多。焊接用的 CO_2 气体纯度（体积分数）应不低于 99.5%。

CO_2 气体中的主要杂质是水分和氮气，但是氮气的含量较少，所以危害也较小；水分的危害则较大，随着 CO_2 气体中的水分的增加，焊缝金属中的扩散氢含量也增加，因此焊缝金属的塑性变差，容易出现气孔或冷裂纹。

为了保证焊接质量，可以在焊接现场采取有效措施，降低 CO_2 气体中的水分含量：

1）更换新气瓶时，先放气 $2 \sim 3min$，排出装瓶时混入气瓶中的空气和水分。

2）必要时，可在气路中设置高压干燥器。用硅胶或脱水硫酸铜作干燥剂，对气路中的 CO_2 气体进行干燥。

3）在现场将新灌的气瓶倒置 $1 \sim 2h$ 后，打开阀门，可以排出沉积在瓶底内的自由状态的水，根据瓶中的含水量的不同，每隔 $30min$ 左右放一次水，共需放水 $2 \sim 3$ 次后，将气瓶倒置 $180°$ 方向放正，此时就可以用于焊接了。

四、氮气

氮气具有还原性，能显著增加电弧电压，用氮气作为保护气体，在焊接过程中，产生很大的热量，氮气的热导率比氩气或氦气高得多，故可以提高焊接速度，降低成本，获得较好的经济效益。氮气的化学式为 N_2。

采用氮气保护进行电弧焊时，由于焊接热输入增大，可以降低或取消预热措施。此外，在焊接过程中还会有烟雾或飞溅产生。

采用氮气作为保护气体，只能焊接铜及铜合金。

五、混合气体

1. 氩—氦混合气体

氩—氦混合气体是惰性气体。当用氩弧焊焊接时，氩气在低速流动的保护作用较大，焊接电弧柔软，便于控制；而用氦弧焊时，氦气在高速流动的保护作用最大，并且氦弧焊的熔深较大，适宜厚板材料的焊接。

当用 80%氦气+20%氩气（体积分数）的混合气进行保护焊接时，其保护作用具有氩弧焊、氦弧焊两种工艺的优点。

氩—氦混合气体广泛用于自动气体保护焊工艺，可焊接厚板的铝及铝合金。

2. 氩—氧混合气体

氩—氧混合气体具有氧化性，采用氧化性气体保护焊接，可以细化过渡熔滴，克服电弧阴极斑点飘移及焊道边缘咬边等缺陷。氩—氧混合气体成本比纯氩气保护气体的成本低廉，与用纯氩气保护相比，同样的保护气体流量，氩—氧混合气体可以增大焊接热输入，从而提高了焊接速度。

氩—氧混合气体只能用于熔化极气体保护焊，因为在钨极气体保护时，氩—氧混合气体将加速钨极的氧化。氩—氧混合气体还有助于焊接电弧的稳定，减少焊接飞溅。

当熔滴需要喷射过度或对焊缝质量要求较高时，可以用氩—氧混合气体作保护进行焊接。

3. 氩—氧—二氧化碳混合气体

氩—氧—二氧化碳混合气体具有氧化性，这种混合气体提高了焊缝熔池的氧化性，由此降低了焊缝金属的含氢量，用氩—氧—二氧化碳混合气体保护焊接，既增大了焊缝的熔深，又使焊缝成形好，不易形成气孔或咬边缺陷，但是焊缝可能会有少量的增碳。常用于不锈钢、高强度钢、碳素钢及低合金钢的焊接。

4. 氩—氮混合气体

氩—氮混合气体具有还原性，比氮弧焊容易控制和操作电弧，焊接热输入比用纯氩气焊接时大，当用 80%Ar+20%N$_2$（体积分数）的混合气体保护焊时，会有一定量的飞溅产生。只能用于铜及铜合金的焊接。

第二节　气焊与气割用气体

用于气焊的气体有两类：可燃气体（乙炔、液化石油气、天然气、氢气等）和助燃气体（氧气）。

一、乙炔

乙炔是无色而有特殊气味的可燃气体，分子式是 C$_2$H$_2$，是一种碳氢化合物，在标准状态下，密度为 1.17kg/m^3，比空气略轻。在常温常压下乙炔为气态，称为乙炔气。因为它是电石与水产生化学反应的生成物，所以俗称电石气。工业用的乙炔含有磷化氢和硫化氢杂质，所以乙炔有特殊的臭味。磷化氢的自燃点很低，气态磷化氢在温度 100℃ 时就会自燃，而液态磷化氢在温度略低于 100℃ 时也能在空气中自燃。当乙炔在空气中含量达到 40%（体积分数）时，由于乙炔中含有磷化氢、硫化氢和一氧化碳等有害气体，长期接触可引起中枢神经系统损伤。

乙炔在空气中自燃点为 335℃，点火温度为 428℃。它与空气混合燃烧时所产生的火焰温度为 2350℃，乙炔燃烧火焰在空气中传播的最高速度为 2.87m/s。与氧混合燃烧时产生的火焰温度达 3100~3300℃，乙炔燃烧火焰在氧气中传播的最高速度为 13.5m/s，可以在气焊过程中迅速熔化金属进行焊接操作。乙炔的点火能量低，仅为 0.019mJ，燃着的烟头或即将熄灭的烟灰也足以将乙炔点燃。

乙炔是具有爆炸性的危险气体。当乙炔在空气中的含量（体积分数）在 2.2%~81% 范围内所形成的混合气，或者乙炔在氧气中的含量（体积分数）在 2.8%~93% 范围内所形成的混合气体，只要遇有高温、静电火花或明火时，即使在正常大气压力下也会造成爆炸。当乙炔温度超过 300℃ 时，乙炔分子就会发生放热的聚合反应，产生爆炸性化合物，如甲苯（C$_7$H$_8$）、萘（C$_{10}$H$_8$）、苯乙炔（C$_8$H$_8$）、苯（C$_6$H$_6$）等，并放出大量热，而此热量又促使乙炔气体温度继续升高，气体温度越高，聚合反应的速度就越快，这样就形成了乙炔气体升温—聚合—再升温—再聚合的恶性循环，当乙炔温度超过 500℃ 时，未发生聚合反应的乙炔分子就会发生爆炸分解，其爆炸速度为 1800~3000m/s，同时爆炸产生的细颗粒固体碳、氢气等释放出大量热，使爆炸压力急剧增大。当爆炸压力增大到 10~13 倍工作压力时，爆炸威力仅次于烈性炸药，对人和周围环境造成伤害事故。如果在聚合过程中能将热量迅速导出，就可能防止乙炔的爆炸。

乙炔和铜、银等金属或其盐类长期接触，则在铜表面会生成一层红色的乙炔铜（Cu$_2$C$_2$）和白色的乙炔银（Ag$_2$C$_2$）爆炸性化合物，潮湿的乙炔铜（Cu$_2$C$_2$）和乙炔银（Ag$_2$C$_2$）其化学性质较稳定，但是当它们处于干燥状态，被加热到 110~120℃ 或受到摩擦和振动作用时，则会立即发生爆炸。所以，绝对禁止使用含银或含铜的质量分数高于 70% 的银或铜制品。

乙炔和氯、次氯酸盐等化合，遇光或加热就会燃烧和爆炸。所以，乙炔燃烧发生火灾时，绝对禁止使用四氯化碳灭火。

乙炔与水蒸气、氮气和一氧化碳等不起反应作用的气体混合时，或将乙炔溶解在液体里，会降低其分解爆炸的能力。含有 1 体积的水蒸气和 1.15 体积的乙炔形成的混合物是不会爆炸的。

二、液化石油气

液化石油气是石油工业的副产品，主要成分是丙烷、丁烷、丙烯等碳氢化合物，是一种带有特殊臭味的无色气体，含有硫化物。在常温下以气态存在，在 0.8~1.5MPa 压力下，可变成液态，装入乙炔气瓶中储存和运输。液化石油气的密度为 1.6~2.5kg/m³，气态时比同体积的空气、氧气重，液态时比同体积的水和汽油轻。液化石油气的密度约为空气的 1.5 倍，易于向低处流动滞留积聚；液态液化石油气能浮在水面上，随水流动并在死角处积聚。

液化石油气中的主要成分都能与空气或氧气混合构成爆炸性的混合气体，与氧气混合的爆炸极限为 3.2%~64%；而空气中含有 2.1%~9.5% 的丙烷或含有 1.5%~8.5% 的丁烷将会爆炸。液化石油气与氧气混合的爆炸极限为 3.2%~64%。

液化石油气易挥发、闪点低，如丙烷的挥发点为 -42℃，闪点为 20℃，在低温时易燃性很大。从管道或气瓶中泄漏出的液化石油气，在常温下会迅速挥发成 250~300 倍体积的气体向周围快速扩散，并在附近空间形成爆炸性混合气体，当达到闪点温度时就能点燃混合气体造成事故。因此，在点燃液化石油气时，必须先点燃引火物，然后再开气，切忌颠倒顺序。

液化石油气在氧气中的燃烧速度较慢，丙烷的燃烧速度是乙炔的 1/4 左右。而液化石油气达到完全燃烧所需的氧气量比乙炔大，约为乙炔所需要氧气的 2.1 倍。采用液化石油气代替乙炔气后，消耗的氧气量较多，所以用于气割作业时，要对原有的割炬进行改制。

三、氢气

氢气是无色无味易燃气体，导热性很好，点火能量低，约为 0.02mJ，氢气在空气中的自燃点为 560℃，在氧气中的自燃点为 450℃，是一种极危险的易燃易爆气体。

氢气与空气混合后形成爆鸣气体，其爆炸极限为 4%~80%，氢气与氧气混合的爆炸极限为 4.65%~93.9%，当氢气与氯气混合，其比例达到 1:1 时，受到光的照射即可自行爆炸。若在 1:1 混合比例下，温度达到 240℃ 时，氢气就能自燃，即使在阴暗处也会发生爆炸。

氢气极易泄漏，其泄漏的速度是空气的 2 倍，氢气一旦从气瓶、管道中泄漏出来被引燃，将使周围的人员及设施遭受严重的烧伤和破坏。

四、氧气

氧气是无色、无味、无毒的气体，分子式为 O_2。在标准状态下，氧气的密度为 1.429kg/m³，比空气重（空气的密度为 1.29kg/m³）。当温度降到 -182.96℃ 时，气态氧变成极易挥发的液态氧，温度降到 -218℃ 时，液态氧则变成淡蓝色的固体氧。氧气的化学性质极为活跃，它本身虽不能燃烧，但却是一种活泼的助燃气体，它能与自然界大部分元素进行氧化反应，而激烈的氧化反应就会造成燃烧，高压氧气如与油脂类等易燃物质接触，就会发生激烈的氧化反应而达到燃烧甚至爆炸。氧气的纯度对气焊气割质量和效率有很大影响，所以，气焊和气割用的氧气纯度不应低于99.2%（体积分数）。

第三节 钨 极

一、钨极的种类

气体保护焊用的电极，按化学成分分类，主要是钨电极、铈钨电极、钍钨电极、镧钨电极、锆钨电极、钇钨电极及复合电极等。钨电极种类、化学成分及特点见表3-4-1。对钨电极的要求是：电流容量大、施焊损失小、引弧性好、稳弧性好。

表 3-4-1 钨电极种类、化学成分（质量分数，%）及特点

	牌号	添加的氧化物		杂质含量	钨含量
		种类	含量		
铈钨电极	WC20	CeO_2	1.8~2.2	<0.20	余量
	铈钨电极电子逸出功低，化学稳定性高，而且允许的电流密度大，没有放射性污染，属于绿色环保产品，它仅用很小的电流就可以轻松引弧，而且维弧电流也较小。在直流小电流的条件下，铈钨电极很受欢迎，尤其适于管道和细小部件的焊接、断续焊接和特定项目的焊接				

	牌号	添加的氧化物		杂质含量	钨含量
		种类	含量		
钍钨电极	WT20	ThO_2	1.7~2.2	<0.20	余 量
	钍钨电极电子发射能力强，电弧燃烧较稳定，综合性能优良，尤其是能承受过载电流，是目前美国和其他一些国家应用最广泛的钨电极。但是，应用钍钨电极存在轻微的放射性，所以在某些方面的应用受到了限制。钍钨电极通常用在碳钢、不锈钢、镍及镍合金、钛及钛合金的直流焊接				

	牌号	添加的氧化物		杂质含量	钨含量
		种类	含量		
锆钨电极	WZ3	ZrO_2	0.2~0.4	<0.20	余 量
	WZ8	ZrO_2	0.7~0.9	<0.20	余 量
	锆钨电极在交流电源条件下表现良好，在焊接过程中，电极端部能保持圆球状而且电弧比纯钨电极更稳定，尤其是在高负载的条件下的优越表现，更是其他电极所不能替代的，对必须防止电极污染基体金属的条件下，可以采用这种电极，锆钨电极同时还具有良好的抗腐蚀性，锆钨电极适用于镁、铝及其合金的交流焊接				

	牌号	添加的氧化物		杂质含量	钨含量
		种类	含量		
镧钨电极	WL10	La_2O_3	0.8~1.2		
	WL15	La_2O_3	1.3~1.7	<0.2	余量
	WL20	La_2O_3	1.8~2.2		
	镧钨电极焊接性能优良，导电性能接近WT20（钍钨电极），焊接过程没有放射性伤害，焊工不需改变任何焊接操作程序，就能方便快捷地用此电极替代钍钨电极，因此，镧钨电极在欧洲和日本成为最受欢迎的WT20的替代品，镧钨电极主要用于直流电源焊接，如果用于交流电源焊接时，焊接电弧表现也还可以				

电极名称	牌号	添加的氧化物		杂质含量	钨含量
		种类	含量		
纯钨电极	WP	—	—		
钇钨电极	WY20	Y_2O_3	1.8~2.2	<0.2	余量
复合电极	—	—	1.5~3.0		
纯钨电极	在所有的钨电极中价格最便宜，适合用交流电进行铝、镁及其合金的焊接				
钇钨电极	焊接电弧细长，压缩程度大，尤其是在用中、大焊接电流时焊缝熔深最大，目前主要用于军工和航空航天工业				
复合电极	复合电极是在钨中添加了两种或更多的稀土氧化物，各添加物互为补充，相得益彰，使焊接效果更好				

二、钨极适用电流

钨极的电流承载能力与钨极的直径有关，根据焊接电流选择钨电极直径见表 3-4-2。

表 3-4-2　根据焊接电流选择钨电极直径

电极直径 /mm	直流　DC/A		交流 AC/A
	电极接负极(−)	电极接正极(+)	
1.0	15~80	—	10~80
1.6	60~150	10~18	50~120
2.0	100~200	12~20	70~160
2.4	150~250	15~25	80~200
3.2	220~350	20~35	150~270
4.0	350~500	35~50	220~350
4.8	420~650	45~65	240~420
6.4	600~900	65~100	360~560

三、钨极端头的形状

钨极端头的形状在焊接过程中对电弧的稳定性有很大影响，常用的钨极端头形状与电弧稳定性的关系见表 3-4-3。

表 3-4-3　常用钨极端头形状与电弧稳定性的关系

钨极端头形状	钨极种类	电流极性	适用范围	燃弧情况
90°	铈钨或钍钨	直流正接	大电流	稳定
30°	铈钨或钍钨	直流正接	小电流用于窄间隙及薄板焊接	稳定
D / d	纯钨极	交流	铝、镁及其合金焊接	稳定
	铈钨或钍钨	直流正接	直径小于 1mm 的细钨丝电极连续焊	良好

第五章 钎料与钎剂

第一节 钎焊概述

一、钎焊基本原理

钎焊与熔焊不同，在钎焊过程中，被焊母材不熔化，钎料的熔化温度比母材低，钎焊的加热温度低于母材固相线，而高于钎料的液相线，属于固相连接。所以，钎焊是利用毛细作用，使液态钎料填满固态母材之间的间隙，经母材与钎料发生相互作用，然后冷却凝固，形成冶金结合的连接方法。

钎焊的基本原理就是在形成钎焊接头的过程中，最重要的过程是液态钎料能够填充接头间隙，并且与母材发生相互作用和在随后钎缝冷却结晶的过程。

钎焊过程中，能够填充接头间隙的条件就是具备润湿作用和毛细作用。

1. 钎料的润湿作用

钎料的润湿作用是用液相取代固相表面的气相的过程。这个过程按其特征可分为浸渍润湿、附着润湿和铺展润湿。衡量液体对母材润湿能力的大小，可以用液相与固相接触时的接触角 θ 大小来表示，如图 3-5-1 所示。

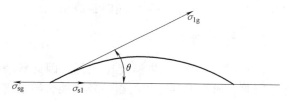

图 3-5-1　液滴在母材上稳定时的接触角

σ_{sg}—气相与固相间的表面张力　σ_{sl}—液相与固相间的界面张力

σ_{lg}—液相与气相间表面张力

当 $0°<\theta<90°$ 时，$\cos\theta$ 为正值，这时液体能润湿固体。当 $90°<\theta<180°$ 时，$\cos\theta$ 为负值，这时液体不能润湿固体。而 $\theta=0°$ 时，表示液体完全可以润湿固体；而当 $\theta=180°$ 时，表示完全不能润湿固体。从以上分析看出：钎料的润湿角应小于 $20°$。

2. 钎料的毛细作用

在钎焊过程中，液态钎料不是单纯地沿固态母材表面铺展，而是流入并填充接头间隙，这种间隙很小，类似毛细管，在钎焊加热过程中，只有液态钎料对母材具有很好的润湿能力时，熔化的钎料才能靠毛细作用在间隙中流动。然而，为使液态钎料能填充全部接头间隙，必须在设计和装配钎焊接头时，保证小的间隙。

3. 影响钎料毛细填缝的因素

（1）钎料和母材成分　实践表明，钎料与母材在液态和固态下，都不发生物理化学作用，则钎料与母材之间的润湿作用就很差；若钎料与母材能够相互溶解或形成化合物，则液态钎料就能很好地润湿母材。对于互不发生物理化学作用的钎料与母材，为了能够具有润湿作用，可以在钎料中加入能与母材形成固溶体或化合物的第三者物质，来改善其润湿作用。

（2）钎料与母材相互的作用　在钎焊过程中，液态钎料润湿母材的同时，也与母材发生相互溶解及扩散作用，从而使钎料的成分、黏度、密度和熔化温度区间等都发生了变化，这些变化将影响液态钎料的润湿和毛细填缝作用。

（3）母材表面氧化物 在有氧化物的母材表面上，比起无氧化物的清洁表面，与气体之间的界面张力要小得多。所以，液态钎料往往凝聚成球状，即不与母材发生润湿，也不实现填隙作用。因此，在钎焊前，必须仔细地清除钎料和母材表面上的氧化物，以保证发生良好的润湿作用。

（4）母材表面粗糙度 当钎料与母材作用较弱时，母材粗糙表面上的细槽对液态钎料起了特殊的毛细作用，促进了液态钎料沿母材表面的铺展，使钎焊过程顺利进行。但是，当钎料与母材作用比较强烈时，细槽的作用就不明显了。

（5）钎焊温度 在钎焊过程中，随着钎焊温度的升高，液态钎料与气体的界面张力减小，同时，液态钎料与母材的界面张力也降低，这两者的变化有助于提高钎料的润湿能力。但是过高的钎焊温度，容易造成液态钎料的流失和母材晶粒的长大。

（6）钎剂 钎剂在钎焊过程中，既可以清除钎料和母材表面的氧化物，又可以减小液态钎料的界面张力，改善润湿作用，所以，选择适当的钎剂对提高钎料对母材的润湿作用、提高钎焊缝焊接质量有很大的作用。

（7）焊件间隙 在钎焊过程中，毛细填缝的长度（或高度）与间隙大小成反比。随着间隙减小，填缝长度增加；反之也减小。所以，间隙是直接影响钎焊毛细填缝的重要因素，因此，毛细钎焊时，一般的间隙都较小。

二、钎焊特点

1）钎焊工艺的加热温度比较低，因此钎焊后焊件的变形小，容易保证焊件的尺寸精度，同时，对于焊件母材的组织及性能影响也比较小。

2）钎焊接头平整光滑，外形美观。

3）钎焊工艺可适用于各种金属材料、异种金属材料、金属与非金属材料的连接。

4）可以一次完成多个零件或多条焊缝的钎焊，生产效率高。

5）可以钎焊极薄或极细的零件，以及粗细、厚薄尺寸相差很大的零件。

6）根据需要可以将某些材料的钎焊接头拆开，经过修整后再重新进行钎焊。

钎焊的缺点是：钎焊接头耐热能力比较差，接头强度也比较低，钎焊前的表面清理及焊件的装配质量的要求比较高。

三、钎焊的分类

钎焊的分类有多种方法，主要的分类方法如下：

1. 按照使用的钎料液相线温度不同分类

（1）软钎焊 钎料的液相线温度低于450℃。

（2）硬钎焊 钎料的液相线温度高于450℃。

（3）高温钎焊 钎料的熔点>900℃，并且在钎焊过程中不使用钎剂。

2. 按照钎焊的加热方法分

（1）热传导方式加热的钎焊 烙铁（用火焰烧热）钎焊、火焰钎焊、浸渍钎焊和炉中钎焊等。

（2）电加热式的钎焊　电阻钎焊、感应钎焊、电弧钎焊和电烙铁钎焊等。

第二节　钎　料

一、对钎料的基本要求

钎焊过程中，焊件是依靠熔化的钎料凝固后连接起来的。因此，钎焊接头的质量在很大程度上取决于钎料。为了满足钎焊工艺的要求和得到高质量的钎焊接头，钎料应满足以下要求：

1）钎料应有合适的熔化温度范围，至少应比母材的熔化温度范围低几十度。如二者的熔点过于接近，会造成不容易控制钎焊过程，甚至使母材的晶粒长大、过烧以及发生局部熔化。

2）钎焊时，钎料应有良好的润湿性，以保证液态钎料能充分填满钎缝间隙。

3）钎焊时，钎料与母材应有扩散作用，以保证它们之间形成牢固的结合。

4）钎料应具有稳定和均匀的成分，并且在钎焊过程中，尽量减少出现元素的偏析和元素的损耗现象。

5）钎焊接头应符合产品的技术要求，并且满足力学性能、物理化学性能、使用性能方面的要求。

6）钎料的经济性要好，钎焊生产率高，并且尽量少含或不含稀有金属或贵重金属。

二、钎料的分类

1. 按照钎料的熔化温度范围分类

1）熔点低于450℃的钎料称为软钎料（俗称易熔钎料），如镓基、铋基、铟基、锡基、铅基、镉基和锌基等合金。

2）熔点高于450℃的钎料称为硬钎料（俗称难熔钎料），如铝基、镁基、铜基、银基、锰基、金基、镍基、钯基和钛基等合金。

2. 按照钎料主要合金元素分类

钎料按其主要合金元素可分为锡基、铅基和铝基等钎料。

3. 按照钎料的钎焊工艺性能分类

按照钎料的钎焊工艺性能可分为自钎性钎料、电真空钎料和复合钎料等。

4. 按照钎料的制成形状分类

按照钎料的制成形状可分为丝、棒、片、箔粉状和特殊形状钎料。

三、钎料型号表示方法

钎料型号由两部分组成，第一部分用"B"表示硬钎焊，"S"表示软钎料。第二部分由主要合金组分化学元素符号组成。在第二部分中，第一个化学元素符号表示钎料的基本组成，第一个化学元素符号后标出其公称质量百分数（公称质量百分数取整数误差±1%，若其元素公称质量百分数仅规定最低值时应取其整数），其他元素符号按其质量百分数由大到小顺序列出，当几种元素具有相同的质量百分数时，按其原子序数顺序排列。公称质量百分数小于1%的元素在型号中不必列出，如果某元素是钎料的关键组分一定要列出时，可在括号中列出其化学元素符号。

末尾加一个大写的英文字母表示其级别或使用行业等区别，"V"表示真空级钎料，"R"表示既可作钎料又可以作气焊焊丝的铜锌合金，"E"表示电子行业用的软钎料。大写英文字母前需要加"-"分隔号（半字线）。

1. 硬钎料

（1）铜基钎料（GB/T 6418—2008）型号表示方法　钎料标记中应有标准号"GB/T 6418—2008"和"钎料型号"的描述。

钎料标记示意如下：

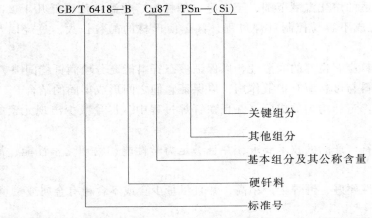

常用铜基钎料分类及型号见表3-5-1。常用国家标准与ISO钎料型号对照见表3-5-2。常用高铜钎料化学成分见表3-5-3。常用铜锌钎料化学成分见表3-5-4。常用铜磷钎料化学成分见表3-5-5。

表 3-5-1　常用铜基钎料分类及型号

分类	钎料型号	分类	钎料型号	分类	钎料型号
高铜钎料	BCu87	铜锌钎料	BCu48ZnNi(Si)	铜磷钎料	BCu95P
	BCu99		BCu54Zn		BCu94P
	BCu100-A		BCu57ZnMnCo		BCu93P-A
	BCu100-B		BCu58ZnMn		BCu93P-B
	BCu100(P)		BCu60Zn(Sn)		BCu92P
	BCu99Ag		BCu60Zn(Si)		BCu92PAg

表 3-5-2　常用国家标准与 ISO 钎料型号对照表

分类	GB/T 6418—2008	GB/T 6418—1993	ISO	分类	GB/T 6418—2008	GB/T 6418—1993	ISO
高铜钎料	BCu87	—	Cu087	铜锌钎料	BCu58ZnMn	BCu58ZnMn	—
	BCu99	—	Cu099		BCu60Zn(Sn)	—	Cu470
	BCu100-A	—	Cu102		BCu60Zn(Si)	—	Cu470a
	BCu100-B	—	Cu110	铜磷钎料	BCu95P	—	CuP178
	BCu100(P)	—	Cu141		BCu94P	—	CuP179
	BCu99Ag	—	Cu188		BCu93P-A	—	CuP181
铜锌钎料	BCu48ZnNi(Si)	—	Cu773		BCu93P-B	—	CuP182
	BCu54Zn	BCu54Zn	—		BCu92P	—	Cu181a
	BCu57ZnMnCo	BCu57ZnMnCo	—		BCu92PAg	—	CuP279

表 3-5-3 常用高铜钎料化学成分

型号	化学成分（质量分数,%）									熔化温度范围/℃（参考值）	
	Cu（包括 Ag）	Sn	Ag	Ni	P	Bi	Al	Cu₂O	杂质总量	固相线	液相线
BCu87	≥86.5	—	—	—	—	—	—	余量	≤0.5	1085	1085
BCu99	≥99	—	—	—	—	—	—	余量	≤0.30（O 除外）	1085	1085
BCu100-A	≥99.95	—	—	—	—	—	—	—	≤0.03（Ag 除外）	1085	1085
BCu100-B	≥99.9	—	—	—	—	—	—		≤0.04（O 和 Ag 除外）	1085	1085
BCu100（P）	≥99.9	—	—	—	0.015~0.040	—	≤0.01		≤0.06（Ag、As 和 Ni 除外）	1085	1085
BCu99（Ag）	余量	—	0.8~1.2	≤0.1	—	—	—		≤0.3（含 B≤0.1）	1070	1080

表 3-5-4 常用铜锌钎料化学成分

型号	化学成分（质量分数,%）								熔化温度范围/℃（参考值）	
	Cu	Zn	Sn	Si	Mn	Ni	Fe	Co	固相线	液相线
BCu48ZnNi（Si）	46.0~50.0	余量	—	0.15~0.20	—	9.0~11.0	—	—	890	920
BCu54Zn	53.0~55.0	余量	—	—	—	—	—	—	885	888
BCu57ZnMnCo	56.0~58.0	余量	—	—	1.5~2.5	—	—	1.5~2.5	890	930
BCu58ZnMn	57.0~59.0	余量	—	—	3.7~4.3	—	—	—	880	909
BCu59Zn（Sn）	57.0~61.0	余量	0.2~0.5	—	—	—	—	—	875	895
BCu60Zn（Si）	58.5~61.5	余量	—	0.2~0.4	—	—	—	—	875	895

表 3-5-5 常用铜磷钎料化学成分

型号	化学成分（质量分数,%）				熔化温度范围/℃（参考值）		最低钎焊温度/℃（指示性）
	Cu	P	Ag	其他元素	固相线	液相线	
BCu95P	余量	4.8~5.3	—	—	710	925	790
BCu94P	余量	4.8~5.3	—	—	710	890	760
BCu93P-A	余量	4.8~5.3	—	—	710	793	730
BCu93P-B	余量	4.8~5.3	—	—	710	820	730
BCu92P	余量	4.8~5.3	—	—	710	770	720
BCu92PAg	余量	4.8~5.3	4.8~5.3	—	645	825	740

（2）镍基钎料（GB/T 10859—2008）型号表示方法　镍基钎料标记中应有标准号"GB/T 10859"和钎料型号的描述。

镍基钎料型号示例：

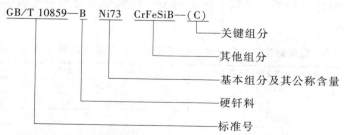

常用镍基钎料的分类和型号及型号及国家标准与 ISO 钎料型号对照表见表 3-5-6。常用镍基钎料化学成分见表 3-5-7。

表 3-5-6　常用镍基钎料的分类和型号及国家标准与 ISO 钎料型号对照表

分类	型号（GB/T 10859—2008）	型号（GB/T 10859—1989）	ISO
镍铬硅硼	BNi73CrFeSiB（C）	BNi74CrSiB	Ni600
	BNi74CrFeSiB	BNi75CrSiB	Ni610
	BNi81CrB	—	Ni612
镍铬硅	BNi71CrSi	BNi71CrSi	Ni650
镍硅硼	BNi92SiB	BNi92SiB	Ni630
镍磷	BNi89P	BNi89P	Ni700

表 3-5-7　常用镍基钎料化学成分

型号	化学成分（质量分数，%）								熔化温度范围/℃（参考值）	
	Ni	Co	Cr	Si	B	Fe	C	P		
BNi73CrFeSiB（C）	余量	≤0.1	13.0~15.0	4.0~5.0	2.75~3.50	4.0~5.0	6.0~0.9	≤0.02	980	1060
BNi74CrFeSiB	余量	≤0.1	13.0~15.0	4.0~5.0	2.75~3.50	4.0~5.0	≤0.06	≤0.02	980	1070
BNi81CrB	余量	≤0.1	13.0~15.0	—	3.25~4.0	≤1.5	≤0.06	≤0.02	1055	1055
BNi71CrSi	余量	≤0.1	18.5~19.5	9.75.~10.5	≤0.03	—	≤0.06	≤0.02	1080	1135
BNi92SiB	余量	≤0.1	—	4.0~5.0	2.75~3.50	≤0.5	≤0.06	≤0.02	980	1040
BNi89P	余量	≤0.1	—	—	—	—	≤0.06	10.0~12.0	875	875

（3）铝基钎料（GB/T 13815—2008）型号表示方法　铝基钎料标记中应有标准号"GB/T 13815"和钎料型号的描述。

铝基钎料型号示例：

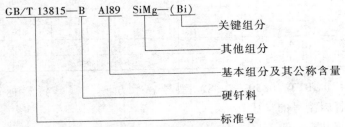

常用铝基钎料的分类和型号及国家标准与 ISO 钎料型号对照表见表 3-5-8。常用铝基钎料化学成分见表 3-5-9。

表 3-5-8　常用铝基钎料的分类和型号及国家标准与 ISO 钎料型号对照表

分类	型号 GB/T 13815—2008	型号 GB/T 13815—2008	ISO
铝铜	BAl92Si	BAl92Si	Al105
	BAl88Si	BAl88Si	Al112
铝硅镁	BAl89SiMg	—	Al310
	BAl89Si（Mg）	BAl89Si（Mg）	Al315
	BAl87SiMg	—	Al319
铝硅锌	BAl85SiZn	—	Al415

表 3-5-9　常用铝基钎料化学成分

型号	化学成分（质量分数，%）							熔化温度范围/℃（参考值）	
	Al	Si	Fe	Cu	Mn	Mg	Zn	固相线	液相线
BAl92Si	余量	6.8~8.2	≤.0.8	≤0.25	≤0.10	—	≤0.20	575	615
BAl88Si	余量	11.0~13.0	≤0.8	≤0.30	≤0.05	0.10	≤0.20	575	585
BAl89SiMg	余量	9.5~10.5	≤0.8	≤0.25	≤0.10	1.0~2.0	≤0.20	555	590
BAl89Si（Mg）	余量	9.5~11.0	≤0.8	≤0.25	≤0.10	0.20~1.0	≤0.20	559	591
BAl87SiMg	余量	10.5~13.0	≤0.8	≤0.25	≤0.10	1.0~2.0	≤0.20	559	579
BAl85Zn	余量	10.5~13.0	≤0.8	≤0.25	≤0.10	—	0.50~0.30	576	609

（4）银钎料（GB/T 10046—2018）型号表示方法

1）银钎料型号由以下两部分组成：

① 第一部分用字母"B"表示硬钎料。

② 第二部分由主要合金组分的化学元素符号组成，其中，第一个化学元素符号 Ag 表示钎料的基本组分，Ag 元素符号后标出其质量分数中间值按照 GB/T 8170 规定修约后的整数。

③ 其他元素符号按其质量分数顺序排列，当几种元素具有相同的质量分数时，按其原子序数顺序排列。

④ 质量分数小于 1% 的元素在型号中不必标出，如果元素是钎料的关键组分一定要标出时，应将其化学元素符号用括号括起来予以标出。

常用银钎料的分类和型号及国家标准与 ISO 钎料型号对照表见表 3-5-10。常用银钎料的化学成分见表 3-5-11。

2）银钎料型号示例如下：

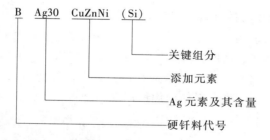

表 3-5-10　常用银钎料的分类和型号及国家标准与 ISO 钎料型号对照表

GB/T 10046—2018	ISO 17672	EN 1044	AWS A5.8M/A5.8
BAg100	—	—	BVAg-0
BAg72Cu	Ag272	AG401	Bag-8
BAg85Mn	Ag485	AG501	BAg-23
BAg72Cu（Li）	—	—	—
BAg70CuZn	Ag270	—	BAg-10
BAg30CuZn	Ag230	AG204	BAg-20
BAg60CuSn	Ag160	AG402	BAg-18
BAg25CuZnSn	Ag125	AG108	BAg-37
BAg56CuZnSn	Ag156	AG102	BAg-7
BAg25CuZnCd	Ag326	AG307	BAg-33

·237·

（续）

GB/T 10046—2018	ISO 17672	EN 1044	AWS A5.8M/A5.8
BAg45CdZnCu	BAg345	AG302	BAg-1
BAg40CuZnNi	Ag440		BAg-4
BAg49ZnCuMnNi	Ag449	AG502	BAg-22

表 3-5-11　常用银钎料的化学成分

型号	化学成分（质量分数，%）							熔化温度范围/℃（参考值）	
	Ag	Cu	Zn	Cd	Sn	Ni	Mn	固相线	液相线
BAg100	≥99.95	0.05	—	—	—	—	—	961	961
BAg72Cu	71.0~73.0	余量	—	—	—	—	—	779	779
BAg72Cu(Li)①	71.0~73.0	余量	—	—	—	—	—	766	766
BAg70CuZn	69.0~71.0	19.0~21.0	8.0~12.0	—	—	—	—	690	740
BAg60CuSn	59.0~61.0	余量	—	—	9.50~10.5	—	—	600	730
BAg25CuZnSn	24.0~26.0	39.0~41.0	31.0~35.0	—	1.50~2.50	—	—	680	760
BAg30CuZnIn②	29.0~31.0	37.0~39.0	25.5~28.5	—	—	—	—	640	755
BAg40CuZnNi	39.0~41.0	39.0~31.0	26.0~30.0	—	—	1.50~2.50	—	670	780
BAg49ZnCuMnNi	48.0~50.0	15.0~17.0	21.0~25.0	—	—	4.0~5.0	7.0~8.0	680	705
BAg85Mn	84.0~86.0	—	—	—	—	—	余量	960	970
BAg56CuZnSn	55.0~57.0	21.0~23.0	15.0~19.0	—	4.50~5.50	—	—	620	655
BAg25CuZnCd	24.0~26.0	29.0~31.0	25.5~29.5	16.5~18.5	—	—	—	605	720
BAg30CuZn	29.0~31.0	37.0~39.0	30.0~34.0	—	—	—	—	680	765

① Li：0.25~0.50。
② In：4.50~5.50。

2. 软钎料

软钎料是熔点低于450℃的钎料，广泛应用在电子、医疗器械、金银首饰及机械等工业中。软钎料中主要金属元素是Sn，其次是Zn、Pb、Bi、In、Sb、Cd、Ag、Cu等，由这些金属元素不同组成了种类繁多、性能各异的软钎料，常用的软钎料有以下种类：

（1）锡铅钎料　锡铅钎料在铜及其合金和钢上都有良好的流动性，同时又具有熔点低、耐蚀性好、易操作等优点，是软钎料中应用最广泛的钎料。部分锡铅钎料化学成分及熔化温度见表3-5-12。

表 3-5-12　部分锡铅钎料化学成分及熔化温度（GB/T 3131—2001）

型号	化学成分（质量分数，%）				熔化温度/℃		电阻率/（Ω·mm²/m）
	Sn	Pb	Sb	其他元素	固相线	液相线	
S-Sn95Pb	94.5~95.5	余量	—	—	183	224	—
S-Sn90Pb	89.5~90.5	余量	—	—	183	215	—
S-Sn65Pb	64.5~65.5	余量	—	—	183	186	0.122
S-Sn63Pb	62.5~63.5	余量	—	—	183	183	0.141
S-Sn60Pb	59.5~60.5	余量	—	—	183	190	0.145
S-Sn60PbSb	59.5~60.5	余量	0.3~0.8	—	183	190	0.145
S-Sn55Pb	54.5~55.5	余量	—	—	183	203	0.160
S-Sn50Pb	49.5~50.5	余量	—	—	183	215	0.181
S-Sn50PbSb	49.5~50.5	余量	0.3~0.8	—	183	215	0.181
S-Sn45Pb	44.5~45.5	余量	—	—	183	227	—

（续）

型号	化学成分（质量分数，%）				熔化温度/℃		电阻率/
	Sn	Pb	Sb	其他元素	固相线	液相线	（Ω·mm²/m）
S-Sn40Pb	39.5~40.5	余量	—	—	183	283	0.170
S-Sn40PbSb	39.5~40.5	余量	1.5~2.0	—	183	283	0.170
S-Sn35Pb	34.5~35.5	余量	—	—	183	248	—
S-Sn30Pb	29.5~30.5	余量	—	—	183	258	0.182

（2）铝用软钎料 按钎料的熔点可分为低温（150~260℃）、中温（260~370℃）、和高温（370~450℃）三类。低温铝用软钎料主要用在锡或锡铅合金中加入少量的锌，钎料熔点低，操作方便，不腐蚀钎焊接头。中温铝用软钎料由于锌的含量较高，使钎料的熔点也有所提高，钎焊接头强度和耐蚀性也都有所改善。高温铝用软钎料，液相线有时会大于450℃，钎焊接头强度和耐蚀性将进一步提高，但是，钎焊操作较为困难。部分铝用软钎料化学成分及熔化温度见表 3-5-13。

表 3-5-13 部分铝用软钎料化学成分及熔化温度

型号	化学成分（质量分数，%）						熔化温度 /℃	主要用途
	Zn	Sn	Cd	Al	Cu	Ag		
S-Sn73Zn25CuAg	25	73	—	—	1	1	199~280	润湿性及接头耐蚀性良好
S-Zn58Sn40Cu2	58	40	—	—	2	—	200~350	接头耐蚀性中等，主要用于刮擦钎焊
S-Zn60Cd40	60	—	40	—	—	—	265~335	润湿性优良，接头耐蚀性中等
S-Zn75Al25	75	—	—	25	—	—	430~480	接头耐蚀性好，强度较高，可钎焊热处理强化铝合金
S-Zn89Al7Cu4	89	—	—	7	4	—	377	接头耐蚀性良好，用于铝合金及铝铜接头钎焊
S-Zn90Cd10	90	—	10	—	—	—	265~399	润湿性优良，接头耐蚀性中等
S-Zn95Al5	95	—	—	5	—	—	382	接头耐蚀性良好，用于铝合金及铝铜接头钎焊
S-Zn98Al2	98	—	—	2	—	—	420~480	铝线、铝排与铜排等异种材料接头钎焊

四、钎料牌号表示方法

1. 原机械工业部钎料表示方法

根据原机械工业部编写的《焊接材料产品样本》提供的标准资料表明，钎料牌号的编制方法如下：

1）字母"HL"表示钎料。

2）牌号的第一位数字表示钎料的化学组成类型，见表 3-5-14。

3）牌号的第二、三位数字，表示同一类钎料的不同牌号。

表 3-5-14 钎料化学组成类型

型号	化学组成类型	型号	化学组成类型
H L1XX（料 1XX）	铜锌合金	H L5XX（料 5XX）	锌合金
H L2XX（料 2XX）	铜磷合金	H L6XX（料 6XX）	锡铅合金
H L3XX（料 3XX）	银合金	H L7XX（料 7XX）	镍基合金
H L4XX（料 4XX）	铝合金	—	—

机械工业部钎料编号示例：

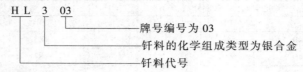

2. 原冶金部的钎料编号方法

1）以字母"HL"表示钎料。

2）"HL"后用两个化学元素符号，表明钎料的主要组元。

3）最后用一个或数个数字，标出除第一个主要元素以外，钎料的其他主要合金组元的含量。

冶金部钎料编号示例：

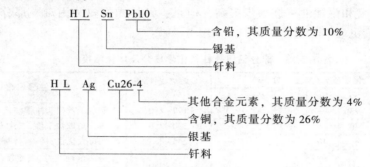

第三节　钎　　剂

钎剂是钎焊用的熔剂，在钎焊过程中与钎料配合使用，其作用主要有三个方面：

一是清除焊件和钎料表面的氧化物，使液态钎料能够在被钎焊的金属表面进行铺展。

二是形成液态薄层覆盖在被钎焊金属和钎料表面，起到隔绝空气的作用，防止在钎焊过程中被氧化。

三是起到界面活化作用，减小表面张力，增加流动性，改善液态钎料对钎焊金属表面的润湿，得到良好的钎焊接头。

一、钎剂的分类

钎剂有硬钎剂、软钎剂、专用钎剂（如铝用、钛用）和气体钎剂等。钎剂主要化学组分的分类见表3-5-15。

表 3-5-15　钎剂主要化学组分分类

焊剂主要组分分类代号	钎剂主要组分（质量分数）	钎焊温度/℃	焊剂主要组分分类代号	钎剂主要组分（质量分数）	钎焊温度/℃
1	硼酸+硼砂+氟化物≥90%	550~850	3	硼酸+硼砂≥90%	800~1150
2	卤化物≥80%	450~620	4	硼酸三甲酯≥60%	>450

二、钎剂的型号

硬钎剂型号用字母"FB"和根据钎剂的主要组分划分的四种代号"1、2、3、4"及钎剂顺序号表示：型号的尾部分别用大写字母 S（粉末状、粒状）、P（膏状）、L（液态）表示钎剂的形态。钎剂主要化学组分的分类见表 3-5-15。

钎剂型号示例：

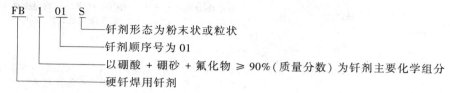

以硼酸＋硼砂＋氟化物≥90%（质量分数）为钎剂主要化学组分

三、钎剂的牌号

用"QJ"表示钎焊熔剂，牌号第一位数字表示钎剂的用途：1 为银钎料钎焊用；2 为钎焊铝及铝合金用。牌号第二、第三位数字表示同一类型钎剂的不同牌号。

钎剂牌号示例：

第四节 气焊熔剂

气焊熔剂是氧-燃气火焰进行气焊时的助熔剂，其作用是去除在焊接过程中所形成的氧化物，并改善润湿作用，从而获得致密的焊缝。根据原机械工业部编写的《焊接材料产品样本（1997）》表示方法：汉语拼音字母"CJ"表示气焊熔剂；其后第一位数字表示熔剂的用途及适用材料；牌号第二、三位数字表示同一类气焊熔剂的不同编号牌号的编制方法。常用气焊熔剂的牌号及适用材料见 3-5-16。常用气焊熔剂焊接注意事项见表 3-5-17。

表 3-5-16　常用气焊熔剂的牌号及适用材料

牌号	名称	适用材料	熔点/℃
CJ1××	不锈钢及耐热钢气焊熔剂	不锈钢及耐热钢	900
CJ2××	铸铁气焊熔剂	铸铁	650
CJ3××	铜及铜合金气焊熔剂	铜及铜合金	650
CJ4××	铝及铝合金气焊熔剂	铝及铝合金	560

气焊熔剂牌号示例：

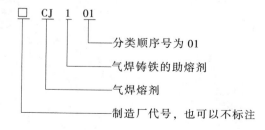

表 3-5-17 常用气焊熔剂焊接注意事项

牌号	名称	熔点/℃	焊接注意事项
CJ101	不锈钢及耐热钢气焊熔剂	900	1）焊前将待焊处油、污、锈、垢清除干净 2）焊前将熔剂用密度为 1.3g/cm³ 的水玻璃均匀搅拌成糊状 3）用刷子将调好的熔剂均匀涂在待焊处背面，厚度小于 0.4mm，焊丝也涂少许熔剂 4）熔剂涂完 30min 后再进行焊接
CJ201	铸铁气焊熔剂	650	1）焊前将焊丝一端用火煨热并蘸上熔剂，在待焊部位红热时撒上熔剂 2）焊接过程中，用蘸上熔剂的焊丝不断搅动熔池，使熔剂充分发挥作用，焊渣浮起 3）当焊渣浮起过多时，用焊丝将焊渣随时拨去
CJ301	铜气焊熔剂	650	1）焊前将待焊部位擦拭干净 2）焊前将焊丝的一端用火煨热，蘸上熔剂后即可施焊
CJ401	银气焊熔剂	560	1）焊前将待焊部位、焊丝擦拭干净 2）焊丝涂上用水调成的糊状熔剂，或焊丝一端煨热蘸取适量的干熔剂立即施焊 3）焊后必须将焊件表面的熔剂、熔渣用热水洗刷干净，以免引起腐蚀

第四篇　常用焊接工艺方法基本操作技术

第一章　焊条电弧焊操作技术

第一节　焊条电弧焊的基本操作技术

焊条电弧焊的基本操作技能是引弧、运条、焊道的连接和焊道的收尾，分别介绍如下。

一、引弧技术

焊条电弧焊时，引燃电弧的过程叫引弧。焊条电弧焊的引弧方法有两种：即直击法和划擦法。

（1）直击法　焊条电弧焊开始前，先将焊条末端与焊件表面垂直轻轻一碰，便迅速提起焊条，并保持一定的距离（2~4mm），电弧随之引燃。直击法引弧的优点是不会使焊件表面造成电弧划伤缺陷，又不受焊件表面大小及焊件形状的限制；不足之处是引弧成功率低，焊条与焊件往往要碰击几次才能使电弧引燃和稳定燃烧，操作不容易掌握。电弧引燃方法如图4-1-1所示。

（2）划擦法　将焊条末端对准引弧处，

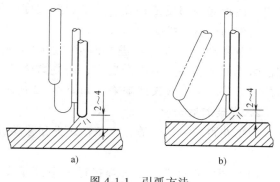

图 4-1-1　引弧方法

a）直击法　b）划擦法

然后将手腕扭动一下，像划火柴一样，使焊条在引弧处轻微划擦一下，划动长度一般为20mm左右，电弧引燃后，立即使弧长保持在2~4mm。这种引弧方法的优点是，电弧容易引燃，操作简单，引弧效率高。缺点是容易损伤焊件表面，有电弧划伤痕迹，在焊接正式产品时应该少用。

以上两种引弧方法，对初学者来说，划擦法容易引燃电弧。但是，如果操作不当，容易使焊件表面被电弧划伤，特别是在狭窄的焊接工作场地或焊件表面不允许被电弧划伤时，就应该采用直击法引弧。

对于初学直击法引弧的焊工，在引弧时容易发生焊条药皮大块脱落、引燃的电弧又熄灭或焊条粘在焊件表面的现象。这是初学者引弧时手腕转动动作不熟练，没有掌握好焊条离开焊件的时间和距离。如果焊条在直击焊件后离开焊件的速度太快，焊条提起太高，就不能引燃电弧或电弧只燃烧一瞬间就熄灭。如果引弧动作太慢，焊条被提起的距离太低，就可能使焊条和焊件粘在一起，造成焊接回路短路。短路时间过长，不仅不能引燃电弧，还会因短路电流过大、时间过长而烧毁焊机。

焊条在引弧过程中粘在焊件表面时，可将焊条左右摇动几次，即可使焊条脱落焊件表面，如果经左右摆动的焊条还不能脱离焊件表面，此时应立即将焊钳钳口松开，使焊接回路断开，待焊条冷却降温后再拆下。

酸性焊条引弧时，可以使用直击法引弧或划擦法引弧；碱性焊条引弧时，多采用划擦法引弧。因直击法引弧容易在焊缝中产生气孔。

二、运条

1. 焊条的摆动

为了保证焊接电弧稳定燃烧和焊缝的表面成形，电弧引燃后焊条要做三个方向运动：

（1）焊条不断地向焊缝熔池送进　焊接过程中，保持一定弧长，以焊条熔化速度向焊缝熔池连续不断地送进。

（2）焊条沿焊接方向向前移动　焊接过程中，焊条向前移动的速度要适当。

（3）焊条横向摆动　焊条电弧焊过程中，焊条横向摆动的目的是增加焊缝宽度，保证焊缝表面成形，延缓焊缝熔池凝固时间，有利于气孔和夹渣的逸出。使焊缝内部质量提高。正常焊缝宽度一般为坡口宽度两侧各外扩 2~3mm。

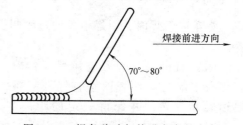

图 4-1-2　焊条移动与前进方向的夹角

焊条移动时，应与前进方向成 70°~80° 夹角。把已熔化的金属和熔渣推向后方，否则熔渣流向电弧的前方，则会造成夹渣缺陷，如图 4-1-2 所示。

2. 焊条的运条

为了获得较宽的焊缝，焊条在送进和移动过程中，还要做必要的摆动，常用的运条方法如下：

（1）直线形运条方法　焊接过程中，焊条末端不做横向摆动，仅沿着焊接方向做直线运动，电弧燃烧稳定，能获取较大的熔深，但焊缝的宽度较窄，一般不超过焊条直径的 1.5 倍。适用板厚 3~5mm 的 I 形坡口对接平焊，多层焊的第一层焊道或多层多道焊第一焊道的焊接。焊条运条方法如图 4-1-3a 所示。

（2）直线往复形运条法　焊接过程中，焊条末端沿焊缝的纵向做往复直线摆动，如图 4-1-3b 所示。这种运条方法的特点是焊接速度快，焊道窄、散热快，焊缝不宜烧穿，适用于薄板和间隙较大的多层焊的第一层焊道焊接。

（3）锯齿形运条法　焊接过程中，焊条末端在向前移动的同时，连续在横向做锯齿形摆动，焊条末端摆动到焊缝两侧应稍停片刻，防止焊缝出现咬边缺陷。焊条横向摆动的目的主要是控制焊接熔化金属的流动和得到必要的焊缝宽度，以获得较好的焊缝成形，这种方法容易操作，焊接生产中应用较多。锯齿形运条法如图 4-1-3c 所示。锯齿形运条法适于较厚钢板对接接头的平焊、立焊和仰焊及 T 形接头的立角焊。

（4）月牙形运条法　焊接过程中，焊条末端沿着焊接方向做月牙形横向摆动，摆动的速度要根据焊缝的位置、接头形式、焊缝宽度和焊接电流的大小来决定。焊条末端摆动到坡

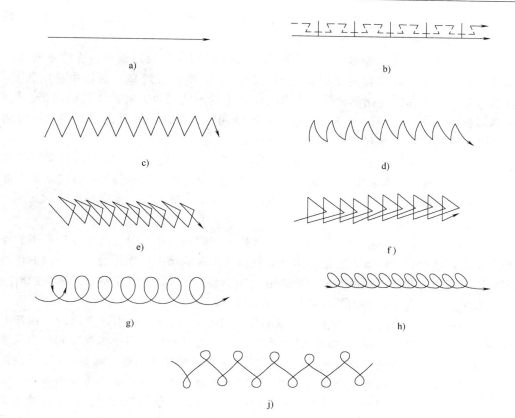

图 4-1-3 焊条运条方法

a）直线形运条法 b）直线往复形运条法 c）锯齿形运条法 d）月牙形运条法 e）斜三角形运条法
f）正三角形运条法 g）正圆环形运条法 h）斜圆环形运条法 i）8 字形运条法

口两边时稍停片刻，既能使焊缝边缘有足够的熔深，也能防止产生咬边现象。月牙形运条法适用于较厚钢板对接接头的平焊、立焊和仰焊及 T 形接头的立角焊。月牙形运条法如图 4-1-3d 所示。月牙形运条法的优点是：金属熔化良好，高温停留时间长，焊缝熔池内的气体有充足时间逸出，熔池内的熔渣也能上浮，对防止焊缝内部产生气孔和夹渣，提高焊缝质量有好处。

（5）斜三角形运条法 焊接过程中，焊条末端作连续的斜三角形运动，并不断地向前移动，适用于平焊、仰焊位置的 T 形接头焊缝和有坡口的横焊缝。该运条方法的优点是：能借焊条末端的摆动来控制熔化金属的流动，促使焊缝成形良好，减少焊缝内部的气孔和夹渣，对提高焊缝内在质量有好处。斜三角形运条法如图 4-1-3e 所示。

（6）正三角形运条法 焊接过程中，焊条末端作连续的三角形运动，并不断地向前移动。正三角形运条法适用于开坡口的对接接头和 T 形接头立焊，该运条法的优点是：一次焊接就能焊出较厚的焊缝断面，焊缝不容易产生气孔和夹渣缺陷。有利于提高焊接生产率。正三角形运条法如图 4-1-3f 所示。

（7）正圆环形运条法 焊接过程中，焊条末端连续作正圆环形运动，并不断地向前移动，只适用焊接较厚焊件的平焊缝。该运条法的优点是：焊缝熔池金属有足够的高温使焊缝熔池存在时间较长，有利于焊缝熔池中的气体向外逸出和熔池内的熔渣上浮。对提高焊缝内在质量有利。正圆环形运条法如图 4-1-3g 所示。

（8）斜圆环形运条法　焊接过程中，焊条末端在向前移动的过程中，连续不断地作斜圆环运动，适用于平、仰位置的 T 形焊缝和对接接头的横焊缝焊接。该运条法的优点是：斜圆环形运条有利于控制熔化金属受重力影响而产生的下淌现象，有助于焊缝成形，同时，斜圆环形运条能够减慢焊缝熔池冷却速度，使熔池的气体有时间向外逸出，熔渣有时间上浮，对提高焊缝内在质量有利。斜圆环形运条法如图 4-1-3h 所示。

（9）八字形运条法　焊接过程中，焊条末端作 8 字形运动，并不断向前移动，这种运条法的优点是：能保证焊缝边缘得到充分加热，使之熔化均匀，保证焊透，焊缝增宽、波纹美观。适用于厚板平焊的盖面层焊接以及表面堆焊。八字形运条法如图 4-1-3i 所示。

3. 焊道的连接

长焊道焊接时，受焊条长度的限制，一根焊条不能焊完整条焊道，为了保证焊道的连续性，要求每根焊条所焊的焊道相连接，连接处就称为焊道的接头。熟练的焊工焊出的焊道接头无明显接头痕迹，就像一根焊条焊出的焊道一样平整、均匀。在保证焊缝连续性同时，还要使长焊道焊接变形最小，常用的焊道接头方法如下：

（1）直通焊法　焊接引弧点在前一焊缝的收弧前 10～15mm 处，引燃电弧后，拉长电弧回到前一焊缝的收弧处预热弧坑片刻，然后调整焊条位置和角度，将电弧缩短到适当长度继续焊。采用这种连接法必须注意后移量（即起弧点在前一焊缝收弧点后移量），如果电弧后移量太多，则可能使焊缝接头部分太高，不仅焊缝不美观，而且还容易产生应力集中；如果电弧后移量太少，容易形成前一焊道与后一焊道脱节，在接头处明显凹下，形成焊缝弧坑未填满的缺陷，不仅焊缝不美观，而且是焊缝受力的薄弱处。此方法多用于单层焊缝及多层焊的盖面焊。直通焊法焊缝变形大，焊缝接头不明显。直通焊法如图 4-1-4a 所示。

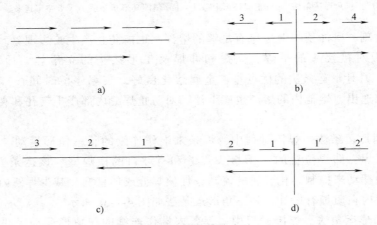

图 4-1-4　焊缝接头方法

a）直通焊法　b）由中间向两端对称焊法　c）分段退焊法　d）由中间向两端退焊法

直通焊法焊接多层焊的根部或焊接单层焊的根部焊缝，要求单面焊双面成形时，前一焊缝在收弧时，电弧向焊缝的背面下移形成熔孔。用新换的焊条重新引弧时，焊条的起弧点在熔孔后面 10～15mm 处，引弧后电弧移至熔孔处下移，听到"噗噗"的两声电弧穿透声后，立即抬起电弧向前以焊接速度运行。接头成功与否，关键是引弧前熔孔是否做好，如果熔孔过大，引弧后焊缝背面余高过高，甚至烧穿；如果熔孔过小，引弧后背面焊缝可能焊不透。焊缝熔孔如图 4-1-5 所示。

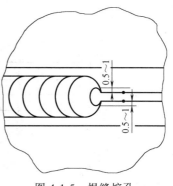

图 4-1-5　焊缝熔孔

（2）由中间向焊缝两端对称焊　由中间向焊缝两端对称焊如图 4-1-4b 所示，两个焊工采用同样的焊接参数，由中间向两端同时焊接，则每条焊缝所引起的变形可以相互抵消，焊后变形大为减少。这种焊接方法需要两名焊工，两台焊机，焊工实际操作技术水平相近，可以焊出焊缝外形既美观、焊接变形又小的焊缝。该种焊法也可以由一个焊工、一台焊机来完成长焊缝的焊接工作，这样要求焊工将长焊缝由中间分为两段，左边为 1、3、5…顺序排列焊缝，右边以 2、4、6…顺序排列焊缝，如图 4-1-4b 所示。该焊工在左边焊完第一段焊缝后，转到右边焊第二段焊缝，如此循环，即左边焊一根焊条长焊缝、右边焊一根焊条长焊缝，焊接时用相同的焊机、相同的焊接参数。由中间向两边施焊法适于长焊缝（>1000mm）焊接。

（3）分段退焊法　焊条在距焊缝起点处相当一根焊条焊接的长度上引弧，向焊缝起点焊接，第二根焊条由在距第一根焊条起点处一根焊条焊接的长度处引弧，向第一根焊条的起点处焊接，即第二根焊条的收弧处，是第一根焊条的起弧处，如图 4-1-4c 所示。焊缝呈分段退焊，焊接热量分散，焊接应力与焊接变形较小，由于焊接接头处温度较低，接头不平滑，整条焊缝外形不如直通法焊缝美观，但焊接变形比直通法焊接小。要求焊工接头技术水平高。

（4）由中间向两端退焊法　把整条焊缝由中间分为两段，每一条焊缝又分为若干个小段，每小段焊缝的长度是一根焊条最大的焊接长度，用两台焊机、相同的焊接参数，在距焊缝长度的中心点一根焊条所能焊到的长度上引弧，向中心点方向焊接。然后，按分段退焊法焊接，即第二根焊条焊接的焊缝收弧处，是第一根焊条的起弧处，焊接中心两侧的焊缝都采用同样的焊法，焊缝全长热应力较小，引起的焊接变形也较小。该焊法还可以由一名焊工、一台焊机，由中间向两端退焊，也可以把全长焊缝分为若干段，分段退焊完成，如图 4-1-4d 所示。该焊接方法适用于 1000mm 以上的焊缝焊接。

4. 焊缝的收弧

焊缝的收弧是指一条焊缝结束时采用的收弧方法。如果焊缝收弧采用立即拉断电弧收弧，则会形成低于焊件表面的弧坑，从而使熄弧点处焊缝强度降低，极易形成弧坑裂纹和产生应力集中。碱性焊条收弧方法不当，弧坑表面会有气孔缺陷存在，降低焊缝强度。为了解决上述问题，焊条电弧焊常采用以下焊缝收弧方法。

（1）划圈收弧法　焊接电弧移至焊缝终端时，焊条端部做圆圈运动，直至焊缝弧坑被填满后再断弧。此种收弧法适用于厚板焊接时的焊缝收弧。收弧法如图 4-1-6a 所示。

（2）回焊收弧法　焊接电弧移至焊缝收尾处稍停，然后改变焊条与焊件角度，回焊一小段填满弧坑后断弧，此收弧法适用于碱性焊条焊缝收弧。收弧法如图 4-1-6b 所示。

（3）反复熄弧、引弧法　焊接电弧在焊缝终端多次熄弧和引弧，直至焊缝弧坑被填满为止。此收弧法适用于大电流厚板焊接或薄板焊接焊缝收弧。碱性焊条收弧时不适宜采用反复熄弧、引弧法，因为用这种方法收弧，收弧点容易产生气孔。反复熄弧、引弧法如图 4-1-6c

所示。

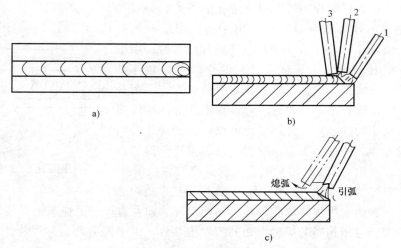

图 4-1-6　焊缝收弧法

a）划圈收弧法　b）回焊收弧法　c）反复熄弧、引弧法

第二节　各种焊接位置上的操作要点

焊接位置的变化对焊工操作技术提出不同的要求，这主要是由于熔化金属的重力作用，造成焊件在不同位置上焊缝成形困难，所以，在焊接操作中，只要仔细观察并控制焊缝熔池的形状和大小，及时调节焊条角度和运条动作，就能控制焊缝成形和确保焊缝质量。各种位置的焊接特点及操作要点如下。

一、平焊位置焊接要点

1. 平焊位置焊条角度

平焊位置按焊接接头的形式可分为：对接平焊、搭接接头平角焊、T 形接头平角焊、船形焊、角接接头平焊等。平焊位置的焊条角度如图 4-1-7 所示。

2. 平焊位置焊接要点

将焊件置于平焊位置，焊工手持焊钳，焊钳上夹持焊条，面部用面罩保护（头盔式面罩或手持式面罩），在焊件上引弧，利用电弧的高温（6000～8000K）熔化焊条金属和母材金属，熔化后的两部分金属熔合在一起成为熔池。焊条移动后，焊缝熔池冷却形成焊缝，通过焊缝将两块分离的母材牢固结合在一起，实现平焊位置焊接。平焊位置的焊接要点如下：

1）由于焊缝处于水平位置，熔滴主要靠重力过渡，所以根据板厚可以选用直径较粗的焊条，用较大的焊接电流焊接。在同样板厚条件下，平焊位置焊接电流，比立焊位置、横焊位置和仰焊位置焊接电流大。

2）最好采用短弧焊接，短弧焊接减少电弧高温热损失，提高熔池熔深；防止电弧周围有害气体侵入熔池，减少焊缝金属元素的氧化；减少焊缝产生气孔的可能性。

3）焊接时，焊条与焊件成 40°～90°的夹角，控制好电弧长度和运条速度，使熔渣与液

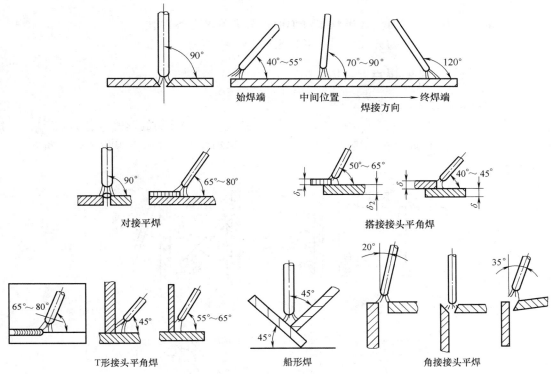

始焊端　中间位置————焊接方向————终焊端

对接平焊　　　搭接接头平角焊

T形接头平角焊　　　船形焊　　　角接接头平角焊

图 4-1-7　平焊位置焊条角度

态金属分离，防止熔渣向前流动。焊条与焊件夹角大，焊缝熔池深度也大；焊条与焊件夹角小，焊缝熔池深度也浅。平焊位置焊条角度如图 4-1-7 所示。

4）板厚在 5mm 以下，焊接时一般开 I 形坡口，可以用 $\phi3.2mm$ 或 $\phi4mm$ 焊条，采用短弧法焊接。背面封底焊前，可以不用铲除焊根（重要构件除外）。

5）焊接水平倾斜焊缝时，应采用上坡焊，防止熔渣向熔池前方流动，避免焊缝产生夹渣缺陷。

6）采用多层多道焊时，注意选好焊道数及焊道焊接顺序。

7）T 形、角接、搭接的平角焊接头，若两板厚度不同，应调整焊条角度，将焊接电弧偏向厚板，使两板受热均匀。

8）正确选用运条方法。

① 板厚在 5mm 以下，I 形坡口对接平焊，采用双面焊时，正面焊缝采用直线形运条方法，焊缝熔深应大于 $2\delta/3$；背面焊缝也采用直线形运条法，但焊接电流应比焊正面焊缝时稍大些，运条速度要快。

② 板厚在 5mm 以上时，根据设计需要，开 I 形坡口以外的其他形式坡口（V 形、X 形、Y 形等）对接平焊，打底焊宜用小直径焊条、小焊接电流、直线形运条法焊接。多层单道焊缝的填充层及盖面层焊缝，根据具体情况分别选用直线形、月牙形、锯齿形运条。多层多道焊时，宜采用直线形运条。

③ T 形接头焊脚尺寸较小时，可选用单层焊接，用直线形、斜圆环形或锯齿形运条方法；焊脚尺寸较大时，宜采用多层焊，各层可选用斜锯齿形、斜圆环形运条。多层多道焊宜

选用直线形运条方法焊接。

④ 搭接、角接平角焊时，运条操作与 T 形接头平角焊运条相似。

⑤ 船形焊的运条操作与开坡口对接平焊相似。

二、立焊位置焊接要点

1. 立焊位置焊条角度

立焊位置按焊件厚度有薄板对接立焊和厚板对接立焊；按接头的形式可分为 I 形坡口对接立焊、T 形接头立角焊；按焊接操作技术分向上立焊和向下立焊。立焊位置焊条角度如图 4-1-8 所示。

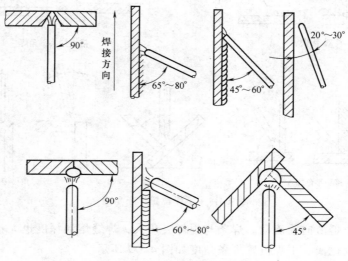

图 4-1-8　立焊位置焊条角度

2. 立焊位置焊接要点

1）立焊时，焊钳夹持焊条后，焊钳与焊条应成一直线，如图 4-1-9 所示。焊工的身体不要正对着焊缝，要略偏向左侧或右侧（左撇子），以便于握焊钳的右手或左手（左撇子）操作。

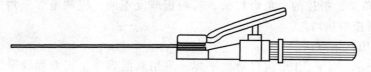

图 4-1-9　焊钳夹持焊条形式

2）焊接过程中，保持焊条角度，减少铁液下淌。

3）选用较小的焊条直径（$<\phi 4mm$）和较小的焊接电流（80%～85%平焊位置的焊接电流），用短弧焊接。

4）采用正确的运条方式。

① I 形坡口对接向上立焊时，可选用直线形、锯齿形、月牙形运条或挑弧法焊接。

② 开其他形式坡口对接立焊时，第一层焊缝常选用挑弧法或摆幅不大的月牙形、三角形运条焊接，其后可采用月牙形或锯齿形运条方法。

③ T形接头立焊时，运条操作与开其他形式坡口对接立焊相似，为防止焊缝两侧产生咬边、根部未焊透，电弧应在焊缝两侧及顶角有适当的停留时间。

④ 焊接盖面层时，应根据对焊缝表面的要求选用运条方法，焊缝表面要求稍高的可采用月牙形运条；如果只要求焊缝表面平整的可采用锯齿形运条方法。

5）由于立角焊电弧的热量向焊件的三向传递，散热快，所以在与对接立焊相同的条件下，焊接电流可稍大些，以保证两板熔合良好。

三、横焊位置焊接要点

1. 横焊位置焊条角度

横焊时，焊工的操作姿势最好是站位（焊工垂直站着焊接），若有条件许可，焊工持面罩的手或胳膊最好有依托，以保持焊工在站位焊接时身体稳定。引弧点的位置应是焊工正视部位，焊接时每焊完一根焊条，焊工就需要移动一下站的位置，为保证能始终正视焊缝，焊工上部分身体应随电弧的移动而向前移动，但眼睛仍需与焊接电弧保持一定的距离。同时，注意保持焊条与焊件的角度，防止熔化金属过分下淌，在坡口上边缘容易形成熔化金属下坠（泪滴形焊缝，如图4-1-10所示）或未焊透。横焊位置焊条角度如图4-1-11所示。

图 4-1-10　泪滴形焊缝

a）正常横焊缝　b）泪滴形横焊缝

图 4-1-11　横焊位置焊条角度

2. 横焊位置焊接要点

1）选用小直径焊条、焊接电流比平焊小、短弧操作，能较好地控制熔化金属下淌。

2）厚板横焊时，打底层以外的焊缝宜采用多层多道焊法施焊。

3）多层多道焊时，要特别注意焊道与焊道间的重叠距离，每道叠焊应在前一道焊缝的1/3处开始焊接，以防止焊缝产生凹凸不平。

4）根据焊接过程中的实际情况，保持适当的焊条角度。

5）采用正确的运条方法。

① 开I形口对接横焊时，正面焊缝采用往复直线运条方法较好，稍厚件选用直线形或小斜圆环形运条，背面焊缝选用直线运条，焊接电流可以适当加大。

② 开其他形式坡口对接多层横焊，间隙较小时，可采用直线形运条；根部间隙较大时，打底层选用往复直线运条，其后各层焊道焊接时，可采用斜圆环形运条，多层多道焊缝焊接时，宜采用直线形运条。

四、仰焊位置焊接要点

1. 仰焊位置焊条角度

根据焊件与焊工的距离，焊工可采取站位、蹲位或坐位，个别情况还可采取躺位，即焊工仰面躺在地上，手举焊钳仰焊（这种焊位适用于焊接事故的抢修，不适宜大批量的制造业生产）。施焊时，焊工胳膊应离开身体，小臂竖起，大臂与小臂自然形成角支撑，重心在大胳膊的根部关节上或胳膊肘上，焊条的摆动应靠腕部的作用来完成，大臂要随着焊条的熔化向焊缝方向逐渐地上升和向前方移动，眼睛要随着电弧的移动观察施焊情况，头部与上身也应随着焊条向前移动而稍微倾斜。仰焊前，焊工一定要穿戴仰焊工所必备的劳动保护服，纽扣扣紧，颈部围紧毛巾，头戴披肩帽，脚穿防烫鞋，以防铁液下落和飞溅金属烫伤皮肤。焊工手持焊钳，根据具体情况变换焊条角度，仰焊位置焊条角度如图 4-1-12 所示。

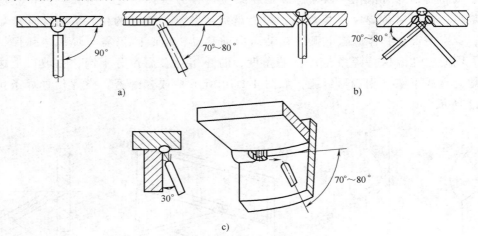

图 4-1-12　仰焊位置时的焊条角度

a）I 形坡口对接仰焊　b）其他坡口对接仰焊　c）T 形坡口对接仰焊

2. 仰焊位置焊接要点

1）为便于熔滴过渡，减少焊接下淌和飞溅，焊接过程中应采用最短的弧长施焊。

2）打底层焊缝，应采用小直径焊条和小焊接电流施焊，以免焊缝两侧产生凹陷和夹渣。

3）根据具体情况选用正确的运条方法：

① 开 I 形坡口对接仰焊时，直线形运条方法适用于小间隙焊接，往复直线形运条方法适用于大间隙焊接。

② 开其他形式坡口对接多层仰焊时，打底层焊接的运条方法，应根据坡口间隙的大小选择。使用直线形运条或往复直线形运条方法。其后各层可选用锯齿形或月牙形运条方法；多层多道焊宜采用直线形运条方法，无论采用哪种运条方法，每一次向熔池过渡的熔化金属质量不宜过多。

③ T 形接头仰焊时，焊脚尺寸如果较小，可采用直线形或往复直线形运条方法，由单层焊接完成；焊脚尺寸如果较大时，可采用多层或多层多道焊施焊，第一层打底焊宜采用直线形运条，其后各层可选用斜三角形或斜圆环形运条方法焊接。

第三节　单面焊双面成形技术

一、单面焊双面成形的焊接技术特点

单面焊双面成形技术是特种设备焊工应该熟练掌握的操作技能，也是在某些重要焊接结构制造过程中，既要求焊透而又无法在背面进行清根和重新焊接所必须采用的焊接技术。在单面焊双面成形操作过程中，不需要采取任何辅助措施，只是在坡口根部进行组装定位焊时，应该按照焊接时采用的不同操作手法留出不同的间隙。当在坡口正面用普通焊条焊接时，就会在坡口的正、背两面都能得到均匀整齐、成形良好、符合质量要求的焊缝，这种特殊的焊接操作被称为单面焊双面成形。

作为焊条电弧焊焊工，在单面焊双面成形过程中，应牢记"眼精、手稳、心静、气匀"八个字。所谓"眼精"，就是在焊接过程中，焊工的眼睛要时刻注意观察焊接熔池的变化，注意"熔孔"的尺寸，每个焊点与前一个焊点重合面积的大小，熔池中熔化金属与熔渣的分离等。所谓"手稳"，是指焊工的眼睛看到哪儿，焊条就应该按选用的运条方法、合适的弧长、准确无误地送到哪儿，保证正、背两面焊缝表面成形良好。所谓"心静"，是要求焊工在焊接过程中，专心焊接，别无他想，任何与焊接无关的私心杂念都会使焊工分心，在运条、断弧频率、焊接速度等方面出现差错，从而导致焊缝会产生各种焊接缺陷。所谓"气匀"，是指焊工在焊接过程中，无论是站位焊接、蹲位焊接还是躺位焊接，都要求焊工能保持呼吸平稳均匀，既不要大憋气，以免焊工因缺氧而烦躁，影响发挥焊接技能；也不要大喘气，在焊接过程中，这种呼吸方法会使焊工身体因上下浮动而影响手稳。

总之，这八个字是焊工经多年实践经验总结而得到的，指导焊工进行单面焊双面成形操作时收效很大。"心静""气匀"是前提，是对焊工思想素质上的要求，在焊接岗位上，每一名焊工都要专心从事焊接工作，做到"一心不可二用"，否则，不仅焊接质量不高，也容易出现安全事故。只有做到"心静""气匀"，焊工的"眼精""手稳"才能发挥作用。所以，这八个字，既又各自独立的特性，又有相互依托的共性，需要焊工在焊接中仔细体会其中的奥秘。特种设备焊工在参加资格考试时，考前还要做好以下准备工作：

1. 试件的坡口

焊件采用单面焊接双面成形技术进行焊接时，厚6~16mm试件的坡口以V形坡口为好，钝边尺寸为0~1.5mm，间隙与所使用的焊条直径有关，如图4-1-13所示。

2. 试板装配

将打磨好的试板装配成Y形坡口的对接接头，当厚12~16mm板件用φ3.2mm焊条焊接时，其装配间隙建议为：始焊端为3.2mm，终焊端为4mm，（可以用φ3.2mm和φ4mm焊条头夹在试板坡口的钝边处、定位焊牢两试板，然后用敲渣锤打掉定位用的φ3.2mm和φ4mm的焊条头即可），终焊端放

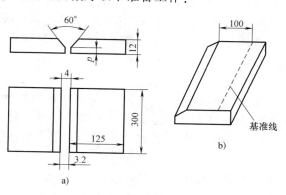

图 4-1-13　试件的坡口

大装配间隙的目的是克服试板在焊接过程中，因为焊缝横向收缩而使焊接间隙变小，影响背面焊缝焊透质量，再者电弧由始焊端向终焊端移动，在 300mm 长的焊缝中，终焊端不仅有电弧的直接加热，还有电弧在 0~300mm 长移动过程中，传到终焊端的热量，瞬间热量的叠加，使终焊端处温度高，焊缝横向收缩力大，所以终焊端间隙要比始焊端间隙大。

　　装配好试件后，在焊缝的始焊端和终焊端 20mm 内，用 φ3.2mm 焊条定位焊接，定位焊缝长 10~15mm （定位焊焊缝焊在正面焊缝处），对定位焊焊缝质量要求与正式焊接一样。

3. 反变形

　　试板焊后，由于焊缝在厚度方向上的横向收缩不均匀，使两块试板离开原来的位置翘起一个角度，这就是角变形，翘起的角度称为反变形角 α。厚 12~16mm 试板焊接时，变形角控制在 3° 以内。为此，焊前在试板定位焊时，应将试板反变形角 α 控制在 4°~5°，θ 角如无

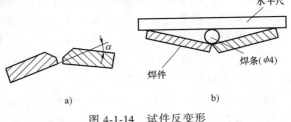

图 4-1-14　试件反变形

专用量具测量，可采用如下方法：将水平尺放在试板两侧，中间正好通过 φ4mm 焊条时，此反变形角合乎要求，如图 4-1-14 所示。

二、低碳钢板对接平焊位置单面焊接双面成形焊接操作

1. 板平焊打底层断弧焊操作

　　板厚为 12mm 试板，对接平焊，焊缝共有四层：第一层为打底焊层、第二、三层为填充层，第四层为盖面层。焊缝层次分布如图 4-1-15 所示。

　　（1）打底层断弧焊　焊条直径为 φ3.2mm，焊接电流为 95~105A。焊接从始焊端开始，首先在始焊端定位焊缝上引弧，然后将电弧移至待焊处，以弧长3.2~4mm 在该处，来回摆动 2~3 次进行预热，预热后立即压低电弧（弧长约 2mm），约 1s 的时间，听到

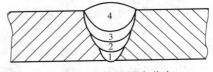

图 4-1-15　焊缝层次分布

电弧穿透坡口根部而发出"噗噗"的声音，在电焊防护镜保护下看到定位焊缝以及相接的坡口两侧金属开始熔化，并形成熔池，这时迅速提起焊条、熄灭电弧。此处所形成的熔池是整条焊道的起点，从这一点以后再引燃电弧，采用二点击穿法焊接。

　　当建立了第一个熔池重新引弧后，迅速将电弧移向熔池的左（或右）前方靠近根部的坡口面上，压低焊接电弧，以较大的焊条倾角击穿坡口根部，然后迅速灭弧，大约经1s 以后，在上述左（或右）侧坡口根部熔池尚未完全凝固，再迅速引弧，并迅速将电弧移向第一个熔池的右（或左）前方靠近根部的坡口面上，压低焊接电弧，以较大的焊条倾角直击坡口根部，然后迅速灭弧。这种连续不断地反复在坡口根部左右两侧交叉击穿的运条操作方法称为二点击穿法，如图 4-1-16b 所示。平焊位置焊条电弧焊的焊接参数见表 4-1-1。

　　断弧焊法每引燃、熄灭电弧一次，完成一个焊点的焊接，其节奏控制在每分钟灭弧 45~55 次，焊工根据坡口根部熔化程度、控制电弧的灭弧频率。断弧焊过程中，每个焊点与前一个焊点重叠 2/3，每个焊点使焊道前进的速度为 1~1.5mm/s，打底层焊道正面，背面焊缝高度控制在 2mm 左右。

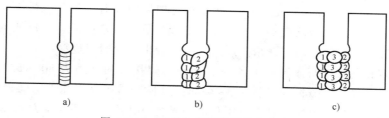

图 4-1-16 平焊位置断弧焊操作方法

a）一点击穿法　b）二点击穿法　c）三点击穿法

当焊条长度在 50～60mm 长时，需要做更换焊条的准备。此时迅速压低电弧，向焊缝熔池边缘连续过渡几个熔滴，以便使背面熔池饱满，防止形成冷缩孔，然后迅速更换焊条，并在图 4-1-17①的位置引燃电弧。以普通焊速沿焊道将电弧移到焊缝末尾焊的 2/3 处②的位置，在该处以长弧摆动两个来回，（电弧经③位置→④位置--⑤位置→⑥位置）。看到被加热的金属有了"出汗"现象之后，在⑦位置压低电弧并停留 1～2s，待末尾焊点重熔并听到"噗噗"两声之后，迅速将电弧沿坡口的侧后方拉长电弧熄弧，更换焊条操作结束。更换焊条时电弧移动轨迹如图 4-1-17 所示。

表 4-1-1　平焊位置焊条电弧焊的焊接参数

焊层	焊条直径/mm	焊接电流/A	
		J422 焊条	
打底层	φ3.2	95～105	断弧焊、二点击穿法　断弧频率：45～55 次/min
填充层	φ4	175～185	连弧焊
盖面层	φ4	170～180	连弧焊

打底层（断弧）操作时，要做到：一看、二听、三准、四短。

1）一看。要认真观察熔池的形状和熔孔的大小，在焊接过程中注意分离熔渣和液态金属：熔池中的液态金属在保护镜下明亮、清晰，而熔渣是黑色的。熔孔的大小以电弧能将坡口两侧钝边同时熔化为好（两点击穿法和三点击穿法焊接时，钝边只是一边一边地熔化），熔孔应深入每侧母材 0.5～1.5mm 为好。如果熔孔过大，背面的焊缝过高，甚至形成焊瘤或烧穿；熔孔过小时，坡口两侧容易造成未焊透。

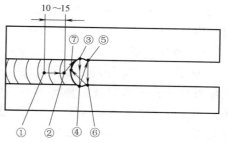

图 4-1-17　更换焊条时电弧移动轨迹

2）二听。焊接过程中，电弧击穿焊件坡口根部时，会发出"噗噗"的声音，这表明焊缝熔透良好，没有这种声音时，表明坡口根部没有被电弧击穿，如果继续向前进行焊接时，则会造成未焊透缺陷。所以，焊接过程中，应认真听电弧击穿焊件坡口根部发出的"噗噗"声音。

3）三准。焊接过程中，要准确掌握好熔孔形成的尺寸。每一个新的焊点应与前一个焊点搭接 2/3，保持焊接电弧 1/3 部分在焊件的背面燃烧，以加热和击穿坡口根部钝边。当听到电弧击穿坡口根部发出"噗噗"的声音时，迅速向熔池的后方灭弧，灭弧的瞬间熔池的金属将凝固，形成一个熔透坡口的焊点。

4）四短。灭弧与重新引燃电弧的时间要短。如果间隔时间过长，焊缝熔池温度过低，熔池存在的时间较短，冶金反应不充分，容易形成气孔、夹渣等缺陷。间隔时间如果过短，焊缝熔池温度过高，会使背面焊缝余高过大，甚至会出现焊瘤或烧穿。

（2）填充层的焊接　焊条直径为 4mm，焊条与焊接方向夹角为 80°~85°，以防止焊缝熔渣超前而产生夹渣。电弧长度控制在 3~4mm，过长容易产生气孔，层间焊完后，用角向磨光机仔细清渣，如果焊道接头过高可用角向磨光机打磨或采用层间反方向焊接。当第三层焊缝（最后一条填充层）焊完后，其焊缝表面应距试板表面约 1.5mm。以保持坡口两侧边缘的原始状态，为盖面层焊接打好基础。

（3）盖面层的施焊　盖面层的焊接是保证焊缝焊接质量的最后一个重要环节。盖面层焊接用 φ4mm 焊条，焊接电流为 170~180A，焊条与焊接方向夹角为 75°~80°。焊接过程中，电弧的 1/3 弧柱应将坡口边缘熔合 1~1.5mm，摆动焊条时，要使电弧在坡口边缘稍作停留，待液体金属饱满后再运条至另一侧，以避免焊趾处产生咬边。

（4）焊缝清理　焊完焊缝后，用敲渣锤清除焊渣，用钢丝刷进一步将焊渣、焊接飞溅物等清理干净，焊缝处于原始状态，交付专职检验前不得对各种焊接缺陷进行修补。

2. 板平焊打底层连弧焊操作

装配好的试件，装夹在一定高度的架上（根据个人的条件，可以采用蹲位、站位、坐位等）进行焊接。

（1）打底层连弧焊　用连弧焊法打底层时，电弧引燃后，中间不允许人为地熄弧，一直是短弧连续运条，直至应更换另一根焊条时才熄灭电弧。由于在连弧保护焊时，熔池始终处在电弧连续燃烧的保护下，在此温度下液态金属和熔渣容易分离，气孔也容易从熔池中溢出，保护效果较好，所以焊缝不容易产生缺陷，焊缝的力学性能也较好。用碱性焊条（如E5015）焊接时，交流焊机不能起弧，所以必须使用直流焊机。而且用碱性焊条采用断弧焊时，焊缝保护不好，容易产生气孔。因此，多采用连弧焊操作方法焊接。

1）操作要点

① 引弧。在焊件的端部定位焊缝上引弧，并在坡口内侧摆动，对焊件的端部进行预热，当电弧移动到定位焊缝的尾部时，压低电弧，将焊条向下顶一下，听到"噗噗"两声后，表明焊件根部钝边已被熔透，第一个熔池已经形成，引弧操作完成。焊接引弧操作时，要控制电弧向坡口两侧各熔透 0.5~1.5mm 为好。

② 连弧打底层焊法。打底层焊连弧操作时，焊条与坡口两侧夹角为 90°，与焊接前进方向夹角为 70°~80°。焊接操作采用锯齿形运条法，在运条过程中，尽量采取短弧操作，焊条做横向摆动时，摆动的速度要快，注意在坡口两侧停留的时间不要过长，使焊缝与母材金属熔合良好，避免焊缝与母材交界处形成夹角，以免不利于清渣。

③ 接头。接头方法有热接法和冷接法两种。

a. 热接法。焊接过程采用热接法时，更换焊条动作要迅速，在焊缝熔池还处于红热状态即引弧施焊。引弧点在距熔孔 10~15mm，引弧后要迅速压低电弧，作小幅度的摆动向前运条，待焊条运至熔孔处，向下压弧，听到击穿坡口根部发出"噗噗"的声音时，向前继续做锯齿形运条，恢复正常焊接。热接法的特点是由停弧到重新引弧的时间间隔较短，有利于液态金属迅速向熔池过渡，焊接接头比较平整。

b. 冷接法。接头前，要将熔孔周围的焊渣清理干净，必要时可用角向磨光机对接头部位进行修整，使其形成斜坡状，引弧点在距熔孔 10～15mm，以利于熔孔处温度的提升和接头处的焊缝平整。冷接法的特点是由停弧到重新引弧的时间间隔不受限制，接头处冶金反应不充分，容易产生气孔、夹渣等缺陷。

④ 收弧。焊接过程需要收弧时，应将电弧拉向坡口的左侧或右侧，慢慢在运条的过程中将电弧抬起，使焊缝熔池逐渐变浅、缩小直至消失。按此收弧方法收弧，既可以防止液态金属下坠，又可以防止焊缝熔池中心产生冷缩孔。

2）注意事项。连弧焊打底层焊缝焊接质量，对整个平焊焊缝成形、焊接质量有很大的影响，所以，在焊接打底层焊缝时，在操作上应注意以下几点：

① 焊接坡口间隙要窄，钝边要小。因为窄间隙可以控制焊缝熔池的尺寸，使熔池表面张力大，能控制熔化金属的下凸。同时，较小的熔池也有利于熔池的凝固。钝边小，可以用较小的焊接电流迅速击穿焊缝根部达到单面焊双面成形。

② 焊接电弧要短。在合适的焊条角度前提下，采用最短的焊接电弧，在坡口根部做小幅度横向摆动，在保证焊透的条件下，焊条摆动速度要适当加快。

③ 合适的熔孔。在焊接电弧的下方，应保持有合适的熔孔。熔孔尺寸过大，焊缝下凹大；熔孔尺寸过小，焊缝根部不宜击穿，使打底层焊缝未焊透。

④ 熔滴搭接均匀。打底层焊缝的每一个新熔池，要与前一个熔池搭接 2/3～1/2，减少熔池的表面面积，使熔池表面张力处于最大，防止背面焊缝下凸过大。

⑤ 焊接过程中处理好焊接电缆。焊条电弧焊焊接电缆，在焊接过程中，不仅影响焊接操作，而且还由于焊接电缆的重量使焊工容易疲劳，从而使焊缝表面成形、焊缝质量受到影响。所以不论采用站位、蹲位、坐位还是躺位进行焊接，焊工只负担 1m 左右长焊接电缆的重量，其余长度的焊接电缆重量，可固定在辅助支撑上，千万不要将焊接电缆缠绕在焊工的身体上，以免发生人身安全事故。

⑥ 控制焊缝熔池尺寸。连弧焊焊接时，要控制焊缝熔池尺寸，使焊缝正面熔池和背面熔池大致相同。

（2）填充层焊接操作 填充层焊前，应将打底层焊缝表面的焊渣、金属飞溅物清理干净，将焊缝表面不平之处用角向磨光机打磨平整。填充层焊缝运条法及焊条角度，与打底层焊接时相同，但是，横向运条幅度要大，焊条的摆动速度要比打底层焊时稍慢些，并且在焊缝与母材的交界处要稍作停顿，使焊缝与母材熔合良好，避免产生凹沟和夹渣等焊接缺陷。

填充层焊缝共分为两层，在第二层填充层焊缝焊接时，要注意保护焊件坡口处的棱角，填充层焊缝全部焊完后，焊缝表面与焊件表面的距离应为 1～1.5mm，以利于盖面层焊缝的焊接。

（3）盖面层焊接操作 盖面层焊前，表面清理与打磨同填充层操作。盖面层焊缝运条法及焊条角度，与填充层焊接时相同，但是焊条做横向摆动时，在中间要稍快，在两边要稍作停顿，此时的焊接电弧进一步缩短，既能防止发生咬边缺陷，又能使焊接电弧熔化焊件坡口的棱角，并深入母材内 1～2.5mm，使焊缝与母材熔合良好。

焊接过程注意防止偏弧现象，如有偏弧发生时，要及时将焊条向偏弧方向做倾斜调整，防止产生咬边缺陷。

（4）焊缝清理 焊完焊缝后，用敲渣锤清除焊渣，用钢丝刷进一步将焊渣、焊接飞溅物等清理干净，焊缝处于原始状态，交付专职检验前不得对各种焊接缺陷进行修补。

（5）焊接质量检验　按国家质量监督检验检疫总局 TSG Z6002—2010 特种设备安全技术规范《特种设备焊接操作人员考核细则》评定：

1）焊缝外形尺寸。焊缝余高 0~4mm，焊缝余高差≤3mm，焊缝宽度（比坡口每侧增宽 0.5~2.5mm），宽度差≤3mm。

2）焊缝表面缺陷。咬边深度≤0.5mm，焊缝两侧咬边总长度不超过 30mm。背面凹坑深度≤2mm，总长度<30mm。焊缝表面不得有裂纹、未熔合、夹渣、气孔、焊瘤和未焊透。

3）焊件变形。焊件（试板）焊后变形角度 $\theta \leq 3°$，错边量≤2mm。

4）焊缝内部质量。焊缝经 JB4730—2007《特种设备无损检测》标准检测，射线透照质量不低于 AB 级，焊缝缺陷等级不低于 Ⅱ 级。

三、低碳钢板对接立焊位置单面焊双面成形焊接操作

1．低碳钢板对接立焊位置单面焊双面成形操作特点

低碳钢板对接立焊位置单面焊双面成形时，焊件坡口呈垂直向上位置，熔滴和熔渣受重力的作用很容易下淌，当操作者的焊条角度、运条方法、焊接参数选择不当时，就会形成焊缝背面烧穿、焊瘤、未焊透；正面焊缝表面成形不良、咬边、夹渣、气孔等缺陷。为了保证焊接质量，在单面焊双面成形过程中，要采取相应措施，防止上述焊接缺陷产生。

2．焊前准备

（1）焊机　选用 BX3—500 型交流焊弧焊变压器。

（2）焊条　选用 E4303 酸性焊条，焊条直径为 $\phi 3.2mm$，焊前经 75~150℃烘干，保温 2h。焊条在炉外停留时间不得超过 4h，超过 4h 的焊条必须重新放入烘干炉中烘干，焊条重复烘干次数不能超过 3 次。焊条药皮开裂或偏心度超标的不得使用。

（3）焊件（试板）　采用 Q235A 低碳钢板。厚度 12mm，长×宽为 300mm×125mm，用剪板机或气割下料，然后用刨床加工成 V 形 30°坡口，气割下料的焊件，其坡口边缘的热影响区焊前也应该刨去。

（4）辅助工具和量具　焊条保温筒、角向磨光机、钢丝刷、敲渣锤、样冲、划针、焊缝万能量规等。

3．焊前装配定位

装配定位的目的是把两块试板装配成合乎焊接技术要求的 Y 形坡口的试板。立焊 Y 形坡口试板如图 4-1-18a 所示。

（1）准备试板　用角向磨光机将试板两侧坡口面及坡口边缘 20~30mm 范围以内的油、污、锈、垢清除干净，呈现金属光泽。然后在钳工台虎钳上修磨坡口钝边，使钝边尺寸保持在 0.5~1.5mm，最后在距坡口边缘 100mm 处的试板表面，用划针划

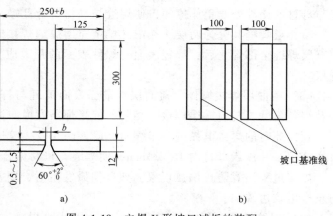

图 4-1-18　立焊 Y 形坡口试板的装配
a）Y 形坡口对接焊试板　b）划基准线

上与坡口边缘平行的平行线，如图 4-1-18b 所示。并打上样冲眼，作为焊后测量焊缝坡口每侧增宽的基准线。

（2）试板装配 将打磨好的试板装配成 Y 形坡口的对接接头，装配间隙始焊端为 3.2mm，终焊端位 4mm（可以用 φ3.2mm 和 φ4mm 焊条头夹在试板坡口的钝边处，定位焊牢两试板，然后用敲渣锤打掉定位用的 φ3.2mm 和 φ4mm 焊条头即可）。终焊端放大装配间隙的目的是克服试板在焊接过程中，因为焊缝横向收缩而使焊缝间隙变小，影响背面焊缝焊透质量。再者，电弧由始焊端向终焊端移动，在 300mm 长的焊缝中，终焊端不仅有电弧的直接加热，还有电弧在 0~300mm 长的移动过程中，传到终焊端的热量，瞬间热量的叠加，使终焊端处温度高，焊缝的横向收缩力加大，所以，终焊端间隙要比始焊端间隙大。

装配好试件后，在焊缝的始焊端和终焊端 20mm 内，用 φ3.2mm 的 E4303 焊条定位焊接，定位焊缝长为 10~15mm（定位焊缝焊在正面焊缝处），对定位焊缝焊接质量要求与正式焊缝一样。

（3）反变形 试板焊后，由于焊缝在厚度方向上的横向收缩不均匀，使两块试板离开原来的位置各翘起一角度，这就是角变形，翘起的角度称为变形角 α。厚 12~16mm 试板焊接时，变形角控制在 3°以内。为此，焊前在试板定位焊时，应将试板的变形角向相反的方向做成 3°。

4. 焊接操作

板厚为 12mm 试板，对接立焊，焊缝共有四层，第一层为打底层、第二、三层为填充层、第四层为盖面层。焊缝层次分布如图 4-1-19 所示。

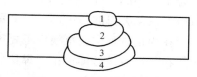

图 4-1-19 焊缝层次分布

（1）打底层的断弧焊 焊条直径为 φ3.2mm，焊接电流为 90~100A，焊接速度为 6~7cm/min。焊接从始焊端开始，引弧部位在始焊端上部 10~20mm 处，电弧引燃后，迅速将电弧移到定位焊缝上，预热焊 2~3s 后，将电弧压到坡口根部，当听到击穿坡口根部而发出"噗噗"的声音后，在焊接防护镜保护下看到定位焊缝以及相接的坡口两侧金属开始熔化并形成熔池，这时迅速提起焊条、熄灭电弧。此处所形成的熔池是整条焊道的起点，从这一点开始，以后的打底层焊采用两点击穿法焊接。

断弧焊法每引燃、熄灭电弧一次，就完成一个焊点的焊接，其节奏控制在每分钟灭弧 45~55 次之间，焊工应根据坡口根部熔化程度（由坡口根部间隙、焊接电流、钝边的大小、待焊处的温度等因素决定），控制电弧的灭弧频率。断弧焊过程中，每个焊点与前一个焊点重叠 2/3，焊接速度应控制在 1~1.5mm/s，打底层焊缝正面高度、背面余高以 2mm 左右为好。

当焊条长度剩余 50~60mm 时，需要做更换焊条的准备。此时迅速压低电弧，向焊缝熔池边缘连续过渡几滴熔滴，以便使焊缝背面熔池饱满，防止形成冷缩孔。与此同时，还在坡口根部形成了每侧熔化 0.5~1mm 的熔孔，这时应迅速更换焊条，并在熔池尚处在红热状态下，立即在熔池上端 10~15mm 处引弧，电弧引燃后，稍作拉长并退至原焊接熔池处进行预热，预热时间控制在 1~2s 内，然后将电弧移向熔孔处压低电弧，看到被加热的熔孔有出汗的现象，继续压低电弧击穿坡根部发出"噗噗"的声音后，按两点击穿法，继续完成以后的打底层焊道的焊接。

断弧击穿法在操作中要注意三个要点：一是灭弧动作一定要迅速，动作稍有迟疑，即可造成熔孔过大，背面熔池下塌，甚至烧穿。二是击穿的位置要准确无误，这样背面的焊道焊波均匀、密实。三是电弧击穿根部时，穿过背面的电弧不可过长，如果穿过的电弧过长，说明熔孔过大，导致熔池下塌或烧穿；穿过的电弧过短，说明熔孔过小，容易造成未焊透。因此，穿过背面的电弧长度以 1/3 电弧长为好。板立焊焊接参数见表 4-1-2。

（2）填充层的焊接　焊条直径为 4mm，施焊时焊条与焊缝下端的夹角为 55°~65°，采用连弧焊法，锯齿形横向摆动运条。为了防止出现焊缝中间高、两侧凹的现象，焊条从坡口一侧摆动到另一侧时应稍快些，并在坡口两侧稍作停顿。为了保证焊缝与母材熔合良好和避免夹渣，焊接时电弧要短。为了防止在焊接过程中产生偏弧、使空气侵入焊缝熔池产生气孔，在焊接过程中，也不要随意加大焊条角度。填充层焊完后的焊道表面应平滑整齐，不得破坏坡口边缘，填充金属表面与母材表面相差 0.5~1.5mm，以保持坡口两侧边缘的原始状态，为盖面层焊接打好基础。

（3）盖面层的焊接　保证盖面层焊接质量的关键是焊接过程中焊条摆动要均匀，严格控制咬边缺陷的产生和焊缝接头良好。

盖面层焊前，将填充层的焊缝表面药皮熔渣清理干净，施焊过程中，焊条角度要调整，即：焊条与焊缝下端的夹角为 70°~80°，采用连弧焊法，焊接电弧的 1/3 弧柱应将坡口边缘熔合 1~1.5mm，摆动焊条时，要使电弧在坡口一侧边缘稍作停留，待液体金属饱满后，再将电弧运至坡口的另一侧，以避免焊趾处产生咬边缺陷。

在焊接过程中，更换焊条要迅速，从熔池上端引弧，然后将电弧拉向熔池中间并指向弧坑，在弧坑填满后即可正常焊接。

表 4-1-2　板立焊焊接参数

试板厚度 /mm	焊缝层次	焊条直径/mm	焊接电流/A	焊接速度 / (mm/min)	备注
12	1	3.2	100~110	60~70	打底层
	2		95~105	130~150	填充层
	3		95~105	130~150	
	4		100~110	100~110	盖面层

5. 焊缝清理

焊完焊缝后，用敲渣锤清除焊渣，用钢丝刷进一步将焊渣、焊接飞溅物等清理干净，焊缝处于原始状态，交付专职检验前不得对各种焊接缺陷进行修补。

6. 焊接质量检验

按国家质量监督检验检疫总局 TSG Z6002—2010 特种设备安全技术规范《特种设备焊接操作人员考核细则》评定：

（1）焊缝外形尺寸　焊缝余高 0~4mm；焊缝余高差 ≤3mm；焊缝宽度（比坡口每侧增宽 0.5~2.5mm）；宽度差 ≤3mm。

（2）焊缝表面缺陷　咬边深度 ≤0.5mm，焊缝两侧咬边总长度不超过 30mm。背面凹坑深度 ≤2mm，总长度 <30mm。焊缝表面不得有裂纹、未熔合、夹渣、气孔、焊瘤和未焊透。

（3）焊件变形　焊件（试板）焊后变形角度 $\theta \leqslant 3°$，错边量 ≤2mm。

（4）焊缝内部质量　焊缝经 JB4730—2007《特种设备无损检测》标准检测，射线透照质量不低于 AB 级，焊缝缺陷等级不低于 Ⅱ 级。

四、低碳钢板对接横焊位置单面焊双面成形焊接操作

1. 板对接横焊位置单面焊接双面成形特点

1）焊接过程中，熔化金属和熔渣受重力作用而下流至下坡口面上，容易形成未熔合和层间夹渣，并且在坡口上边缘容易形成熔化金属下坠或未焊透。

2）厚板对接坡口横焊多采用多层多道焊方法，防止熔化金属下淌。

3）焊接电流较平焊电流小。

2. 焊前准备

（1）焊机　选用 BX3-500 型交流弧焊变压器。

（2）焊条　选用 E4303 酸性焊条，焊条直径为 φ3.2mm，焊前经 75～150℃烘干，保温 2h。焊条在炉外停留时间不得超过 4h，否则，焊条必须放在炉中重新烘干。焊条重复烘干次数不得多于 3 次。

（3）焊件（试板）　采用 Q235A 低碳钢板，厚度 12mm，长×宽为 300mm×125mm，用剪板机或气割下料，然后再用刨床加工成 V 形 30°坡口。气割下料的焊件，其坡口边缘的热影响区应用刨床刨去，试件图样如图 4-1-20 所示。

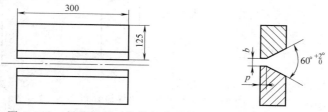

图 4-1-20　低碳钢板对接横焊位置单面焊双面成形试件图样

（4）辅助工具和量具　焊条保温筒、角向磨光机、钢丝刷、敲渣锤、样冲、划针、焊缝万能量规等。

3. 焊前装配定位

装配定位的目的是把两块试板装配成合乎焊接技术要求的 V 形坡口的试板。横焊 V 形坡口试板如图 4-1-20 所示。

（1）准备试板　用角向磨光机将试板两侧坡口面及坡口边缘 20～30mm 范围以内的油、污、锈、垢清除干净，见金属光泽。然后，在钳工台虎钳上修磨坡口钝边，使钝边尺寸保持在 0.5～1.5mm，最后在距坡口边缘 100mm 处的试板表面，用划针划上与坡口边缘平行的平行线，如图 4-1-18b 所示。并打上样冲眼，作为焊后测量焊缝坡口每侧增宽的基准线。

（2）试板装配　将打磨好的试板装配成 V 形 60°坡口的对接接头，装配间隙始焊端为 3.2mm，终焊端为 4mm（可以用 φ3.2mm 和 φ4mm 焊条头夹在试板坡口的钝边处，定位焊牢两试板，然后用敲渣锤打掉定位用的 φ3.2mm 和 φ4mm 焊条头即可）。终焊端放大装配间隙的目的是克服试板在焊接过程中，因为焊缝横向收缩而使焊缝间隙变小，影响背面焊缝焊透质量。再者，电弧由始焊端向终焊端移动，在长 300mm 的焊缝中，终焊端不仅有电弧的直接加热，还有电弧在 0～300mm 长度的移动过程中，传到终焊端的热量，瞬间热量的叠加，使终焊端处温度高，焊缝的横向收缩力加大，所以，终焊端间隙要比始焊端间隙大。

装配好试件后，在焊缝的始焊端和终焊端 20mm 内，用 φ3.2mm 的 E4303 焊条定位焊

接，定位焊缝长度为 10~15mm（定位焊缝焊在正面焊缝处），对定位焊缝焊接质量要求与正式焊缝一样。

（3）反变形 试板焊后，由于焊缝在厚度方向上的横向收缩不均匀，使两块试板离开原来的位置翘起一个角度，这就是角变形，翘起的角度称为变形角 α。厚 12~16mm 试板焊接时，变形角控制在 3°以内。为此，焊前在试板定位焊时，应将试板的变形角向相反的方向制作成 3°。

4. 焊接操作

板厚为 12mm 试板，对接横焊，焊缝共有四层：第一层为打底层（一层 1 道焊接）、第二、三层为填充层（即：二层 1 道焊接；三层 2 道焊接）、第四层为盖面层（四层 3 道焊接）。焊缝层次及焊道分布如图 4-1-21 所示。

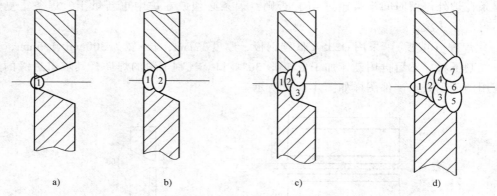

图 4-1-21 焊缝层次及焊道分布

a）第一层（打底层） b）第二层（填充层） c）第三层（填充层） d）第四层（盖面层）

（1）打底层的断弧焊 板对接横焊位置单面焊双面成形的打底焊，与其他位置焊接有很大的不同，横焊时，由于熔渣极易下淌，因此，严重影响坡口下侧的熔合。同时，坡口上侧钝边由于熔化后迅速下坠，从而产生正面、背面焊缝的咬边和内凹。因此，控制上侧金属的熔化下坠、保护坡口下侧金属熔合良好，是板对接横焊单面焊接双面成形的主要难点。所以，为了保证打底层焊缝能获得良好的焊缝成形，横焊焊接电流的选择应该大于平焊和立焊。断弧焊的焊接参数见表 4-1-3。

表 4-1-3 断弧焊焊接参数

焊缝层次	焊接道次	焊条直径/mm	焊接电流/A	焊接速度/（mm/min）	备注
1	1	3.2	105~115	70~80	打底层
2	1		125~135	150~170	填充层
3	1		125~135	170~180	填充层
	2			160~170	
4	1		115~125	180~200	盖面层
	2			180~200	
	3			200~220	

断弧焊操作时，起弧点在焊件左端的定位焊缝起始端引弧，并让电弧稍作停顿，然后以小锯齿形摆动向前移动电弧，当焊接电弧达到定位焊缝终端时，对准焊接坡口根部中心，压

低电弧，将电弧推向试板的背面，并稍作停留。当听到电弧击穿坡口根部发出"噗噗"的声音后，即第一个熔池已经建立，此时应立即灭弧。然后按图 4-1-22 中所示的方法移动电弧。

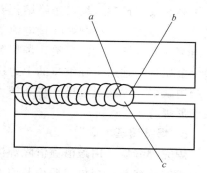

图 4-1-22　打底层断弧焊运条方法

当电弧引弧后第一个熔池的颜色变为暗红色时，立即在熔池中心 a 点处重新引弧，然后将电弧移至与第一个熔池相连接的两坡口根部中心 b 点，稍作停留，将电弧推向试板的背面，听到击穿坡口根部发出"噗"的声音后，将电弧移至 c 点灭弧。c 点处于 a、b 两点之间的下方，在 c 点灭弧，可以增加熔池的温度，减缓熔池冷却速度，防止电弧在 a 点燃烧时，熔池金属下坠到下坡口，产生未熔合或焊缝成形不良等缺陷。在以后的焊接过程中，始终依照 a→b→c 运条轨迹施焊，焊条保持一定的角度，使焊接电弧总是顶着熔池，防止熔渣超越电弧而引起夹渣缺陷的产生。

（2）填充层焊接　焊前将前焊道焊缝表面打磨平整，焊渣清理干净。第 2 条焊道为单层填充焊道，施焊时的焊条夹角与打底层的焊条夹角基本相同，如图 4-1-23 所示。

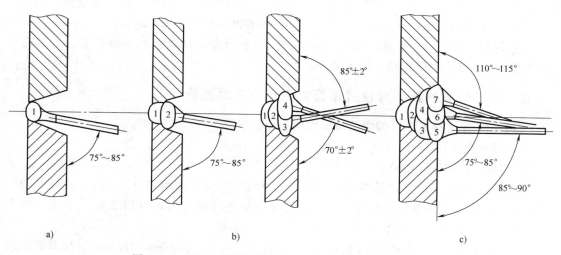

图 4-1-23　板对接横焊单面焊双面成形各焊层的焊条夹角

a）打底层焊条夹角　b）填充层焊条夹角　c）盖面层焊条夹角

第 3、4 条焊道焊接时，焊条的倾角与打底层焊缝焊条倾角相同。施焊第三层焊缝的要点是：焊接第 3 条焊道时，焊接电弧要对准第 2 条焊道的下沿，稍作摆动，使第 3 条焊道的熔池压到第 2 条焊道表面的 1/3～2/3 处，并与下坡面熔合良好；施焊第 4 条焊道时，焊接电弧要指向第 2 条焊道的上沿，稍作摆动后，使焊道填满第三层焊缝的剩余部分，并与上坡面熔合良好。特别指出的是：第三层焊缝焊接过程中，注意保护好坡口两侧的棱边，填充层焊缝表面距下坡口表面为 2mm，距上坡口表面为 0.5mm，为焊接盖面层做好准备。填充层焊缝的焊接参数见表 4-1-3。

（3）盖面层焊接　焊接时，焊条的倾角与打底层焊接相同，焊条夹角如图 4-1-23c 所示。焊接参数见表 4-1-3。盖面层焊缝共有三条，即：5、6、7 焊道，焊接顺序是由下向上，焊接第 5 条焊道时，坡口边缘熔化要均匀，熔合良好，防止焊道下坠，产生未熔合缺陷。焊接第 6 条焊道时，控制好焊接电弧的位置，使焊道的下沿在第 5 条焊道的 1/2～2/3 处，焊道与第 5 条焊道过渡应平滑。焊接第 7 条焊道时，应适当减小焊接电流或增加焊接速度，将熔化金属均匀地熔敷在坡口的上边缘，控制好焊条夹角和焊接速度，防止熔化金属下淌，产生咬边缺陷。焊接过程中，焊条摆动幅度和运条速度要均匀、注意短弧操作、注意防止出现泪滴形焊缝。

5. 焊缝清理

焊完焊缝后，用敲渣锤清除焊渣，用钢丝刷进一步将焊渣、焊接飞溅物等清理干净，焊缝处于原始状态，交付专职检验前不得对各种焊接缺陷进行修补。

6. 焊接质量检验

按国家质量监督检验检疫总局 TSG Z6002—2010 特种设备安全技术规范《特种设备焊接操作人员考核细则》评定：

（1）焊缝外形尺寸　焊缝余高 0～4mm，焊缝余高差 ≤3mm；焊缝宽度（比坡口每侧增宽 0.5～2.5mm），宽度差 ≤3mm。

（2）焊缝表面缺陷　咬边深度 ≤0.5mm，焊缝两侧咬边总长度不超过 30mm。背面凹坑深度 ≤2mm，总长度 <30mm。焊缝表面不得有裂纹、未熔合、夹渣、气孔、焊瘤和未焊透。

（3）焊件变形　焊件（试板）焊后变形角度 $\theta \leq 3°$，错边量 ≤2mm。

（4）焊缝内部质量　焊缝经 JB4730—2007《特种设备无损检测》标准检测，射线透照质量不低于 AB 级，焊缝缺陷等级不低于 II 级。

五、低碳钢板对接仰焊位置单面焊双面成形焊接操作

1. 酸性焊条（断弧焊）仰焊位单面焊双面成形操作

（1）焊前准备

1）焊机。选用 BX3-500 型交流弧焊机。

2）焊条。选用 E4303 酸性焊条，焊条直径为 φ3.2mm，焊前经 75～150℃烘干 1～2h。烘干后的焊条放在焊条保温筒内随用随取，焊条在炉外停留时间不得超过 6h，否则，焊条必须放在炉中重新烘干。焊条重复烘干次数不得多于 3 次。

3）焊件（试板）。采用 Q235 钢板，厚度 12mm，长×宽为 300mm×125mm，用剪板机或气割下料，然后再用刨床加工成 V 形 30°坡口。气割下料的焊件其坡口边缘的热影响区应用刨床刨去，试件图样如图 4-1-13 所示。

4）辅助工具和量具。焊条保温筒、角向磨光机、钢丝刷、敲渣锤、样冲、划针、焊缝万能量规等。

装配好的试件，装夹在一定高度的架上（根据个人的条件，可以采用蹲位、站位、躺位等）进行焊接。

（2）打底层（断弧）焊法　用断弧焊法打底层时，利用电弧周期性地燃弧-断弧（灭弧）过程，使母材坡口钝边金属，有规律地熔化成一定尺寸的熔孔，在电弧作用正面熔池的同时，使 1/3～2/3 的电弧穿过熔孔而形成背面焊道。

1）断弧焊法操作方法。断弧焊法有以下三种操作方法。

① 一点击穿法。电弧同时在坡口两侧燃烧，两侧钝边同时熔化，然后迅速熄弧，在熔

池将要凝固时，又在灭弧处引燃电弧、击穿、停顿，周而复始地重复进行，如图 4-1-24a 所示。

一点击穿法的特点：焊缝熔池始终是一个熔池与另一个熔池叠加的集合体，熔池在液态存在时间较长，熔池冶金反应比较充分，不宜出现气孔、夹渣等缺陷。但是，焊缝熔池不宜控制：温度低，容易出现未焊透；温度高，容易出现熔池液体流淌，甚至背面凹坑过大。

② 两点击穿法。焊接电弧分别在坡口两侧交替引燃，即：左（右）侧钝边处给一滴熔化金属，右（左）侧钝边处给一滴熔化金属，如此依次进行，如图 4-1-24b 所示。

两点击穿法的特点：这种焊接方法比较容易掌握，熔池的温度也容易控制，钝边熔合良好。但是，由于焊道是两个熔池叠加而成，熔池的反应时间不太充分，使气泡、熔渣上浮受到一定的限制，容易出现气孔、夹渣等缺陷。如果熔池的温度能控制在前一个熔池尚未凝固，而对称侧的熔池就已形成，使两个熔池能够充分叠加在一起共同结晶，就能避免产生气孔和夹渣。

③ 三点击穿法。焊接电弧引燃后，左（右）侧钝边给一滴熔化金属，右（左）侧钝边给一滴熔化金属，然后再在中间间隙处给一滴熔化金属，依此循环进行，如图 4-1-24c 所示。

三点击穿法的特点：这种方法比较适合根部间隙较大的情况，因为两焊点中间熔化的金属较少，第三滴熔化金属补在两焊点中间是非常必要的。否则，在焊缝熔池凝固前析出气泡时，由于没有较多的熔化金属来愈合孔穴，在焊缝的背面容易出现冷缩孔缺陷。

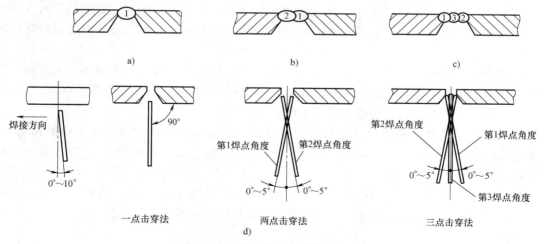

图 4-1-24　断弧焊打底层操作方法
a) 一点击穿法　b) 两点击穿法　c) 三点击穿法　d) 焊条角度

2）断弧仰焊焊条角度。焊条引弧后用短弧焊接，并让电弧始终向上托住熔化的铁液，焊条与焊接方向成 70°~80° 角度，焊接过程中尽量控制熔池的温度，使熔池的温度低些，减少熔化金属因飞溅流失，造成背面焊缝下凹。

3）断弧焊法操作注意事项。

打底层断弧焊操作时要做到：一看、二听、三准、四短。

① 一看。要认真观察熔池的形状和熔孔的大小，在焊接过程中注意分离熔渣和液态金属：熔池中的液态金属在保护镜下明亮、清晰，而熔渣是黑色的。熔孔的大小以电弧能将坡

口两侧钝边同时熔化为好（两点击穿法和三点击穿法焊接时，钝边只是一边一边地熔化），熔孔应深入每侧母材 0.5～1.5mm 为好。如果熔孔过大，背面的焊缝过高，甚至形成焊瘤或烧穿；熔孔过小时，坡口两侧容易造成未焊透。

② 二听。焊接过程中，电弧击穿焊件坡口根部时，会发出"噗噗"的声音，这表明焊缝熔透良好，没有这种声音时，表明坡口根部没有被电弧击穿，如果继续向前进行焊接时，则会造成未焊透缺陷。所以，焊接过程中应认真听电弧击穿焊件坡口根部发出的"噗噗"声音。

③ 三准。焊接过程中，要准确掌握好熔孔形成的尺寸。每一个新的焊点应与前一个焊点搭接 2/3，保持焊接电弧 1/3 部分在焊件的背面燃烧，以加热和击穿坡口根部钝边。当听到电弧击穿坡口根部发出"噗噗"的声音时，迅速向熔池的后方灭弧，灭弧的瞬间熔池的金属将凝固，形成一个熔透坡口的焊点。

④ 四短。灭弧与重新引燃电弧的时间要短。如果间隔时间过长，焊缝熔池温度过低，熔池存在的时间较短，冶金反应不充分，容易形成气孔、夹渣等缺陷。如果间隔时间过短，焊缝熔池温度过高，会造成熔池液体流淌，使背面焊缝内凹过大。

4）断弧焊法更换焊条注意事项。断弧焊在更换焊条时，应将焊条往上顶，使熔池前方的熔孔稍微扩大些，然后往回焊 15～20mm，形成斜坡状再熄弧，为下根焊条引弧打下良好的接头基础。

5）接头方法。焊条接头有冷接和热接两种方法。

① 冷接法。换完新焊条后，把距弧坑 15～20mm 斜坡上的焊渣敲掉并清理干净，此时弧坑已经冷却，在距弧坑 15～20mm 斜坡上起弧，电弧引燃后将其引至弧坑处预热，当坡口根部有"出汗"的现象时，将电弧迅速往上顶直至听到"噗噗"的声音后，提起焊条继续向前施焊。

② 热接法。当弧坑还处在红热状态时，迅速在距弧坑 15～20mm 的焊缝斜坡上起弧并焊至收弧处，这时弧坑温度已经很高，当看到有"出汗"的现象时，迅速将焊条向熔孔压下，听到"噗噗"的声音后，提起焊条向前正常焊接。

（3）填充层焊接（每层只焊一道焊缝）操作 填充层焊接时，焊条除了向前移动外，还要有横向摆动，在摆动的过程中，在焊道中央移弧要快（即滑弧过程），电弧在两侧时要稍作停留，使熔池左右两侧的温度均衡，两侧圆滑过渡。在焊接第一层填充层时（打底层焊后的第一层），应注意焊接电流的选择，过大的焊接电流会使第一层填充层金属组织烧穿，焊缝根部的塑性、韧性降低，因而在弯曲试验时，背弯不合格者较多。所以，填充层的焊接电流要有限制。

1）清渣。注意清除打底层焊缝与坡口两侧之间夹角处的焊渣，此外，填充层之间的焊渣、各填充层与坡口两侧间夹角处焊渣也要仔细清除。因为仰焊时，焊接电流偏小，电弧的吹力很难将这些熔渣清除。所以，焊前的清渣效果对保证焊缝的质量有很重要的作用。

2）引弧。在距焊缝的始焊端 10～15mm 处引弧，然后将电弧拉回始焊处施焊，填充层的每次接头引弧也应如此。

3）运条方法。如果每层只焊一道焊缝的话，可以采用短弧月牙形或锯齿形运条；如果填充层采用多层多道焊缝焊接，应采用直线形运条法焊接。

焊条在运条摆动时，在坡口两侧要稍作停留，在坡口中间处运条动作稍快，以滑弧手法运条，这样焊接处的温度比较均衡，能够形成较薄的焊道，焊接飞溅和熔化金属的流淌也较少。

焊接速度要快些，使熔池形状始终呈椭圆形并保持其大小一致，这样焊缝成形美观，同时，均匀的鱼鳞纹也使清渣容易。

4）焊条角度。焊条于焊接方向之间的夹角为 85°~90°。

（4）盖面层焊接（断弧焊）操作　盖面层焊接和中间填充层焊接相似。在焊接过程中，焊条角度尽量与焊缝垂直，以便在焊接电弧的直吹作用下，使盖面层焊缝的熔深尽可能大些，与最后一层填充层焊缝能够熔合良好。由于盖面层焊缝是金属结构上的最外表一层焊缝，除了要求具有足够的强度、气密性外，还要求焊缝成形美观、鱼鳞纹整齐，让人看了不仅有安全感，还要有恰似艺术品美感的享受。

1）清渣。焊前仔细清理填充层焊缝与坡口两侧母材夹角处的焊渣，以及焊道与焊道叠加处的焊渣。

2）运条方法。采用月牙形或锯齿形运条。

合理选择电流，焊条摆动到坡口边缘时，要稳住电弧并稍作停留，将坡口两侧边缘熔化并深入每侧母材 1~2mm。

控制电弧长度及摆动幅度，防止焊缝咬边及背面焊缝下凹过大等缺陷产生。

焊接速度要均匀一致，焊点与焊点搭接要均匀，焊缝余高差符合技术要求。

采用多道焊进行盖面时，可以用直线运条法，由起点焊至终点，其后各道焊缝也是由起点焊至终点。但是，后一道焊缝要熔合前一道焊缝的 1/3。长焊缝可以采用分段退焊法或退步焊法，两道焊缝相搭接 1/3，每道焊缝焊前，必须仔细清除焊道上的焊渣。

3）焊条角度。焊条与焊接方向的夹角为 90°。

4）接头技术。尽量采用热接法。更换焊条前，往熔池中稍填些液态金属，然后迅速更换焊条，在弧坑前 10~15mm 处引弧，并将电弧引至弧坑处，划一个小圆圈预热，当弧坑重新熔化时，所形成的熔池延伸进入坡口两侧边缘内各 1~2mm 时，即可进入正常的焊接。

5）焊接参数。厚 12mm 的 Q235 钢板对接仰焊单面焊接双面成形焊接参数见表 4-1-4。

（5）焊缝清理　焊完焊缝后，用敲渣锤清除焊渣，用钢丝刷进一步将焊渣、焊接飞溅物等清理干净，焊缝处于原始状态，交付专职检验前不得对各种焊接缺陷进行修补。

表 4-1-4　12mm 厚 Q235 钢板对接仰焊单面焊接双面成形断弧焊焊接参数

焊缝层次（焊缝道数）	焊条直径/mm	焊接电流/A	电弧电压/V
打底层（1）	φ3.2	95~105	22~26
填充层（2~3）	φ3.2	105~115	22~26
盖面层（4~6）	φ3.2	95~105	22~26

2. 碱性焊条（连弧焊）仰焊位单面焊接双面成形

（1）焊前准备

1）焊机。选用 ZX5-400 直流弧焊整流器。

2）焊条。选用 E5015 碱性焊条，焊条直径为 φ3.2mm，焊前经 350~400℃烘干 1~2h。烘干后的焊条放在焊条保温筒内随用随取，焊条在炉外停留时间不得超过 4h，否则，焊条必须放在炉中重新烘干。焊条重复烘干次数不得多于 3 次。

3）焊件（试板）。采用 Q355（16Mn）钢板，厚度 12mm，长×宽为 300mm×125mm，用剪板机或气割下料，然后再用刨床加工成 V 形 30°坡口。气割下料的焊件，其坡口边缘的热影响区应用刨床刨去。

4）辅助工具和量具。焊条保温筒、角向磨光机、钢丝刷、敲渣锤、样冲、划针、焊缝万能量规等。

（2）焊前装配定位焊 装配定位的目的是把两块试板装配成合乎焊接技术要求的 Y 形坡口的试板。

1）准备试板。用角向磨光机将试板两侧坡口面及坡口边缘 20～30mm 范围以内的油、污、锈、垢清除干净，呈现金属光泽。然后，在距坡口边缘 100mm 处的试板表面，用划针划上与坡口边缘平行的平行线，如图 4-1-13 所示。打上样冲眼，作为焊后测量焊缝坡口每侧增宽的基准线。

2）试板装配。将打磨好的试板装配成 Y 形坡口的对接接头，装配间隙始焊端为 3.2mm，终焊端为 4mm（可以用 φ3.2mm 和 φ4mm 焊条头夹在试板坡口的钝边处，将两试板定位焊牢，然后用敲渣锤打掉定位用的 φ3.2mm 和 φ4 mm 焊条头）。终焊端放大装配间隙的目的是克服试板在焊接过程中，因为焊缝横向收缩而使焊缝间隙变小，影响背面焊缝熔深质量。再者，电弧由始焊端向终焊端移动，在长 300mm 的焊缝中，终焊端不仅有电弧的直接加热，还有电弧在移动过程中，传到终焊端的热量，瞬间热量的叠加，使终焊端处温度高，焊缝的横向收缩力加大，所以，终焊端间隙要比始焊端间隙大。

装配好试件后，在焊缝的始焊端和终焊端 20mm 内，用 φ3.2mm 的 E5015 焊条定位焊接，定位焊缝长为 10～15mm（定位焊缝焊在正面焊缝处），对定位焊缝焊接质量要求与正式焊缝一样。

3）反变形。试板焊后，由于焊缝在厚度方向上的横向收缩不均匀，使两块试板离开原来的位置翘起一个角度，这就是角变形，翘起的角度称为变形角 α。厚 12mm 试板焊接时，变形角控制在 3°以内。为此，焊前在试板定位焊时，应将试板的变形角向相反的方向制作成 3°，反变形角如图 4-1-14 所示。

（3）打底层焊接（连弧焊）操作 装配好的试件，装夹在一定高度的架上（根据个人的条件，可以采用蹲位、站位、躺位等）进行焊接。用连弧焊法打底层时，电弧引燃后，中间不允许人为地熄弧，一直是短弧连续运条，直至应更换另一根焊条时才熄灭电弧。由于在连弧保护焊时，熔池始终处在电弧连续燃烧的保护下，在此温度下，液态金属和熔渣容易分离，气孔也容易从熔池中溢出，保护效果较好，所以焊缝不容易产生缺陷，焊缝的力学性能也较好。用碱性焊条（如 E5015）焊接时，交流焊机不能起弧，所以，必须使用直流焊机。而且用碱性焊条采用断弧焊时，焊缝保护不好，容易产生气孔。因此，多采用连弧焊操作方法焊接。

1）操作步骤

① 引弧。在焊件的端部定位焊缝上引弧，并在坡口内侧摆动，对焊件的端部进行预热，当电弧移动到定位焊缝的尾部时，压低电弧，将焊条向上顶一下，听到"噗噗"声后，表明焊件根部钝边已被熔透，第一个熔池已经形成，引弧操作完成。焊接引弧操作时，要控制电弧向坡口两侧各熔透 0.5～1.5mm 为好。

② 打底层焊法（连弧焊）。打底层焊（连弧）操作时，焊条与坡口两侧夹角为 90°，与焊接前进方向夹角为 70°～80°。焊接操作采用锯齿形运条法，在运条过程中，焊条端部始终要有向上顶的动作，即尽量采取短弧操作，焊条做横向摆动的幅度要比平焊、立焊位焊接时稍小，摆动的速度要快，注意在坡口两侧停留的时间不要过长，使焊缝与母材金属熔合良

好，避免焊缝与母材交界处形成夹角，以免不利于清渣。

为了克服仰焊背面焊缝下凹，使背面焊缝高于焊件表面，施焊时，焊条应紧贴在坡口根部间隙处，采取短弧操作，使焊接熔池越小越好，这样，利用熔池的表面张力作用，把在重力作用下，焊缝熔池内向下流淌的熔滴，迅速拉回焊缝背面熔池，从而确保仰焊背面焊缝的饱满。如果焊接熔池过大，熔池的表面张力不足以控制熔池内熔滴的外溢，从而使仰焊背面焊缝下凹，形成焊缝不饱满，用锯齿形运条法焊接时，操作时要注意观察熔池的大小和颜色调整"锯齿的幅度"和运条摆动的频率，能够控制熔池温度的高低，减少熔池液体的流淌。

③ 接头。接头方法有热接法和冷接法两种。

a. 热接法。焊接过程采用热接法时，更换焊条动作要迅速，在焊缝熔池还处于红热状态时即引弧施焊。引弧点距熔孔 10～15mm，引弧后要迅速压低电弧，做小幅度的摆动向前运条，待焊条运至熔孔处，向上顶压弧，听到击穿坡口根部发出"噗噗"的声音时，向前继续做锯齿形运条，恢复正常焊接。热接法的特点是由停弧到重新引弧的时间间隔较短，有利于液态金属迅速向熔池过渡，焊接接头比较平整。

b. 冷接法。接头前，要将熔孔周围的焊渣清理干净，必要时可用角向磨光机对接头部位进行修整，使其形成斜坡状，引弧点距熔孔 10～15mm，以利于熔孔处温度的提升和接头处的焊缝平整。冷接法的特点是由停弧到重新引弧的时间间隔不受限制，接头处冶金反应不充分，容易产生气孔、夹渣等缺陷。

④ 收弧。焊接过程需要收弧时，应将电弧拉向坡口的左侧或右侧，慢慢在运条的过程中将电弧抬起，使焊缝熔池逐渐变浅、缩小直至消失。按此收弧方法收弧，既可以防止液态金属下坠，又可以防止焊缝熔池中心产生冷缩孔。

2）操作注意要点。连弧焊打底层焊缝焊接质量对整个仰焊焊缝成形、焊接质量有很大的影响，所以，在打底层焊缝焊接时，在操作上应注意以下几点：

① 焊接坡口间隙要窄，钝边要小。因为窄间隙可以控制焊缝熔池的尺寸，使熔池表面张力大，能控制熔化金属的下凹。同时，较小的熔池也有利于熔池的凝固。钝边小，可以用较小的焊接电流，迅速击穿焊缝根部达到单面焊接双面成形。

② 焊接电弧要短。在合适的焊条角度前提下，采用最短的焊接电弧，在坡口根部作小幅度横向摆动，在保证焊透的条件下，焊条摆动速度要适当加快。

③ 合适的熔孔。在焊接电弧的上方，应该保持有合适的熔孔。熔孔尺寸过大，焊缝下凹大；熔孔尺寸过小，焊缝根部不宜击穿，使打底层焊缝未焊透。

④ 熔滴搭接均匀。打底层焊缝的每一个新熔池，要与前一个熔池搭接 2/3～1/2，减少熔池的表面面积，使熔池表面张力处于最大，防止背面焊缝下凹。

⑤ 焊接过程中处理好焊接电缆。焊条电弧焊焊接电缆，在仰焊过程中，不仅影响焊接操作，而且还由于焊接电缆的重量，使焊工容易疲劳，从而使焊缝表面成形、焊缝质量受到影响。所以，不论采用站位、蹲位、坐位还是躺位进行焊接，焊工只负担 1m 左右长焊接电缆的重量，其余长度的电缆重量，可固定在辅助支撑上，千万不要将电缆缠绕在焊工的身体上，以免发生人身安全事故。

⑥ 控制焊缝熔池尺寸。仰焊焊接时，要控制焊缝熔池尺寸，使焊缝正面熔池和背面熔池大致相同。

（4）填充层焊接操作　填充层焊前，应将打底层焊缝表面的焊渣、金属飞溅物清理干净，将焊缝表面不平之处用角向磨光机打磨平整。填充层焊缝运条法及焊条角度与打底层焊接时相同，但是，横向运条幅度要大，焊条的摆动速度要比打底层焊时稍慢些，并且在焊缝与母材的交界处要稍作停顿，使焊缝与母材熔合良好，避免产生凹沟和夹渣等焊接缺陷。

填充层焊缝共分为两层，在第二层填充层焊缝焊接时，要注意保护焊件坡口处的棱角，填充层焊缝全部焊完后，焊缝表面距焊件表面的距离应在 1～1.5mm 为好。以利于盖面层焊缝的焊接。

（5）盖面层焊接操作　盖面层焊前应将填充层焊缝表面的焊渣、金属飞溅物清理干净，将焊缝表面不平之处用角向磨光机打磨平整。盖面层焊缝运条法及焊条角度，与填充层焊接时相同，但是，焊条作横向摆动时，在中间要稍快，在两边要稍作停顿，此时的焊接电弧进一步缩短，既能防止发生咬边缺陷，又能使焊接电弧熔化焊件坡口的棱角，并深入母材内 1～2.5mm，使焊缝与母材熔合良好。

焊接过程注意防止偏弧现象，如有偏弧发生时，要及时将焊条向偏弧方向作倾斜调整，防止产生咬边缺陷。厚 12mm 的 Q355 钢板对接仰焊单面焊双面成形焊接参数见表 4-1-5。

表 4-1-5　厚 12mm 的 Q355 钢板对接仰焊单面焊双面成形连弧焊焊接参数

焊缝层次（焊道）	焊条直径/mm	焊接电流/A	焊接速度/（cm/min）	层间温度/℃
打底层（1）	φ3.2	100～110	7～10	60～100
填充层（2～3）	φ3.2	110～120	9～12	60～100
盖面层（4）	φ3.2	105～115	8～10	60～100

（6）焊缝清理　焊完焊缝后，用敲渣锤清除焊渣，用钢丝刷进一步将焊渣、焊接飞溅物等清理干净，焊缝处于原始状态，交付专职检验前不得对各种焊接缺陷进行修补。

（7）焊接质量检验　焊缝尺寸参照 TSG 特种设备安全技术规范 TSG Z6002—2010《特种设备焊接操作人员考核细则》：焊缝余高为 0～4mm；焊缝余高差≤3mm；比坡口每侧增宽为 0.5～2.5mm；焊缝宽度差≤3mm；咬边深度≤0.5mm，焊缝两侧咬边总长度≤30mm；焊件焊后变形角度 θ≤3°；焊件的错边尺寸≤2mm。焊件的射线透照应按 JB4730.2—2005《承压设备无损检测　第 2 部分　射线检测》的标准进行检测，射线的透照质量不低于 AB 级，焊缝的缺陷等级不低于 II 级为合格。

六、低碳钢管板插入式垂直俯位焊条电弧焊单面焊双面成形

1. 低碳钢管板插入式垂直俯位焊条电弧焊单面焊双面成形特点

低碳钢管板插入式垂直俯位焊条电弧焊，比较容易进行焊接，它与 T 形接头平角焊基本相同，但是由于管壁薄、管板厚，在焊接过程中，焊接电弧与低碳钢管的角度要小些，注意电弧热量要均匀分配在管壁和管板上，防止钢管烧穿或未焊透。为了达到单面焊双面成形的质量要求，必须在管板上开出一定尺寸的坡口，使焊接电弧能够深入到坡口的根部进行焊接。低碳钢管板插入式垂直俯位焊条电弧焊单面焊双面成形焊件如图 4-1-25 所示。

2. 焊前准备

（1）焊机　选用 BX3—500 型交流弧焊变压器。

（2）焊条　选用 E4303 酸性焊条，焊条直径为 φ2.5mm、φ3.2mm 两种，焊前经 75～150℃烘干，保温 2h。焊条在炉外停留时间不得超过 4h，否则，焊条必须放在炉中重新烘

干。焊条重复烘干次数不得多于 3 次。

（3）焊件（管板和管）　采用 20 低碳钢管，直径为 51mm×3.5mm，用切管机或气割下料，气割下料的管件，其端面应再用车床加工。管板厚度 12mm，长×宽为 120mm×120mm，用剪板机或气割下料，管板孔用钻床、车床或镗床加工，试件图样如图 4-1-25a 所示。

（4）辅助工具和量具　焊条保温筒、角向磨光机、钢丝刷、什锦锉、半圆锉、敲渣锤、样冲、划针、圆规、焊缝万能量规等。

3. 焊前装配定位

（1）准备焊件　用角向磨光机将管板正面坡口面及坡口边缘 20～30mm 范围以内的油、污、锈、垢清除干净，呈现金属光泽。然后在钳工台虎钳上修磨坡口钝边，使钝边尺寸保持在 0.5～1.5mm，最后在距坡口边缘 30mm 处的试板表面，用划针划上与坡口边缘同轴线，如图 4-1-25b 所示。打上样

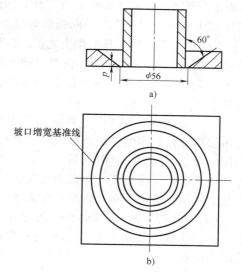

图 4-1-25　低碳钢管板插入式垂直俯位焊条电弧焊单面焊双面成形焊件

a) 焊件　b）测量焊缝坡口增宽基准线

冲眼，作为焊后测量焊缝坡口增宽的基准线。插入管板内的管端的外表面，用砂纸打磨 18～22mm，呈现金属光泽。

（2）试件的组对定位及焊接　将管子中轴线与管板孔的圆心对中，沿圆周定位 3 点，每点相距 120°，根部间隙为 2.5mm，定位焊缝长度≤10mm，定位焊缝必须是单面焊接双面成形，为打底层焊接作准备。

4. 焊接操作

采用断弧焊手法，将焊缝分为 3 层，即打底层、填充层、盖面层。低碳钢管板插入式垂直俯位焊条电弧焊单面焊接双面成形焊缝层次如图 4-1-26 所示。打底层焊缝用 ϕ2.5mm 的 E4303 焊条，填充层和盖面层焊缝用 ϕ3.2mm 的 E4303 焊条焊接。

（1）引弧　用划擦法引弧，引弧点在定位焊点上的管板坡口内侧，电弧引燃后，

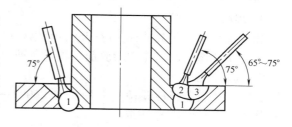

图 4-1-26　低碳钢管板插入式垂直俯位焊条电弧焊单面焊接双面成形焊缝层次

拉长电弧在定位焊点上预热 1.5～2s，然后再压低焊接电弧进行焊接，焊接开始时，电弧的 2/3 处在管板的坡口根部、电弧的 1/3 处在插入管板坡口内的管子端部，焊接电弧这样分配，以保证管板坡口、管子端部两侧热量平衡。引弧成功后，压低电弧快速间断灭弧施焊，此时注意观察熔池形成情况，再经过 2～3s 后，稍放慢焊接节奏，正式开始打底层焊接。

（2）接头　接头技术有热接法和冷接法两种。

1）焊缝热接法。当焊接停弧后，立即更换焊条，在熔池尚处在红热状态时，迅速在坡口前方 10～15mm 处引弧，然后快速把电弧的 2/3 拉至原熔池偏向管板坡口面位置上，1/3 的电弧加热管子端部，压低电弧。焊条在向坡口根部移动的同时，做斜锯齿形摆动，当听到

"噗噗"声之后，迅速断弧。再次开始断弧焊时，节奏稍快些，间断焊接 2~3 次后，焊缝热接法接头完毕，恢复正常的断弧焊焊接。

2）焊缝冷接法。开始接头之前，仔细清理焊缝处的飞溅物、焊渣等。引弧后，将电弧拉长，在接头处预热 1~2s，在焊缝熔孔前面进行 5~10mm 的预热焊，此时，焊条作斜圆环形摆动，当焊条摆动到焊缝熔孔根部时，压低电弧，听到"噗噗"声后，立即拉起电弧，恢复正常的断弧焊接。

（3）打底焊　焊接时，焊条与管外壁夹角为 25°~30°，采用这种角度的目的是把较多的热量集中在较厚的管板坡口面上，避免管壁过烧或管板坡口面熔合不好。焊条与焊接方向的倾角为 70°~80°，起焊点是三个定位焊点中的任一个，在定位焊点起弧后，采用短弧施焊，注意控制焊接电弧、焊缝熔池金属与熔渣之间的相互位置，及时调节焊条角度，防止焊渣超前流动，造成夹渣及焊缝产生未熔合未焊透的缺陷。打底层焊缝焊接参数见表 4-1-6。

（4）填充层焊　焊接时，焊条与管外壁夹角同打底层的角度，电弧的主要热量集中在管板上，使管外壁熔透 1/3~2/5 管壁厚即可。焊接过程中，控制焊条角度、防止夹渣、过烧缺陷出现。填充层焊缝焊接参数见表 4-1-6。

（5）盖面层焊　焊接时，焊条与管外壁夹角同打底层的角度，焊接过程中，焊条采用锯齿形摆动的同时，要不断地转动手腕和手臂，使焊缝成形良好。当焊条摆动在焊缝两端时（管外壁和管板），要稍作停留，防止咬边缺陷产生。盖面层焊缝焊接参数见表 4-1-6。管板垂直固定焊条短弧焊单面焊双面成形焊条角度如图 4-1-26 所示。

表 4-1-6　管板垂直固定焊条电弧焊单面焊双面成形焊接参数

焊接层次	焊条直径/mm	焊接电流/A	焊接速度/（mm/min）
定位焊	$\phi2.5$	85~95	—
打底层	$\phi2.5$	85~95	60~70
填充层	$\phi3.2$	110~120	115~125
盖面层	$\phi3.2$	105~115	125~135

5. 焊缝清理

焊完焊缝后，用敲渣锤清除焊渣，用钢丝刷进一步将焊渣、焊接飞溅物等清理干净，焊缝处于原始状态，交付专职检验前不得对各种焊接缺陷进行修补。

6. 焊接质量检验

按国家质量监督检验检疫总局 TSG Z6002—2010 特种设备安全技术规范《特种设备焊接操作人员考核细则》评定。

1）焊缝外形尺寸。焊缝余高 0~3mm 焊缝余高差 ≤2mm 焊缝宽度（比坡口每侧增宽 0.5~2.5mm），宽度差 ≤3mm。

2）焊缝表面缺陷。咬边深度 ≤0.5mm，焊缝两侧咬边总长度不超过 18mm。背面凹坑深度 ≤2mm，总长度 <18mm。焊缝表面不得有裂纹、未熔合、夹渣、气孔、焊瘤和未焊透。

3）焊缝内部质量。焊件进行金相检查，用目视或 5 倍放打镜观察金相试块，不得有裂纹和未熔合。气孔或夹渣最大不得超过 1.5mm，当气孔或夹渣大于 0.5mm 而小于 1.5mm 时，其数量不多于 1 个，当只有小于或等于 0.5mm 的气孔或夹渣时，其数量不得多于 3 个。

七、低碳钢管板插入式水平固定焊条电弧焊单面焊双面成形

1. 低碳钢管板插入式水平固定焊条电弧焊单面焊双面成形焊接特点

低碳钢管板插入式水平固定焊条电弧焊，是在进行全位置焊接，这是最难焊的位置，焊

接过程中，焊件在水平固定不变的情况下，要求焊缝根部必须焊透，因此，焊工必须在掌握平焊、立焊和仰焊的操作技术后才能进行该焊件的焊接。管板插入式水平固定焊条电弧焊与T形接头平角焊相比，由于管壁薄、管板厚，所以在焊接过程中焊接电弧与低碳钢管的角度要小些，注意电弧热量要均匀分配在管壁和管板上，防止钢管烧穿或未焊透，同时，焊接过程中要不断地转动手臂和手腕的位置，防止出现咬边缺陷。为了达到单面焊双面成形的质量要求，还必须在管板上开出一定尺寸的坡口，使焊接电弧能够深入到坡口的根部进行焊接。低碳钢管板插入式水平固定焊条电弧焊单面焊双面成形焊件如图4-1-27所示。

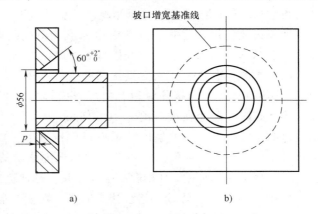

图 4-1-27　低碳钢管板插入式水平固定焊条
电弧焊单面焊双面成形焊件
a）焊件　b）测量焊缝坡口增宽基准线

2. 焊前准备

（1）焊机　选用 BX3-500 交流弧焊变压器。

（2）焊条　选用 E4303 酸性焊条，焊条直径为 $\phi2.5mm$、$\phi3.2mm$ 两种，焊前经 75~150℃ 干，保温 2h。焊条在炉外停留时间不得超过 4h，否则焊条必须放在炉中重新烘干。焊条重复烘干次数不得多于 3 次。

（3）焊件（管板和管）　采用 20 低碳钢管，直径为 51mm×3.5mm，用切管机或气割下料，气割下料的管件端面，然后再用车床加工。管板厚度 12mm，长×宽为 100mm×100mm，用剪板机或气割下料，管板孔用钻床、车床或镗床加工，试件图样如图 4-1-27a 所示。

（4）辅助工具和量具　焊条保温筒、角向磨光机、钢丝刷、整形锉、半圆锉、敲渣锤、样冲、划针、圆规、焊缝万能量规等。

3. 焊前装配定位

（1）准备焊件　用角向磨光机将管板正面坡口面及坡口边缘 20~30mm 范围以内的油、污、锈、垢清除干净，呈现金属光泽。然后，在钳工台虎钳上修磨坡口钝边，使钝边尺寸保持在 0.5~1.5mm，最后在距坡口边缘 30mm 处的试板表面用划针划上与坡口边缘同轴线，如图 4-1-27b 所示。并打上样冲眼，作为焊后测量焊缝坡口增宽的基准线。插入管板内的管端的外表面，用砂纸打磨 18~22mm，呈现金属光泽。

（2）试件的组对定位及焊接　将管子中轴线与管板孔的圆心对中，沿圆周定位 3 点，每点相距 120°，根部间隙为 2.5mm，定位焊缝长度≤10mm，定位焊缝必须是单面焊双面成形，为打底层焊接做准备。

4. 焊接操作

采用断弧焊手法，将焊缝分为 3 层，即打底层、填充层、盖面层。为了便于说明焊接操作，规定从管子正前方看管板时，按时钟钟面的位置，将焊件分为 12 等份。低碳钢管板插入式水平固定焊条电弧焊单面焊双面成形焊缝层次如图 4-1-28 所示。打底层焊缝用 $\phi2.5mm$ 的 E4303 焊条，填充层和盖面层焊缝用 $\phi3.2mm$ 的 E4303 焊条焊接。

（1）引弧　用划擦法引弧，引弧点在定位焊点上的管板坡口内侧，电弧引燃后，拉长电弧在定位焊点上预热 1.5 ~ 2s，然后再压低焊接电弧进行焊接，焊接开始时，电弧的 2/3 处在管板的坡口根部、电弧的 1/3 处在插入管板坡口内的管子端部，焊接电弧这样分配以保证管板坡口、管子端部两侧热量平衡。引弧成功后，压低电弧快速间断灭弧施焊，此时注意观察熔池形成情况，再经过 2 ~ 3s 后，稍放慢焊接节奏，正式开始打底层焊接。

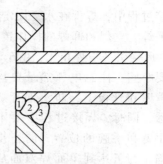

图 4-1-28　低碳钢管板插入式水平固定焊条电弧焊单面焊双面成形焊缝层次

（2）接头　接头技术有热接法和冷接法两种。

1）热接法。当焊接停弧后，立即更换焊条，在熔池尚处在红热状态时，迅速在坡口前方 10 ~ 15mm 处引弧，然后快速把电弧的 2/3 拉至原熔池偏向管板坡口面位置上，1/3 的电弧加热管子端部，压低电弧。焊条在向坡口根部移动的同时，做斜锯齿形摆动，当听到"噗噗"两声之后，迅速断弧。再次开始断弧焊时，节奏稍快些，间断焊接 2 ~ 3 次后，焊缝热接法接头完毕，恢复正常的断弧焊焊接。

2）冷接法。开始接头之前，仔细清理焊缝处的飞溅物、焊渣等。引弧后，将电弧拉长，在接头处预热 1 ~ 2s，在焊缝熔孔前面进行 5 ~ 10mm 的预热焊，此时，焊条做斜圆环形摆动，当焊条摆动到焊缝熔孔根部时，压低电弧，听到"噗噗"声后，立即拉起电弧，恢复正常的断弧焊接。

（3）打底焊　焊接时，将管板焊缝分为左、右两个半圆，即：时钟的 7 点→3 点→11 点，另一个半圆是时钟的 5 点→9 点→1 点，焊条与管外壁夹角为 25° ~ 30°，采用这种角度的目的是把较多的热量集中在较厚的管板坡口面上，避免管壁过烧或管板坡口面熔合不好。从时钟的 7 点处引燃电弧，在管板孔的边缘和管子外壁稍加预热后便稍稍提高焊接电弧，焊条与焊接方向的倾角为 70° ~ 80°，焊条向焊件坡口根部顶送深些，采用短弧做小幅度锯齿形横向摆动，逆时针方向进行焊接；在时钟的 4 点→2 点（或 8 点→10 点）是立焊与上坡焊，焊条与焊接方向的角度为 100° ~ 120°，焊条在向坡口根部顶送量比仰焊部位浅些；在时钟的 2 点→11 点（或 10 点→1 点）是上坡焊与平焊，焊条在向坡口根部顶送量比立焊部位浅些，此时焊件的温度已经很高，注意控制焊接节奏和熔池温度，以防止熔化金属由于重力作用而造成背面焊缝过高和产生焊瘤。注意控制焊接电弧、焊缝熔池金属与熔渣之间的相互位置，及时调节焊条角度，防止焊渣超前流动，造成夹渣及焊缝产生未熔合、未焊透的缺陷，打底层焊缝焊接参数见表 4-1-7。

表 4-1-7　低碳钢管板插入式水平固定焊条电弧焊单面焊双面成形焊接参数

焊接层次	焊条直径/mm	焊接电流/A	焊接速度/(mm/min)
定位焊	φ2.5	60 ~ 80	60 ~ 80
打底层		60 ~ 80	60 ~ 70
填充层		70 ~ 90	55 ~ 65
盖面层		70 ~ 80	60 ~ 80

（4）填充层焊　焊接时，焊条与管外壁夹角同打底层的角度，电弧的主要热量集中在管板上，使管外壁熔透 1/3 ~ 2/5 管壁厚即可。焊接过程中，控制焊条角度、防止夹渣、过烧缺陷出现，焊条的摆动幅度要比打底层宽些，填充层的焊道要薄些，管子一侧坡口要填满，与板一侧的焊道形成斜面，使盖面焊道焊后能够圆滑过渡。填充层焊缝焊接参数见表 4-1-7。

（5）盖面层焊　焊接时，焊条与管外壁夹角同打底层的角度，焊接过程中，焊条采用锯齿形摆动的同时，要不断地转动手腕和手臂，使焊缝成形良好。当焊条摆动在焊缝两端时（管外壁和管板），要稍作停留，防止咬边缺陷产生。盖面层焊缝焊接参数见表4-1-7。管板插入式水平固定焊条电弧焊单面焊双面成形焊条角度如图4-1-29所示。

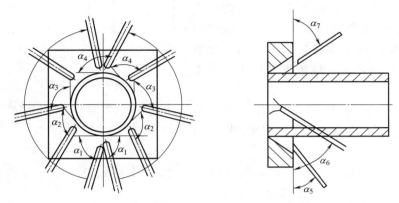

图4-1-29　管板插入式水平固定焊条电弧焊单面焊双面成形焊条角度

5. 焊缝清理

焊完焊缝后，用敲渣锤清除焊渣，用钢丝刷进一步将焊渣、焊接飞溅物等清理干净，焊缝处于原始状态，交付专职检验前不得对各种焊接缺陷进行修补。

6. 焊接质量检验

按国家质量监督检验检疫总局 TSG Z6002—2010 特种设备安全技术规范《特种设备焊接操作人员考核细则》评定：

（1）焊缝外形尺寸　焊缝余高 0~4mm，焊缝余高差≤3mm；焊缝宽度（比坡口每侧增宽 0.5~2.5mm），宽度差≤3mm。

（2）焊缝表面缺陷　咬边深度≤0.5mm，焊缝两侧咬边总长度不超过18mm。背面凹坑深度≤2mm，总长度<18mm。焊缝表面不得有裂纹、未熔合、夹渣、气孔、焊瘤和未焊透。

（3）焊缝内部质量　焊件进行金相检查，用目视或 5 倍放大镜观察金相试块，不得有裂纹和未熔合。气孔或夹渣最大不得超过 1.5mm，当气孔或夹渣大于 0.5mm 而小于 1.5mm 时，其数量不多于 1 个，当只有小于或等于 0.5mm 的气孔或夹渣时，其数量不得多于 3 个。

八、φ80mm×4mm 低碳钢管水平固定对接单面焊双面成形

1. φ80mm×4mm 低碳钢管水平固定对接单面焊双面成形焊接特点

φ80mm×4mm 低碳钢管对接水平固定焊条电弧焊单面焊双面成形，焊接过程要进行仰焊、立焊以及平焊等位置的操作，为此，在焊接位置不断变化的情况下，不仅要求焊条角度作相应的变化，而且焊接电流、熔化的焊条铁液的送进速度也应随着焊接位置的不断变化而作相应的调整。但是，焊接现场比较复杂，不可能去频繁地调整焊接电流，所以，在焊件水平固定不变的情况下要求焊缝根部必须焊透，只能是靠焊工在焊接过程中，准确控制灭弧频率和调节焊条铁液的送进速度，以此达到控制焊缝熔池温度和焊缝成形。因此，焊工必须在熟练掌握平焊、立焊和仰焊的操作技术后才能进行该焊件的焊接。低碳钢管水平固定焊条电

弧焊单面焊双面成形焊件如图 4-1-30 所示。

2. 焊前准备

（1）焊机　选用 BX3-500 型交流弧焊变压器。

（2）焊条　选用 E4303 酸性焊条，焊条直径为 $\phi 2.5 mm$，焊前经 75～150℃ 烘干，保温 2h。焊条在炉外停留时间不得超过 4h，否则，焊条必须放在炉中重新烘干。焊条重复烘干次数不得多于 3 次。

（3）焊件　采用 20 低碳钢管，直径为 $\phi 80 mm \times 4 mm$，长 150mm，用切管机或车床下料。

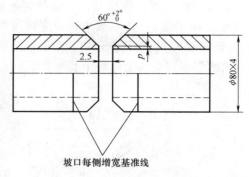

图 4-1-30　$\phi 80 mm \times 4 mm$ 低碳钢管水平固定焊条电弧焊单面焊双面成形焊件

（4）辅助工具和量具　焊条保温筒、角向磨光机、钢丝刷、整形锉、半圆锉、敲渣锤、样冲、划针、圆规、焊缝万能量规等。

3. 焊前装配定位

（1）准备焊件　用角向磨光机将管坡口面及坡口边缘 20～30mm 范围以内的油、污、锈、垢清除干净，呈现金属光泽。然后，在钳工台虎钳上修磨坡口钝边，使钝边尺寸保持在 0.5～1.5mm，最后在距坡口边缘 30mm 处的试板表面，用划针划上与坡口边缘同轴线，如图 4-1-30 所示。并打上样冲眼，作为焊后测量焊缝坡口增宽的基准线。

（2）焊件的组对定位及焊接　将两个管子中轴线的圆心对中，沿圆周定位 3 点，每点相距 120°，根部间隙为 2.5mm，定位焊缝长度 ≤10mm，定位焊缝必须是单面焊双面成形，为打底层焊接做准备。

4. 焊接操作

采用断弧焊手法，将焊缝分为 2 层，即打底层、盖面层。为了便于说明焊接操作，规定从管子正前方看管时，按时钟钟面的位置，将焊件分为 12 等份。将管口垂直分为两个半圆进行焊接，即由 7 点→3 点→11 点（或由 5 点→9 点→1 点）。低碳钢管水平固定焊条电弧焊单面焊双面成形焊缝层次如图 4-1-31 所示。打底层和盖面层焊缝都用 $\phi 2.5 mm$ 的 E4303 焊条。

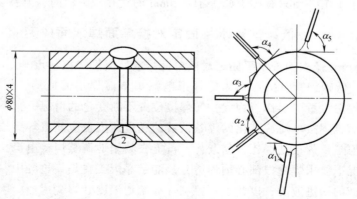

图 4-1-31　$\phi 80 mm \times 4 mm$ 管水平固定对接焊条电弧焊单面焊双面成形焊缝层次及焊条角度

（1）引弧　用直击法在 6 点处引弧，引弧点在定位焊点上的管坡口内侧，电弧引燃后，拉长电弧在定位焊点上预热 1.5~2s，然后再压低焊接电弧进行焊接，焊接开始前，将 6 点处的定位焊点及其他两个定位焊点的两端用整形锉修磨成斜坡。引弧成功后，压低电弧快速间断灭弧施焊，此时注意观察熔池形成情况，再经过 2~3s 后，稍放慢焊接节奏，正式开始打底层焊接。

（2）接头　接头技术有热接法和冷接法两种。

1）热接法。当焊接停弧后，立即更换焊条，在熔池尚处在红热状态时，迅速在坡口前方 10~15mm 处引弧，然后快速把电弧拉至熔孔位置上，压低电弧。焊条在向坡口根部移动的同时，做斜锯齿形摆动，当听到"噗噗"两声之后，迅速断弧。再次开始断弧焊时，节奏稍快些，间断焊接 2~3 次后，焊缝热接法接头完毕，恢复正常的断弧焊焊接。

2）冷接法。开始接头之前，仔细清理焊缝处的飞溅物、焊渣等。引弧后，将电弧拉长，在接头处预热 1~2s，在焊缝熔孔前面进行 5~10mm 的预热焊，此时，焊条做斜圆环形摆动，当焊条摆动到焊缝熔孔根部时，压低电弧，听到"噗噗"两声后，立即拉起电弧，恢复正常的断弧焊接。

（3）打底焊　焊接时，将管焊缝分为左、右两个半圆，左半圆是时钟的 7 点→3 点→11 点，右半圆是时钟的 5 点→9 点→1 点，焊条与管外壁夹角为 25°~30°。从时钟的 7 点处引燃电弧，在管子外壁稍加预热后便稍稍提高焊接电弧，焊条与焊接方向的倾角为 70°~80°，焊条向焊件坡口根部顶送深些，采用短弧作小幅度锯齿形横向摆动，逆时针方向进行焊接；在时钟的 4 点→2 点（或 8 点→10 点）是立焊与上坡焊，焊条与焊接方向的角度为 85°~90°，焊条在向坡口根部顶送量比仰焊部位浅些；在时钟的 2 点→11 点（或 10 点→1 点）是上坡焊与平焊，焊条角度为 100°~90°，焊条在向坡口根部顶送量比立焊部位浅些，以防止熔化金属由于重力作用而造成背面焊缝过高和产生焊瘤。

采用两点击穿法焊接时，注意控制焊接电弧、焊缝熔池金属与熔渣之间的相互位置，控制好断弧焊灭弧频率，电弧燃烧时间是 0.8~1s，灭弧时间为 0.5~1s 为好。在仰焊部位焊接时用短弧，电弧长度应有 1/2 长透过管壁，焊到立焊部位时，电弧长度应有 1/2 左右透过管壁，在水平管的上坡焊和平焊位置焊接时，电弧长度应透过管壁 1/4 左右，由于此时水平管焊缝处的温度已经很高，所以尽量减少焊接电弧在水平管上的停留时间，断弧操作的方式由向下甩动灭弧改为向上甩动灭弧。随时调节焊条角度，防止焊渣超前流动，造成夹渣及焊缝产生未熔合、未焊透的缺陷，打底层焊缝焊接参数见表 4-1-8。

表 4-1-8　低碳钢管水平固定焊条电弧焊单面焊双面成形焊接参数

焊接层次	焊条直径/mm	焊接电流/A	焊接速度/（mm/min）
定位焊		60~80	60~80
打底层	φ2.5	60~80	60~70
盖面层		70~80	60~80

（4）盖面层焊　焊接时，焊条与管外壁夹角比同位置打底层焊的角度大 5°~6°，焊接过程中，焊条采用月牙形或横向锯齿形摆动运条法，要不断地转动手腕和手臂，使焊缝成形良好。当焊条摆动在焊缝两端时，要稍作停留，防止咬边缺陷产生。盖面层焊缝焊接参数见表 4-1-8。

5. 焊缝清理

焊完焊缝后，用敲渣锤清除焊渣，用钢丝刷进一步将焊渣、焊接飞溅物等清理干净，焊缝处于原始状态，交付专职检验前不得对各种焊接缺陷进行修补。

6. 焊接质量检验

按国家质量监督检验检疫总局 TSG Z6002—2010 特种设备安全技术规范《特种设备焊接操作人员考核细则》评定：

（1）焊缝外形尺寸　焊缝余高 0~4mm，焊缝余高差≤3mm；焊缝宽度（比坡口每侧增宽 0.5~2.5mm），宽度差≤3mm。

（2）焊缝表面缺陷　咬边深度≤0.5mm，焊缝两侧咬边总长度不超过 18mm。背面凹坑深度≤1mm，总长度<18mm。焊缝表面不得有裂纹、未熔合、夹渣、气孔、焊瘤和未焊透。

（3）焊缝内部质量　焊缝经 JB4730—2007《特种设备无损检测》标准检测，射线透照质量不低于 AB 级，焊缝缺陷等级不低于 II 级。

九、$\phi80mm\times4mm$ 低碳钢管垂直固定对接单面焊双面成形

1. $\phi80mm\times4mm$ 低碳钢管垂直固定对接单面焊双面成形焊接特点

$\phi80mm\times4mm$ 低碳钢管对接垂直固定焊条电弧焊单面焊双面成形，类似钢板的对接横焊，所不同的是，管是个圆形焊缝，焊工在焊接过程中，手腕、焊条要随着焊缝做圆周变换、移动，而且焊条角度始终保持一致，因此与板横焊相比，管垂直横焊的难度更大。低碳钢管垂直固定焊条电弧焊单面焊双面成形焊件如图 4-1-32 所示。

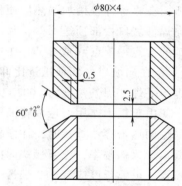

图 4-1-32　$\phi80mm\times4mm$ 低碳钢管垂直固定焊条电弧焊单面焊接双面成形焊件

2. 焊前准备

（1）焊机　选用 BX3—500 型交流弧焊变压器。

（2）焊条　选用 E4303 酸性焊条，焊条直径为 $\phi2.5mm$，焊前经 75~150℃烘干，保温 2h。焊条在炉外停留时间不得超过 4h，否则焊条必须放在炉中重新烘干。焊条重复烘干次数不得多于 3 次。

（3）焊件　采用 20 低碳钢管，直径为 $\phi80mm\times4mm$，长 150mm，用切管机或车床下料，气割下料的管件其端面应再用车床加工。

（4）辅助工具和量具　焊条保温筒、角向磨光机、钢丝刷、整形锉、半圆锉、敲渣锤、样冲、划针、圆规、焊缝万能量规等。

3. 焊前装配定位

（1）准备焊件　用角向磨光机将管坡口面及坡口边缘 20~30mm 范围以内的油、污、锈、垢清除干净，呈现金属光泽。然后，在钳工台虎钳上修磨坡口钝边，使钝边尺寸保持在 0.5~1.5mm，最后在距坡口边缘 30mm 处的试板表面，用划针划上与坡口边缘同轴线，如图 4-1-32b 所示。并打上样冲眼，作为焊后测量焊缝坡口增宽的基准线。

（2）焊件的组对定位及焊接　将两个管子中轴线的圆心对中，沿圆周定位 3 点，每点相距 120°，根部间隙为 2.5mm，定位焊缝长度≤10mm，定位焊缝必须是单面焊双面成形，为打底层焊接做准备。

4. 焊接操作

采用断弧焊手法，将焊缝分为 2 层，即打底层、盖面层。低碳钢管垂直固定焊条电弧焊单面焊双面成形焊缝层次如图 4-1-33 所示。打底层和盖面层焊缝都用 $\phi2.5mm$ 的 E4303 焊条。

（1）引弧　用直击法引弧，引弧点在定位焊点上的管坡口内侧，电弧引燃后，拉长电弧在定位焊点上预热 1.5～2s，然后再压低焊接电弧进行焊接，焊接开始前，将定位焊点及其他两个定位焊点的两端用整形锉修磨成斜坡。引弧成功后，压低电弧快速间断灭弧施焊，此时注意观察熔池形成情况，再经过 2～3s 后，稍放慢焊接节奏，正式开始打底层焊接。

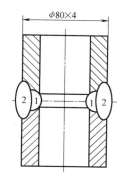

图 4-1-33　$\phi80mm×4mm$ 低碳钢管垂直固定焊条电弧焊单面焊双面成形焊缝层次

（2）接头　接头技术有热接法和冷接法两种。

1）热接法。当焊接停弧后，立即更换焊条，在熔池尚处在红热状态时，迅速在坡口前方 10～15mm 处引弧，然后快速把电弧拉至熔孔位置上，压低电弧。焊条在向坡口根部移动的同时，做斜锯齿形摆动，当听到"噗噗"两声之后，迅速断弧。再次开始断弧焊时，节奏稍快些，间断焊接 2～3 次后，焊缝热接法接头完毕，恢复正常的断弧焊焊接。

2）冷接法。开始接头之前，仔细清理焊缝处的飞溅物、焊渣等。引弧后，将电弧拉长，在接头处预热 1～2s，在焊缝熔孔前面进行 5～10mm 的预热焊，此时，焊条做斜圆环形摆动，当焊条摆动到焊缝熔孔根部时，压低电弧，听到"噗噗"两声后，立即拉起电弧，恢复正常的断弧焊接。

（3）打底焊　焊接时，在坡口的上缘处起弧后，将焊接电弧移至坡口根部间隙，并使钝边熔化，然后立即把电弧移至坡口的下缘，形成完整的第一个熔池，在操作过程中，注意首先击穿坡口的下部，形成下熔孔，使下坡口钝边处熔化 1.5～2mm，之后立即将电弧上移击穿坡口的上部，形成上熔孔，同样使上坡口钝边处熔化 1.5～2mm，在整个击穿过程中，应使下熔孔与上熔孔之间的间距错开 0.5～2/3 熔孔的距离。焊接时，始终采取短弧断弧焊手法向坡口的下部及上部分别递送熔滴，注意控制焊接电弧弧柱，焊接时应使弧柱长度的 1/3 透过焊缝的背面。控制电弧灭弧频率，严密观察焊缝熔池金属与熔渣之间的相互位置，及时调节焊条角度，防止焊渣超前流动，造成夹渣及焊缝产生未熔合、未焊透的缺陷，打底层焊缝焊接参数见表 4-1-9。

表 4-1-9　低碳钢管垂直固定焊条电弧焊单面焊双面成形焊接参数

焊接层次	焊条直径/mm	焊接电流/A	焊接速度/（mm/min）
定位焊	$\phi2.5$	60～80	60～80
打底层		60～80	60～70
盖面层		70～80	60～80

（4）盖面层焊　焊接时，焊条与管外壁夹角同打底层的角度。焊接过程中，焊条采用锯齿形摆动的同时，要不断地转动手腕和手臂，使焊缝成形良好。当焊条摆动在焊缝两端时，要稍作停留，防止咬边缺陷产生。焊条在仰焊部位时，焊条要作往返形摆动，注意防止熔池温度过高，造成液态金属下坠或咬边缺陷的产生。盖面层焊缝焊接参数见表 4-1-9。管垂直固定焊条电弧焊单面焊双面成形焊条角度如图 4-1-34 所示。

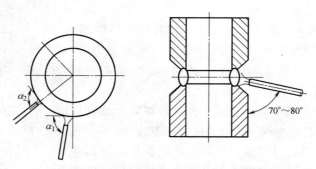

图 4-1-34　管垂直固定焊条电弧焊单面焊双面成形焊条角度

5. 焊缝清理

焊完焊缝后，用敲渣锤清除焊渣，用钢丝刷进一步将焊渣、焊接飞溅物等清理干净，焊缝处于原始状态，交付专职检验前不得对各种焊接缺陷进行修补。

6. 焊接质量检验

按国家质量监督检验检疫总局 TSG Z6002—2010 特种设备安全技术规范《特种设备焊接操作人员考核细则》评定：

（1）焊缝外形尺寸　焊缝余高 0~4mm 焊缝余高差≤3mm 焊缝宽度（比坡口每侧增宽 0.5~2.5mm），宽度差≤3mm。

（2）焊缝表面缺陷　咬边深度≤0.5mm，焊缝两侧咬边总长度不超过 18mm。背面凹坑深度≤1mm，总长度<18mm。焊缝表面不得有裂纹、未熔合、夹渣、气孔、焊瘤和未焊透。

（3）焊缝内部质量　焊缝经 JB4730—2007《特种设备无损检测》标准检测，射线透照质量不低于 AB 级，焊缝缺陷等级不低于 II 级。

第二章　手工钨极氩弧焊基本操作技术

第一节　手工钨极氩弧焊焊接参数

一、焊接电源种类和极性

手工钨极氩弧焊所用的电源有交流电源和直流电源两类。

交流手工钨极氩弧焊接过程中，电流的极性呈周期性地变化，在交流正极性半周时（焊件为正），因为钨极承载电流能力较大，使焊缝能够得到足够的熔深。在交流反极性半周时（焊件为负），因为氩的正离子流向焊件，在它撞击焊缝熔池金属表面的瞬间，能够将高熔点且又致密的氧化膜击碎，使焊接顺利进行，这就是"阴极破碎"作用，通常用来焊接铝、镁及其合金。因为钨极承载电流能力较大，有提高钨电极电流承载能力和清除焊件表面氧化膜的优点，焊缝形状介于正接与反接之间，电流种类与焊缝形状如图 4-2-1 所示。

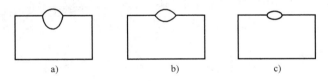

图 4-2-1　电流种类与焊缝形状
a）直流正接　b）交流　c）直流反接

直流电源在焊接过程中，焊接电弧产生的热量集中在阳极，当钨电极为阳极时（直流反接，焊件为阴极），电极本身被剧烈加热，相同的直径的钨电极电流承载能力低，约为直流正接的 1/10。但是，直流反接时，焊接电弧具有清除熔池表面氧化膜的作用。直流正接时，钨极电流承载能力高，适用于焊接低碳钢、低合金钢、不锈钢、钛及钛合金、铜及铜合金等。钨极氩弧焊电源极性如图 4-2-2 所示。

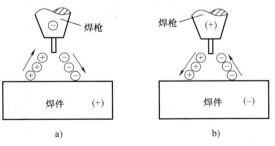

图 4-2-2　钨极氩弧焊电源极性
a）直流正接　b）直流反接

二、焊接电流

焊接电流的大小，应该根据焊件的厚度和钨电极的承受能力以及焊接空间位置来选择。钨极氩弧焊焊接电流选择过小，电弧的燃烧就不稳定，甚至发生电弧偏吹现象，使焊缝表面成形及力学性能变差；如果焊接电流选择得过大，不仅容易发生焊缝下塌或烧穿、咬边等缺陷，还会加大钨电极的烧损量以及由此而产生的焊缝钨夹渣，使焊缝力学性能变差。

三、钨极直径和形状

钨极直径的大小与电流的种类、焊件厚度、电源极性、焊接电流的大小有关。钨电极的材料有纯钨极、钍钨极、铈钨极等，钨极的形状与焊接电流大小有关。当焊接电流较小时，采用较小直径的钨电极，为了能够容易起弧并且稳定电弧燃烧，电极尖角磨成尖角形，尖角为20°~30°；大电流焊接时，为了防止阴极斑点游动，稳定电弧，使加热集中，所以应该把电极尖角磨成带有平顶的锥形。常用钨极端头形状与电弧温度性的关系见表4-2-1。

表 4-2-1　常用钨极端头形状与电弧温度性的关系

钨极端头形状	钨极种类	电流极性	适用范围	燃弧情况
（端头形状图，90°）	铈钨或钍钨	直流正接	大电流	稳定
（端头形状图，30°）	铈钨或钍钨	直流正接	小电流 用于窄间隙及薄板焊接	稳定
（端头形状图，D、d）	纯钨极	交流	铝、镁及其合金的焊接	稳定
（端头形状图）	铈钨或钍钨	直流正接	直径小于1mm的 细钨丝电极连续焊	良好

四、钨极伸出长度

钨极伸出长度越小，气体保护效果就越好，但是，喷嘴距焊接熔池太近，影响了焊工的视线，不利于焊接操作，同时还容易使钨极因为操作不慎而与熔池接触造成短路，产生焊缝夹钨缺陷。通常钨极伸出长度为5~10mm，喷嘴距焊件的距离为7~12mm。

五、电弧电压

钨极氩弧焊电弧电压大小主要由弧长决定，弧长增加，焊缝宽度增加，焊缝深度却减小；焊接电流加大，焊缝熔深增加，焊缝宽度却减小。所以，通过焊接电流和电弧电压的配合，可以控制焊缝形状。但是当电弧长度太长时，焊缝不仅产生未焊透缺陷，而且电弧还容易摆动，使空气侵入氩气保护区，造成熔池金属氧化。电弧电压不仅取决于焊接电弧的长度，也与钨极尖端的角度有关。钨极端部越尖，电弧电压就越高，电弧电压过高，气体保护效果就不佳，将影响焊接质量；电弧电压过低，在焊接过程中影响焊工观察焊缝熔池的变化，同样也影响焊接质量。所以，钨极氩弧焊焊接过程中，在保证焊工视力的前提下，尽量采用短弧焊接，通常电弧电压为 10~20V。

六、保护气体流量

保护气体流量与喷嘴直径、焊接速度大小有关，在一定的条件下，气体流量与喷嘴直径有一个最佳的范围，此时气体保护效果最佳，有效的保护区也最大。当气体流量过低时，保护气流的挺度差，不能有效地排除电弧周围的空气，使焊接质量降低；当保护气体流量过大时，容易造成紊流，把空气卷入保护气流罩中，降低保护效果。气体流量按以下的经验公式选取：

$$Q = KD$$

式中　D——喷嘴直径（mm）；

　　　Q——保护气体流量（L/min）；

　　　K——系数，$K=0.8$（大喷嘴），$K=1.2$（小喷嘴）。

七、喷嘴直径

在保护气体流量一定的条件下，如果喷嘴直径过小，不仅保护气体的保护范围小，还因为气体流速变大，会产生紊流现象，把空气卷入保护气流中，降低气体的保护作用，此外，喷嘴直径过小，在焊接过程中，容易烧毁喷嘴；如果喷嘴直径过大，不仅气体流速过低，气流的挺度小，不能排除电弧周围的空气，而且也妨碍焊工观察焊缝熔池的变化，同样也会降低焊缝质量。一般情况下选择喷嘴直径的经验公式如下：

$$D = (2.5~3.5)d$$

式中　d——钨丝直径（mm）；

　　　D——喷嘴直径（mm）。

八、焊接速度

为了获得良好的焊缝，根据焊接电流、焊件厚度、预热温度等条件，综合考虑焊接速度的选择，如果焊接速度过高，不仅使保护气流严重偏后，使钨极端部、电弧弧柱、焊缝熔池的一部分暴露在空气中，还会形成未焊透缺陷，影响焊缝的力学性能。焊接速度对气体的保护效果见图 4-2-3 所示。

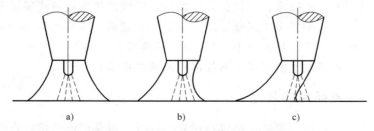

图 4-2-3　焊接速度对气体的保护效果

a）正常焊接速度　b）焊接速度较大　c）焊接速度过大

第二节 手工钨极氩弧焊操作技术

一、手工钨极氩弧焊引弧

钨极氩弧焊引弧方法主要有接触短路引弧、高频高压引弧和高压脉冲引弧等。

1. 接触短路引弧

焊前用引弧板、铜板或碳块在钨极和焊件之间短路直接引弧，是气冷焊枪常采用的引弧方法，其缺点是：在引弧过程中，钨极损耗大，容易使焊缝产生钨夹渣，同时，钨极端部形状容易被破坏，增加了磨制钨极的时间，不仅降低焊接质量，而且还使氩弧焊的效率下降。

2. 高频高压引弧

在焊接开始时，利用高频振荡器所产生的高频（150～200kHz）、高压（2000～3000V），来击穿钨电极与焊件之间的间隙（2～5mm）而引燃电弧。采用高频高压引弧时，会同时产生强度为（60～110）V/m的高频电磁场，是卫生标准所允许的（20V/m）的数倍，如果频繁起弧，会对焊工产生不利的影响。

3. 高压脉冲引弧

利用在钨电极和焊件之间所加的高压脉冲（脉冲幅值≥800V），使两极间的气体介质电离而引燃电弧。这是一种较好的引弧方法，在交流钨极氩弧焊时，往往是既用高压脉冲引弧，又用高压脉冲稳弧，引弧和稳弧脉冲由共同的主电路产生，但是，又有各自的触发电路。该电路的设计是：在焊机空载时，只有引弧脉冲，而不产生稳弧脉冲；电弧一旦产生，就只产生稳弧脉冲，而引弧脉冲就自动消失。

手工钨极氩弧焊引弧方法，通常使用高频高压引弧或高压脉冲引弧。开始引弧时，先使钨电极和焊件之间保持一定的距离，然后接通引弧器，在高频电流或高压脉冲电流的作用下，保护气体被电离而引燃电弧，开始正式焊接。

二、手工钨极氩弧焊的定位焊

根据焊件的厚度、材料性质以及焊接结构的复杂程度等因素进行定位焊。在保证熔透的情况下，定位焊点应尽量小而薄。定位焊点的间距与焊件的刚度有关，对于薄形的焊件和容易变形、容易开裂以及刚度很大的焊件，定位焊点的间距应该小一些。

三、手工钨极氩弧焊的接头

手工钨极氩弧焊的接头技术，在接头处起弧前，应该把接头处做成斜坡形，不能有影响电弧移动的死角，以免影响接头焊接质量。重新引弧的位置，在距焊缝熔孔前10～15mm处的焊缝斜坡上，起弧后与原焊缝重合10～15mm，重叠处一般不加焊丝或少加焊丝。为了保证接头处焊透，接头处的熔池要采用单面焊接双面成形技术

四、手工钨极氩弧焊的收尾

手工钨极氩弧焊收弧时，要采用电流自动衰减装置，以免形成弧坑。在没有电流自动衰减装置时，应该利用改变焊枪角度、拉长焊接电弧、加快焊接速度来实现收弧动作。在圆形

焊缝或首、尾相连的焊缝收弧时，多采用稍拉长电弧使焊缝重叠 20～40mm，重叠的焊缝部分可以不加焊丝或少加焊丝。焊接电弧收弧后，气路系统应延时 10s 左右再停止送气，防止焊缝金属在高温下继续被氧化，以及防止炽热的钨极外伸部分被氧化。

五、手工钨极氩弧焊的填丝操作

1. 填丝的基本操作技术

（1）连续填丝　连续填丝对保护层的扰动较少，但是操作技术较难掌握。连续填丝时，用左手的拇指、食指、中指配合动作送丝，一般焊丝比较平直，无名指和小指夹住焊丝，控制送丝的方向，手工钨极氩弧焊的填丝操作如图 4-2-4a 所示。连续填丝时的手臂动作不大，待焊丝快使用完时才向前移动。连续填丝多用于填充量较大的焊接。

（2）断续填丝　断续填丝又叫点滴送丝，焊接时，送丝末端应该始终处在氩气保护区内，将焊丝端部熔滴送入熔池内，是靠手臂和手腕的上、下反复动作，把焊丝端部的熔滴一滴一滴地送入熔池中。为了防止空气侵入熔池，送丝动作要轻，焊丝端部的动作应该始终处在氩气保护层内，不得扰乱氩气保护层，全位置焊接多用此方法填丝，手工钨极氩弧焊的填丝操作如图 4-2-4b 所示。

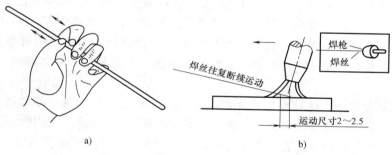

a)　　　　　　　　　　　　　　　　b)

图 4-2-4　手工钨极氩弧焊的填丝操作

a）连续填丝操作　b）断续填丝操作

（3）焊丝紧贴坡口与钝边同时熔化填丝　焊前将焊丝弯成弧形，紧贴坡口间隙，而且焊丝的直径要大于坡口间隙。焊接时焊丝和坡口钝边同时熔化形成打底层焊缝。此法可以避免焊丝妨碍焊工的视线，多用于可焊到性较差的地方焊接。

2. 填丝操作注意事项

1）填丝时，焊丝与焊件表面成 15°夹角，焊丝准确地从熔池前沿送进，熔滴滴入熔池后，迅速撤出，焊丝端头始终处在氩气保护区内，如此反复进行。

2）填丝时，仔细观察坡口两侧熔化后再行填丝，以免出现未熔合缺陷。

3）填丝时，速度要均匀，快慢要适当，速度过快，焊缝余高大；速度过慢，焊缝出现下凹和咬边缺陷。

4）坡口间隙大于焊丝直径时，焊丝应与焊接电弧作同步横向摆动，而且送丝速度与焊接速度要同步。

5）填丝时，不应把焊丝直接放在电弧下面，不要让熔滴向熔池"滴渡"。填丝的正确位置如图 4-2-5 所示。

6）填丝操作过程中，因发生焊丝与钨极相碰而产生短路时，会造成焊缝污染和夹钨，

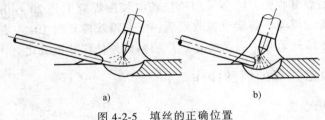

图 4-2-5 填丝的正确位置

a）正确 b）不正确

此时应立即停止焊接，将污染的焊缝打磨见金属光泽，同时还要重新磨钨极端部形状。

7）手工钨极氩弧焊的填丝，除非厚度小于 1mm 的薄板应选用直径 1.2mm 的焊丝外，其余各种厚度焊件的焊接，都应选择直径 2.5mm 直段焊丝，便于焊工操作。

六、焊枪的移动

氩弧焊的焊枪移动一般都是直线移动，只有个别的情况下焊枪做小幅横向摆动。

1. 焊枪的直线移动

焊枪直线移动有三种方式：直线匀速移动、直线断续移动、直线往复移动。

（1）直线匀速移动 适合不锈钢、耐热钢、高温合金薄焊件的焊接。

（2）直线断续移动 焊接过程中，焊枪应停留一段时间：当坡口根部熔透后，再加入焊丝熔滴，然后再沿着焊缝纵向作断断续续的直线移动。主要用于中等厚度（3~6mm）材料的焊接。

（3）直线往复移动 焊接电弧在焊件的某一点加热时，焊枪直线移动过来，坡口根部与焊丝都熔化后，焊枪和焊丝再移动过去，在焊缝不断向前伸长的过程中，焊枪和焊丝围绕着熔池不断地做往复移动。主要用于小电流铝及铝合金薄板材料焊接，可以用往复移动方式来控制热量，防止薄板烧穿，焊缝成形良好。

2. 焊枪的横向摆动

焊枪的横向摆动有 3 种形式：圆弧"之"字形摆动、圆弧"之"字形侧移摆动、"r"形摆动。

（1）圆弧"之"字形摆动 适合于大的"丁"字形角焊缝、厚板搭接角焊缝、V 形及 X 形坡口的对接焊或特殊要求加宽焊缝的焊接。焊枪横向摆动如图 4-2-6a 所示。

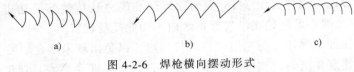

图 4-2-6 焊枪横向摆动形式

a）圆弧"之"字形摆动 b）圆弧"之"字形侧移摆动 c）"r"形摆动

（2）圆弧"之"字形侧移摆动 适合于不齐平的角接焊、端接焊。不平齐的角接焊、端接焊的接头形式如图 4-2-7 所示。焊接时，使焊枪的电弧偏向突出的部分，焊枪做圆弧"之"字形侧移摆动，并且焊接电弧在突出部分停留时间要长些，熔化突出部分，此时视突出部分熔化情况，再决定填加焊丝或不填加焊丝，沿对接接头的端部进行焊接。

（3）"r"形摆动 适合厚度相差悬殊的平面对接焊，焊接过程中，使电弧稍微偏向厚板件，让厚板件受热量多一些。

七、焊接操作手法

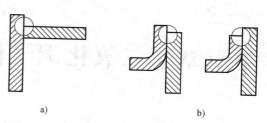

图 4-2-7　不平齐的角接焊、端接焊的接头形式
a）不齐平的角接焊　b）端接焊

焊接操作手法有左焊法和右焊法两种，如图 4-2-8 所示。

1. 左焊法

左焊法应用比较普遍，焊接过程中，焊枪从右向左移动，焊接电弧指向未焊接部分，焊丝位于电弧的前面，以点滴法加入熔池。

（1）优点　焊接过程中，焊工视野不受阻碍，便于观察和控制熔池的情况；由于焊接电弧指向未焊部位，起到预热的作用，所以，有利于焊接壁厚较薄的焊件，特别适用于打底焊；焊接操作方便简单，对初学者容易掌握。

（2）缺点　焊多层焊、大焊件时，热量利用率低，影响提高焊接熔敷效率。

2. 右焊法

（1）优点　焊接过程中，焊枪从左向右移动，焊接电弧指向已焊完的部分，使熔池冷却缓慢，有利于改善焊缝组织，减少气孔、夹渣缺陷；同时，由于电弧指向已焊的金属，提高了热利用率，在相同的焊接热输入时，右焊法比左焊法熔深大，所以，特别适宜焊接厚度大、熔点较高的焊件。

（2）缺点　由于焊丝在熔池的后方，焊工观察熔池方向不如左焊法清楚，控制焊缝熔池温度比较困难。此种焊接方法无法在管道上焊接（特别是小直径管）。焊接过程操作比较难掌握，焊工不喜欢使用。

图 4-2-8　焊接操作手法
a）左焊法　b）右焊法

第三章　二氧化碳气体保护焊基本操作技术

第一节　二氧化碳气体保护焊的焊接参数

一、焊丝直径

焊丝直径越粗，允许使用的焊接电流越大。通常根据工件的厚薄、施焊位置及效率等要求来选择。焊接薄板或中厚板的立、横、仰焊缝时，多采用直径1.6mm及以下的焊丝。焊丝直径的选择见表4-3-1。

表4-3-1　焊丝直径与使用电流

焊丝直径/mm	焊件厚度/mm	使用电流范围/A	施焊位置	熔滴过渡形式
0.6	0.6~1.6	40~100	各种位置	短路过渡
0.8	1~3	50~150	各种位置	短路过渡
1.0	1.5~6	90~250	各种位置	短路过渡
1.2	2~12	120~350	各种位置	短路过渡
1.2	中厚	120~350	平焊、横角焊	细颗粒过渡
1.6	6~25	200以上	各种位置	短路过渡
1.6	中厚	200以上	平焊、横角焊	细颗粒过渡
2.0	中厚	260以上	平焊、横角焊	细颗粒过渡

电流相同时，熔深将随着焊丝直径的减小的而增加。

焊丝直径对焊丝的熔化速度也有明显影响。当焊接电流相同时，焊丝越细则熔敷速度越高。

目前，国内普遍采用的焊丝直径是0.8mm、1.0mm、1.2mm和1.6mm几种。直径3~4.5mm的粗丝近来也有些企业开始使用。

二、焊接电流

焊接电流是重要的焊接参数之一，应根据焊件厚度、材质、焊丝直径、施焊位置及要求的熔滴过渡形式来选择焊接电流的大小。

焊接直径与焊接电流的关系见表4-3-1。

每种直径的焊丝都有一个合适的电流范围，只有在这个范围内的焊接过程才能稳定进行。通常直径0.8~1.6mm的焊丝，短路过渡的焊接电流在40~230A范围；细颗粒过渡的焊接电流在250~500A范围内。

当电源外特性不变时，改变送丝速度，此时电弧电压几乎不变，焊接电流发生变化。送丝速度越快，焊接电流越大。在相同的送丝速度下，随着焊丝直径的增加，焊接电流也增加。焊接电流的变化对熔池深度有决定性的影响，随着焊接电流的增大，熔深显著地增加，熔宽略有增加。

焊接电流对熔敷速度及熔深有影响，随着焊接电流的增加，熔敷速度和熔深都会增加。但应注意：焊接电流过大时，容易引起烧穿、焊漏和产生裂纹等缺陷，且工件的变形大，焊接过程中飞溅很大；而焊接电流过小时，容易产生未焊透、未熔合和夹渣等缺陷以及焊缝成形不良。通常在保证焊透、成形良好的条件下，尽可能地采用大电流，以提高生产效率。

三、电弧电压

电弧电压是重要的焊接参数之一。送丝速度不变时，调节电源外特性，此时焊接电流几乎不变，弧长将发生变化，电弧电压也会变化。

电弧电压与焊接电压是两个不同的概念，不能混淆。电弧电压是在导电嘴与工件间测得的电压。而焊接电压则是在电焊机上电压表显示的电压，它是电弧电压与焊机和工件间连接的电缆线上的电压降之和。显然焊接电压比电弧电压高，但对于同一台电焊机来说，当电缆长度和截面不变时，它们之间的差值是很容易计算出来的，特别是当电缆较短、截面较粗时，由于电缆上的压降很小，可用焊接电压代替电弧电压；若电缆很长，截面又小，则电缆上的电压降不能忽略，在这种情况下，若用焊机电压表上读出的焊接电压替代电弧电压将产生很大的误差。严格地说：电焊机电压表上读出的电压都是焊接电压，不是电弧电压。

为保证焊缝成形良好，电弧电压必须与焊接电流配合适当。通常焊接电流小时，电弧电压较低；焊接电流大时，电弧电压较高。

在焊接打底焊缝或空间位置焊缝时，常采用短路过渡方式，在立焊和仰焊时，电弧电压应略低于平焊位置，以保证短路过渡过程稳定。

短路过渡时，熔滴在短路状态一滴一滴地过渡，熔池较黏，短路频率为 $5 \sim 100Hz$。通常电弧电压为 $17 \sim 24V$。随着焊接电流的增大，合适的电弧电压也增大。电弧电压过高或过低对焊缝成形、飞溅、气孔及电弧的稳定性都有不利影响。

四、焊接速度

焊接速度是重要的焊接参数之一。焊接时电弧将熔化金属吹开，在电弧下形成一个凹坑，随后将熔化的焊丝金属填充进去，如果焊接速度太快，这个凹坑不能完全被填满，将产生咬边、下陷等缺陷；相反，若焊接速度过慢时，熔敷金属堆积在电弧下方，使熔深减小，将产生焊道不匀、未熔合、未焊透等缺陷。

在焊丝直径、焊接电流、电弧电压不变的条件下，焊接速度增加时，熔宽与熔深都减小。

如果焊接速度过高，除产生咬边、未熔合等缺陷外，由于保护效果变坏，还可能会出现气孔；若焊接速度过低，除降低生产率外，焊接变形将会增大，一般半自动焊时，焊接速度在 $5 \sim 60m/h$ 范围内。

五、二氧化碳气体流量

二氧化碳气体流量应根据对焊接区的保护效果来选取。接头形式、焊接电源、电弧电压、焊接速度及作业条件对保护气体的流量都有影响。流量过大或过小都影响保护效果，容易产生焊接缺陷。

通常细丝焊接时，流量为 5~15L/min；粗丝焊接时，约为 20L/min。

六、焊丝伸出长度

焊丝伸出长度是指从导电嘴端部到工件的距离，也叫干伸长。保持焊丝伸出长度不变是保证焊接过程稳定的基本条件之一。这是因为二氧化碳气体保护焊采用的电流密度较高，伸出长度越大，焊丝的预热作用越强，反之亦然。

预热作用的强弱还将影响焊接参数和焊接质量。当送丝速度不变时，若焊丝伸出长度增加，因预热作用强，焊丝熔化快，电弧电压升高，使焊接电流减小，熔滴与熔池温度降低，将造成热量不足，容易引起未焊透、未熔合等缺陷。相反，若焊丝伸出长度减小，将使熔滴与熔池温度提高，在全位置焊时可能会引起熔池铁液流失。

预热作用的大小与焊丝的电阻率、焊接电流和焊丝直径有关。对于不同直径、不同材料的焊丝，允许使用焊丝伸出长度是不同的，可按表 4-3-2 选择。

表 4-3-2　不同直径焊丝伸出长度的允许值　　　　　（单位：mm）

焊丝直径	ER50-6 焊丝伸出长度	H06Cr19Ni9Ti 焊丝伸出长度
0.8	6~12	5~9
1.0	7~13	6~11
1.2	8~15	7~12

焊丝伸出长度过小，妨碍观察电弧，影响操作，还容易因导电嘴过热夹住焊丝，甚至烧毁导电嘴，破坏焊接过程正常进行。焊丝长度太大时，电弧位置变化较大，保护效果变坏，将使焊缝成形不好，容易产生缺陷。

焊丝伸出长度小时，电阻预热作用小，电弧功率大，熔深大、飞溅小；伸出长度大时，电阻对焊丝的预热作用强，电弧功率小，熔深浅、飞溅多。

七、电源极性

二氧化碳气体保护焊通常都采用直流反接（反极性）：工件接阴极，焊丝接阳极。焊接过程稳定、飞溅小、熔深大。

直流正接时（正极性），焊件为阳极，焊丝接阴极，在焊接电流相同时，焊丝熔化快（其熔化速度是反极性的 1.6 倍），熔深较浅，堆高大，稀释率较小，但飞溅较大。根据这些特点，正极性焊接主要用于堆焊、铸铁补焊及大电流高速二氧化碳气体保护焊。

八、回路电感

短路过渡焊接需要焊接回路中有合适的电感，用以调节短路电流的增长速度，使焊接过程中飞溅最小。通常细丝二氧化碳气体保护，焊丝的熔化速度快，熔滴过渡周期短，需要较大的电流增长速度；反之，对于粗丝二氧化碳气体保护，则需要较小的电流增长速度。表 4-3-3 给出了不同直径焊丝的焊接回路电感参考值。此外，通过调节焊接回路电感，还可以调节电弧燃烧时间，进而控制母材的熔深。增大电感则过渡频率降低，燃烧时间增长，熔深增大。

表 4-3-3　不同直径焊丝的焊接回路电感参考值

焊丝直径/mm	焊接电/A	电弧电压/V	电感/mH
0.8	100	18	0.01~0.08
1.2	130	19	0.02~0.20
1.6	150	20	0.30~0.70

九、焊枪倾角

焊枪的倾角也是不容忽视的因素。当焊枪倾角小于 10°时，不论是前倾还是后倾，对焊接过程及焊缝成形都没有明显影响；但倾角过大（如前倾角大于 25°）时，将增加熔宽并减小熔深，还会增加飞溅。

焊枪倾角对焊缝成形的影响如图 4-3-1 所示。

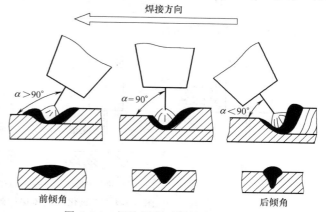

图 4-3-1　焊枪倾角对焊缝成形的影响

从图 4-3-1 可以看出，当焊枪与工件成后倾角时，焊缝窄，余高大，熔深较大，焊缝成形不好；当焊枪与工件成前倾角时，焊缝宽，余高小，熔深较浅，焊缝成形好。

通常焊工都习惯用右手持焊枪，采用左向焊法时（从右向左焊接），焊枪采用前倾角，不仅可得到较好的焊缝成形，而且能够清楚地观察和控制熔池，因此二氧化碳气体保护焊时，通常采用左向焊法。

第二节　二氧化碳气体保护焊基本操作技术

一、二氧化碳气体保护焊引弧

二氧化碳气体保护焊与焊条电弧焊引弧的方法稍有不同，不采用划擦式引弧，主要是碰撞引弧，但引弧时不必抬起焊枪。具体操作步骤如下：

1）引弧前先按遥控盒上的点动开关或按焊枪上的控制开关，点动送出一段焊丝，焊丝伸出长度小于喷嘴与工件间应保持的距离，超长部分应剪去，如图 4-3-2 所示。若焊丝的端部出现球状时，必须预先剪去，否则引弧困难。

2）将焊枪按要求（保持合适的倾角或喷嘴高度）放在引弧处（见图 4-3-3）。注意此时焊丝端部与工件未接触。喷嘴高度由焊接电流决定。

3）按焊枪上的控制开关，焊机自动提前送气，延时接通电源，保持高电压，慢送丝，当焊丝碰撞工件短路后，自动引燃电弧。

短路时，焊枪有自动顶起的倾向，如图 4-3-4 所示，故引弧时要稍用力下压焊枪，防止因焊枪抬起太高，电弧太长而熄灭。

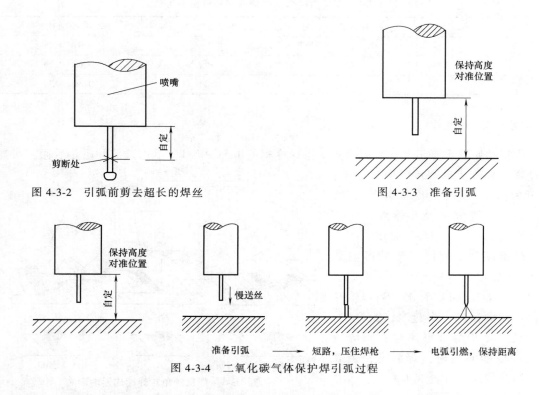

图 4-3-2　引弧前剪去超长的焊丝　　　　　　　图 4-3-3　准备引弧

图 4-3-4　二氧化碳气体保护焊引弧过程

二、二氧化碳气体保护焊焊枪摆动方式

板平焊对接二氧化碳气体保护焊时，应根据坡口间隙的大小采用不同的摆动方式，当坡口间隙较小为 0.2～1.4mm 时，一般采用直线焊接或者小幅度摆动；当坡口间隙为 1.2～2.0mm 时，采用锯齿形的小幅度摆动，在焊道中心稍快些移动，而在坡口两侧停留 0.5～1s，如图 4-3-5a 所示；当坡口间隙更大时，摆动方式在横向摆动的同时还要前后摆动，这时不应使焊接电弧直接作用到间隙上，如图 4-3-5b 所示。单道焊时，为了得到较大的焊脚，可以采用小电流，做前后摆动的方法，船位角焊缝焊接时，做前后月牙形摆动的方法。

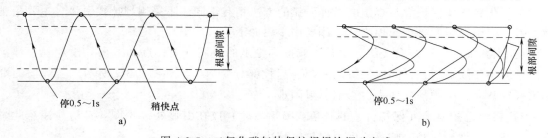

图 4-3-5　二氧化碳气体保护焊焊枪摆动方式

a）间隙为 1.2~2mm 时采用锯齿式摆动　　b）间隙较大时采用倒退月牙形摆动

当向下立焊时，熔池中的铁液极易向下流淌，应采用小规范，焊枪可以做直线式或小摆动法移动，依靠电弧的吹力把熔池金属推上去，焊枪角度如图 4-3-6 所示。电弧应始终保持在熔池金属的前方，如图 4-3-7a 所示，不要使铁液流到电弧的前面去，如图 4-3-7b 所示。

向上立焊时，焊枪的位置如图 4-3-8 所示，通常都进行摆动，摆动方式如图 4-3-9 所示，要求单道焊小焊脚的情况下，采用图 4-3-9a 所示的锯齿形小幅度摆动。由于这时的热量集中，焊道易凸起，所以在均匀摆动的情况下，应快速向上移动。如果要求较大的焊脚，采用图 4-3-9b 所示的月牙摆动方式，在焊道中心部分快速移动，而在两侧应停留 0.5～1s，以便防止咬边。但这时应注意不得使用向下弯曲的月牙摆动（见图 4-3-9c），因为这种摆动易引起铁液流淌和产生咬边。向上立焊进行单道焊时，容易得到平坦而光滑的焊道，通常最大焊脚尺寸可以达到 12mm。要求更大焊脚尺寸时，应采用多层焊。多层焊时，第一层采用小摆动，而第二层采用如图 4-3-9b 所示的月牙形摆动方式。如果要求很大的焊脚时，第一层也可以采用三角形摆动，如图 4-3-10 所示，两侧及根部三点都要停留 0.5～1s，并均匀向上移动。以后各层可以采用月牙形摆动。

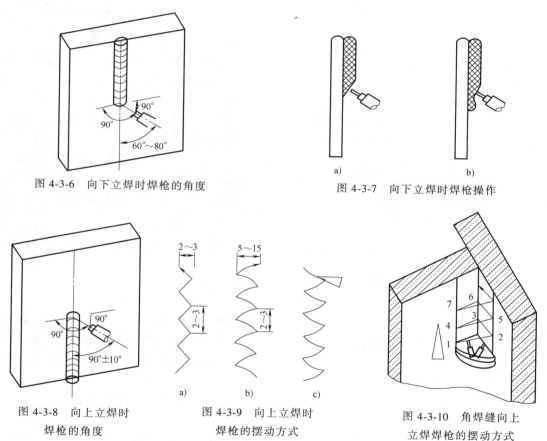

图 4-3-6　向下立焊时焊枪的角度　　　　　　图 4-3-7　向下立焊时焊枪操作

图 4-3-8　向上立焊时　　　　图 4-3-9　向上立焊时　　　　图 4-3-10　角焊缝向上
焊枪的角度　　　　　　　焊枪的摆动方式　　　　　立焊焊枪的摆动方式

三、二氧化碳气体保护焊接头

二氧化碳气体保护焊不可避免地要有接头，为保证接头质量，建议按下列步骤操作：

1）将待焊接头处用角向磨光机打磨成斜面，如图 4-3-11 所示。

2）在斜面顶部引弧，引燃电弧后，将电弧移至斜面底部，转一圈返回引弧处后再继续向左焊接，如图 4-3-12 所示。

注意：引燃电弧后向斜面底部移动时，要注意观察熔孔的变化，若未形成熔孔则接头处

图 4-3-11　接头处的准备

背面焊不透；若熔孔太小，则接头处背面产生缩颈；若熔孔太大，则背面焊缝太宽或焊漏。

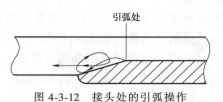

图 4-3-12　接头处的引弧操作

四、二氧化碳气体保护焊收弧

焊接结束前必须收弧，若收弧不当容易产生弧坑，并出现弧坑裂纹（火口裂纹）、气孔等缺陷。操作时可以采取以下措施：

1）二氧化碳气体保护焊机有弧坑控制电路，则焊枪在收弧处停止前进，同时接通此电路，焊接电流与电弧电压会自动变小，在熔池填满时自动断电。

2）CO_2 气体保焊机没有弧坑控制电路，或因焊接电流小没有使用弧坑控制电路时，在收弧处焊枪停止前进，并在熔池未凝固时，反复断弧、引弧几次，直到弧坑填满为止。操作时动作要快，若熔池已凝固才引弧，则可能产生未熔合及气孔等缺陷。

不论采用哪种方法收弧，在收弧时焊枪除停止前进外，不能抬高喷嘴，即使弧坑已填满，电弧已熄灭，也要让焊枪在弧坑处停留几秒后才能移开，因为灭弧后，控制线路仍保证延迟送一段时间保护气，以保证熔池凝固时能得到可靠的保护，若收弧时抬高焊枪，则容易因保护不良而引起缺陷。

五、二氧化碳气体保护焊定位焊

焊前进行定位焊，定位焊缝的质量将直接影响正式焊缝的质量及焊件的变形。

焊接定位焊缝时必须注意以下几点：

1）必须按照焊接工艺规定，采用与工艺规定同牌号、同直径的焊丝，用相同的焊接参数施焊；若工艺规定焊前需预热，焊后需缓冷，则焊定位焊缝前也要预热，焊后也要缓冷。

2）定位焊必须保证熔合良好，余高不能太高，起头和收尾处应圆滑不能太陡，防止焊缝接头时两端焊不透。

3）定位焊缝的长度、余高高度、间距要按规定执行，其参考尺寸见表 4-3-4。

表 4-3-4　定位焊缝的参考尺寸　　　　　　　　　　　　　　（单位：mm）

焊件厚度	定位焊缝长度	定位焊缝余高	定位焊缝间距
≤4	5~10	<4	50~100
4~12	10~20	3~6	100~200
>12	15~30	>6	200~300

4）为防止焊接过程中工件裂开，应尽量避免强制装配，必要时可增加定位焊缝的长度，并减小定位焊缝的间距。

5）定位焊缝不能焊在焊缝交叉处或焊缝方向发生急剧变化的地方，通常至少应离开这些地方 50mm 才能焊定位焊缝。

6）定位焊后必须尽快焊接，避免中途停顿或存放时间过长，定位焊用电流可比焊接电流大 10%~15%。

六、二氧化碳气体保护焊左焊法与右焊法

二氧化碳气体保护焊的操作方法可以按照焊枪的移动方向（向左或向右）分为左焊法和右焊法，如图 4-3-13 所示。

右焊法时，熔池的可见度及气体保护效果较好，但因焊丝直指熔池，电弧将熔池中的液态金属向后吹，容易造成余高和焊波过大，影响焊缝成形，并且，焊接时喷嘴挡住待焊的焊缝，不便于观察焊缝的间隙，容易焊偏。

左焊法时，喷嘴不会挡住视线，能够清楚地看见焊缝，故不容易焊偏，并且熔池受到的电弧吹力小，能得到较大熔宽，焊缝成形美观，所以左焊法应用比较普遍。

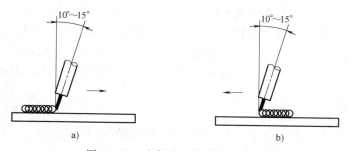

图 4-3-13　左焊法和右焊法示意图

a）右焊法　b）左焊法

第四章　埋弧焊基本操作技术

第一节　埋弧焊焊接参数

一、焊接电源的极性

埋弧焊电源分为直流电源和交流电源两种。直流电源有两种接法：直流正极性和直流反极性接法。直流正极性接法是焊件接正极，直流反极性接法是焊件接负极。直流正极性接法焊缝的熔深和熔宽比直流反极性接法小，直流反极性可以获得更大的熔深和最佳的焊缝成形。交流电埋弧焊机焊接的焊缝熔深和熔宽介于直流正极性和反极性之间。采用直流埋弧焊机时，通常采用直流反极性，只有当焊缝要求熔深浅和表面堆焊时才采用直流正极性。

二、焊接电流

在其他焊接参数不变的情况下，熔深 H 与焊接电流 I 成正比，即

$$H = K_m I$$

式中，K_m 为熔深系数，它随电流种类、极性、焊丝直径及焊剂的化学成分而异。

焊接电流对焊缝成形的影响如图 4-4-1 所示。焊接电流过大时，不仅使焊接接头韧性降低，同时，还容易产生咬边、焊瘤或烧穿等缺陷。焊接电流过小时，容易产生未熔合、未焊透、夹渣等缺陷，使焊缝成型变差。对直径 2mm 和 5mm 的焊丝而言，K_m 的值分别为 1.0~1.7 和 0.7~1.3。为了获得合理的焊缝成形，在提高焊接电流的同时，也应当提高电弧电压。

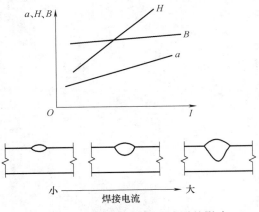

图 4-4-1　焊接电流对焊缝成形的影响

B—焊缝宽度　H—熔深　a—余高

三、电弧电压

埋弧焊进行过程中，电弧的长度看不见，只能通过电弧电压控制电弧的长度。在其他焊接参数不变的情况下，随着电弧电压的提高，焊缝的宽度明显增大，而熔深和余高则略有减小。当电弧电压过高时，焊道宽而浅。此时，由于焊剂的熔化量增加，焊缝表面变粗糙，不仅脱渣困难，还容易导致未焊透和咬边等缺陷产生。电弧电压过低时，会形成高而窄的焊道，使焊缝边缘熔合不良。因此，为获得焊缝成形良好的焊缝，电弧电压与电流要相互匹配。电弧电压对焊缝形状的影响如图 4-4-2 所示。电弧电压与弧长成正比关系。还需要指出的是：电弧电压应根据焊接电流调整，即一定的焊接电流要保持一定的弧长才能维持电弧稳

定燃烧，所以电弧电压的调整范围是有限的。

四、焊接速度

在其他焊接参数不变的情况下，焊接速度对焊缝形状及尺寸的影响如图 4-4-3 所示。提高焊接速度则单位长度焊缝上的热输入减小，焊缝熔宽和余高减小。过快的焊接速度减弱了填充金属与母材之间的熔合，焊缝表面出现箭头状波纹成形，并加剧咬边、电弧偏吹，由于熔池保持时间短，熔池中的气体不容易逸出，产生气孔。相反采用过慢的焊接速度，熔宽变大，余高减小，熔深略有增加。较慢的焊接速度，使气体有足够的时间从熔化金属中逸出，从而减小了气孔倾向。但过低的焊接速度又会形成易裂的凹形焊道，在电弧周围流动着大的熔池，引起焊道波纹粗糙和夹渣。

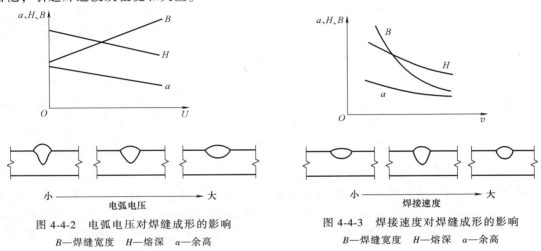

图 4-4-2 电弧电压对焊缝成形的影响
B—焊缝宽度 H—熔深 a—余高

图 4-4-3 焊接速度对焊缝成形的影响
B—焊缝宽度 H—熔深 a—余高

五、焊丝直径

在其他焊接参数不变的情况下，焊接电流一定时，焊丝直径越细，意味着焊接电流的密度增大，电弧变窄，熔深增加。同时，使用大密度的焊接电流将使焊丝发红，影响焊丝的性能与焊接过程的稳定性。焊丝直径对焊缝形状及尺寸的影响如图 4-4-4 所示。

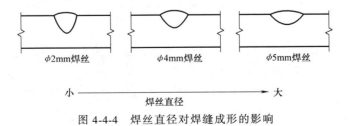

图 4-4-4 焊丝直径对焊缝成形的影响

六、焊丝倾角和偏移量

通常认为焊丝垂直水平面的焊接为正常状态，如果焊丝在焊接方向上具有前倾和后倾，其焊缝形状也不同，前倾时电弧指向已焊金属，能量集中，在电弧的吹力作用下，焊缝熔池向后推移，形成焊缝熔深增大、熔宽减小和余高大的焊道。当焊丝后倾一定的角度时，由于电弧指向待焊的金属，减弱了熔池的能量，形成焊缝变宽、熔深变浅焊缝余高变小的焊道，如图4-4-5所示。

板对接单丝埋弧焊时，为了获得良好的焊缝成形，焊丝一般不倾斜，与焊件表面垂直，同时焊丝中心要对准接缝中心。T形接头横角焊时，如果焊接平角焊缝，如图4-4-6所示，焊丝还要与竖板成约30°的夹角。当焊接底板与立板厚度不相等时，为了减小立板侧的咬边、成形不良或焊脚不等的缺陷，焊丝中心线应向底板侧偏移1/4~1/2焊丝直径的距离。

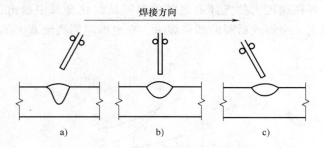

图 4-4-5　焊丝倾角对焊缝成形的影响

a）焊丝前倾　b）焊丝垂直　c）焊丝后倾

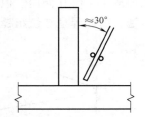

图 4-4-6　平角焊缝焊丝倾角

七、焊件倾斜

焊件倾斜对焊缝形状及尺寸的影响如图4-4-7所示。上坡焊时，由于重力作用，熔池向后流动，母材的边缘熔化并流向中间，使熔深和余高增大，熔宽减小，如果倾角过大（为6°~12°），会造成余高过大、两侧咬边。下坡焊时，则熔深和余高减小，熔宽增大。焊件下坡倾角如果过大会产生未焊透、焊瘤等缺陷。焊件倾角的大小要受焊接电流的限制，当焊接电流≤800A时，焊件上、下坡焊的最大倾角以6°为宜，侧向倾角应不大于3°；当焊接电流>800A时，焊件上、下倾角就应更小。

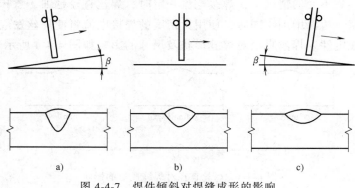

图 4-4-7　焊件倾斜对焊缝成形的影响

a）上坡焊　b）平焊　c）下坡焊

八、焊丝伸出长度

焊丝伸出长度增加，焊丝上产生的电阻热增加，电弧电压变大，熔深减小，熔宽增加，余高减小。如果焊丝伸出长度过长，电弧不稳定，甚至造成停弧。焊丝如果伸出长度太短，电弧会反烧到导电嘴，产生粘连，使焊接停顿。一般焊丝的伸出长度为焊丝直径的 6～10 倍，以 20～40mm 为宜。

九、焊剂堆高和粒度

堆高就是焊剂层的厚度。焊剂按粒度分为细颗粒和粗颗粒，粒度小的焊剂密度大，埋弧焊过程中可以得到较大的熔深和较小的熔宽。但粒度过小在埋弧焊过程中会影响透气性，容易产生气孔。埋弧焊时焊接电流对焊剂的要求见表 4-4-1。

表 4-4-1　埋弧焊时焊接电流对焊剂的要求

焊接电流/A	≤600	>600～1200	>1200
焊剂粒度/mm	0.25～1.60	0.40～2.50	1.60～3.00

细颗粒焊剂适用于大的焊接电流，如果细颗粒焊剂用在小电流埋弧焊中，因为焊剂的密封性好，焊缝容易出现表面斑点和气孔缺陷。粗颗粒焊剂用在大电流埋弧焊中，因为焊剂的密封性不好，焊缝表面容易出现粗糙的波纹和凹坑缺陷。

一般焊剂堆高为 20～40mm。焊剂堆高对焊缝成形的影响如图 4-4-8 所示。焊丝直径越粗，焊接电流越大，焊剂堆高应相应加大。

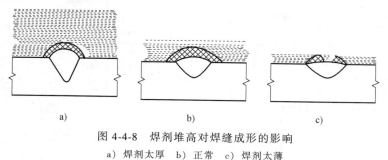

a)　　　　　　　b)　　　　　　　c)

图 4-4-8　焊剂堆高对焊缝成形的影响

a）焊剂太厚　b）正常　c）焊剂太薄

十、坡口形式

接头形式、坡口形状、装配间隙和板厚对焊缝的形状和尺寸都有影响，其中坡口形状对焊缝形状的影响见表 4-4-2。T 形角接和厚板焊接时，由于散热快，熔深和熔宽减小，余高增大。一般增大坡口深度或增大装配间隙时，相当于焊缝位置下沉，熔深略有增加，熔宽和余高略有减小。坡口角度增大，则焊缝的熔深和熔宽增大，余高减小。当采用 V 形坡口时，由于焊丝不能直接在坡口根部引弧，造成熔深减小；而 U 形坡口，焊丝能直接在坡口根部引弧，熔深较大。适当增大装配间隙，有利于增大熔深，当间隙过大，则容易焊漏。

表 4-4-2　坡口形状对焊缝形状的影响

坡口形式	I 形坡口			V 形坡口		U 形坡口
	无间隙	小间隙	大间隙	小坡口	大坡口	
焊缝形状						

第二节　埋弧焊操作技术

一、埋弧焊焊剂垫

埋弧焊用焊剂垫如图 4-4-9 所示，要求下面的焊剂与焊件贴合，并要求压力均匀，因为压力过小会造成焊漏。焊前根据焊件的厚度预留一定的间隙或开坡口进行第一面的焊接，对于厚板焊接，应保证第一面焊接熔深达到板厚的 60%~70%。然后进行背面焊缝的焊接，对于重要的构件，背面焊缝焊前还需进行清根处理。对于较厚的构件需要开坡口焊接，坡口形式由焊件厚度决定，通常厚度在 22mm 以下时，开 V 形坡口，板厚大于 22mm 时开 X 形坡口。典型板厚钢板埋弧焊焊接参数见表 4-4-3。

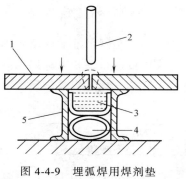

图 4-4-9　埋弧焊用焊剂垫
1—焊件　2—焊丝　3—焊剂
4—顶紧气囊　5—框架

表 4-4-3　典型板厚钢板埋弧焊焊接参数

板厚 /mm	坡口形式	焊丝 直径 /mm	焊接 顺序	坡口尺寸		焊接 电流 /A	焊接 电压 /V	焊接 速度 /(m/h)
				A /(°)	L 或 k /mm			
14		5	正	80	6	830~850	36~38	25
			反	—	—	600~620	36~38	45
16		5	正	70	7	830~850	36~38	20
			反	—	—	600~620	36~38	45
18		5	正	60	8	830~860	36~38	20
			反	—	—	600~620	36~38	45
22		6	正	55	13	1050~1150	38~40	18
		5	反	—	—	600~620	36~38	45
24		6	正	40	14	1100	38~40	24
		5	反	40	1	800	36~38	28
30			正	80	10	1000~1100	36~40	18
		6	反	60	10	900~1000	36~38	20

二、埋弧焊引弧板和引出板

因为在埋弧焊的始焊和终焊处，焊接参数不稳定，通常会产生焊瘤、弧坑等缺陷，为了避免产生以上焊接缺陷，并且为了在焊缝始端和末端获得正常尺寸的焊缝截面，焊前在焊缝两端分别装配小的金属板，开始焊接一头的称为引弧板，结束焊接一头的称为引出板，如图 4-4-10 所示。焊接后将引弧板和引出板切掉，并将焊缝端面磨平。

引弧板和引出板宜采用与母材相同的材质，以免影响焊缝金属的化学成分，其坡口形状和厚度也应与母材相同，但当 T 形角焊缝的盖板厚度较大时，可以适当减小盖板侧引弧板和引出板的厚度。

引弧板和引出板的尺寸应根据板厚确定，一般长度方向尺寸应保证在引弧板和引出板上

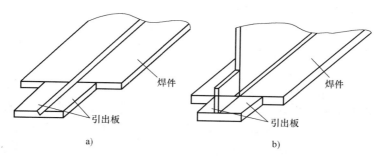

图 4-4-10　埋弧焊的引弧板和引出板

a）对接焊缝　b）角焊缝

焊接焊缝长度达到 80mm 为宜；宽度方向尺寸应保证在引弧板和引出板上托住焊接所需要的焊剂。

三、埋弧焊引弧

1. MZ-1000 型焊机的引弧

（1）准备　闭合电源开关和控制电路开关，将"焊接/调试"开关拨到"调试"位置，调整焊接电流、电弧电压和焊接速度达到预定规范，调整导轨使焊丝对准焊缝，将焊车推至引弧部位，通过按"焊丝向下"和"焊丝向上"按钮使焊丝末端与工件表面轻微接触，闭合焊车离合器，换向开关拨到焊接方向，将"焊接/调试"开关拨到"焊接"位置，开启焊剂漏斗阀门，使焊剂堆敷在待焊接部位。

（2）焊接　按下"启动"按钮的瞬间，由于焊丝端部与工件接触，焊接主回路接通，此时电弧电压为零，在控制系统的作用下焊丝向上回抽，电弧被拉长，电弧电压由零不断升高，在控制系统的作用下，焊丝回抽速度不断减慢；当电弧电压增长到一定值时，机头电动机反转，焊丝向下给送，当送丝速度与熔化速度相等时，焊接过程稳定。与此同时，焊车沿着轨道移动，焊接便正常进行。

2. MZ1-1000 型焊机的引弧

（1）准备　接通焊接电源开关和控制电路开关，调解送丝传动齿轮配比来调整送丝速度，调解行走传动齿轮配比来调整焊接速度，调整焊接电流，使其达到预定规范，调整导轨，使焊丝对准焊缝，将焊车推至引弧部位，通过按"焊丝向下"和"焊丝向上"按钮，使焊丝末端与工件表面轻微接触，旋紧焊车离合器，开启焊剂漏斗阀门，使焊剂堆敷在待焊接部位。

（2）焊接　按下"启动"按钮的瞬间，在控制系统的作用下，机头电动机反转，焊丝向上回抽，电弧被拉长，电弧电压由零不断升高，电弧引燃。待电弧燃烧后，放开"启动"按钮，机头电动机正转，焊丝向下给送，焊车前进，焊接过程正常进行。

四、埋弧焊焊丝端部位置调整

焊丝端部位置的调整分为焊接前的调整和焊接过程中的调整。对于悬臂式焊机和龙门式焊机，焊接前调整主要调节工件与导轨的位置从而调整焊缝与焊丝的相对位置；对于小车式焊机，焊接前调整主要调节小车轨道相对于焊缝的位置。在焊接过程中，操作者应及时检查焊丝是否对中，并及时调整焊丝调节旋钮，调整焊丝端部位置。

五、埋弧焊收弧

1. MZ-1000 型焊机的收弧

首先轻轻按下"停止"按钮，焊车停止行走，送丝电动机电路中断，靠电动机的转动惯性送丝，送丝速度减慢，电弧拉长，弧坑逐渐填满。等电弧熄灭后，再将"停止"按钮按到底，这时焊接电源才切断，各触点恢复至初始状况，焊接过程全部终止。应注意不要将"停止"按钮一下按到底，否则，焊丝送进与电源同时停止和断开，而送丝电动机因惯性会使焊丝继续送进，使焊丝插入尚未凝固的熔池，焊丝将与焊件发生"粘住"现象。

2. MZ1-1000 型焊机的收弧

按下"停止1"按钮后，焊车停止行走，送丝电动机电路中断，靠电动机的转动惯性送丝，送丝速度减慢，电弧拉长。等电弧熄灭后，再按"停止2"按钮，这时焊接电源才切断，各触点恢复至初始状况，焊接过程全部终止，焊丝上抽。应当注意，按停止按钮时，顺序切勿颠倒，也不要只按"停止2"按钮，否则会发生焊丝末端与焊件"粘住"现象。

第五章 气焊基本操作技术

第一节 气焊焊接参数的选择

气焊焊接参数主要包括焊丝直径、火焰种类、火焰能率、焊嘴倾斜角度、焊丝倾角、焊接速度等。

一、焊丝直径

焊丝直径选择主要根据工件的厚度、焊接接头的坡口形式以及焊缝的空间位置等因素来决定。工件的厚度越厚，所选择的焊丝越粗。工件厚度与焊丝直径的关系见表4-5-1。

表 4-5-1 工件厚度与焊丝直径的关系 （单位：mm）

工件厚度	1.0~2.0	2.0~3.0	3.0~5.0	5.0~10.0	10~15
焊丝直径	1.0~2.0	2.0~3.0	3.0~4.0	3.0~5.0	4.0~6.0

如果焊丝直径过细，焊接时工件尚未熔化，而焊丝很快熔化下滴，容易造成未熔合缺陷。如果焊丝直径过粗，焊丝加热时间延长，使工件过热，就会扩大热影响区的宽度，产生过热组织，降低焊接接头质量。

焊接开坡口的第一层焊缝应选用较细的焊丝，以利于焊透，以后各层可采用较粗焊丝。

焊缝空间位置与焊丝直径也有关系，一般平焊时可用较粗焊丝，而立焊、横焊、仰焊可用较细焊丝，以免熔滴下坠形成焊瘤。

二、气体火焰种类

1. 可燃气体的发热量及火焰温度

自身能够燃烧的气体称为可燃气体。工业上常用的可燃气体有氢和碳氢化合物，如乙炔、丙烷、丙烯、天然气（甲烷）、煤气、沼气等。可燃气体的发热量与火焰温度见表4-5-2。

表 4-5-2 可燃气体的发热量与火焰温度

气体名称	发热量/(kJ/m^3)	火焰温度/℃	气体名称	发热量/(kJ/m^3)	火焰温度/℃
乙炔	52963	3100	天然气(甲烷)	37681	2540
丙烷	85764	2520	煤气	20934	2100
丙烯	81182	2870	沼气	33076	2000
氢	10048	2660			

注：火焰温度指中性焰的温度。

目前，常用的可燃气体是乙炔，所以下面主要讨论氧乙炔焰种类。

2. 氧乙炔焰种类

乙炔在完全燃烧后生成二氧化碳和水蒸气，并放出大量的热。其燃烧反应式为：

$$C_2H_2 + 2.5O_2 = 2CO_2 + H_2O + 1302.7kJ/mol$$

乙炔与氧气混合燃烧而产生的火焰称为氧乙炔焰。按氧气与乙炔气的不同混合比例，可以将氧乙炔焰分为中性焰、碳化焰（又称还原焰）和氧化焰三种，其构造和形状如图 4-5-1 所示。

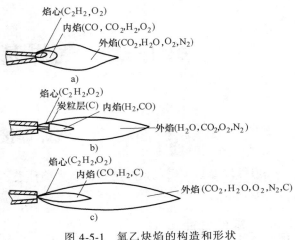

图 4-5-1　氧乙炔焰的构造和形状
a）氧化焰　b）中性焰　c）碳化焰

（1）中性焰　在焊炬混合室内，当氧气与乙炔的混合比值（O_2/C_2H_2）为 1~1.2 时，乙炔充分燃烧，燃烧后的气体中既无过剩氧又无过剩乙炔，这种在一次燃烧区内既无过剩氧又无游离碳的火焰称为中性焰。中性焰由焰心、内焰和外焰三部分组成（见图 4-5-1a）。

焰心是火焰中靠近焊炬（或割炬）喷嘴孔的呈尖锥状而发亮的部分，中性焰的焰心呈光亮蓝白色圆锥形，轮廓清楚，温度为 800~1200℃。焰心之外为内焰，内焰的颜色较暗，呈蓝白色，有深蓝色线条。在焰心前 2~4mm 处温度最高，可达 3050~3150℃。此区称为焊接区，又称为还原区。内焰的外面是外焰，它和内焰没有明显的界线，只从颜色上可以略加区别。外焰颜色由里向外逐渐由淡紫色变成橙黄色。外焰具有氧化性，它的温度范围为 1200~2500℃。

中性焰的焰心和外焰温度较低，而内焰（距焰心 2~4mm 处）的温度最高（约为 3150℃），由于内焰具有还原性，与熔化金属作用使氧化物还原，能改善焊缝力学性能，所以用中性焰焊接时，均利用内焰这部分火焰。中性焰适用于焊接低碳钢、低合金钢等多种金属材料。

（2）碳化焰　当焊炬混合室内氧气与乙炔的混合比值（O_2/C_2H_2）小于 1，一般在 0.85~0.95 之间，得到的火焰是碳化焰。它燃烧后的气体中尚有部分乙炔未燃烧。火焰中含有游离碳，具有较强的还原作用，同时也具有一定的渗碳作用。这种火焰明显分为焰心、内焰和外焰三部分（见图 4-5-1b）。

碳化焰的焰心较长，呈蓝白色，内焰呈淡蓝色，外焰带橘红色。碳化焰三层火焰之间无明显的轮廓。最高温度为 2700~3000℃。焊接时过剩的乙炔分解为氢和碳，内焰中炽热的炭粒能使氧化铁还原，因此碳化焰也称为还原焰。用碳化焰焊接碳素钢，熔池会因吸收炭粒生成二氧化碳而产生沸腾现象，同时使被工件增碳，增加裂纹产生的可能。但有时为了对焊缝增碳和提高焊缝强度和硬度，常使用碳化焰焊接高碳钢、铸铁及硬质合金等材料。

（3）氧化焰　当焊炬混合室内氧与乙炔的混合比值（O_2/C_2H_2）大于 1.2，一般为 1.3~1.7，得到的火焰是氧化焰。燃烧后的气体火焰中有部分过剩的氧气，这种火焰中有过量的氧，在焰心外面形成一个有氧化性的富氧区，这种火焰称为氧化焰。氧化焰在燃烧过程中氧的浓度极大，氧化反应极为剧烈，因此焰心、内焰和外焰都缩短，而且内焰和外焰的层次极为不清，可以把氧化焰看作由焰芯和外焰两部分组成（见图 4-5-1c）。

氧化焰的焰心呈淡紫蓝色，轮廓也不太明显，内焰和外焰呈蓝紫色。氧化焰火焰较短，燃烧时会发出急剧的噪音，火焰挺直。氧的比例越大，则整个火焰越短，噪音也越大。氧化

焰的最高温度为 $3100 \sim 3300 ℃$，整个火焰具有氧化性。所以焊接碳素钢时，会造成熔化金属的氧化和元素的烧损，使焊缝产生气孔，并增强熔池的沸腾现象，从而降低焊缝质量。所以这种火焰较少使用，但焊接黄铜和锡青铜时，利用氧化性生成氧化物薄膜，覆盖在熔池上，以保护低沸点锌、锡不再蒸发。由于氧化焰温度高，在火焰加热和气割时，也常使用氧化焰。

3. 各种火焰的获得及适用范围

不同性质的火焰是通过改变氧气与乙炔气的混合比值而获取的。不同的材料应使用不同的火焰焊接，各种金属材料气焊时，火焰种类的选择见表4-5-3。

（1）中性焰的调节　当焊炬点燃后，逐渐开大氧气调节阀，此时，火焰由长变短，火焰颜色由橘红色变为蓝白色，焰心、内焰及外焰的轮廓都变得特别清楚时，即为标准的中性焰。但要注意，在焊接过程中，由于气体的压力、气体的质量等原因，火焰的性质随时有改变，要注意观察，及时调节，使之始终能保持为中性焰。

（2）碳化焰的调节　在中性焰的基础上，减少氧气或增加乙炔均可得到碳化焰。这时火焰变长，焰心轮廓不清。乙炔过多时产生黑烟。焊接时所用的碳化焰，其内焰长度一般为焰心长度的 $2 \sim 3$ 倍。

（3）氧化焰的调节　在中性焰的基础上，逐渐增加氧气，这时整个火焰将缩短，当听到有"嗖嗖"的响声时便是氧化焰。

表 4-5-3　焊接火焰种类的选择

母材	应用火焰	母材	应用火焰
低碳钢	中性焰	铬不锈钢	中性焰或轻微碳化焰
中碳钢	中性焰	铬镍不锈钢	中性焰
低合金钢	中性焰	纯铜	中性焰
高碳钢	轻微碳化焰	黄铜	轻微氧化焰
锰钢	轻微氧化焰	锡青铜	轻微氧化焰
灰铸铁	碳化焰或轻微碳化焰	铝及铝合金	中性焰或轻微碳化焰
镀锌铁板	轻微氧化焰	铅、锡	中性焰或轻微碳化焰

三、火焰能率

气焊火焰的能率是按每小时混合气体消耗量（L/h）来表示的。可燃气体的消耗量是由焊炬型号及焊嘴号码的大小来决定的。焊嘴孔径越大，火焰能率也就越大；反之则越小。焊炬型号及焊嘴号码的大小，主要是根据工件的厚度、金属材料的热物理性质（熔点及导热性等）以及焊缝的空间位置来选择的。

目前，广泛使用的是射吸式焊炬，其主要技术数据见表4-5-4。根据工件的厚度合理选择焊炬型号及焊嘴号码。

在焊接过程中，需要的热量是随时变化的。刚开始焊接时，整个工件是冷的，需要热量较多。焊接过程中，工件本身的温度提高，需要的热量也就相应地减少，这时可把火焰调小一点或减小焊嘴与工件的倾斜角度以及采用间断焊接的方法，来达到调整热量的目的。

在实际生产中，为了提高焊接生产率，在保证焊缝质量的前提下，尽量采用较大的火焰能率。

表 4-5-4　射吸式焊炬主要技术数据

焊炬型号	焊嘴号码	焊嘴孔径 /mm	焊件厚度 /mm	氧气压力 /MPa	乙炔压力 /MPa	氧气消耗量 /(m³/h)	乙炔消耗量 /(m³/h)
H01-6	1	0.9	1~2	0.2	0.001~0.1	0.15	0.17
	2	1.0	2~3	0.25		0.20	0.24
	3	1.1	3~4	0.3		0.24	0.28
	4	1.2	4~5	0.35		0.28	0.33
	5	1.3	5~6	0.4		0.37	0.37
H01-12	1	1.4	6~7	0.4	0.001~0.1	0.37	0.43
	2	1.6	7~8	0.45		0.49	0.58
	3	1.8	8~9	0.5		0.65	0.78
	4	2.0	9~10	0.6		0.86	1.05
	5	2.2	10~12	0.7		1.10	1.21
H01-20	1	2.4	10~12	0.6	0.001~0.1	1.25	1.5
	2	2.6	12~14	0.65		1.45	1.7
	3	2.8	14~16	0.7		1.65	2.0
	4	3.0	16~18	0.75		1.95	2.3
	5	3.2	18~20	0.8		2.25	2.6

四、焊嘴倾斜角度

　　焊嘴的倾斜角度是指焊嘴的中心线与工件平面间的夹角。焊炬倾斜角的大小主要是依据工件厚度、焊嘴大小和金属材料的熔点及导热性来选择的。焊嘴倾斜角大，则火焰集中，热量损失小，工件得到的热量多，升温快。焊嘴倾斜角小，则火焰分散，热量损失大，工件获得的热量少，升温慢。

　　所以，工件越厚，焊嘴的倾斜角应越大；工件越薄，焊嘴的倾斜角越小。如果焊嘴选得大一些，焊炬的倾斜角可小一些；如果焊嘴选得小一些，焊炬的倾斜角可大一些。

　　焊接碳素钢时，焊嘴倾斜角与工件厚度的关系如图 4-5-2 所示。

　　在焊接过程中，焊嘴的倾斜角是需要改变的。开始焊接时，为了较快地加热工件和迅速形成熔池，焊嘴倾斜角可为 80°~90°。当焊接快要结束时，为了更好地填满弧坑和避免烧穿，可将焊嘴的倾斜角减小，使焊嘴对准焊丝加热，并使火焰上下跳动，断续地对焊丝和熔池加热。焊接过程中，焊嘴倾斜角的变化情况如图 4-5-3 所示。

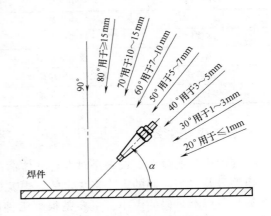

图 4-5-2　低碳钢焊接时焊嘴倾斜角
与工件厚度的关系

五、焊丝倾角

　　在气焊工艺中，焊丝的主要作用是填充焊接熔池并形成焊缝。在各种位置焊接时，焊丝头部始终应在火焰尖上。焊丝倾角与工件厚度、焊嘴倾角有关。当工件厚度大时，焊嘴倾斜

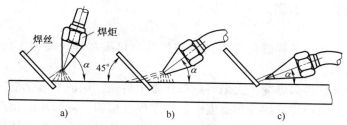

图 4-5-3　焊接过程中焊嘴倾斜角的变化示意图

a）焊前预热　b）焊接过程中　c）焊接结束填满

度也大，则焊丝的倾斜度小；当工件厚度小时，焊嘴倾斜度也小，则焊丝的倾斜度大。焊丝倾角一般为 30°~40°。

六、焊接速度

焊接速度直接影响焊接生产率和工件质量。因此，必须根据工件结构、工件材料等来正确地选择焊接速度。

一般说来，对厚度大、熔点高的工件，焊接速度要慢些，以免产生未熔合未焊透等缺陷。对厚度小、熔点低的工件，焊接速度要快些，以免烧穿或使工件过热，降低产品质量。另外，焊接速度还要根据焊工的熟练程度、焊缝空间位置及其他条件来选择。在保证焊接质量的前提下，焊接速度应尽量快，以提高焊接生产率。

第二节　气焊基本操作技术

一、焊缝的起焊

气焊在起焊时，由于工件温度低，焊嘴倾斜角应大些，这样有利于工件预热。同时，气焊火焰在起焊部位应往复移动，以便起焊处加热均匀。当起焊点处形成白亮且清晰的熔池时，即可加入焊丝（或不加入焊丝），并向前移动焊嘴进行焊接。

注意，如果两工件厚度不同，气焊火焰应稍微偏向厚板一侧，使焊缝两侧温度一致，避免熔池离开焊缝的正中央，而偏向薄板的一侧。

二、左焊法和右焊法

气焊操作时，依据焊嘴的移动方向，焊嘴火焰指向不同，分为左焊法和右焊法，如图 4-5-4 所示。

1. 左焊法

在焊接过程中，从一条焊缝的右端向左端焊接，焊丝在焊嘴前面，这种焊法称为左焊法，如图 4-5-4a 所示。

左焊法使气焊工能够清楚地看到熔池边缘，所以能焊出宽度均匀的焊缝。由于焊炬火焰指向工件未焊部分，对工件金属有预热作用，因此焊接薄板时，生产效率高。这种焊接方法容易掌握，应用普遍。缺点是焊缝易氧化，冷却速度快，热量利用率低，因此适用于焊接

5mm 以下的薄板或低熔点金属。

2. 右焊法

在焊接过程中，从一条焊缝的左端向右端焊接，焊嘴在焊丝前面，这种焊法称为右焊法，如图 4-5-4b 所示。

右焊法的焊炬火焰指向焊缝，火焰可以罩住整个熔池，保护了熔化金属，防止焊缝金属的氧化和产生气孔，减慢焊缝的冷却速度，改善了焊缝组织。右焊法的缺点主要是不易看清已焊好的焊缝，操作难度高，一般较少采用。适用于工件厚度大、熔点较高的工件。

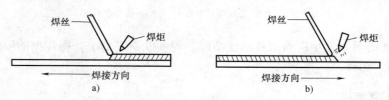

图 4-5-4　左焊法和右焊法示意图

a）左焊法　b）右焊法

三、焊丝的填充

在整个焊接过程中，为获得外观漂亮、内部无缺陷的焊缝，气焊工要观察熔池的形状，尽量使熔池的形状和大小保持一致。而且要将焊丝末端置于外层火焰下进行预热。当工件预热至白亮且清晰的熔池后，将焊丝熔滴送入熔池，并立即将焊丝抬起，让火焰继续向前移动，以便形成新的熔池，然后再继续向熔池中加入焊丝，如此循环，即形成焊缝。

如果使用的火焰能率大，工件温度高，熔化速度快，焊丝应经常保持在焰心前端，使熔化的焊丝熔滴连续加入熔池。如果火焰能率小，熔化速度慢，则加入焊丝的速度要相应减小。

在焊接薄件或工件间隙大的情况下，应将火焰焰心直接指在焊丝上，使焊丝阻挡部分热量。焊炬上下跳动，阻止熔池前面或焊缝边缘过早地熔化下塌。

四、焊炬和焊丝的摆动

在焊接过程中，为了获得质量优良、外观美观的焊缝，焊炬和焊丝应做均匀协调的摆动。焊炬和焊丝有规律地摆动，能使工件金属便于熔透、焊道均匀，也避免了焊缝金属的过热或烧穿。

焊炬摆动基本上有三个动作：

1）沿焊接方向作前进运动，不断地熔化工件和焊丝形成焊缝。

2）在垂直于焊缝的方向作上下跳动，以便调节熔池的温度，防止烧穿。

3）横向摆动，主要是使工件坡口边缘能很好地熔化，控制熔化金属的流动，防止焊缝产生过热或烧穿等缺陷，从而得到宽窄一致、内在质量可靠的焊缝。

在焊接过程中，焊丝随焊炬也作前进运动，但主要还是作上下跳动运动。在使用溶剂时，焊丝还应作横向摆动，搅拌熔池。焊丝末端在高温区和低温区之间作往复跳动，必须均匀协调，不然会造成焊缝高低不平、宽窄不匀等现象，影响其外观质量。

焊炬和焊丝的摆动方法与工件材质、工件厚度、焊缝空间位置及所要求的焊缝尺寸有关。平焊时焊炬和焊丝常见的几种摆动方法如图 4-5-5 所示。图 4-5-5a～c 适用于各种材料的较厚大的焊接及堆焊；图 4-5-5d 适用于各种薄件材料的焊接。

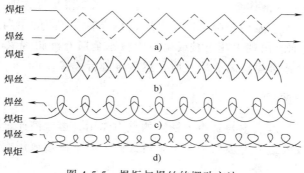

图 4-5-5　焊炬与焊丝的摆动方法

五、焊缝接头

在焊接过程中，更换焊丝停顿或某种原因中途停顿再继续焊接处叫作接头。在接头时，应当用火焰将原熔池周围充分加热，将已冷却的熔池重新熔化，形成新的熔池后，即可加入焊丝。此时要特别注意，新加入的焊丝熔滴与被熔化的原焊缝金属之间必须充分熔合。在焊接重要工件时，接头处必须与原焊缝重叠 8～10mm，以得到强度大、组织致密的焊接接头。为了保证焊缝的高度及焊缝的圆滑过渡，在焊缝重叠处要少加或不加焊丝。

六、焊缝收尾

当一条焊缝焊接至终点，结束焊接的过程称为收尾。此时，由于工件温度较高、散热条件差，需要减小焊炬的倾斜角、加快焊接速度，并多加入一些焊丝，以防止熔池面积扩大，更重要的是避免烧穿。在收尾时，为了避免空气中的氧气和氮气侵入熔池，可用温度较低的外焰保护熔池，直至将终点熔池填满，火焰才可缓慢离开熔池。气焊收尾时要做到，焊炬倾角小，焊接速度快，填充焊丝多，熔池要填满。

七、板平焊操作要领

1）依靠待焊件板厚选择焊炬与焊件的夹角。

2）气焊开始先不加焊丝对待焊处进行预热，当待焊处出现熔化时立即填加焊丝。出现焊丝粘住熔池边缘时，可用火焰加热焊丝粘住部位，切忌用力拔焊丝。

3）在板平焊焊接全过程中，火焰必须始终笼罩着焊丝末端和熔池，防止熔池和焊丝末端发生氧化。

4）正常焊接时，为了使焊丝末端与焊件待焊处金属在液态下能够均匀地熔融在焊缝中，焊件待焊处与焊丝末端应同时熔化。

5）焊接过程中如果发现熔池突然变大并且有液体金属流动，表明焊件被烧穿。此时应迅速抬高火焰、减小焊嘴倾角、加大焊接速度、多加焊丝，将熔化焊穿处填满后恢复正常焊接。

6）焊接过程中如果发现熔池过小或不能形成熔池、焊丝熔滴不能与焊件熔合仅仅敷在焊件表面时，说明焊接热量不足。此时应立即降低焊接速度、增大焊嘴倾角，待形成正常焊缝后再继续进行焊接。

7）如果焊缝熔池内的液体金属被吹出，说明焊接气体流量过大或气焊火焰焰心距离溶池太近，应该立即减小火焰能率和调整气焊火焰焰心与溶池之间的距离。

8）如果熔池有气泡、出现火花飞溅或熔池中液态金属有沸腾现象时，表明气焊的火焰性质变了，应及时调整适合焊接的火焰性质，然后再进行焊接。

八、板横焊操作要领

板气焊横向焊缝时的难点主要是由于铁液的重力作用，熔池液体金属容易发生下淌，焊缝的上坡口边容易形成咬边，下坡口边由于熔池液体金属下淌形成焊瘤、未焊透和泪滴形焊缝。具体操作要点如下：

1）为了避免熔池液体金属下淌，气焊时要使用较小的火焰能率来控制熔池形状。

2）采用左焊法，焊嘴向上倾斜，与焊件之间的夹角为 65°~75°，焊嘴与焊件之间的夹角如图 4-5-6 所示，利用气焊火焰气流吹力托住熔化金属液体下淌。

3）气焊时，焊炬一般不做摆动，较厚件焊接时，为了控制焊缝成形，防止焊缝产生咬边、焊瘤及未焊透等缺陷，焊炬可以做使熔池略带倾斜的小圆形摆动。

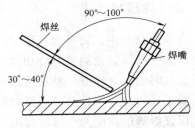

图 4-5-6　焊嘴与焊件的夹角

九、板立焊操作要领

立焊的操作方法是焊炬自下向上焊接，焊缝熔池中金属熔液由于受重力作用而下淌，焊缝表面成形没有平焊缝美观。气焊立焊缝焊接操作要点如下：

1）为了避免焊缝熔池金属液体下淌，立焊的火焰能率要比平焊缝时小，熔池的面积和深度也都要比平焊缝焊接时小些，应严格控制熔池的温度。

2）立焊过程中，焊炬沿焊接方向向上倾斜 60°，借助火焰气流的推力支持焊缝熔池金属液体不下淌。焊炬一般不作横向摆动，但为了调节熔池温度，可在焊接过程中可随时作上下跳动，使熔池有冷却时间，不发生焊穿和熔池液体下淌。

3）为了避免熔池温度过高，气焊过程中，要把火焰过多地指向焊丝，降低熔池温度。当出现熔池金属液体有下淌迹象时，立即将火焰向上提起，待熔池温度适当降低后再把火焰移向熔池继续进行焊接。

十、板仰焊操作要领

仰焊缝气焊熔池是倒挂在焊件下面，焊缝熔池内的液态金属因自重容易下坠，焊缝正面成形不美观，焊缝背面容易产生内凹，所以难以形成满意的熔池和较理想的焊缝，是最难焊的焊接位置，具体焊接操作要点如下：

1）采用较小的火焰能率，选用细焊丝焊接。

2）控制熔池的大小和温度，使熔池液体金属能在焊接过程中迅速凝固形成焊缝。

3）因为左焊法容易观察和控制熔池大小和温度，所以焊接过程中最好采用左焊法。此时焊炬应视焊缝视熔池大小和形状作不间断的运动,焊丝在焊接过程中始终浸在熔池内作月牙形运条。

4)不论采用站位、蹲位或躺位仰焊时,都要选好操作姿势,防止被焊接飞溅物、金属熔滴烫伤。为了减轻焊工的劳动强度,在保证焊接质量的前提下,尽量选择小型号的焊炬。

十一、管对接垂直固定气焊

管对接垂直固定焊的焊缝,展开后就是横焊缝,焊工在焊接过程中,按板横焊缝的焊接手法,围绕着管外形不断地变换位置,始终保持焊嘴、焊丝和管子的切线方向夹角不变。从而更好地控制焊缝熔池大小和形状,获得良好的焊缝成形和焊接质量。

管对接垂直固定气焊可以采用左焊法对管进行多层焊,也可以采用右焊法焊接,右焊法可以对管壁厚为 7mm 的管对接焊缝,采用单面焊双面成形技法一次焊成。

十二、管对接水平固定气焊

管对接水平固定气焊操作技法,包括仰面焊、仰面爬坡焊、立焊、上爬坡焊及平焊技法。焊接时将圆管按时钟分为左、右两个半圆,即:左半圆起焊点为 6 点—7 点—8 点—9 点—10 点—11 点—终焊点为 12 点;右半圆起焊点为 6 点—5 点—4 点—3 点—2 点—1 点—终焊点为 12 点。注意气焊点和终焊点要重合 10~15mm。这样可以避免起焊点和终焊点处的焊接缺陷。管对接水平固定气焊焊接位置如图 4-5-7 所示。管对接水平固定气焊起点和终点搭接尺寸如图 4-5-8 所示。

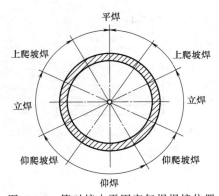

图 4-5-7　管对接水平固定气焊焊接位置

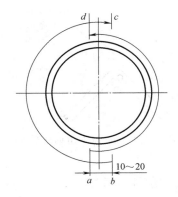

图 4-5-8　管对接水平固定气焊起点和终点搭接尺寸

管对接水平固定气焊过程中,施焊位置在不断变化,但是,在实际焊接操作中,为了保持熔池的形状和大小,达到既焊透又不烧穿,焊丝与焊嘴间的夹角应始终保持在 90°的基础上加以修整。焊嘴及焊丝与焊件的夹角也要在保持 45°的基础上适当变化。

第六章　气割基本操作技术

第一节　常用型材气割基本操作技术

一、角钢的气割

气割角钢厚度在 5mm 以下时，一方面容易使切口过热，氧化渣和熔化金属粘在切口下口，很难清理；另一方面直角面常常割不齐。为了防止上述缺陷，采用一次气割完成。将角钢两边着地放置，先割一面时，使割嘴与角钢表面垂直。气割到角钢中间转向另一面时，使割嘴与角钢另一表面倾斜 20°左右，直至角钢被割断，如图 4-6-1 所示。这种一次气割的方法不仅使氧化渣容易清除，直角面容易割齐，而且可以提高工作效率。

气割角钢厚度在 5mm 以上时，如果采用两次气割，不仅容易产生直角面割不齐的缺陷，还会产生顶角未割断的缺陷。所以最好也采用一次气割。把角钢一面着地，先割水平面，割至中间角时，割嘴就停止移动，割嘴由垂直转为水平再往上移动，直至把垂直面割断，如图 4-6-2 所示。

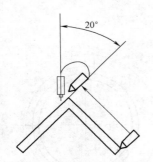

图 4-6-1　厚度 5mm 以下角钢气割方法

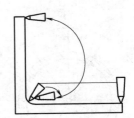

图 4-6-2　厚度 5mm 以上角钢气割方法

二、槽钢的气割

气割 10 钢以下的槽钢时，常常是槽钢断面割不整齐。所以把开口朝地放置，用一次气割完成。先割垂直面时，割嘴可和垂直面成 90°，当要割至垂直面和水平面的顶角时，割嘴就慢慢转为和水平面成 45°左右，然后再气割。当将要割至水平面和另一垂直面的顶角时，割嘴慢慢转为与另一垂直面成 20°左右，直至槽钢被割断，如图 4-6-3 所示。

气割 10 钢以上的槽钢时，把槽钢开口朝天放置，一次气割完成。起割时，割嘴和先割的垂直面成 45°左右。割至水平面时，割嘴慢慢转为垂直，然后再气割，同时割嘴慢慢转为往后倾斜 30°左右。割至另一垂直面时，割嘴转为水平方向再往上移动，直至另一垂直面割断，如图 4-6-4 所示。

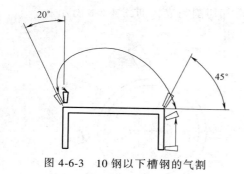

图 4-6-3　10 钢以下槽钢的气割

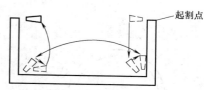

起割点

图 4-6-4　10 钢以上的槽钢的气割

三、工字钢的气割

气割工字钢时，一般都采用三次气割完成。先割两个垂直面，后割水平面。但三次气割断面不容易割齐，这就要求焊工在气割时力求割嘴垂直，如图 4-6-5 所示。

四、圆钢的气割

气割圆钢时，要从侧面开始预热。预热火焰应垂直于圆钢表面。开始气割时，在慢慢打开高压氧调节阀的同时，将割嘴慢慢转为与地面相垂直的方向。这时加大气割氧气流，使圆钢割透，每个切口最好一次割完。如果圆钢直径较大，一次割不透，可以采用分瓣气割，如图 4-6-6 所示。

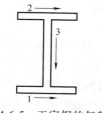

图 4-6-5　工字钢的气割

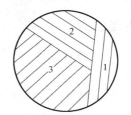

图 4-6-6　圆钢的气割

五、滚动钢管的气割

气割可转动管子时，可以分段进行。即气割一段后，将管子转动一适当的位置，再继续进行气割。一般直径较小的管子可分为 2~3 次割完，直径较大的管子分多次割完，但分段越少越好。

首先，预热火焰垂直于管子表面。开始气割时，在慢慢打开高压氧调节阀的同时，将割嘴慢慢转为与起割点的切线成 70°~80°角，在气割每一段切口时，割嘴随切口向前移动而不断改变位置，以保证割嘴倾斜角度基本不变，直至气割完成，如图 4-6-7 所示。

六、水平固定管的气割

气割水平固定管时，从管子的底部开始，由下向上分两部分进行气割（即从时钟的 6 点位置到 12 点位置）。与滚动钢管的气割一样，预热火焰垂直于管子表面。开始气割时，在慢慢打开高压氧调节阀的同时，将割嘴慢慢转为与起割点的切线成 70°~80°角，割嘴随切口向前移动而不断改变位置，以保证割嘴倾斜角度基本不变，直至割到水平位置后，关闭切割氧，再将割嘴移至管子的下部气割剩余一半，直至全部切割完成，如图4-6-8所示。

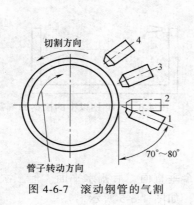

图4-6-7 滚动钢管的气割

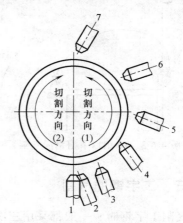

图4-6-8 水平固定管的气割

第二节 气割参数选择要点

气割参数主要包括切割氧压力、预热火焰能率、割嘴与被割工件表面距离、割嘴与被割工件表面倾斜角和切割速度等。

一、切割氧压力

在气割工艺中，切割氧压力与工件厚度、割炬型号、割嘴号码以及氧气纯度等因素有关。一般情况下，工件越厚，所选择的割炬型号、割嘴号码越大，要求切割氧压力越大；工件较薄时，所选择的割炬型号、割嘴号码较小，则要求切割氧压力较低。切割氧压力过低，会使切割过程缓慢，易形成粘渣，甚至不能将工件的厚度全部割穿。切割氧压力过大，不仅造成氧气浪费，而且使切口表面粗糙，切口加大，气割速度反而减慢。切割氧压力与割件厚度、割炬型号、割嘴号码的关系见表4-6-1。

表4-6-1 低碳钢切割氧压力与割件厚度、割炬型号、割嘴号码的关系

板厚/mm	割炬型号	割嘴号码	乙炔压力/MPa	氧气压力/MPa
3以下	G01-20	1~2	0.01~0.12	0.3~0.4
3~12				0.4~0.5
12~30		2~4		0.5~0.7
30~50	G01-100	3~5		
50~100		5~6		0.6~0.8
100~150		7		0.8~1.2
150~200	G01-300	8		1~1.4
200~250		9		

二、预热火焰能率

预热火焰的作用是提供足够的热量把被割工件加热到燃点，并始终保持在氧气中燃烧的温度。气割时氧的纯度不应低于98.5%（体积分数）。

预热火焰能率与工件厚度有关。工件越厚，火焰能率应越大。所以，火焰能率主要是由割炬型号和割嘴号码决定的，割炬型号和割嘴号码越大，火焰能率也越大。预热火焰能率过大，会使切口上边缘熔化，切割面变粗糙，切口下缘挂渣等。预热火焰能率过小时，割件得不到足够的热量，使切割速度减慢，甚至使切割过程中断而必须重新预热起割。

预热火焰应采用中性焰，碳化焰因有游离状态的碳，会使割口边缘增碳，故不能使用。

三、割嘴与被割工件表面距离

割嘴与被割工件表面距离应根据割件的厚度而定，一般是使火焰焰心至割件表面3~5mm。如果距离过小，火焰焰心触及割件表面，不但会引起切口上缘熔化和切口渗碳的可能，而且喷溅的熔渣会堵塞割嘴。如果距离过大，使预热时间加长。

四、割嘴与被割工件表面倾斜角

气割时，割嘴向切割方向倾斜，火焰指向已割金属称为割嘴前倾。割嘴与被割工件表面倾斜角直接影响气割速度和后拖量。当割嘴沿气割方向向后倾斜一定角度时，能减少后拖量，从而提高了切割速度。进行直线切割时，应充分利用这一特点来提高生产效率。

割嘴倾斜角的大小，主要根据工件厚度而定。切割30mm 以下厚度钢板时，割嘴可后倾 20°~30°。切割大于30mm 厚钢板时，开始气割时应将割嘴向前倾斜 5°~10°；

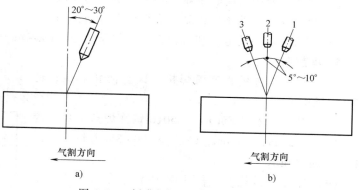

图 4-6-9　割嘴与被割工件表面倾斜角
a) 厚度 30mm 以下时　b) 厚度大于 30mm 时

待全部厚度割透后再将割嘴垂直于工件；当快割完时，割嘴应逐渐向后倾斜 5°~10°。割嘴的倾斜角与割件厚度的关系如图 4-6-9 所示。

五、切割速度

切割速度与工件厚度和使用的割嘴形状有关。工件越厚，切割速度越慢；反之工件越薄，气割速度应越快。合适的切割速度是火焰和熔渣以接近于垂直的方向喷向工件的底面，这样的切口质量好。切割速度太慢，会使切口边缘熔化，切割速度过快，则会产生很大的后拖量或割不透现象。所谓后拖量，就是在切割过程中，切割面上的切割氧流轨迹的始点与终点在水平方向上的距离，氧乙炔切割的后拖量如图 4-6-10 所示。

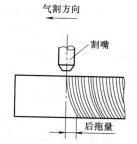

图 4-6-10　氧乙炔切割的后拖量

由于各种原因，后拖量现象是不可避免的，这种现象在切割厚板时更为明显。因此，要求采用的切割速度尽量使切口产生的后拖量比较小为原则，以保证气割质量和降低气体消耗量。

第五篇　典型案例

案例一　焊条电弧焊低合金钢板对接仰焊单面焊双面成形

低合金钢板对接仰焊单面焊双面成形具有如下特点：

1）仰焊时，熔池在高温作用下表面张力减小，而铁液在自重条件下产生下垂，容易引起正面焊缝产生下坠，背面产生未焊透、凹陷等焊接缺陷。

2）焊接过程中清渣较困难，容易产生层间夹渣。

3）焊接操作、运条较困难，焊缝成形不易控制。

4）宜采用较小的电流和直径较小的焊条及适当的运条手法进行施焊。

1. 焊前准备

（1）焊机　选用直流弧焊机、硅整流弧焊机、逆变电焊机均可。

（2）焊条　选用 E5015、E5016 碱性焊条均可，焊条直径为 3.2mm，4.0mm，焊前经 300～350℃ 烘干，保温 2h，随用随取。

（3）焊件（试板）　采用 Q355A（B、C）低合金钢板，厚度为 12mm，长为 300mm，宽为 125mm，用剪板机或气割下料，然后再用刨床加工成 V 形 32°±2°坡口。气割下料的焊件，其坡口边缘的热影响区应该使用刨床刨去，试板图样如图 5-1-1 所示。

（4）辅助工具和量具　焊条保温筒，角向磨光机，钢丝刷，钢直尺（300mm），敲渣锤，焊缝万能量规等。

2. 焊前装配定位及焊接

（1）准备试板　用角向磨光机将试板两侧坡口及坡口边缘 20～30mm 范围以内的油、污、锈、垢清除干净，使之呈现金属光泽。然后，在台虎钳上修磨坡口钝边，使钝边尺寸保持在 0.5～1mm。

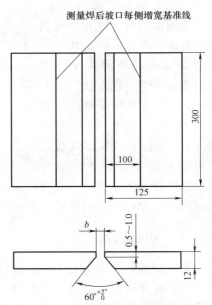

图 5-1-1　低合金钢板对接仰焊
单面焊双面成形试板

（2）试板装配　将打磨好的试板装配成 V 形 65°坡口的对接接头，装配间隙始焊端为 3.2mm，终焊端为 4mm（可以用 $\phi3.2mm$ 和 $\phi4.0mm$ 焊条头夹在试板坡口的钝边处，定位焊牢两试板，然后用敲渣锤打掉定位用的 $\phi3.2mm$ 和 $\phi4.0mm$ 焊条头即可）。定位焊缝长为 10～15mm（定位焊缝在正面焊缝处），对定位焊缝焊接质量要求与正式焊缝一样。错边量≤1mm。

（3）反变形　仰焊反变形的取量如图 5-1-2 所示。

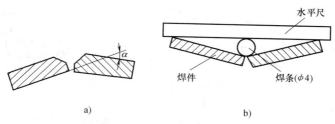

a)　　　　　　　　　　　　　　b)

图 5-1-2　仰焊反变形取量示意图

3. 焊接操作

板厚为 12mm 的试板，对接仰焊，焊缝共有 4 层，即：第一层打底焊，第二、三层为填充层，第四层为盖面焊，焊接层次如图 5-1-3 所示。

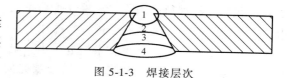

图 5-1-3　焊接层次

（1）焊接参数　低合金钢板对接仰焊焊接参数见表 5-1-1。

表 5-1-1　低合金钢板对接仰焊焊接参数

焊接层次	电源极性	焊接方法	焊条直径 /mm	焊接电流 /A	焊条角度/(°)	运条方式
1. 打底层	直流正接	连弧焊	3.2	100~110	75~85	小月牙或锯齿小摆动
2. 填充层	直流反接	连弧焊	3.2	115~120	80~85	锯齿或8字
3. 填充层	直流反接	连弧焊	3.2	115~120	80~85	锯齿或8字
4. 盖面层	直流反接	连弧焊	3.2	115~120	80~85	锯齿或8字

（2）打底层的焊接　打底层是保证单面焊双面成形的关键。始焊前，首先要在准备好的试弧板上引弧，试验焊接电流大小是否合适，电焊条是否有偏心现象，一切正常后就准备施焊。打底焊采用"连弧焊"方法完成。它的操作要点是"看""听""准""稳"，只有这四点要领运用自如、相互配合得恰到好处，才能焊出质量好的打底层焊缝。连弧焊操作时，引弧点在焊件左端或右端（以焊工各自习惯为准）定位焊缝起始端引弧，并让电弧稍作停顿，电弧稳定燃烧后，迅速压低电弧，然后以小锯齿或小月牙摆动运条方式移动电弧。当焊接电弧达到定位焊终焊端时，将电弧运到坡口间隙中心处，电弧往上顶，同时手腕也有意识地稍微扭动一下，并稍作停顿（这样做能充分发挥电弧的吹力，确保电弧喷射正常，使坡口两侧钝边击穿熔透状况基本一样，但要注意的是电弧往上顶与扭动手腕，使电弧有一个小旋转应同时进行，否则效果不佳）。

当"看"到一个比焊条直径稍大（每侧坡口钝边击穿熔透 1~1.5mm）的熔孔，同时也能听到电弧击穿坡口根部发出的"噗噗"声，表示第一个熔池已建立，电弧前移。

热接换焊条、接头时，要做好两个动作，第一是要做好收弧动作，在一根焊条将要焊完，还剩 50~60mm 长时就要有换焊条的心理准备，将在收弧前给熔池再补充二、三滴铁液，确保弧坑处铁液充足，这不但能使熔池缓冷，避免缩孔，同时也为焊缝接头创造了有利条件，收弧时应将焊条自然地向后方移，在试件的坡口侧果断灭弧。第二是接头的方法要得当，当透过护目玻璃看到熔池的颜色逐渐变暗，等熔池中心只剩一点小亮点时，立即在熔池中心的 a 点重新引弧，稍作停留，迅速将电弧运动到坡口中心时，电弧往上顶，看到新熔孔，并听到"噗噗"声，再将电弧拉至坡口一侧，然后将电弧运动到熔池后（熄弧处）10~15mm 处，电弧稳定燃烧后做小横向摆动，当运动到熄弧边缘处时，电弧稍作停顿，然后再运至坡口间隙处电弧往上顶，看到新熔孔产生，并听到"噗噗"声后证明接头已接好，然后恢复正常断弧焊接过程。打底层更换焊条过程如图 5-1-4 所示。

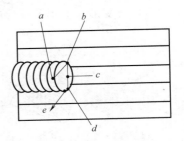

图 5-1-4　打底层更换焊条
过程示意图

a—引弧点　*b*、*d*—电弧停顿点
c—电弧往上顶点　*e*—箭头处为断弧点

　　总之，打底焊时"看"就是要看熔孔的大小必须保持一致，熔孔如出现大小不一，将使打底层焊缝成形不好，甚至有未焊透或焊漏缺陷产生；"听"就是要听电弧击穿坡口边的"噗噗"声，声音要均匀，防止电弧击穿坡口边有大有小，影响打底层焊缝质量；"准"就是把电焊条的送出、引弧、收弧点把握得准确无误，保证焊缝正面、背面成形良好；"稳"就是在打底焊的全过程，操作者的手要稳，运条要匀。操作者只有将这四点要素把握得当，配合恰当，才能焊出质量优良的打底层焊缝。

　　（3）填充层的焊接　第二、三层为填充层，施焊中要注意分清铁液和熔渣，严禁出现坡口内中间鼓，而坡口两侧出现夹角的焊道，这样的焊道极易产生夹渣等缺陷。避免这种缺陷的方法是：运条方式采用"锯齿"式或"8"字运条方法进行摆动焊接，并作到"中间快，两侧慢"，即焊条在坡口两侧稍作停顿，给足坡口两侧铁液，避免两侧产生夹角。焊条摆动要稳，运条要匀，始终保持熔池为"椭圆"形为好，避免产生"铁液下坠"焊缝局部凸起、两侧有夹角的焊缝，最后一层填充层（第三层焊缝）应低于母材平面 1~1.5mm，过高过低都不合适，并保留坡口轮廓线，以利于盖面层的焊接。

　　（4）盖面层的焊接　盖面层的焊接易产生咬边、焊肉下坠、夹渣等缺陷，防止方法是保持短弧焊，采用"锯齿"或"8"字运条方式为好，手要稳，焊条摆动要均匀，焊条摆到坡口边沿要有意识地多停留一会，给坡口边缘添足铁液，并熔合良好，才能防止产生咬边、焊肉下坠等缺陷，焊条保持一定的角度，使焊接电弧总是顶着熔池，使铁液与熔渣分离清楚，防止熔渣超越电弧而产生夹渣。

　　4. 焊缝的清理

　　试件完成后，用敲渣锤、钢丝刷将焊渣、焊接飞溅物等清理干净，严禁动用机械工具进行清理，使焊缝处于原始状态，交付专职检验前不得对各种焊接缺陷进行修补。

　　5. 焊接质量检验

　　按 TSG Z6002—2010《特种设备焊接操作人员考核细则》评定。

　　（1）焊缝外形尺寸　焊缝余高 0~4mm，焊缝余高差≤3mm；焊缝比坡口每侧增宽 0.5~2.5mm，宽度差≤3mm。

　　（2）焊缝表缺陷　咬边深度≤0.5mm，焊缝两侧咬边长度不得超过 15mm，背面凹坑深度≤1mm 总长度≤15mm。焊缝表面不得有裂纹、未熔合、夹渣、气孔、焊瘤和未焊透等缺陷。

　　（3）焊件变形　焊件焊后变形角度≤3°，错边量≤1mm。焊缝内部质量，焊缝经 NB 47013.1~13—2015《承压设备无损检测》系列标准检测，射线透照质量不低于 AB 级，焊缝缺陷等级不低于Ⅱ级。

案例二　小口径管水平固定加障碍 V 形坡口对接手工 TIG 焊单面焊双面成形

小口径管水平固定加障碍，V 形坡口对接，手工 TIG 焊单面焊双面成形操作具有如下特点：

1）小口径管状 V 形坡口对接水平固定焊难度较大，管径小，曲率大，焊工操作时焊枪与焊丝的角度变化频繁且突然。

2）管口的下半部（3 点到 6 点，9 点到 6 点）打底焊时采用内填丝法，而上半部（3 点到 12 点，9 点到 12 点）采用外填丝。

3）操作时提倡焊工"左右开弓"，焊工应左、右手均会操作，原本难度就大，又增加了上下左右 4 根人为设置的障碍管，就更加大了操作难度。

所以如焊接方法不当，很容易造成"打钨"、未熔合、焊缝成形不良、焊缝脱节等缺陷。

1. 焊前准备

（1）焊机　WS4—300 型或 WS—250 型直流手工 TIG 焊机 1 台，直流正接，焊前应分别对焊机水路、气路、电路工作正常与否进行检查，然后再进行负载检查、试焊。

（2）焊丝　TIG—J50，ϕ2.5mm，焊前应用干净的棉纱或白布蘸丙酮擦拭焊条，清除表面的油污。

1）氩气。氩气纯度不小于 99.9%（体积分数）。

2）钨极。WCE—5（铈钨）ϕ2mm，钨极的端部磨成 20°~25° 的圆锥形。

3）焊件。采用 20G 钢管 ϕ42mm×5mm 焊件装配焊缝层次及障碍管位置（见图 5-2-1）。

4）辅助工具及量具。氩气流量表，敲渣锤，钢直尺，钢丝刷，台式砂轮机，角向磨光机。

5）角向磨光机、焊缝万能量规等。

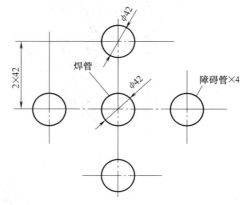

图 5-2-1　障碍管位置

2. 焊前装配定位及焊接

（1）准备焊件　将管件待焊处表面的油垢、水分等污物清理干净。

（2）焊件装配　定位焊接时，为确保内填焊丝畅通无阻，必须保证组对间隙不能过大，也不能过小。组对间隙过大打底焊时易形成焊瘤，组对间隙过小内填焊丝穿不进管内，一般 ϕ2.5mm 焊丝组对间隙为 3.5mm 左右为宜。定位焊缝数量可选 1 个点，位置处于时钟"11 点"与"1 点"之间，焊缝长度不大于 10mm，并将定位焊缝两端打磨成缓坡形。

（3）焊接参数　焊接参数见表 5-2-1。

（4）试件固定要求　将试件固定在障碍台上，要求试件固定高度不得高于 1.3m（以试件中心线为准）；试件的定位焊缝处于时钟"11 点"与"1 点"之间（定位焊缝不得固定在仰焊"5~7"点钟位置）。

表 5-2-1　φ42mm×5mm 钢管 V 形坡口对接水平固定加障碍 TIG 焊接参数表

焊层	焊接电流 /A	氩气流量 /（L/min）	钨极直径 /mm	焊丝直径 /mm	钨极伸出长度 /mm	喷嘴直径 /mm	喷嘴至焊件距离 /mm
定位焊	90~100	8	2	2.5	4~5	8	8~10
打底焊	90~100	8	2	2.5	4~5	8	8~10
盖面焊	90~100	8	2	2.5	4~5	8	8~10

3. 焊接操作

设有障碍的管件在焊件焊接时要抓好几个环节：尽量从操作最困难的位置起弧，在障碍最少、操作比较容易的地方收弧，以免影响焊工的视线和焊接操作。由于焊件的上下左右均有障碍，施焊时很难做到喷嘴、焊丝与焊件保持正常夹角、操作者应根据自己熟练的技能，随时调整喷嘴与焊丝及焊件的角度，以保证焊接接头质量。待焊件坡口根部熔化良好后再填送焊丝，以防产生未熔合及夹钨等缺陷。

（1）打底焊　打底焊时采用内填丝与外填丝两种方法完成。即焊件的下半圈采用内填丝能避免焊缝内成形产生凹陷缺陷，上半圈采用外填丝方法施焊，能保持正常的焊接角度，保证焊接接头质量（见图 5-2-2）。

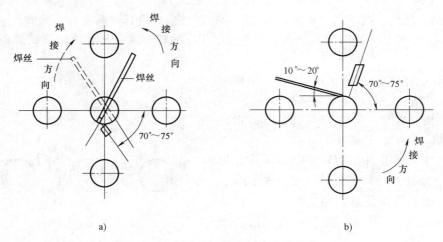

a)　　　　　　　　　　　　　　b)

图 5-2-2　焊接过程中焊丝与喷嘴角度

a）焊件下半圈内填丝喷嘴与焊丝、焊件角度　b）焊件上半圈外填丝喷嘴与焊丝、焊件角度

1）施焊时由于管径小、曲率大，又有障碍，操作者的焊枪摆动和填送焊丝要均匀，并尽量将喷嘴与焊接点的切线方向保持垂直，焊件坡口根部熔化并形成熔孔后，再填送焊丝，以免产生未熔合。在施焊中还要控制熔池温度，不得过高，也不能过低，过高时应立即熄弧，并保持焊枪在熄弧处不动，既能用滞后气体保护熔池，又能加速熔池温度的降低，待从护目玻璃看到熔池由大到小，剩下一小亮点时，再重新起弧，继续焊接，熔池温度过低时必须等焊件坡口根部熔化并形成熔孔后，再填送焊丝，以免产生未熔合，焊接下半圈时的起弧点应尽量往上（一般在"2 点半钟到 3 点钟"处为宜）以利于上半圈的接头焊接，焊件的

焊接顺序是先焊完下半圈再焊上半圈，下半圈的内填丝顺序如图 5-2-3 所示。

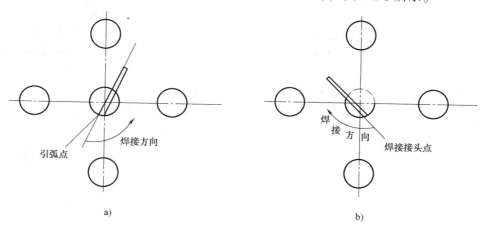

图 5-2-3　下半圈内填丝顺序

2）下半圈内填丝时，焊枪喷嘴作横向小摆动，确保坡口两侧钝边与内填焊丝的熔化铁液相互熔合好，并注意焊丝的温度不能太高，避免铁液下淌接触到钨极，形成打钨、夹钨缺陷。上半圈焊接时应注意与下半圈焊接的接头问题，因两个接头均在平行的两个障碍管稍偏上一点，接头时焊枪喷嘴与焊丝及焊件被焊处的角度不便，再加上障碍管的"憋手"，很容易在这两处产生未焊透、未熔合的缺陷，因此接好这两个"接头"是关键，焊枪喷嘴在进行横向小摆动时在坡口两侧应稍做停留，必须待每侧的坡口的钝边熔化，并形成新的熔孔后再填加焊丝，焊丝在不离开氩气保护范围内并紧贴在对口间隙上一拉一送，一滴一滴地向熔池填送，每个填送动作准确利索不得碰到钨极。收口接头时要填满弧坑，再继续填加两滴铁液后，焊枪向前推送，使熔池温度降下来后迅速熄弧，避免产生缩孔。

（2）盖面焊　盖面焊时，应从焊件的时钟"6 点"钟处起弧，在"12 点"钟处熄弧，分两个半圈完成。采用摆动送丝法进行施焊，焊枪喷嘴与焊接点的切线位置应保持 85°～90°，焊丝与施焊点切线方向成 15°～20° 角。

施焊时焊枪喷嘴尽量能靠到焊件上均匀向上滚动，在坡口两侧稍作停留，同时焊丝也要均匀地送进，具体做法是：焊丝在一侧坡口上向熔池送一滴填充金属，然后再移向另一侧坡口上向熔池再送一滴铁液，焊枪喷嘴随焊丝的移动途径做向上的小横向摆动，当焊枪向上运动到时钟 3 点或 9 点处时要超过障碍管所处的位置，应尽量往上焊接，在时钟 2～3 点或 9～10 点处熄弧，以利于接头。

需要注意的是：当熔池完全熔化，铁液发亮旋转，同时熔池形状有往大发展的趋势时，就应稍加快焊接速度，尽量保持熔池形状的一致，才能保证焊缝无缺陷、焊接成形美观、圆滑过渡的外观质量。

4. 焊缝清理

焊缝焊完后，用钢丝刷将焊接区域清理干净，焊缝处于原始状态，在交付专职焊接检验前不得对各种焊接缺陷进行修补。

5. 焊缝质量检测

按 TSG Z6002—2010《特种设备焊接操作人员考核细则》评定：

（1）焊缝外形尺寸 焊缝余高 0~4mm，焊缝余高差≤3mm；焊缝比坡口每侧增宽 0.5~2.5mm，宽度差≤3mm 。

（2）焊缝表缺陷 咬边深度≤0.5mm，焊缝两侧咬边长度不得超过 15mm，背面凹坑深度≤1mm，总长度≤15mm。焊缝表面不得有裂纹、未熔合、夹渣、气孔、焊瘤和未焊透等缺陷。

（3）焊件变形 焊件焊后变形角度≤3°，错边量≤1mm。

焊缝内部质量，焊缝经 NB 47013.1~13—2015《承压设备无损检测》系列标准检测，射线透照质量不低于 AB 级，焊缝缺陷等级不低于 II 级。

案例三 Q235低碳钢板对接CO₂气体保护焊向上立焊单面焊双面成形

1. CO₂立焊单面焊接双面成形特点

1）立焊时熔池的形状如图5-3-1所示。12mm板V形坡口对接立焊时，立焊比平焊难掌握，其主要原因是：虽然熔池的下部有焊道依托，但熔池底部是个斜面，熔融金属在重力作用下比较容易下淌，因此，很难保证焊道表面平整。为防止熔融金属下淌，必须要求采用比平焊稍小的焊接电流、焊枪的摆动频率稍快、锯齿形节距较小的方式进行焊接，使熔池小而薄。

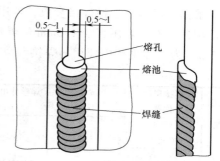

图5-3-1 立焊时的熔孔与熔池

2）向上立焊如果熔池较大，液态金属在重力的作用下容易流失，所以，必须采用较小的焊接参数。

3）焊接操作时，一般不采用焊枪直线形向上焊接方法，因为直线式向上焊接法容易造成凸起状焊道，不仅焊缝成形不良，而且还容易出现焊缝咬边缺陷，多层焊时，后续的焊道还容易造成未熔合。因此，向上立焊多采用焊枪摆动式焊接法。

4）焊枪角度应保持在与工件表面垂直线上下10°左右范围内，不要焊枪指向上方（焊枪与工件夹角小于80°）的焊法，这样操作电弧容易被拉回熔池，造成熔深减小，以至于未焊透。

5）摆动焊接时，为防止液态金属下淌，焊枪在焊缝中间要稍快，为防止咬边缺陷，在两侧趾端要稍慢些。

6）立焊盖面焊道时，要防止焊道两侧咬边，中间凸起下坠。

2. 焊前准备

（1）焊机 NBC-500S CO₂气体保护焊机一台。

（2）CO₂气体 纯度为99.5%（体积分数），气瓶上装有CO₂流量计。

（3）焊丝 ER50-1。

（4）焊件 材料为Q235钢，$\delta = 12mm$，尺寸为300mm×150mm共两块，单边坡口角度为30°+2°。

（5）辅助工具 角向磨光机、钢直尺、钢丝刷、台虎钳等。

3. 装配与定位焊

装配与定位焊要求如图5-3-2所示，对接立焊反变形如图5-3-3所示。

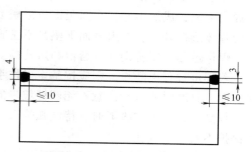

图5-3-2 装配与定位焊要求

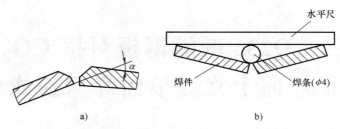

图 5-3-3 对接立焊反变形

4. 焊接参数

根据焊丝直径选择焊接参数，若用用直径 1.2mm 的焊丝，则焊接电流较大，较难掌握，但适用性较好；若用直径 1.0mm 的焊丝，则焊接电流较小，比较容易掌握，但适用性较差。表 5-3-1 为实际生产中使用的焊接参数。

表 5-3-1 焊接参数

组别	焊接层次位置	焊丝直径 /mm	焊丝伸出长度 /mm	焊接电流 /A	电弧电压 /V	气体流量 /(L/min)	层数
第一组	打底焊	1.2	15~20	90~110	18~20	12~15	3
	填充焊			130~150	20~22		
	盖面焊			130~150	20~22		
第二组	打底焊	1.0	10~15	90~95	18~20	12~15	3
	填充焊			110~120	20~22		
	盖面焊			110~120	20~22		

5. 焊接要点

（1）**焊枪角度与焊法** 采用向上立焊，由下往上焊，三层三道，平板对接立焊的焊枪角度如图 5-3-4 所示。

（2）**试板位置** 焊前先检查试板的装配间隙及反变形是否合适，把试板垂直固定好，间隙小的一端放在下面。

（3）**打底焊** 调整好打底焊焊接参数后，在试板下端定位焊缝上引弧，使电弧沿焊缝中心作锯齿形横向摆动，当电弧超过定位焊缝并形成熔孔时，转入正常焊接。

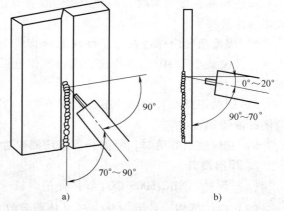

图 5-3-4 平板对接立向上焊接焊枪角度

注意焊枪横向摆动的方式必须正确，否则焊肉下坠，成形不好，小间距锯齿形摆动或间距稍大的上凸月牙形摆动焊道成形较好，下凹的月牙形摆动，使焊道表面下坠是不正确的。

焊接过程中要特别注意熔池和熔孔的变化，不能让熔池太大。

若焊接过程中断弧，则应按基本操作手法中讲的接头要点进行接头。先将需接头处打磨成斜面，打磨时要特别注意不能磨掉坡口的下边缘，以免局部间隙太宽。

焊到试板最上方收弧时，待电弧熄灭，熔池完全凝固以后，才能移开焊枪，以防收弧区因保护不良生成气孔。

（4）**填充焊** 调试好填充焊参数后，自下而上焊填充焊缝，需注意以下事项：

① 焊前先清除打底焊道和坡口表面的飞溅和焊渣，并用角向磨光机将局部凸起的焊道磨平。

② 焊枪横向摆幅比打底时稍大，电弧在坡口两侧停留，保证焊道两侧熔合好。

③ 填充焊道比试板上表面低 1.5~2mm，不允许烧坏坡口的棱边。

（5）盖面焊　调整好盖面焊焊接参数后，按下列顺序焊盖面焊道。

① 清理填充焊道及坡口上的飞溅、焊渣，打磨掉焊道上局部凸起过高部分的焊肉。

② 在试板下端引弧，自下向上焊接，摆幅较填充时大。当熔池两侧超过坡口边缘 0.5~1.5mm 时，匀速锯齿形上升。

③ 焊到顶端收弧，待电弧熄灭、熔池凝固后，才能移开焊枪，以免局部产生气孔。

6. 焊缝的清理

试件完成后，用敲渣锤、钢丝刷将焊渣、焊接飞溅物等清理干净，严禁动用机械工具进行清理，使焊缝处于原始状态，交付专职检验前不得对各种焊接缺陷进行修补。

7. 焊接质量检验

按 TSGZ 6002—2010《特种设备焊接操作人员考核细则》评定：

（1）焊缝外形尺寸　焊缝余高 0~4mm，焊缝余高差≤3mm，焊缝比坡口每侧增宽 0.5~2.5mm，宽度差≤3mm。

（2）焊缝表面缺陷　咬边深度≤0.5mm，焊缝两侧咬边长度不得超过 15mm；背面凹坑深度≤1mm，总长度≤15mm。焊缝表面不得有裂纹、未熔合、夹渣、气孔、焊瘤和未焊透等缺陷。

（3）焊件变形　焊件焊后变形角度≤3°，错边量≤1mm。

焊缝内部质量，焊缝经 NB 47013.1~13—2015《承压设备无损检测》系列标准检测，射线透照质量不低于 AB 级，焊缝缺陷等级不低于 II 级。

案例四 Q235B 碳素结构钢板对接单丝埋弧焊

采用单丝埋弧焊，对于板厚小于等于 20mm 的钢板，可以不开坡口，双面焊保证熔透；对于板厚大于 20mm 的钢板，需要开坡口后进行双面焊。下面以板厚 20mm 的 Q235B 钢板对接焊缝为例介绍单丝埋弧焊工艺。

一、焊前准备

1. 焊件技术要求

1）首先将待焊接钢板板边进行整平，从而保证钢板的平面度，防止两块钢板组对时发生错边。然后板厚 20mm、长 1000mm 的钢板，将待焊接钢板板边进行刨边或铣边，通过机加工保证钢板边缘的直线度，从而才能保证焊缝的组对间隙均匀，防止局部焊缝间隙过大而容易焊漏。

2）将待焊接接头进行清理，焊缝两侧 20~30mm 范围内的铁锈、油污、氧化皮清除干净，露出金属光泽，防止产生气孔。

3）将钢板组对，要求组对间隙和错边量见表 5-4-1。

表 5-4-1 组对间隙和错边量

板厚/mm	坡口形式	组对间隙 b/mm	错边量 Δ/mm
20		0~1	0~1

2. 焊件定位

采用焊条电弧焊进行定位焊。定位焊缝距离正式焊缝端部 30mm，定位焊间距 400~600mm，定位焊缝长度 50~100mm。在焊缝的两端分别焊接引弧板和引出板。

3. 焊接材料

1）定位焊采用的焊条型号为 E4315 或 E4303，直径 4mm 或 3.2mm。

2）定位焊如采用 CO_2 气体保护焊时，焊丝为直径 1.2mm 的 ER49-1 或 ER50-6。

3）单丝埋弧自动焊采用 H08A 焊丝配合 HJ431 焊剂焊接，也可采用 H08MnA 焊丝配合 SJ101 焊剂焊接，焊丝直径 5mm。

4）焊条、焊剂按照规定烘干后使用。

二、焊接操作

1. 焊接顺序

首先焊接一面焊缝，然后将钢板翻身，焊接另一侧背面焊缝。

2. 焊接参数

板厚 20mm 的 Q235B 钢对接焊缝单丝埋弧焊焊接参数见表 5-4-2。

表 5-4-2　焊接参数

板厚 /mm	坡口形式	焊丝直径 /mm	焊道	极性	焊接电流 /A	电弧电压 /V	焊接速度 /(m/h)
20		5	正面	直流反接	800~850	30~32	24~28
		5	背面	直流反接	860~880	31~33	24~28

3. 焊接操作

（1）焊丝对中　调整好焊丝位置，使焊丝头对准焊件间隙，然后拉动焊接小车前后往返几次，焊丝不准接触焊件，直到焊丝能在整块试板上对中间隙为止。

（2）准备引弧　焊丝在焊缝引弧板上对中后开始按启动按钮，电弧被引燃，焊接小车沿着焊接方向行走，焊接开始。在整个焊接过程中，焊工要注意观察焊接出现的异常情况，并随时调整焊接参数。

（3）焊缝收弧　当焊接电弧被引到引出板时，焊工应准备收弧，结束焊接操作。收弧时为保证填满弧坑，应分两步按停止按钮。

三、焊缝检验

1. 焊缝外观检验

外观检验用眼睛或不大于 5 倍的放大镜检查焊缝表面缺陷的性质和数量，焊件焊缝经外观检验应符合下列要求：

1）焊缝表面没有二次加工和返修和痕迹，应是原始状态。

2）焊缝表面没有裂纹、未熔合、未焊透、夹渣、气孔、凹坑或焊瘤缺陷。

3）焊件焊后变形角度 $\theta \leqslant 3°$，焊件的错边量 $\leqslant 10\% \delta$。

4）焊缝的外形尺寸见表 5-4-3。

表 5-4-3　焊缝的外形尺寸

焊缝宽度/mm		焊缝余高 /mm	余高差 /mm	焊缝直线度 /mm
比坡口每侧增宽	宽度差			
1~2.5	≤2	0~3	≤2	≤2

2. 焊缝内部检验

焊缝经 JB/T 4730.2—2005《承压设备无损检测　第 2 部分　射线检测》标准检测，射线透照质量不低于 AB 级，焊缝缺陷等级不低于 Ⅱ 级为合格。

案例五 $\phi51mm\times4mm$ 低碳钢管对接水平固定氧乙炔气焊

1. 钢管对接水平固定气焊的特点

钢管对接水平固定焊时，应用了全位置焊接操作技术，即仰焊、仰爬坡焊、立焊、上爬坡焊、平焊等，要求气焊工能够熟练地掌握各种空间位置的焊接操作技能，如图5-5-1所示。管子在焊接时，要将管子分成两个半圆分别进行焊接，当焊接前一个半圆时，其焊接的起点和终点，都要超过管子的垂直中心线5~10mm，焊接后半圆时，其起点和终点都要和前一段焊缝搭接5~10mm，以防在焊缝的起点和终点产生焊接缺陷，如图5-5-2所示。

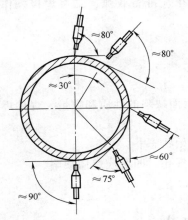

图5-5-1 钢管对接水平固定焊所需的空间焊接位置　　图5-5-2 钢管对接水平固定焊两半圆的搭接位置

2. 焊前准备

1）焊接设备：氧气瓶1个、乙炔气瓶1个。

2）焊枪：H01-6，4号焊嘴。

3）焊丝：H08A、$\phi2mm$。

4）焊件：$\phi51mm\times4mm$低碳钢管，管长150mm两个。

5）焊接附件：乙炔表、氧气表、乙炔胶带、氧气胶带。

6）辅助工具：活扳手、钢丝刷、锤子。

7）量具：金属直尺。

3. 焊前装配定位

焊前将焊件坡口两侧30~40mm处的油、污、锈、垢清理干净，直至露出金属光泽。焊件的钝边为0.5mm，无毛刺、两管组对根部间隙为1.5~2mm，错边量≤0.5mm。氧气压力为0.35MPa，乙炔压力为0.01MPa。在时钟位置10点和2点处，各定位一点，定位焊缝长度为5~10mm，然后将组对好的焊件定位在适当的高度准备焊全缝。

4. 焊接操作

本试件不要求单面焊双面成形，只焊一层焊缝。在进行水平固定管的气焊时，在操作上包括了所有的焊接位置，如图 5-5-1 所示。由于焊件是小直径管水平位置焊接，焊缝呈环形，所以在焊接操作上，随着焊缝空间位置的变化，在不断的移动焊炬和焊丝的同时，要保持固定的焊炬与焊丝的夹角在 90°，焊炬、焊丝与焊件的夹角一般的保持在 45°左右。值得提出的是，这两个夹角的角度要根据管壁的厚度和熔池形状的变化，灵活掌握和进行适当的调节，确保熔池在不同的焊接位置时，保持熔池的正常形状，使之既保持熔透，又不至于产生过烧和烧穿缺陷。尤其是在仰位焊和仰位爬坡焊时，焊炬和焊丝更要配合得当，随时调整对熔池的加热时间，若熔池温度升高时，意味着熔池温度过高，此时应立即将火焰移开，避免熔池烧穿或形成焊瘤，为此焊炬要在摆动过程中不断地离开熔池，待熔池稍冷后再继续向前施焊。

5. 焊缝清理

焊缝焊完后，用钢丝刷进一步将焊接飞溅等清除干净，焊件处于原始状态，交付焊接专职检验前不得对各种焊接缺陷进行修补。

6. 焊缝质量检验

按国家质量监督检验检疫总局 TSG Z6002—2010 特种设备安全技术规范《特种设备焊接操作人员考核细则》评定：

（1）焊缝外形尺寸　焊缝余高 0～4mm，焊缝余高差≤2mm，焊缝比坡口每侧增宽 0.5～2.5mm。

（2）焊缝表面缺陷　咬边深度≤0.5mm，焊缝两边咬边总长度不得超过 30mm。焊缝表面不得有裂纹、未熔合、夹渣、气孔、焊瘤。

（3）焊缝内部检验　焊缝经 JB/T 4730.2—2005《承压设备无损检测　第 2 部分　射线检测》标准检测，射线透照质量不低于 AB 级，焊缝缺陷等级不低于Ⅱ级为合格。

第六篇　焊接与切割安全生产

第一章　焊接与切割作业职业危险因素和有害因素

第一节　焊接作业的危险因素

一、焊接作业的危险因素

在焊接生产作业中，凡是影响安全生产的因素都被称为焊接作业的危险因素。

在焊接生产过程中，所使用的能源有电能、光能、化学能、机械能、固体能等，由于在能量的转换过程中，会使焊接现场作业的人员经常与焊接作业过程中产生的有毒气体、易燃易爆气体及物料、带电运行的设备等接触，使作业人员容易发生中毒、烧伤、触电、机械事故等。同时，由于作业环境的恶劣，如焊接作业场所空间狭小；高空作业安全防护不当；在管道、容器内焊接；在地下隧道内焊接；在水下焊接、切割等，都存在着火灾、烫伤、爆炸、急性中毒、高空坠落、碰伤、触电等危险因素。

二、焊接作业的有害因素

在焊接生产作业中，凡是影响操作者身体健康的因素都被称为焊接作业的有害因素。

在焊接生产作业中，所产生的有害因素有两类，一类是物理有害因素，如电弧辐射、热辐射、金属飞溅、高频电磁场、噪声、射线等。另一类是化学有害因素，如在焊接过程中产生的焊接烟尘和有害气体等。常用的焊接方法有害因素见表 6-1-1。

表 6-1-1　常用的焊接方法有害因素

焊接方法		有害因素						
		电弧辐射	烟尘	有害气体	金属飞溅	高频电场	放射线	噪声
焊条电弧焊	酸性焊条	轻微	中等	轻微	轻微	—	—	—
	低氢型焊条	轻微	强烈	轻微	中等	—	—	—
	高效率铁粉焊条	轻微	最强烈	轻微	轻微	—	—	—
钨极氩弧焊		中等	轻微	中等	轻微	中等	轻微	—
熔化极氩弧焊	焊铝及铝合金	强烈	中等	强烈	轻微	—	—	—
	焊不锈钢	中等	轻微	中等	轻微	—	—	—
	焊黄铜	中等	强烈	中等	轻微	—	—	—
CO_2 气体保护焊	细丝	轻微	轻微	轻微	轻微	—	—	—
	粗丝	中等	中等	轻微	中等	—	—	—
	管状焊丝	中等	强烈	轻微	轻微	—	—	—
埋弧焊		—	中等	轻微	—	—	—	—
电渣焊		—	轻微	—	—	—	—	—

（续）

焊接方法		有害因素						
		电弧辐射	烟尘	有害气体	金属飞溅	高频电场	放射线	噪声
等离子弧焊	微束	轻微	—	轻微	—	轻微	轻微	—
	大电流	中等	—	轻微	—	轻微	轻微	—
等离子弧切割	铝材	强烈	中等	强烈	中等	轻微	轻微	中等
	铜材	强烈	强烈	最强烈	中等	轻微	轻微	中等
	不锈钢	强烈	中等	中等	轻微	轻微	轻微	中等
电子束焊		—	—	—	—	—	强烈	—
氧乙炔气焊(焊黄铜、铝)		—	轻微	轻微	—	—	—	—
钎焊	火焰钎焊	—	—	轻微	—	—	—	—
	盐浴钎焊	—	—	最强烈	—	—	—	—

注：钨极氩弧焊、等离子弧焊接与切割，当采用钍钨极时有轻微放射性，如果采用铈钨极时则无放射性；采用高频引弧，在频繁引弧时高频电磁场有害。

1. 电弧辐射

在利用电能转变为热能的熔焊过程中，焊接电弧的温度很高，如焊条电弧焊的电弧弧柱中心温度达 5000~8000K，等离子弧的电弧弧柱中心可达 18000~24000K。在此温度下可以产生强烈的可见光和不可见的紫外线与红外线。

焊接作业现场人员，在焊接过程中，如果皮肤没有保护好，被紫外线辐射后皮肤表面会变成深黑色，被红外线辐射后皮肤会被热灼伤。焊接电弧对未加防护的眼睛也有伤害，焊接电弧对眼睛的伤害程度见表 6-1-2。常用的焊接方法电弧紫外线辐射强度见表 6-1-3。

表 6-1-2　焊接电弧对眼睛的伤害程度

电弧光类别	波长/μm	伤害程度
不可见的紫外线(短)	<310	引起电光性眼炎，受伤害者数小时后即产生：眼中剧痛、流眼泪、畏光、眼角黏膜发红、角膜表皮细胞膨胀并使其浮肿、头痛等
不可见的紫外线(长)	310~400	对视觉器官没有明显的伤害
可见光	400~750	在焊接弧光极其明亮时，对视网膜及脉管膜有伤害，视网膜伤害严重时会减弱视力，甚至是失明。短时间的伤害会使被伤害者感到眩晕
不可见的红外线(短)	750~1300	在长时间内反复受到短波红外线的伤害，会在眼睛的水晶体表面上产生白内障，水晶体表面混浊，影响视力
不可见的红外线(长)	>1300	只有在长波红外线的严重伤害下，眼睛才会受到伤害

表 6-1-3　常用的焊接方法电弧紫外线辐射强度

波长/μm	相对强度		
	氩弧焊	焊条电弧焊	等离子弧焊
200~233	1.0	0.025	1.91
233~260	1.1	0.059	1.32
260~290	1.2	0.60	2.21
290~320	1.0	3.90	4.4
320~350	1.2	5.61	7.00
350~400	1.1	9.35	4.80

（1）紫外线　紫外线是一种波长为 180~400μm 的辐射线，和红外线、可见光一起均属于热线谱。具有明显生物学作用的紫外线波长是 180~320μm 波段中的短波紫外线。焊条电弧焊形成的紫外线波长一般在 230μm 左右；氩弧焊时的紫外线波长在 390μm 以下，其作用强度：钨极氩弧焊大于焊条电弧焊 5 倍；熔化极氩弧焊大于焊条电弧焊 20~30 倍；等离子

弧中的紫外线强度比氩弧焊还高，尤其是产生强烈生物学作用的短波紫外线（290μm以下）的强度较强，中短波紫外线可以透过人体的皮肤角化层，被深部组织吸收和真皮吸受，产生红斑和轻度烧伤，并能损伤眼结膜和角膜。眼睛短时间内受到强烈的紫外线照射会引起电光性眼炎，这是明弧焊焊工和辅助人员最常见的职业病。紫外线对眼睛的伤害与照射时间成正比，与电弧距眼睛的距离平方成反比。

（2）红外线　红外线的波长为 $760 \sim 1500 \mu m$，在焊条电弧焊过程中，可以产生全部上述波长的红外线。红外线的波长越短，对肌体的作用越强。长波红外线可被皮肤表面吸收，使人产生热的感觉。短波红外线可被组织吸收，使血液和深部组织加热，产生灼伤。眼睛在长期接受短波红外线的照射下，可产生红外线白内障和视网膜灼伤。

（3）可见光　焊接电弧的可见光光度，比正常情况下肉眼所承受的光度要大1万倍以上，眼睛受到可见光照射时，有疼痛感，短时间看不清东西，甚至丧失劳动力，但不久即可恢复，可见光的这种伤害通常叫电弧晃眼，是明弧焊工和辅助人员常见的职业病。

2. 焊接烟尘

在焊接、切割作业中会产生各种烟尘，烟尘是在焊接、切割过程中，被焊接、切割的材料与焊接材料在熔融过程产生的金属、非金属及其化合物的蒸气，在空气中冷凝及氧化而形成的不同粒度的尘埃，以气溶胶的形态飘浮于作业环境的空气中。烟尘是烟与尘的统称，直径小于 $0.1 \mu m$ 的称为烟；直径在 $0.1 \sim 10 \mu m$ 之间的称为尘。常用的焊接方法发尘量见表 6-1-4，结构钢焊条烟尘化学成分见表 6-1-5。CO_2 气体保护焊焊接现场实测有害气体和焊接烟尘浓度见表 6-1-6。

表 6-1-4　常用的焊接方法发尘量

焊接方法	焊接材料及直径		每千克焊接材料的发尘量/g
焊条电弧焊	E5015	ϕ4mm	11 ~ 16
	E4303	ϕ4mm	6 ~ 8
CO_2 气体保护焊	H08Mn2Si	ϕ1.6mm	5 ~ 8
氩弧焊	H1Cr18Ni9Ti	ϕ1.6mm	2 ~ 5
埋弧焊	H08A	ϕ5mm	0.1 ~ 0.3

表 6-1-5　结构钢焊条烟尘化学成分（质量分数,%）

烟尘成分	焊条型号	
	E4303	E5015
Fe_2O_3	48.12	24.93
SiO_2	17.93	5.62
MnO	7.18	6.30
TiO_2	2.61	1.22
CaO	0.95	10.34
MgO	0.27	—
Na_2O	6.03	6.39
K_2O	6.81	—
CaF_2	—	18.92
KF	—	7.95
NaF	—	13.71

表 6-1-6　CO_2 气体保护焊焊接现场实测有害气体和焊接烟尘浓度（单位：mg/m^3）

测定位置	焊接烟尘	CO	CO_2	NO_2	O_3
半封闭区	40.0 ~ 90.0	80.0 ~ 140.0	0.3 ~ 0.7	2.0 ~ 4.0	0.4 ~ 0.6
船舱	20.0 ~ 55.0	20.0 ~ 96.0	0.14 ~ 0.47	1.0 ~ 3.0	0.01 ~ 0.03

有关的现场调查的测定结果表明，在没有局部抽风装置的情况下，在室内使用碱性焊条单个焊钳焊接时，空气中的焊接烟尘浓度可达 $96.6 \sim 246mg/m^3$。采用 E4303（J422）焊条在通风不良的罐内进行焊接时，空气中的烟尘浓度为 $186.5 \sim 286mg/m^3$；采用 E5015（J507）焊条在通风不良的罐内进行焊接时，空气中的烟尘浓度为 $226.4 \sim 412.8mg/m^3$。以上数字说明：在通风不良的罐内进行焊接时，使用碱性焊条焊接产生的烟尘，比用酸性焊条焊接产生的烟尘明显增高，而且其数值都远远高于"车间空气中电焊烟尘卫生标准"中规定的数值：$6mg/m^3$。

焊工长期接触焊接烟尘，如果防护不好，会产生焊工尘肺、金属热和锰中毒等职业病。

（1）焊工尘肺　焊工长期吸入超过规定浓度的、能引起肺组织弥漫性纤维化的粉尘所致的疾病。

有些铁、铝等粉尘被吸入后沉积于肺组织中，出现一般异物反应特征，对人体危害较小或无明显影响，脱离粉尘作业后，病情可逐渐减轻或消失。这类疾病称为肺粉尘沉着症。

进入人体肺泡的粉尘，一部分随呼气排出人体外，另一部分沉淀在肺组织内部，进入血管和支气管旁的淋巴管，进而引起病变。这类疾病被称为焊工尘肺。焊工尘肺的发病一般比较缓慢，其症状表现为气短、咳嗽、胸闷和胸痛，也有的患者有食欲减退、无力、体重减轻等症状。X 射线诊断一期尘肺焊工的全肺有较多的中小点状影，同时还有较大量的网状影。肺纹理明显紊乱，网织状影多时肺纹理增强，结节状影多时肺纹理减弱。

（2）锰中毒　焊工或焊接辅助人员长期使用高锰钢焊条或焊接高锰钢焊接，如果防护不好，高温下形成的锰金属蒸气进入人体，经过一定的时间后造成锰中毒。

锰的化合物和锰尘是通过呼吸道和消化道侵入人体的，进入人体的锰及其化合物，大部分随肝脏胆汁和大便排出，小部分随小便排走。遗留在人体的锰及其化合物主要作用于末梢神经系统和中枢神经系统，能引起严重的器质性病变。锰中毒发病过程很慢，一般在 $3 \sim 5$ 年后，甚至可在 20 年后才逐渐发病。

锰中毒在早期病状表现为：时常头痛、疲劳无力、失眠、记忆力减退，以及出现舌、眼睑、手指的细微震颤等自主神经功能紊乱。

（3）金属热　人体吸入焊接金属烟尘中直径在 $0.05 \sim 0.5\mu m$ 的氧化铁、氧化锰、氧化铜、氧化锌、氧化铝微粒和氟化物等，容易通过上呼吸道进入末梢细支气管和肺泡，在进入血液，引起焊工金属热反应。

金属热不是慢性病，而是一种急性偶发病。其主要症状是：下班后感觉嘴里有金属味、食欲不振、恶心、寒战，大多数伴有低烧，次日晨经发汗后症状减轻。长期在通风不良的密闭容器、船舱内用碱性焊条施焊者容易得此职业病。

3. 有害气体

在焊接、切割过程中会产生各种有害气体，主要有臭氧、氮氧化物、一氧化碳、二氧化碳和氟化氢等。焊接现场有害气体测量值及 TJ 36-79 标准规定的最高允许浓度值见表 6-1-7。

（1）臭氧　臭氧是空气中的氧被短波紫外线的激发下发生光化学作用而产生的。臭氧具有刺激性，是一种淡蓝色的气体。经在焊接过程中测定的结果表明：臭氧产生于距离焊接电弧约 1m 远处，而且焊接工艺方法不同，产生的臭氧量也不同，如气体保护焊焊接时产生的臭氧要比焊条电弧焊多得多。臭氧对人体的危害主要是对呼吸道及肺有强烈的刺激作用。

当焊接现场臭氧的浓度超过允许值时，往往会引起受害者咳嗽、胸闷、乏力、头晕、全身酸痛等。严重时可引起支气管炎。

表 6-1-7　焊接现场有害气体测量值及最高允许浓度值　　（单位：mg/m³）

有害物质名称	现场测量值	最高允许浓度值
臭氧（O_3）	0.13~0.26	0.3
氧化氮（换算成 NO_2）	0.1~1.11	5
一氧化碳（CO）	4.2~15[①]	30
二氧化碳（CO_2）	—	10[②]
氟化氢及氟化物（换算成 F）	16.75~51.2	2

① 为锅炉、船舱、罐内等通风不良处测定值。

② 为美、德、日国规定值。

臭氧对人体的危害作用是可逆的，由臭氧引起的呼吸系统病态症状一般在脱离和臭氧的接触后均可得到恢复，恢复期的长短取决于臭氧的影响程度以及人体的体质。

（2）氮氧化物　氮氧化物是在焊接过程中，焊接电弧高温引起空气中的氧、氮分子重新组合而成，电焊烟气中的氮氧化物主要是二氧化氮和一氧化氮。由于一氧化氮不稳定，很容易氧化成二氧化氮。氮氧化物对人体的肺有刺激作用，高浓度的二氧化氮吸入到肺泡后，由于湿度增加，逐渐与水作用形成硝酸与亚硝酸，对肺组织会产生强烈的刺激及腐蚀作用，严重时可引起肺水肿。

氮氧化物慢性中毒时的主要症状：精神衰弱、食欲不振、失眠、头痛、体重下降。此外，还能皮肤刺激、牙齿酸蚀症、慢性支气管炎、上呼吸道黏膜炎等。急性中毒时，初期仅有轻微的眼和喉的刺激症状，往往被人忽略。经过 4~24h 的潜伏期后，急性中毒的症状开始显现：中毒较轻者，仅发生急性支气管炎；重度中毒者出现肺水肿、激烈咳嗽、使受害者呼吸困难、全身无力、虚脱等症状。

氮氧化物对人体的作用是可逆的，随着脱离作业时间的增长，其不良的影响会逐渐减小或消除。在焊接操作中，氮氧化物往往与臭氧同时存在，因此，两种有害气体对人体的危害，比单一有害气体存在时对人的危害作用高 15~20 倍。

（3）一氧化碳　各种明弧焊在焊接过程中都会产生一氧化碳气体，而焊接过程中一氧化碳的来源有三种：一是由二氧化碳与熔化的金属元素发生化学反应而形成的；二是由于二氧化碳在高温电弧作用下分解而成；三是在气焊时氧气与乙炔等可燃气体燃烧比例不当而形成的。一氧化碳是一种毒性气体，经呼吸道由肺泡进入血液，与血红蛋白结合成碳氧血红蛋白，因而阻挠血液带氧能力，使人体输送和利用氧的功能发生障碍，使人体组织缺氧而坏死，一氧化碳轻度中毒会出现头痛、足部发软、呕吐、脉搏增快、面色苍白和四肢无力等症状，重度中毒者会出现意识模糊，转成昏迷状态，严重时甚至死亡。

（4）氟化氢　氟化氢是由于碱性焊条药皮中的萤石（CaF_2），在电弧的高温作用下分解而成，氟化氢极易溶解于水而形成氢氟酸，具有较强的腐蚀性。如果吸入较高浓度的氟化氢，不仅强烈刺激上呼吸道，还可以引起眼结膜溃疡以及鼻黏膜、口腔、喉及支气管黏膜的溃疡，严重时可发生支气管炎、肺炎等。长期接触氟化氢可以发生骨质病变，形成骨硬化，尤以脊椎、骨盆等躯干骨最为显著。

（5）二氧化碳　二氧化碳气体是一种窒息性气体，人体吸入过量的二氧化碳可刺激眼睛和呼吸系统，重者可以出现呼吸困难、知觉障碍、肺水肿等。二氧化碳气体保护焊和氧乙炔气焊等焊接方法都会产生二氧化碳气。

4. 放射性物质

在氩弧焊和等离子弧焊接、切割过程中使用的钍钨极，含有氧化钍为 1%～2.5%（质量分数），钍为天然放射性元素。其中 α 放射性占 90%，β 放射性占 9%，γ 放射性占 1%。焊接过程中被烧损的钍钨极以气溶胶的形态扩散到操作现场的空气中，通常以测量现场空气中 α 放射性气溶胶浊度和各种物件表面 α 放射性玷污情况，来评价其危害程度。钍钨极放射性测量数值见表 6-1-8。

从表 6-1-8 可知：采用钍钨极焊接、切割时，虽然把放射性物质视为有害因素之一，但从实际测量结果可以认为，在焊接、切割过程中所产生的放射性剂量，对健康尚不足以造成伤害。但是钍钨极在磨尖时的粉尘超过卫生标准，应在磨削过程中予以清除；大量存放待用的钍钨极也应对其采取相应的防护措施。人体长期受到放射性照射，或放射性物质经常少量的进入并积蓄在体内，则可造成中枢神经系统、造血器官和消化系统的疾病。

5. 噪声

在等离子弧喷枪内，由于气流间压力的起伏、振动和摩擦，并从喷枪口高速喷射出来，就产生了噪声。噪声的强度与流动气体种类、流动速度、喷枪设计以及工艺性能有密切关系。等离子弧喷涂和等离子弧切割进行时，因工艺要求有一定的冲击力，因而噪声的强度更高。等离子喷涂时声压级可达 123dB（A），常用功率（30kW）等离子弧切割时声压级可达 111.3dB（A），大功率（150kW）等离子切割时声压级则达 118.3dB（A）。切割厚度增加，所需要的功率也增大，因此，等离子弧切割噪声强度亦有提高。

离子气的种类以应用双原子气体较多，因为双原子气体噪声的特点是以高频率噪声为主，高低频率噪声强度相差较大。而单原子气体则低频噪声较强，高低频噪声强度较接近。

噪声对中枢神经系统和血液循环系统都有影响，能引起血压升高、心动过速、厌倦和烦躁等。长期在噪声中工作，会引起听觉障碍。噪声卫生标准见表 6-1-9。

表 6-1-8 钍钨极放射性测量数值

焊接工艺方法	α 放射性气溶胶浓度/（10^{-15} Li/L）	钍气溶胶浓度/（10^{-11} Li/L）
国家卫生标准值	2	3
氩弧焊	—	0.0006～0.0011
等离子弧焊	3.25	0.00011～0.0008
等离子弧切割	本底（0.2）～1.6	本底（0.0011～0.008）
等离子弧喷涂	本底（0.01）～0.1	0.007～0.01
钍钨极磨尖	12.5～15.5	1.1
钍钨极存储室		0.041～0.043

表 6-1-9 噪声卫生标准

每个工作日接触噪声时间 /h	新建、扩建、改建企业允许噪声 /dB（A）	现有企业暂时允许噪声 /dB（A）
8	85	90
4	88	93
2	91	96
1	94	99
最高不许超过 115dB（A）		

6. 高频电磁场

非熔化极氩弧焊和等离子弧焊接、切割时，如果采用高频振荡器来引弧，此时将在工作地点产生高频电磁场。现场测定的电场强度均较高，为 140~190V/m，手工钨极氩弧焊高频电磁场强度见表 6-1-10。等离子弧高频电磁场强度见表 6-1-11。

表 6-1-10　手工钨极氩弧焊高频电磁场强度　　　　　　（单位：V/m）

部位	头	胸	膝	踝	手
焊工前	58~66	62~76	58~86	58~96	106
焊工后	34~42	44~52	44~52	15~25	—
焊工前 1m	7.6~20	9.5~20	5~24	0~23	—
焊工后 1m	7.8	7.8	2	0	—
焊工前 2m	0	0	0	0	0
焊工后 2m	0	0	0	0	0

表 6-1-11　等离子弧高频电磁场强度

工艺方法	等离子弧切割	等离子弧堆焊	等离子弧喷涂
高频电磁场强度值 /（V/m）	13~38	4.2~6.0	30~54

长期接触较强的高频电磁场，可使某些器官温度升高，引起人的植物神经功能紊乱和神经衰弱、产生头晕、疲劳无力、记忆力衰退、多梦和脱发等疾病。

第二节　特殊环境中焊接与切割作业安全技术

与通常情况相比，在从事特殊环境焊接与切割作业过程中，更容易发生火灾、爆炸、触电、中毒、坠落和窒息等事故，所以，把这种环境下的焊割作业称为特殊环境中焊接与切割作业。而这种焊割作业环境则称为特殊环境。

一、焊割作业特殊环境的基本特征

焊割作业特殊环境一般具有以下基本特征：
1）在焊割作业过程中，比在一般环境下中更容易发生事故。
2）在焊割作业过程中，需要采取更严密、科学、有效的安全防护措施。
3）在焊割作业过程中，一旦发生事故，往往是灾难性的，后果非常严重。

二、焊割作业特殊环境的分类

按焊割作业过程中发生事故的性质，焊割作业特殊环境可分为以下五类：

1. 受空间限制的焊、割作业环境

在焊割作业过程中，作业环境比较狭小，不利于焊工操作，容易发生触电、窒息、中毒、中暑、灼烫、爆炸等事故。

2. 恶劣气候条件下的焊割作业环境

焊割作业有时是在大雨、大雾、大风、暴雪、高温、严寒、腐蚀、恶臭或地震的环境中进行（如果是日常的工作，在这样的气候下应该立即停止焊割作业，但是，在紧急抢险的工作中，为了消除更大的危害，有时也会在周密的布置下，进行焊割作业），容易发生触电、雷击、冻伤、中暑、坠落伤亡、烫伤、坍塌、物体打击、起重伤害和交通伤亡事故等。

3. 火、爆、毒、窒、烫的焊割作业环境

在焊割作业中，容易发生火灾、爆炸、中毒、窒息、灼烫等事故的环境，称为火、爆、毒、窒、烫焊、割作业环境。容易发生火灾、爆炸、中毒、灼伤、物体打击、窒息等事故。如在石油化工企业的生产区进行焊、割作业是比较典型的火、爆、毒、窒、烫环境下的焊、割作业；具有窒息危险的环境是有害的焊、割作业环境，在这个环境下工作，人会窒息死亡，如在充满氨气的环境中进行焊、割作业，其死亡原因是缺氧窒息而不是中毒。

4. 高处焊接与切割作业环境

符合高处进行焊、割作业条件的环境，称为高处焊接与切割作业环境。在这类环境中作业，容易发生坠落、火灾、触电、爆炸、物体打击等事故。

5. 水下进行焊、割作业环境

在水下进行焊、割作业，是潜水与焊割的综合性作业。焊工必须在水中进行焊割作业，作业环境十分复杂和恶劣，比在路地上具有更大的危险性，如容易发生溺水、触电、灼烫、爆炸等事故。

三、特殊环境中焊接与切割作业安全技术

1. 火、爆、毒、窒、烫环境下焊接与切割作业安全技术

（1）防火防爆　在特殊环境中进行焊接与切割作业，采取防火防爆措施是最主要的。其主要措施有以下方面：

在容器、管道进行置换补焊时，焊割作业现场必须与易燃易爆生产区进行安全隔离；焊割作业前应进行动火分析；严格控制容器内可燃物或有毒物质的含量；将置换后的化工及燃料容器的内、外表面进行彻底的清洗；在焊割过程中，还要随时对残留的可燃气体或毒物进行检测。

在容器、管道进行带压不置换补焊时，要严格控制容器、管道内的含氧量（含氧量控制在1%以下）；补焊过程中，保持容器、管道内有一定的正压（正压过大，会从裂纹处猛烈向外喷火，使焊工无法进行补焊甚至出现裂纹处熔化；正压过小，会使介质流速小于燃烧速度而产生回火，引起容器、管道爆炸）；严格控制作业点周围可燃气体的含量。

（2）防毒防窒息　动火系统要与引起中毒、窒息的生产系统完全隔绝，切断毒物与毒气的来源；分析动火系统内的有毒气体含量和氧含量，或用小动物进行试验，确认没有毒物、毒气和窒息性气体后，采取安全措施，安全监护措施，确定安全监护人，经过有关地位批准后，方可从事焊接与切割动火。

（3）防灼烫　焊工在焊割作业中，首先要注意防止高温的熔化物料，从高处散落或向四周飞溅，烫伤作业人员；其次要防止焊割作业过程中的高温熔渣和飞溅物，烫伤作业人员；严禁用手触摸刚进行完的、高温的焊、割处，以免烫伤。此外，还要注意防止强酸或强碱的灼伤。

2. 恶劣气候条件下的焊接与切割作业安全技术

一般不允许在大雨或雷电的状态下进行焊接与切割作业，防止造成触电或雷击事故。

在雨水多的季节，为了防止触电事故，要从物的不安全状态、人的不安全行为方面，采取各项安全措施，来控制触电事故的发生。

在焊接或切割作业时，遇6级以上（含6级）大风应该停止作业；在大雾或暴雪的情

况下，由于能见度比较低，作业周围环境情况不明，容易发生与物体碰撞伤害、高空坠落、交通事故等，所以在大雾或暴雪的条件下，停止焊接与切割作业。

在强腐蚀和恶臭的环境中进行焊接与切割作业时，必须在作业前，将腐蚀性物料或污染源彻底清除干净，否则将引起焊工头晕恶心或身体受到腐蚀性伤害。同时，在作业过程中还要在现场采取通风措施。

在昏暗的环境下或夜间进行焊接与切割作业时，必须有照明设备，确保作业人员安全行走和作业安全。

在紧急抢险的工作中，为了消除更大的危害，必须立即进行焊割作业时，一定要根据当地的天气情况与地形情况，仔细研究确保安全操作的若干问题，并采取相应的安全防护措施，确保焊工操作安全。

3. 受空间场所限制的焊接与切割作业安全技术

受空间场所限制的作业环境，通常是指半封闭的容器、半封闭的设备或隐蔽工程等，施工时进出不方便、作业空间较小、危险性较大的场所。其安全措施主要有以下方面：

（1）防止缺氧窒息　因为作业空间比较狭小，焊工在里面操作容易造成缺氧窒息，所以要采取以下有效措施：

1）认真分析作业环境中的含氧量。进入作业空间前，必须认真分析受限制空间场所内的气体成分和含氧量，确认无危险时，经主管安全单位的批准方可入内。当受限制空间场所内的含氧量少于 21% 时，要查找原因，采取措施防止含氧量继续下降。当含氧量小于 16%时，严禁焊工入内进行焊、割作业。

2）不准进入存放潮湿活性炭的受限空间作业。潮湿活性炭能吸收氧气，会使受限空间的含氧量降低至 8% 以下，使焊工在作业过程中缺氧、甚至窒息死亡，所以，存放潮湿活性炭的受限空间不准进入。

3）佩戴防护面具。在尚未判明存放潮湿活性炭的受限空间中气体成分和含氧量时，紧急事故处理又必须进入现场，这时，需要佩戴防护面具，经有关主管单位的批准，按照安全规程规定，可以进入现场实施紧急救助。

4）用小动物进行试验。在缺乏分析手段时，可以用小动物进行试验（用绳子拴住小动物，送入受限空间），经过数分钟后，观察小动物的状态，以此判明小动物是否窒息或中毒。要注意的是，小动物无窒息或中毒症状也要戴着戴防护面具进入受限空间作业。

5）严格履行审批手续。进入有特殊危险的受限空间作业，必须严格履行审批手续，在申请表中，要详细列出特殊危险受限空间的危险部位、危险因素、采取的安全措施、发生事故的解救方案、该项目的负责人、危险因素的分析人、施工过程的监护人、审批人等都要签名落实。

（2）预防职业性毒害　在受限空间内作业，可能会产生有毒害或刺激性的蒸气、气体或粉尘，为了免除焊割人员发生金属热、锰中毒和焊工尘肺等职业病，在受限空间进行焊、割的主要安全措施如下：

1）加强通风、排风。受限空间由于作业面狭小，在焊割过程中，局部有害毒害或有刺激性的蒸气、气体或粉尘浓度过大，容易对施工人员产生伤害，为此要在施工作业现场加强通风和排风，在运转的容器、管道内进行焊割时，采用"气体喷射器"的通风效果更安全、可靠。

2）焊割人员要按规定穿戴劳动保护用品。进入受限空间进行焊割作业时，要穿戴完整的劳动保护用品，如工作服要具有防火功能、严禁穿戴化纤工作服上岗，戴防尘、防毒口罩，穿防烫工作鞋，全位置焊割作业时，要戴披肩帽等。

3）合理安排工作时间。尽量减少焊工接触有毒、有害气体和物质，在同一处受限空间进行焊割作业时，在按时完工的条件下，尽量少安排焊割作业人员操作，避免在短时间内产生过量的有毒、有害物质，伤害焊割人员身体健康。如条件允许，可以安排焊工轮流上岗操作，尽量减少焊工接触职业性有毒、有害气体和物质的机会。

（3）预防火灾和爆炸。在受限空间进行焊、割作业时，为防止产生火灾和爆炸事故，在焊割作业前，应进行安全操作分析，采取严格审批手续和有效的安全措施。

1）在焊割作业前，先在受限空间内进行取样分析，符合安全操作要求时，方可进行焊割动火操作。

2）进行置换清洗。被焊割的容器或管道内，如确有易燃、易爆的物质时，要在焊割前根据现场的情况，进行置换清洗，清洗后再经过分析，如符合动火安全时，再进行焊割作业。

3）减少封闭性。在进行置换清洗和焊割作业之前，要全部打开所有与大气相通的门、窗、孔盖、井盖、板盖等，增加系统的通气性，降低动火的危险。

4）严禁向受控空间输送氧气。在受限空间进行焊割作业时，为改善通风条件和空气质量，严禁向受控空间输送氧气，防止火灾和爆炸事故的发生。

（4）预防触电　在受限空间进行焊割作业时，由于焊、割导线较多，操作人员活动的余地较少，容易发生触电事故。

焊工作业时，要穿绝缘鞋、戴绝缘手套；场地照明和手持电动工具要用安全电压；220V和380V的排风机和引风机一律不准进入作业现场。操作现场要配备安全监护人。

四、高处焊接与切割作业安全技术

焊工在离地2m或2m以上的地点进行焊割作业时，即为高处焊割作业。

在高处焊割作业时，由于作业的活动范围比较窄、出现安全事故前兆很难紧急回避，所以发生安全事故的可能性比较大。高处焊接与切割作业时，容易发生的事故主要有触电、火灾、高空坠落和物体打击等。

1. 预防高处触电

1）在距离高压线3m或距低压线1.5m范围内进行焊割作业时，必须停电作业，当高压线或低压线电源切断后，还要在开关闸上挂"有人作业，严禁合闸"的标示牌，然后再开始焊割作业。

2）要配备安全监护人，密切注视焊工的安全动态，随时准备拉开电闸。

3）不得将焊钳、电缆线、氧-乙炔胶管搭在焊工的身上带到高处，要用绳索吊运。焊割作业时，应将电缆线、氧乙炔胶管在高处固定牢固，严禁将电缆线、氧乙炔胶管缠绕在焊工的身上或踩在脚下。

4）在高处焊、割作业时，严禁使用带有高频振荡器的焊机焊接，以防焊工在高频电的作用下发生麻电后失足坠落。

5）手提灯的电源为12V。

2. 预防高处坠落

1）焊工必须使用符合国家标准要求的安全带、穿胶底防滑鞋。不要使用耐热性能差的尼龙安全带，安全带要高挂低用，切忌低挂高用。

2）登高梯子要符合安全要求，梯子脚要包防滑橡皮。单梯与地面夹角应大于60°，上下端均应放置牢靠；人字梯要有限跨钩，夹角不能大于40°，不得两人同时用一个梯子工作，也不能在人字梯的顶挡上工作。

3）防坠落的安全网的架设，应该外高里低，不留缝隙，而且铺设平整。随时清理网上的杂物，安全网应该随作业点的升高而提高，发现安全网破损要及时进行更换。

4）高处焊割的脚手板要结实牢靠，单人行道的宽度不得小于0.6m，双人行道的宽不得小于1.2m，上下的坡度不得大于1∶3，板面要钉有防滑条，脚手架的外部按规定应加装围栏防护。

3. 预防火灾

1）高处焊割作业坠落点的地面上，至少在10m以内不得存有可燃或易燃、易爆物品并要设有栏杆隔挡。

2）高处焊、割作业的现场要设专人观察火情，及时通知有关部门采取措施。

3）高处焊、割作业的现场要配备有效的消防器材。

4）不要随便乱扔刚焊完的焊条头，以免因此引起火灾。

4. 预防高处坠落物伤人

1）进入高处作业区，必须头戴安全帽。

2）严禁乱扔焊条头，以免高空坠落伤人。

3）焊条及随身携带的工具、小零件，必须装在牢固而无破洞的工具袋内，工作过程及工作结束后，及时清理好工具和作业点上的一切物品，以防高空坠落伤人。

5. 其他注意事项

1）高处焊割作业的人员，必须经过身体健康检查合格后方准上岗，凡是患有高血压、心脏病、恐高症、精神病和癫痫等疾病的人员，一律不准从事高处焊、割作业。

2）六级及六级以上的大风或雨天、雪天、大雾天等恶劣天气，禁止从事高处焊、割作业。

3）酒后禁止从事高处焊割作业。

五、化工燃料容器、管道补焊安全技术

在化工燃料容器、管道存放的物质多是化学性物质，由于自身或外界的原因，这些物质极容易产生火灾和爆炸事故，但是化学性物质发生火灾、爆炸事故，必须同时要具备三个条件：

1）在化工燃料容器、管道中存在着可燃性物质。

2）存在的可燃物质与空气形成爆炸性混合物，并且达到爆炸范围。

3）在达到爆炸范围内的混合物中有火源存在。

目前，化工燃料容器、管道的补焊，在上述防爆炸理论的指导下，主要有两种方法，即置换动火补焊法和带压不置换动火补焊法。

1. 置换动火补焊法

在进行补焊动火前，将燃料容器、管道内的物质，严格地用惰性气体置换出来。置换操作时，一般采用蒸气蒸煮，接着用置换介质（常用的置换介质有氮气、二氧化碳气、水蒸气和水等）将容器或管道中的可燃物或有毒物吹净排出。置换后的燃料容器、管道内是否符合安全要求，不能用置换的次数来衡量，必须以化验分析的结果为依据，没经过化验分析单位（具有国家认可的资质）检测的燃料容器、管道不准进行补焊。经过置换过的燃料容器、管道内的可燃物质含量要低于该物质爆炸下限的 1/3、有毒物质含量要符合"工业企业设计卫生标准"的有关规定。

置换动火补焊法是人们在长期的生产实践中总结出来的经验，它将爆炸的条件减到最小，在燃料容器、管道补焊工作中一直被广泛应用。

置换动火补焊法的不足之处：采用置换动火补焊法时，燃料容器、管道要暂停使用，并且使用大量的惰性气体或其他介质进行置换，在置换过程中，还要不断地进行取样分析，直至完全合格后才能动火补焊。动火补焊后还要进行再置换，所以，置换动火补焊法耗费的时间较长，置换程序较为复杂。特别值得一提的是，如果管道中的弯头死角多，那么此处就不易置换干净，容易留下安全隐患。

为了确保补焊作业的安全，置换补焊必须采取如下安全措施：

1）安全隔离。在检修前，使燃料容器、管道停止工作，并且与整个生产系统的前后环节彻底隔离。但是，这种隔离不能只采取关闭阀门的隔离，而是在应补焊处的前、后必须各拆除一段管道，然后用盲板封死管口。盲板的密封要严、不渗漏，而且盲板还要有足够的强度，在整个补焊过程中不被破坏。

2）严格控制补焊系统内可燃物质或有毒物质的含量。置换补焊防火、防爆和防毒的关键是控制被补焊的燃料容器、管道内的可燃物质或有毒物质的含量，使容器、管道内的可燃物质含量要低于该物质爆炸下限的 1/3、有毒物质含量要符合"工业企业设计卫生标准"的有关规定。

在进行置换时，应注意置换介质与被置换物之间的密度关系，当置换介质的密度大于被置换物质的密度时，应将置换介质从容器或管道底部充入，使被置换物质从容器或管道的最高点处向外排出。考虑到被置换物质随着温度的升高而容易挥发的特点，可以采用蒸汽加温的方法，将残存在容器内的被置换物质升温挥发排出。未经置换处理或虽然经过置换处理，但没有经过专职人员检测，绝对禁止进行补焊作业。

3）化学清洗容器或管道。容器、管道的积垢或外表面的保温层材料中，都有可能吸附或残存可燃气体，它们很难用置换的方法被彻底置换干净，在补焊过程中残存的可燃气体会受热挥发，遇火引起燃烧或爆炸。因此，化工及燃料容器在置换后还要对容器、管道的内外表面用氢氧化钠（火碱）水溶液进行彻底的清洗。

4）随时进行检测。被补焊的容器或管道虽然焊前经过安全检测，但是在补焊过程中，在容器或管道内，还会有残留的可燃气体或毒物受热而挥发逸出，为了避免出现燃烧、爆炸和中毒事故，所以，在焊接进行过程中，还要随时进行检测，做到及时发现问题及时排除，确保补焊工作安全进行。

2. 带压不置换动火补焊法

目前主要用在可燃气体容器、管道的补焊。具体做法是：动火补焊前，通过对燃料容器、管道内的含氧量的严格控制，使可燃性气体含量大大超过爆炸上限，从而不能形成爆炸性的混合物，同时使被焊容器或管道内保持一定的正压运行。使可燃气体以稳定的流速从容器或管道的裂纹处向外逸出扩散，并且与周围的空气形成一个燃烧系统。此时点燃可燃气体，控制可燃气体在燃烧的过程中不至于发生爆炸。带压不置换动火补焊法的关键是在补焊的过程中，一定要保证系统的正压运行，而且压力要稳定。

为了确保带压不置换动火补焊作业的安全进行，补焊作业时还要采取如下安全措施：

（1）严格控制容器、管道内的含氧量　首先确定氧含量的安全值为 1%，确定过程如下：

如氢气与空气混合的爆炸极限为 4%~75%（体积分数，下同），氢气爆炸的上线是 75% 时，空气为 25%，因为氧占空气的 21%，所以氧气为：

$$25\% \times 21\% = 5.25\%$$

此时确定氧的安全系数为 1/5 时，则氧含量的安全值为 1%。

（2）正压操作　在带压不置换动火补焊过程中，一旦系统出现负压运行，空气就会通过燃料容器、管道的裂纹、缝隙进入系统内而发生爆炸，因此系统的正压力的大小要适当，压力过大，焊条熔滴容易被大气流吹走，给焊接操作带来困难。同时，裂纹处喷火过长，也不利于焊工焊接操作；如果压力过小，容易造成压力波动，会使介质的流速小于燃烧速度而产生回火，火焰缩进系统内部燃烧，从而造成系统燃烧、爆炸，所以，系统外的喷火以不猛烈为原则，一般控制在 $2 \times 10^4 \sim 6 \times 10^4 \mathrm{Pa}$。

（3）严格控制动火点周围可燃气体的含量　进行带压不置换动火补焊时，动火作业点周围空间滞留的可燃物含量必须低于该可燃物爆炸下限的 1/3~1/4，动火点周围的可燃气体含量应小于 0.5%（体积分数）。

（4）焊接操作注意事项

① 焊工操作时，不可正对着动火点，应避开裂纹处喷燃的火焰，以防烧伤。

② 应该事先调好焊接电流，防止容器或管道补焊时，因焊接电流过大，在介质压力的作用下，会形成更大的熔孔而造成事故。

③ 当容器或管道内的压力急剧下降到无法保证正压运行，或含氧量超过安全数值时，要立即熄灭裂纹处火焰停止补焊作业，待查明原因，采取相应措施后再行补焊。

④ 当动火补焊作业点出现猛烈喷火时，要立即采取灭火措施，但在火焰熄灭前，不得切断燃气气源，要继续保持系统内足够稳定的压力，防止容器或管道内因吸入空气形成爆炸混合物而发生爆炸事故。

带压不置换动火补焊法，是近年来化工系统检修燃料容器、管道的一项较大的技术革新，目前应用还不很广泛。实践表明，带压不置换动火补焊法在理论上和技术上都是可行的，只要严格遵守安全操作规程，同样也是安全和可靠的。

六、水下焊接与切割作业安全技术

水下焊接与切割作业是潜水和焊、割的综合性作业，其操作环境是十分复杂和相当恶劣的。在进行水下焊、割作业时，必须严格遵守国家标准《水下焊接与切割中的安全技术》及有关潜水规定，采取安全防范措施，确保水下焊接与切割作业安全进行。

1. 焊割前的准备工作

1）了解被焊接与切割工件的性质、结构的特点、制定出安全对策。

2）深入了解作业区水深、水文、气象参数及周围的环境特征和状况，然后制定全面的安全措施，当水面风力超过 6 级，作业区的水流速度超过 0.1m/s 时，禁止在水下进行焊接与切割作业。

3）潜水焊工在水中，要在安全可靠的平台上从事焊割作业，禁止在水中悬浮着进行焊割作业。

4）焊割炬要进行绝缘、水密性试验和工艺性检查，气管与电缆每隔 0.5m 要捆扎牢固，入水后要整理好供气管、电缆、工具、设备和信号绳等，使它们在水下处于安全地带，任何时候都不会被焊割熔渣溅烫损坏或被焊割后的残物砸坏。

5）在水下与水面之间，要有可靠的通信工具和快速信息传递措施。

6）在水下开始工作前，首先应把不安全的障碍物移去，使操作者处于安全工作位置。

7）上述准备工作全部做完，安全措施也全部落实，能够保证水下安全操作，经主管人员批准，方可进行水下焊割作业。

2. 在水下焊割作业防止触电安全措施

1）在水下进行焊割作业必须使用直流电焊机，其空载电压为 50~80V。

2）与潜水焊工直接接触的控制电器，必须使用可靠的隔离变压器，并且要有过载保护，其电压为工频交流电 12V 以下、直流电 36V 以下。

3）水下焊接回路应有切断开关，可以是单刀闸刀开关，也可以是水下自动切断器。

4）潜水焊工在水下操作时，必须穿专用防护服、戴专用手套。

5）潜水焊工在水下进行引弧、焊接操作时，应避免双手接触工件、地线和焊条。

6）潜水焊工在水下使用的工具、设备，要有良好的绝缘和防水、防盐雾腐蚀等性能，绝缘电阻不得小于 1MΩ，焊钳与切割钳不得小于 2.5MΩ。

7）潜水焊工在水下不得带电更换焊条或剪断焊丝，如需要更换焊条或剪断焊丝时，必须发出指令信号，切断电源后方可操作。

8）潜水焊工应注意接地线在水中的位置，焊工应面向地线接地点，严禁背向地线接地点，更不要使自己处于工作点和接地线之间。

9）潜水焊工在水下带电结构上进行焊、割作业时，必须先切断带电结构上的电源后再进行焊割作业。

3. 在水下焊割作业防止灼烫安全措施

1）在水下焊割作业时，尽量避免仰面焊接与切割，同时，潜水设备及气管应避开高温区，防止高温熔渣及其飞溅物破坏潜水服、潜水设备及气管等。

2）潜水焊工在潜水过程中，严禁携带已点燃的割炬下水，防止在下水的过程中，烧伤潜水人员和烧坏潜水工具。

3）潜水焊工在水下作业时，严禁将气割供气软管、夹在腋下或两腿之间，防止万一发生回火爆炸，击穿或烧坏潜水服，造成潜水人员伤亡。

4）潜水焊工在水下注意深度，防止水压超过气压，将火焰压入割炬内，造成回火。

4. 保护潜水焊工的视力

潜水焊工在水下进行焊、割作业时，要根据个人的视力情况，佩戴合适的防护镜，防止弧光伤害潜水焊工的眼睛。

5. 潜水焊工作业人员资格的认定

潜水焊工应具备以下条件：

1）必须经过专门技术培训，掌握《水下焊接与切割中的安全技术》及潜水有关规定，经过严格考试合格后，持证上岗。

2）必须是在岗的合格焊工。

3）身体健康，具有水下焊接与切割作业的专业知识和操作技能。

七、触电急救

人体触电后，虽然出现麻痹、心跳停止、呼吸停止等症状，都不应视作死亡，应该认定为假死。要迅速而持久地进行抢救。据统计资料显示：在触电 1min 以内开始救助的，90% 会有好的效果。从触电后 6min 开始救助的，10% 会有好的效果。触电 12min 以后开始救助的，救活的可能性很小。由此可见触电后及时救助的重要性。

在现场发现有人触电时，首先是尽快使触电者脱离电源，为触电者实施抢救赢得宝贵时间。

1. 脱离电源

（1）切断低压电源（1000V 以下）

① 电源开关在附近时，迅速拉开电源开关。

② 如电源开关一时无法拉开，可用带绝缘柄的电工钳剪断电源线，或用绝缘板（干木板）插入触电者的身下隔离电源。

③ 如果电源线搭在触电者的身上，可以用干燥的绳索、木棒等物排除电源线。

④ 如果电源线压在触电者的身下，触电者的衣服是干燥的，可用一只手抓住触电者的衣服，将其拖开。

（2）切断高压电源（1000V 以上）

① 立即通知有关部门停电。

② 戴绝缘手套，穿绝缘鞋，用专用绝缘工具拉开电源开关。

③ 用安全方法使线路短路，迫使保护装置动作，断开电源。

（3）切断电源时注意事项

① 选择切断电源方法时，其原则是：安全、迅速、可靠。

② 救助人最好单手操作，使用适当的绝缘工具，防止自身触电，扩大伤亡事故。

③ 断电前，作好对触电者的保护措施，特别是保护好头部，防止断电后触电者摔伤。

④ 在夜间，为了下一步抢救工作的顺利进行，断电后要迅速恢复照明。

2. 现场救治措施

（1）对症救治

① 触电者神志清醒、未失去知觉，只是四肢无力，心慌，此时触电者不要活动，安静休息，严密观察并及时与医院联系。

② 触电者已经失去知觉，但呼吸和心跳尚存，应当使触电者平卧并注意身体保温，周围不要围人，保持空气流通。同时，迅速请医生救治，切不可随意打强心针。

③ 触电者无知觉、无呼吸，但心脏有跳动，要采用人工呼吸法救治。

④ 触电者心脏停止跳动，但呼吸没停，应当进行胸外挤压法救治。

⑤ 触电者的心跳和呼吸都停止了，应当采用人工呼吸法和胸外挤压法交替进行。即每进行口对口地吹气 2~3 次后，马上进行心脏挤压法 10~15 次。依次反复循环进行。

（2）人工呼吸　实施人工呼吸救治的目的是人为地使空气有节奏地进入和排出肺部，使已经停止呼吸的触电者能够吸入氧气和排出二氧化碳气，维持生命。

实施人工呼吸前，迅速将触电者身上妨碍呼吸的上衣扣子解开，清除口腔内的妨碍呼吸的食物、脱落的假牙、异物、血块、黏液等物避免堵塞呼吸道。人工呼吸法常用口对口（鼻）的呼吸法。口对口（鼻）人工呼吸法操作要领如下：

① 触电者仰卧，头部尽量向后仰，鼻孔朝天，下颌尖部与前胸大致保持在一条水平线上，如图 6-1-1 所示。救护人在触电者头部一侧，捏住触电者的鼻子，掰开嘴，准备嘴对嘴地向触电者吹气。

② 救护人做深呼吸后，紧贴着触电者的口向内吹气，为时约 2s，同时观察触电者的胸部是否膨胀，确定吹气的效果和深度。

③ 救护人吹完气后，嘴应该立即离开触电者的嘴，并放松捏紧的鼻子，让其自行呼吸，为时 3s。如此反复进行。

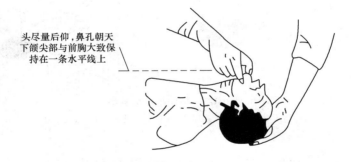

头尽量后仰，鼻孔朝天
下颌尖部与前胸大致保
持在一条水平线上

图 6-1-1　触电者头部后仰

（3）胸外挤压法　施行胸外挤压法是救治触电者心脏停止跳动后的急救方法，救治时，使触电者仰卧在比较坚实的地面上，其姿势与口对口人工呼吸法相同。具体操作如下：

① 救护人跪在触电者的一侧或骑跪在他的身上，两手相叠，手掌的根部放在触电者心窝稍高一点的地方，即两乳头间稍下一点、胸骨下 1/3 处，如图 6-1-2 所示。

② 手掌根部用力向下挤压，压出心脏的血液。对成年人压下 3~4cm，每秒钟挤压一次，每分钟挤压 60 次为宜。触电者为儿童时，可用一只手挤压，用力要轻一些，以免损伤胸骨，频率为每分钟 100 次左右为宜。

③ 手掌根部向下挤压后，掌根立即全部松开，使触电者的胸廓自动复原，让血液重新充满心脏，如图 6-1-2 所示。

值得提出的是：呼吸和心脏跳动是相互联系的，当触电者的呼吸停止，心脏跳动也维持不了多久；而心脏跳动一旦停止，呼吸也就会很快停止。如果触电者呼吸和心脏跳动都停止，应当迅速对其同时进行口对口（鼻）人工呼吸和胸外挤压救治。当事故现场只有一个人进行抢救时，则口对口（鼻）的人工呼吸和胸外挤压应当交替进行，即口对口（鼻）地吹气 2~3 次后，再进行胸外挤压 10~15 次。如此反复交替进行，直到触电者恢复自主呼吸和心脏跳动为止，中间不要停止救治。

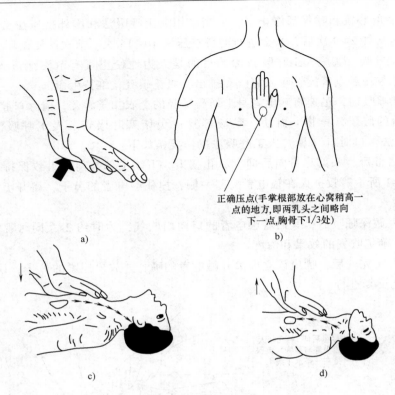

图 6-1-2　胸外挤压法救治

a）叠手姿势　b）正确压点　c）向下挤压　d）放松挤压

第三节　焊接与切割安全生产

一、焊接与切割生产的基本要求

1. 焊接与切割作业前的准备

1）明确焊接与切割作业的工艺要求和焊接与切割作业的安全注意事项。

2）进入工作现场，必须正确使用个人防护用品。

3）现场使用的焊割设备、工具、附件，必须确认合格后再使用。

4）认真检查作业点的安全环境，焊割件的部位，确保焊割作业安全进行。

5）每个从事焊割作业的人员，熟悉并能运用"问、看、听、测"安全方针。

问：上岗作业前，要向有关人员询问作业现场的有关情况。

看：到工作现场后，首先要查看周围环境及设施的安全状况、是否能满足安全生产要求。

听：正式作业前，开动设备听运转声音是否正常。

测：正式作业前，请有关人员进行现场易燃、易爆、有毒气体的测定，确认安全后方可进行作业。

2. 焊接与切割作业中的安全要求

1）严格遵守焊接与切割作业安全规定。

① 焊接与切割人员要持证上岗，没有焊割操作证，不准从事焊接与切割作业。

② 需要办理动火审批手续的焊割作业，必须办理动火审批手续后，再进行焊割作业。

③ 对焊割作业现场及周围情况不了解，不准进行焊接与切割作业。

④ 对容器或管道内部物质不了解，不准进行焊接与切割作业。

⑤ 对盛装过易燃、易爆、有毒物质的容器或管道，未经彻底地置换和清洗，不准进行焊接与切割作业。

⑥ 设备表面的保温层是可燃材料，未经采取可靠的措施，不准进行焊接与切割作业。

⑦ 严禁在有压力或密封的容器或管道上进行焊接与切割作业。

⑧ 焊割作业现场不准有易燃、易爆物质，在未经采取有效的安全措施之前，不准进行焊接与切割作业。

⑨ 焊割作业现场与外单位相接，在未弄清焊割作业是否对外单位有不安全影响或未采取有效安全措施时，不准进行焊接与切割作业。

⑩ 焊、割作业现场及附近，有与明火相抵触的工作，不准进行焊接与切割作业。

2）凡在禁火区域动火，必须办理动火审批手续，并且还要采取安全可靠的防护措施。

3）登高作业必须执行登高作业安全规程，做到"五必有""七不准""十一种情况不登高"。

五必有：高处有边必有栏杆；高处有洞必有盖板；洞、边无盖又无栏杆必须有网；登高电梯必须有门的联锁；登高处必须有安全警示牌。

七不准：不准在高处向下乱抛物件；不准面朝后背向前，倒着下楼梯；不准在高处穿凉鞋、高跟鞋、拖鞋；不准在高处打闹、睡觉；不准身体依靠临时扶手或栏杆；不准在安全带未挂牢或低挂高用时作业；不准将电缆、气焊（割）用通气胶管缠绕在作业者身上作业。

十一种情况不登高：有禁忌症的患者不登高；未办高处作业许可证的不登高；未戴好安全帽、未系好安全带者不登高；高处脚手板、梯子不符合安全要求不登高；不通过脚手架、设备进行登高；穿易滑鞋、携带笨重物品不登高；在石棉、玻璃钢瓦上无脚垫板时不登高；酒后不登高；照明不足不登高；大风、大雨、雪天的气候下，不登高。

二、焊接与切割作业人员的基本条件

1）从事焊接与切割作业人员在工作中，必须能够遵章守纪、认真负责。

2）年满十八周岁。

3）具有初中以上的文化程度。

4）按工作岗位的技术要求，经过理论考核和实际操作技能考核合格，持证上岗。

5）身体健康，经过身体健康检查，符合该岗位对操作者的身体健康要求。

三、焊接与切割安全生产对各级领导的要求

1）严格执行明火作业安全规定，杜绝违章指挥与违章作业。

2）合理组织编制作业计划和施工工艺流程，确实做到安全生产。

3）施工过程中，加强现场检查，组织并督促安全生产措施的落实。

4）在禁火区动火，严格执行动火审批手续，并且制定出防火防爆技术措施。

企业要有重大事故应急救援预案。

第二章 焊接作业场所的安全与焊接安全操作要求

第一节 焊接安全操作要求

一、气焊气割安全操作要求

1. 一般安全要求

1）乙炔的最高工作压力禁止超过 147kPa（1.5kgf/cm²）表压。

2）禁止使用银或含铜量在 70%以上（质量分数）的铜合金制造的仪表、管件等与乙炔气体接触。

3）回火保险器、氧气瓶、乙炔气瓶、液化石油气瓶、减压器等，都应采取防冻措施，一旦冻结，应用热水或水蒸气解冻，严禁用火烤或用铁器敲打解冻。

4）氧气瓶、乙炔气瓶、液化石油气瓶等应该直立使用，或者装在专用的胶轮车上使用。

5）氧气瓶、乙炔气瓶、液化石油气瓶等，不要放在阳光直晒、热源直接辐射或容易受电击的地方使用。

6）氧气瓶、溶解乙炔气瓶等气体不要用完，气瓶内必须留有 98~198kPa（1~2kgf/cm²）表压的余气。

7）禁止使用电磁吸盘、钢绳、链条等吊运各类焊接与切割设备。

8）气瓶漆色的标志应符合国家颁发的《气瓶安全监察规程》的规定，禁止改动，严禁充装与气瓶漆色不符的气体。

9）气瓶应配备手轮或专用扳手关闭瓶阀。

10）工作完毕、工作间隙、工作地点转移之前都应关闭瓶阀，戴上瓶帽。

11）禁止使用气瓶作为登高支架和支撑重物的衬垫。

12）留有余气需要重新灌装的气瓶，应关闭瓶阀旋紧瓶帽，标明空瓶自仰或记号。

13）氧气、乙炔的管道，应涂上相应气瓶漆色规定的颜色和标明名称，便于识别。

14）同时使用两种不同气体进行焊接时，不同气瓶减压器的出口端，都应装有各自的单向阀，防止相互倒灌。

15）液化石油气瓶、溶解乙炔气瓶和液体二氧化碳气瓶等用的减压器，应该位于瓶体的最高部位，防止瓶内的液体流出。

16）减压器卸压的顺序是：先关闭高压气瓶的瓶阀，然后放出减压器内的全部余气，放松压力调节杆使表针降到 0 位。

17）按 GB/T 2550—2016《气体焊接设备 焊接、切割和类似作业用橡胶软管》的规定，氧气胶管为蓝色，它由内外胶层和中间纤维层组成。焊接与切割用的氧气胶管的外径为 18mm，内径为 8mm，工作压力为 1.5MPa，爆破压力为 6MPa。

18）按 GB/T 2551—2007《气体焊接设备　焊接、切割和类似作业用橡胶软管》的规定，乙炔胶管为红色，由内外胶层和中间纤维层组成。焊接与切割用的乙炔胶管的外径为 16mm，内径为 10mm，工作压力为 0.3MPa，爆破压力为 0.9MPa。

19）禁止将在用的焊炬、割炬的嘴头与平面摩擦来清除嘴头堵塞物。

20）胶管长度一般不小于 15m。若工作地点离气源较远，可根据实际情况将两副胶管用管接头连接起来用卡箍紧固使用。

2. 溶解乙炔气瓶安全要求

1）溶解乙炔气瓶的充装、检验、运输、存储等均应符合原国家劳动总局颁布的《溶解乙炔气瓶安全监察规程（试行)》和《气瓶安全监察规程》规定。

2）溶解乙炔气瓶的搬运、装卸、使用时都应直立放稳，严禁在地面上卧放并直接使用。一旦要使用已卧放的乙炔气瓶，必须先直立后，静置 20min 后再连接乙炔减压器使用。

3）开启乙炔气瓶瓶阀时应缓慢进行，不要超过一转半，一般情况下只开启 3/4 转即可。

4）禁止在乙炔气瓶上放置工具或缠绕悬挂橡皮胶管及焊割炬等。

5）乙炔气瓶在使用时，必须配用合格的乙炔专用减压阀和回火保险器。

6）乙炔气瓶距火源应在 10m 以上，夏季不得在烈日下暴晒，瓶体温度不得超过 40℃。

7）乙炔气瓶运输、存储和使用时，应轻装轻卸，用小车运送严禁人抬、肩扛或在地面上滚动。瓶体不得受激烈振动或撞击，以免填料下沉形成净空间，使部分气态乙炔处于高压状态，容易引起事故发生。

8）乙炔气瓶用后要留有余气，余气的压力为 98~198kPa（1~2kgf/cm²）表压。

9）乙炔气瓶减压器一旦冻结，只能用热水或蒸气解冻，禁止采用明火或用铁器敲打解冻。

10）定期检查乙炔压力表与安全阀的准确性。

11）乙炔气瓶设计压力为 3MPa，水压试验压力为 6MPa。

12）乙炔气瓶外表为漆白色，写红字"乙炔"和"不可近火"。

3. 液化石油气瓶安全要求

1）用于气割、气焊的液化石油气钢瓶，其制造和充装量都应符合《液化石油气钢瓶标准》规定。瓶阀必须密封严密，瓶座、护罩（护手）应齐全。

2）液化石油气钢瓶内的气将要用完时，瓶内要留有余气。

3）液化石油气钢瓶应严格按有关规定充装，禁止超装。

4）在室外用液化石油气钢瓶气割、焊接或加热时，气瓶应平稳地放在空气流通的地面上，与明火（火星飞溅、火花）或热源距离必须保持在 5m 以上。

5）液化石油气钢瓶应加装减压器，禁止用胶管直接与液化石油气钢瓶阀门连接。

6）当液化石油气钢瓶着火时，应立即关闭瓶阀。如果无法靠近钢瓶时，可用大量的冷水喷射，使瓶体降温，然后关闭瓶阀，切断气源灭火，同时，还要防止着火的气瓶倾倒。

7）液化石油气瓶的最大工作压力为 1.6MPa，水压试验的压力为 3MPa。

8）瓶内的气体不得用尽，应留有 0.5%~1.0% 规定充装量的剩余气体。

9）液化石油气对普通橡胶制的导管、衬垫有腐蚀作用，必须使用耐油性强的橡胶，所以不得随意更换衬垫和胶管，以防止腐蚀后漏气。

10）液化石油气点火时，要先点燃引火物，然后再点气，不要颠倒次序。

11）不要将液化石油气向其他气瓶倒装，不得自行处理液化石油气瓶内的残液。

12）严禁液化石油气槽车直接向气瓶灌装。

13）液化石油气瓶漏气而又不能制止时，应把气瓶移至室外安全地带，让其自行逸出，直到瓶内气体排尽为止。

14）有缺陷的气瓶和瓶阀要送到专业部门修理，经检验合格后才能重新使用。

15）液化石油气瓶漆银灰色，并写上红色字"液化石油气瓶"。

4. 氧气瓶安全要求

1）氧气瓶应符合国家颁布的《气瓶安全监察规则》和《氧气站设计规范》（试行）的规定，定期进行技术检查，气瓶使用期满和送检不合格的，不准继续使用。

2）氧气瓶使用前，应稍打开瓶阀，吹出瓶阀内的污物后立即关闭瓶阀，然后连接减压器使用。

3）开启氧气阀时，操作者应站在瓶阀气体吹出方向的侧面缓慢开启，避免氧气吹向人体。同时也要避免吹向可燃气体或火源。

4）禁止在带压力的氧气瓶上，以拧紧瓶阀和垫圈螺母的方法消除漏气。

5）严禁将沾有油脂的手套、棉纱和工具等与氧气瓶阀、减压器及管路等接触。

6）氧气瓶与乙炔气瓶、明火或热源距离应大于 5m。

7）禁止单人肩扛氧气瓶，气瓶无防振胶圈或在气温 -10℃ 以下时，严禁在地面用转动的方式搬运氧气瓶。

8）禁止用手托瓶帽、瓶座在地面转动的方式来移动氧气瓶。

9）氧气瓶不允许停放在人行通道上，也不允许停放在电梯间、楼梯间附近，防止被撞击、碰倒。如实在非停不可，应采取妥善的保护措施。

10）禁止用氧气代替压缩空气吹净工作服、乙炔管道或用作试压和气动工具的气源。

11）禁止用氧气对局部焊接部位通风换气。

12）氧气瓶漆浅蓝色，写黑字"氧气"。

二、焊条电弧焊安全操作要求

1. 电焊机安全要求

1）电焊机必须符合现行有关焊机标准规定的安全要求。

2）电焊机的工作环境应与焊机技术说明书上的规定相符。如工作环境的温度过高或过低、湿度过大、气压过低以及在腐蚀性或爆炸性等特殊环境中作业，应使用适合特殊环境条件性能的电焊机，或采取防护措施。

3）防止电焊机受到碰撞或激烈振动（特别是整流式焊机），严禁焊机带电移动；室外使用的电焊机必须有防雨、雪的防护措施，如图 6-2-1 所示。

4）电焊机必须有独立的专用电源开关。其容量应符合要求，当焊机超负荷时，应能自动切断电源。禁止多台焊机共享一个电源开关，如图 6-2-2 所示。

5）焊机电源开关应装在电焊机附近人手便于操作的地方，周围留有安全通道，如图 6-2-3 所示。

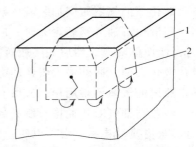

图 6-2-1　室外使用的电焊机防雨、雪的措施
1—防雨、雪塑料或防雨、雪布　2—电焊机

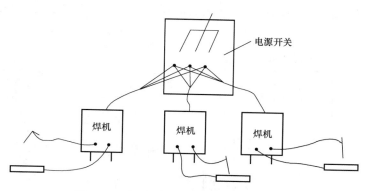

图 6-2-2 禁止多台焊机共享一个电源开关

6) 采用启动器启动的焊机,必须先合上电源开关,然后再启动焊机。

7) 电焊机的一次电源线长度一般不宜超过 3m,当有临时任务需要较长的电源线时,应沿墙或设立柱用瓷瓶隔离布设,其高度必须距地面 2.5m 以上,不允许将一次电源线拖在地面上,如图 6-2-4 所示。

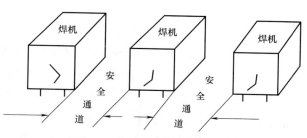

图 6-2-3 焊机周围留安全通道

8) 电焊机外露的带电部分应设有完好的防护(隔离)装置。其裸露的接线柱必须设有防护罩,如图 6-2-5 所示。

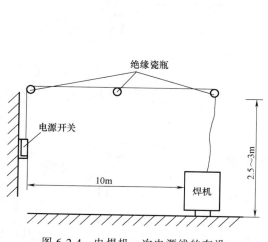

图 6-2-4 电焊机一次电源线的布设

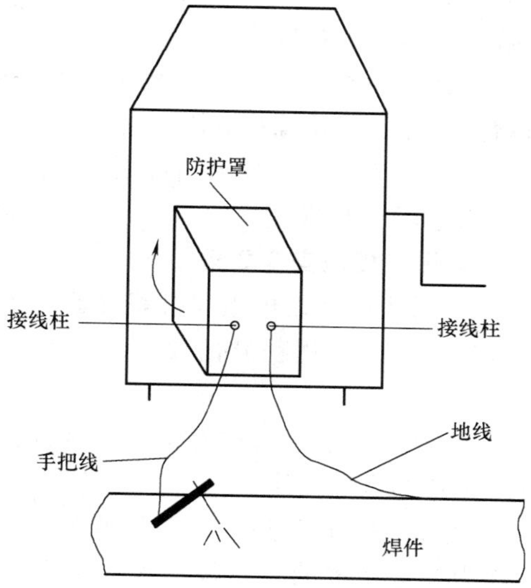

图 6-2-5 电焊机裸露的接线柱必须设有防护罩

9) 禁止连接建筑物的金属构架和设备等作为焊接电源回路。

10) 焊机使用不允许超负荷运行,焊机运行时的温升,不应超过焊机标准规定的温升限值。

11）电焊机应平稳放在通风良好、干燥的地方，不准靠近高热及易燃易爆危险的环境，如图6-2-6所示。

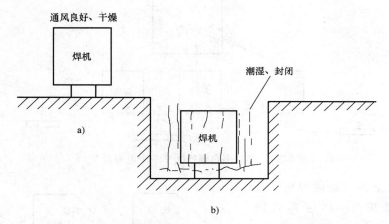

图 6-2-6 电焊机应平稳放在通风良好、干燥的地方
a）正确 b）不正确

12）禁止在焊机上放任何物品和工具，启动焊机前，焊钳和焊件不能短路，如图6-2-7所示。

13）电焊机必须经常保持清洁，清扫焊机必须停电进行，焊接现场如有腐蚀性、导电性气体或飞扬的浮尘，必须对电焊机进行隔离防护。

14）每半年对电焊机进行一次维修保养，发生故障时，应该立即切断电焊机电源，及时通知电工或专业人员进行检修。

15）经常检查和保持电焊机电缆与电焊机接线柱接触良好，保持螺母紧固。

16）工作完毕或临时离开工作场地时，必须及时切断电焊机电源。

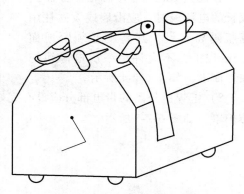

图 6-2-7 禁止在焊机上放任何物品和工具

2. 电焊机接地安全要求

1）各种电焊机、电阻焊机等设备或外壳、电气控制箱、焊机组等，都应按现行《电力设备接地设计技术规程》的要求接地，防止触电事故发生。

2）焊机接地装置必须经常保持接触良好，定期检测接地系统的电气性能。

3）禁止用乙炔管道、氧气管道等易燃易爆气体管道，作为接地装置的自然接地极，防止由于产生电阻热或引弧时冲击电流的作用，产生火花而引爆，如图6-2-8所示。

4）电焊机组或集装箱式电焊设备都应安装接地装置。

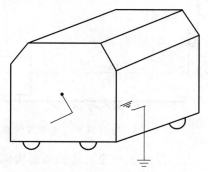

图 6-2-8 电焊机接地装置

3. 焊接电缆安全要求

1）焊接电缆外皮必须完整、绝缘良好、柔软，绝缘电阻不小于 $1M\Omega$。

2）连接焊机与焊钳必须使用柔软的电缆，长度一般不超过 30m。

3）焊接电缆必须使用整根的导线，中间不应有连接接头，当工作需要接长导线时，应使用接头连接器牢固连接，并保持绝缘良好，如图 6-2-9 所示。

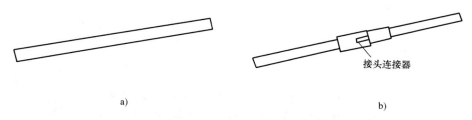

接头连接器

a) b)

图 6-2-9 焊接电缆必须使用整根的导线
a）整根焊接电缆 b）有接头连接器的焊接电缆

4）焊接电缆要横过马路时，必须采取保护套等保护措施，严禁搭在气瓶、乙炔发生器或其他易燃易爆物品的容器或材料上，如图 6-2-10 所示。

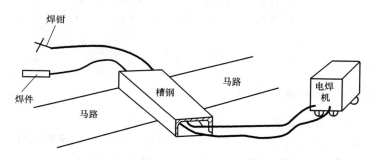

图 6-2-10 焊接电缆要横过马路的保护措施

5）禁止利用厂房的金属结构、轨道、管道、暖气设施或其他金属物体搭接起来作焊接电缆。

6）禁止焊接电缆与油、脂等易燃易爆物品接触。

4. 电焊钳安全要求

1）电焊钳必须有良好的绝缘性与隔热能力，手柄要有良好的绝缘层。

2）电焊钳应保证操作灵便，重量不超过 600g。

3）禁止将过热的焊钳浸在水中冷却后使用，如图 6-2-11 所示。

三、埋弧焊安全操作要求

1. 埋弧焊机安全要求

1）埋弧焊机的小车轮子要有良好的绝缘，导线应绝缘良好，焊接过程中要理顺导线，防止导线被热的熔渣烧坏。

2）在调整送丝机构及焊机工作时，手不得触及送丝机构的滚轮。

3）焊机发生电气故障时，必须切断电源，由电工修理。

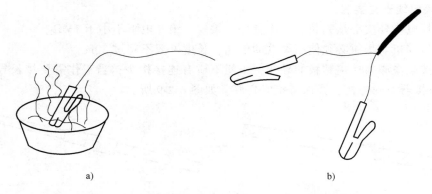

图 6-2-11　禁止将过热的焊钳浸在水中冷却后使用

a) 不正确　b) 正确（手把线同时连接两个电焊钳换着使用）

4) 焊接过程中，注意防止由于焊剂突然停止供给而出现强烈弧光伤害眼睛。

5) 埋弧焊机外壳和控制箱，应可靠地接地（接零），防止漏电伤人。

2. 焊工劳动保护

1) 埋弧焊焊剂的成分中含有氧化锰等对人有害的物质，所以焊接过程中要加强通风。

2) 埋弧焊长焊缝时，在清理焊缝熔渣和焊剂回收过程中，注意防止热的焊剂和焊剂熔渣烫伤手和脚。

3) 往焊丝盘装焊丝时，要精神集中，防止乱丝伤人。

四、气体保护焊安全操作要求

1. 钨极氩弧焊安全操作要求

1) 为了防止焊机内的电子器件损坏，在移动焊机时应取出电子器件单独搬运。

2) 气体保护焊焊机内的接触器、断电器的工作组件，焊枪夹头的夹紧力以及喷嘴的绝缘性能等，都要定期进行检验。

3) 用高频引弧的焊机或装有高频引弧装置的焊机，所用的焊接电缆都应有铜网编织屏蔽套并且可靠接地。

4) 焊机在使用前应检查供气系统、供水系统是否完好，不得在漏水漏气的情况下使用。

5) 气体保护焊机焊接作业结束后，禁止立即用手触摸焊枪的导电嘴避免烫伤。

6) 焊工打磨钨极应在专用的、有良好通风装置的砂轮上进行，或在抽气式砂轮上进行，并且要穿戴好个人劳动保护用品，打磨工作结束后，立即洗手和洗脸。

7) 钍钨极在焊接过程中有放射性危害，虽然放射剂量很小，危害不大，但是当放射性气体或微粒进入人体作为内放射源时，则会严重影响身体健康。

8) 钨极氩弧焊时，如果采用高频起弧，产生高频电磁场的强度是 $60 \sim 110V/m$ 之间，超过卫生标准（$20V/m$）数倍，如果频繁起弧或把高频振荡器作为稳弧装置在焊接过程中持续使用时，会引起焊工头昏、疲乏无力、心悸等症状，对焊工的危害较大。

9) 盛装保护气体的高压气瓶，应小心轻放直立固定，防止倾倒。气瓶与热源距离应大于 3m，不得暴晒。瓶内气体不可全部用尽，要留有余气。用气开瓶阀时，应缓慢开启，不要操作过快。

10）氩弧焊用的钨极，应有专用的保管地点放在铝盒内保存，并由专人负责发放，焊工随用随取，报废的钨极要收回集中处理。

11）在氩弧焊过程中，会产生对人体有害的臭氧（O_3）和氮氧化物，尤其是臭氧的浓度，远远超出卫生标准，所以焊接现场要采取有效的通风措施。

12）为了防备和削弱高频电磁场的影响，在进行氩弧焊时，在保证焊接质量的前提下，可适当降低频率。

13）由于在氩弧焊时，臭氧和紫外线的作用较强烈，对焊工的工作服破坏较大，所以氩弧焊焊工适宜穿戴非棉布的工作服（如耐酸呢、柞丝绸等）。

14）在容器内进行氩弧焊而又不能进行通风时，可以采用送风式头盔、送风式口罩或防毒口罩等防护措施。

2. 二氧化碳气体保护焊安全操作要求

1）二氧化碳气体保护焊时，电弧的温度为 6000~10000℃，电弧的光辐射比焊条电弧焊强，因此要加强防护。

2）二氧化碳气体保护焊时，焊接飞溅较多，尤其是用粗焊丝焊接时，飞溅更多，焊工要注意防止被飞溅物灼伤。

3）二氧化碳气体在焊接高温作用下，会分解成对人体有害的一氧化碳气，所以，在容器内焊接时，必须加强通风，而且还要使用能供给新鲜空气的特殊设备，容器外要配备监护人。

4）二氧化碳气体预热器，使用的电压不得大于 36V，外壳要可靠接地，焊接工作结束后，立即切断电源。

5）装有液态二氧化碳的气瓶，满瓶的压力为 0.5~0.7MPa。但受到外加热源加热时，液体二氧化碳会迅速蒸发为气体，使瓶内气体压力升高，受到的压力越高，压力也就越大，这样就有爆炸的危险。所以，二氧化碳气瓶不能靠近热源，同时还要采取防高温的措施。

6）大电流粗丝二氧化碳气体保护焊时，应防止焊枪的水冷系统漏水而破坏绝缘，发生触电事故。

7）二氧化碳气体保护焊时，由于焊接飞溅大，飞溅物粘在喷嘴内壁上，引起送丝不畅，造成电弧不稳定，气体保护作用降低，使焊缝质量降低，所以，要经常清理粘在喷嘴内壁上的飞溅物或更换喷嘴。

3. 熔化极气体保护焊安全操作要求

1）熔化极气体保护焊焊机内的接触器、断电器的工作组件，焊枪夹头的夹紧力以及喷嘴的绝缘性能等，应定期进行检查。

2）由于熔化极气体保护焊时，臭氧和紫外线的作用较强烈，对焊工的工作服破坏较大，所以，氩弧焊焊工适宜穿戴非棉布的工作服（如耐酸呢、柞丝稠等）。

3）熔化极气体保护焊时，电弧的温度为 6000~10000℃，电弧的光辐射比焊条电弧焊强，因此要加强防护。

4）熔化极气体保护焊时，工作现场要有良好的通风装置，排出有害气体及烟尘。

5）焊机在使用前，应检查供气系统、供水系统，不得在漏气、漏水的情况下运行，以免发生触电事故。

6）盛装保护气体的高压气瓶，应小心轻放直立固定，防止倾倒。气瓶与热源距离应大于3m，不得暴晒。瓶内气体不可全部用尽，要留有余气。用气开瓶阀时，应缓慢开启，不要操作过快。

7）移动焊机时，应取出机内的易损电子器件，单独搬运。

五、等离子弧焊接与切割安全操作要求

1）等离子弧焊炬与割炬应保持电极与喷嘴的同心，供气供水系统应严密，不漏气、不漏水。

2）等离子弧焊接与切割用的气源充足，并设有气体流量调整装置。

3）等离子弧焊接与切割作业现场，应配备工作台，并设有局部排烟和净化空气装置。

4）防电击。等离子弧焊接与切割的空载电压较高，尤其是在手工操作时，就有触电的危险。因此，焊接电源在使用时，要可靠接地。另外，焊枪枪体或割枪枪体与手接触部分必须绝缘可靠。如果启动开关在手把上，必须对露在外面的开关，套上绝缘胶管，避免手直接接触开关发生触电事故。

5）防弧光辐射。电弧的光辐射，是由紫外线辐射、可见光辐射和红外线辐射组成。而等离子弧焊接与切割的光辐射，较其他电弧的光辐射强度大，特别是紫外线，对人体皮肤的损伤就更为严重。因此，操作者在焊接或切割时，必须穿戴有吸收紫外线镜片的面罩、工作服、手套等保护用品。机械化操作时，可以在操作者和操作区之间设置防护屏。等离子切割时可以采用水中切割方法，利用水来吸收光辐射。

6）防烟与尘。在等离子弧焊接与切割过程中，有大量气化的金属蒸气、臭氧、氮化物等产生。同时，由于切割过程气体流量大，使工作现场扬起大量的灰尘。这些烟气与灰尘对操作者的呼吸道、肺等器官产生严重的影响。

7）防噪声。等离子弧焊接与切割时，产生高强度、高频率的噪声，其噪声的能量集中在2000~8000Hz范围内。要求操作者必须带耳塞。在可能的情况下，使操作者在有良好隔音效果的操作室内工作，或采用水中切割法，用水吸收噪声。

8）防高频。等离子弧焊接与切割是用高频振荡器引弧，高频对人体有一定的危害。引弧频率在20~60Hz较为适合，操作前焊件要可靠接地，引弧完成后要立即切断高频振荡器的电源。

六、碳弧气刨和切割安全操作要求

1）碳弧气刨和切割时的电流较大，要防止焊机因过载发热而损坏。

2）碳弧气刨和切割过程中大量的高温铁液被电弧吹出，容易引起烫伤和火灾事故。

3）碳弧气刨和切割时的噪声较大，尖锐、刺耳的噪声容易危害人体的健康。

4）碳弧气刨和切割时产生的烟尘较大，在容器内或较小的作业现场操作时，必须采取有效的排烟除尘的措施。

5）碳弧气刨和切割的电流比焊接电流大得多，弧光更强烈，弧光的伤害也最大，注意防护。

6）在容器内进行碳弧气刨和切割时，除了加强通风排气以外，还要有专人监护安全，并且安排好工间休息。

7）碳弧气刨和切割时，注意防止触电事故。

8）碳弧气刨和切割操作现场半径 15m 以内不准有易燃易爆物品存在。

七、电阻焊安全操作要求

1）防触电。电阻焊的二次电压很低，不会有触电的危险，但是一次电压可高过千伏，因为晶闸管一般都带水冷，所以水柱带电，容易造成触电事故的发生，故电阻焊机必须可靠接地。检修控制箱中的高压部分，必须在切断电源后进行。高压电容放电类的焊机，应加装门开关，焊机门开后自动切断电源。

2）防压伤和撞伤，电阻焊机须一个人操作，防止因多人操作配合不当而产生压伤和撞伤事故。如对焊机上夹紧按钮，采用双钮式，操作人员必须双手同时各按一钮才能夹紧，杜绝发生夹手事故。多点焊机周围应设置栏杆，操作人员放完焊件后必须撤离一定的距离，关上门后才能启动焊机，确保运动的焊件不致撞伤人员。

3）防烧伤。电阻焊常有喷溅发生，尤其是闪光对焊，喷溅火花持续数秒，因此，操作人员应戴好防护镜、穿好防护服，防止烫伤。闪光产生的区域宜用黄铜防护罩罩住，防止产生火灾和烫伤事故。

4）防污染。在电阻焊焊接镀锌板时，会产生有毒的锌、铅烟尘；在闪光焊时，会有大量的金属蒸气产生；修磨电极时，会有金属尘产生；其中镉铜电极、铍钴铜电极中的镉与铍均有很大的毒性，因此，一定要采取有效的通风措施。

5）装有电容储能装置的电阻焊机，在密封的控制箱门上，应装有联锁机构，当控制箱门被打开时应使电容短路，手动操作开关也应附加电容短路的安全措施。

6）复式、多任务位操作的焊机应在每个工位上装有紧急制动按钮。

7）手提式焊机的构架应能经受在操作中产生的震动，吊挂的变压器应有防坠落的保险装置，并要经常检查。

8）焊机的脚踏开关应有牢固的防护罩，防止焊机意外启动。

9）电阻焊机的作业现场，应有防护挡板或防护屏，防止焊接过程中产生的火花飞溅。

10）焊接控制箱装置的检修与调整，应由专业人员进行。

11）缝焊作业时，焊工必须注意电极盘的滚动方向，防止滚轮切伤手指。

12）焊机的工作场所，应保持干燥，地面铺设防滑板。外水冷式焊机的焊工作业时，应穿绝缘靴进行焊接工作。

13）焊接工作结束，切断电源，焊机的冷却水应延长 10min 再关闭，在冬季或气温较低时，还应排出水路内的积水，防止冻结。

第二节　焊接作业场所的安全

一、焊接作业场所通风

1）应根据焊接作业环境、焊接工作量、焊条（剂）种类、作业分散程度等情况，采取不同的通风排烟尘措施（如全面通风换气、局部通风、小型电焊排烟机组等），或采用各种送气面罩，以保证焊工作业点的空气质量符合表 6-2-1 中的有关规定。要避免焊接烟尘气流经过焊工的呼吸带。

2）当焊工作业室内高度（净）低于 4m，或每个焊工工作空间小于 $200m^3$，工作间（室、舱、柜等）内部结构影响空气流通而使焊接工作点的烟尘、有害气体浓度超过表 6-2-1 规定时，应采用全面通风换气。

表 6-2-1　车间空气中有害物质的最高允许浓度

有害物质名称	最高允许浓度/(mg/m^3)	有害物质名称	最高允许浓度/(mg/m^3)
金属汞	0.01	氧化锌	5
氟化氢及氟化物(换算成氟)	1	氧化镉	0.1
氧化氮(换算成 NO_2)	5	砷化氢	0.3
焊接烟尘	6	铅烟	0.03
臭氧	0.3	氧化铁	10
锰及其化合物(换算成 MnO_2)	0.2	一氧化碳	30
含 10%以上二氧化硅粉尘	2.0	硫化铅	0.5
含 10%以下二氧化硅粉尘	10	铍及其化合物	0.001
钼(可溶性、不溶性)	4.6	锆及其化合物	5
铬酸盐(Cr_2O_3)	0.1	其他粉尘	10

3）全面通风换气量保持每个焊工 $57m^3/min$ 的通风量。

4）采用局部通风或小型通风机组等换气方式，其罩口风量、风速，应该根据罩口至焊接作业点的控制距离及控制风速来计算。罩口的风速应大于 0.5m/s，并使罩口尽可能接近作业点，使用固定罩口时的控制风速不少于 2m/s。罩口的形式应结合焊接作业点的特点。

5）采用抽风式工作台，其工作台上网络筛板上的抽风量应均匀分布，并保持工作台面积抽风量每平方米大于 $3600m^3/h$。

6）焊炬上装的烟气吸收器，应能连续抽出焊接烟气。

7）在狭窄、局部空间内焊接、切割时，应采取局部通风换气措施，防止工作空间内聚集有害或窒息气体伤人，同时，还要设专人负责监护焊工的人身安全。

8）焊接、切割工作，如遇到粉尘和有害烟气又无法采用局部通风措施时，要选用送风呼吸器。

9）通风除尘设施，保证工作地点环境的机械噪声值不超过声压 85dB。

二、焊接与切割作业的防火

1）在企业规定的禁火区内，不准焊接，需要焊接时，必须把工件移到指定的动火区内或在安全区内进行。

2）焊接作业点的可燃、易燃物料，与焊接作业点的火源距离不小于 10m。

3）焊接、切割作业时，如附近墙体和地面上留有孔、洞、缝隙以及运输带连通孔口等，都应采取封闭或屏蔽措施。

4）焊接、切割地点堆存大量易燃物料（如漆料、棉花、硫酸、干草等），而又不可能采取有效防护措施时，禁止焊接、切割作业。

5）焊接、切割作业时，可能形成易燃易爆蒸气或聚集爆炸型粉尘时，禁止焊接、切割作业。

6）在易燃易爆环境中焊接、切割作业时，应按化工企业焊接、切割作业安全专业标准的有关规定执行。

7）焊接、切割车间或工作现场，必须配有足够的水源、干砂、灭火工具和灭火器材。存放的灭火器材应该是有效的、合格的。

8）焊接、切割工作完毕后，应及时清理现场，彻底消除火种，经专人检查确认完全消除危险后，方可离开现场。

9）应根据扑救的物料燃烧性能，选用灭火器材。灭火器性能及使用方法见表6-2-2。

表 6-2-2　灭火器性能及使用方法

种类	药剂	用量	注意事项
泡沫灭火器	装碳酸氢钠发沫剂和硫酸铝溶液	扑灭油类火灾	冬季防冻结,定期更换
二氧化碳灭火器	装液态二氧化碳	扑救贵重仪器设备,不能用于扑救钾、钠、镁、铝等物质的火灾	防喷嘴堵塞
1211灭火器	装二氟氯一溴甲烷	扑救各种油类、精密仪器高压电器设备	防受潮日晒,半年检查一次,充装药剂
干粉灭火器	装小苏打或钾盐干粉	扑救石油产品、有机溶剂、电气设备、液化石油气、乙炔气瓶等火灾	干燥通风防潮,半年称重一次
红卫九一二灭火器	装二氟二溴液体	扑救天然气石油产品和其他易燃爆化工产品等火灾	在高温下,分解产生毒气,注意现场通风和呼吸道防护

第三章　焊接与切割作业安全防护

第一节　焊接与切割作业工作区域安全防护

一、焊接与切割设备

焊接与切割作业工作区域内的各种焊接设备、切割设备、焊接辅助设备、各种焊接与气割用的气瓶、焊接与切割用的电缆及其他焊接与切割作业用的器具，必须在规定的区域内稳妥存放，保持良好的存放秩序，不要影响附近的作业及人员的过往。

二、警告标志

焊接与切割作业工作区域内，必须标明该作业区工作特点，并且要有必要的安全警告标志，提醒进入该作业区内的人员注意安全防护。

三、焊接与切割作业防护屏板及隔间

为了防止焊接与切割作业人员或邻近区域的其他人员，受到焊接与切割作业弧光辐射、切割飞溅的伤害，可用不可燃或耐火的板（或屏罩）加以隔离保护。

在准许进行焊接操作的地方、焊接与切割的场所、现场抢修的地方，为了防止弧光和金属熔液飞溅伤人，要用不可燃平板或屏罩隔开，形成焊接与切割作业隔间。

四、通风

焊接与切割作业过程中，必须有足够的通风，保证作业人员在无害的呼吸气氛中进行工作。必须采取有效的措施，使作业者避免直接吸入焊接与切割作业产生的烟气，使作业地点中焊接与切割作业产生的污染程度低于 T/CWAN 0002—2018《焊接车间烟尘卫生标准》的规定值。

五、消防措施

焊接与切割作业必须在无火灾隐患的条件下进行，在作业地点要配备足够的灭火器及喷水器。根据作业地点现场易燃物品的性质和数量，可配水池、沙箱、水龙带、消防栓或手提灭火器。

第二节　焊接与切割作业安全防护用品

一、焊接防护面罩及头盔

焊接面罩是一种用来防止焊接飞溅、弧光及其他辐射对焊工面部及颈部损伤的一种遮盖工具。最常用的焊接面罩有手持式焊接面罩和头盔式焊接面罩两种，而头盔式焊接面罩又分为普

通头盔式焊接面罩、封闭隔离式送风头盔式焊接面罩及输气式防护头盔式焊接面罩三种。

普通头盔式焊接面罩戴在焊工头上，面罩主体可以上下翻动，便于焊工用双手操作，适合各种焊接方法操作时防护用，特别适用于高空作业，焊工可一手握住固定物保持身体稳定，另一只手握焊钳焊接。

封闭隔离式送风头盔式焊接面罩，主要用于在高温、弧光强度、发尘量高的焊接与切割作业，如 CO_2 气体保护焊、氩弧焊、空气碳弧气刨、等离子切割及仰焊等。该头盔在焊接过程中保证焊工呼吸畅通，既防尘又防毒；不足之处是价位较高，设备较复杂。（有送风系统），焊工行动受送风管长度限制。

手持式焊接面罩如图 6-3-1 所示；普通头盔式焊接面罩如图 6-3-2 所示；封闭隔离式送风头盔式焊接面罩如图 6-3-3 所示；输气式防护头盔式焊接面罩如图 6-3-4 所示。

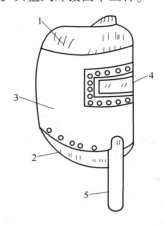

图 6-3-1　手持式焊接面罩
1—上弯面　2—下弯面　3—面罩主体
4—观察窗　5—手柄

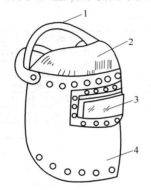

图 6-3-2　普通头盔式焊接面罩
1—头箍　2—上弯面　3—观察窗　4—面罩主体

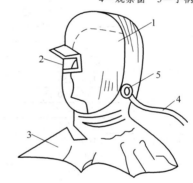

图 6-3-3　封闭隔离式送风头盔式焊接面罩
1—面罩主体　2—观察窗　3—披肩　4—送风管　5—呼吸阀

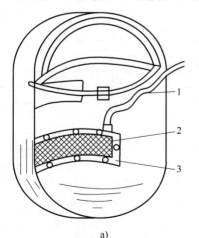

a)

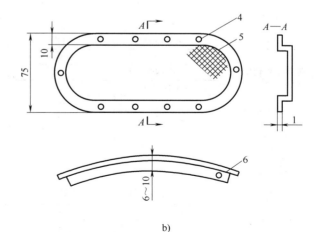

b)

图 6-3-4　输气式防护头盔式焊接面罩
a) 简易输气式防护头盔式结构　b) 送风带结构
1—送风管　2—小孔　3—送风孔　4—固定孔　5—送风管插入孔　6—风带

二、防护眼镜

焊工用防护眼镜，包括滤光玻璃（黑色玻璃）和防护白玻璃两层，它除与防护镜片有相同滤光要求外，还应满足：镜框受热镜片不脱落；接触面部的防护镜不能有锐角；接触皮肤部分不能用有毒物质制作。

焊工在电焊操作中，选择滤光片的遮光编号以可见光透过率的大小决定，可见光透过率越大，编号越小，玻璃颜色越浅。焊工比较喜欢用黄绿色或蓝绿色滤光片。焊接滤光片分为吸收式、吸收-反射式及电光式三种。

焊工在选择滤光片时，主要依据焊接电流的大小、焊接方法、照明强弱及焊工视力来选择滤光片的遮光号。选择小号的滤光片，焊接过程会看得比较清楚，但紫外线、红外线防护不好，会伤害焊工眼睛。如果选择大号的滤光片，对紫外线与红外线防护得较好，滤光片玻璃颜色较深，不容易看清楚熔池中的熔渣和铁液及母材熔化情况，这样不由自主地使焊工面部与焊接熔池的距离缩短，从而使焊工吸入较多的烟尘与有毒气体，而且会因过度集中精神看熔池导致视神经容易疲劳，长久下去会造成视力下降。护目镜遮光号的选用见表6-3-1。

表 6-3-1 焊工护目镜遮光号的选用

焊接方法	电流/A	最低遮光号	推荐遮光号
焊条电弧焊	≤60	7	—（焊条直径<2.5mm）
	>60~160	8	10（焊条直径2.5~4mm）
	>160~250	10	12（焊条直径4~6.4mm）
	>250~550	11	14（焊条直径>6.4mm）
气体保护焊及药芯焊丝电弧焊	≤60	7	—
	>60~160	8	10
	>160~250	10	12
	>250~500	11	14
钨极惰性气体保护焊	≤50	8	10
	>50~100	8	12
	>150~500	10	14
等离子弧焊	≤20	6	6~8
	>20~100	8	10
	>100~400	10	12
	>400~800	11	14
等离子弧切割	≤300	8	9
	>300~400	9	12
	>400~800	10	14
空气碳弧切割	≤500	10	12
	500~1000	11	14
焊炬硬钎焊	—	—	3 或 4
焊炬软钎焊	—	—	2
碳弧焊	—	—	14
气焊	—	—	4 或 5（板厚<3mm）
	—	—	5 或 6（板厚 3~13mm）
	—	—	6 或 8（板厚>13mm）
气割	—	—	3 或 4（板厚<25mm）
	—	—	4 或 5（板厚 25~150mm）
	—	—	5 或 8（板厚>150mm）

头盔式焊接面罩用于各类电弧焊或登高焊接作业，质量不应超过 500g。焊工应根据工作条件选戴遮光性能相适应的面罩和防护眼镜。气焊、气割作业应根据焊接、切割工件板的厚度，选用相应型号的护目镜。焊接、切割的准备和清理工作，如打磨焊口、清除焊渣等，应使用不容易破碎的防渣眼镜。

三、工作服

焊工用的工作服主要起到隔热、反射和吸收热辐射等屏蔽作用，使焊工身体免受焊接热辐射和飞溅物的伤害。焊工的工作服应根据焊接与切割的工作特点来选用。

焊工常用棉帆布制作的工作服，广泛用于一般的焊接、切割工作，工作服的颜色为白色。不能用一般合成纤维织物制作。白帆布制作的工作服在焊接过程中具有隔热、反射、耐磨和透气性好等优点。气体保护焊在电弧紫外线的作用下，能产生臭氧等气体，所以应该穿用粗毛呢或皮革等面料制成的工作服，以防焊工在操作中被烫伤或体温增高。在进行全位置焊接和切割时，特别是仰焊或切割时，为了防止焊接飞溅或熔渣等溅到面部或额部造成灼伤，焊工应在颈部围毛巾，穿着用防燃材料制成的护肩、长袖套、围裙和鞋盖等，应配备用皮革制成的工作服。

焊工在焊接操作过程中，为了防止高温飞溅物烫伤，工作服上衣不应系在裤子里面；工作服穿好后，要系好袖口和衣领上的衣扣，工作服上衣不要有口袋，以免高温飞溅物掉进口袋中引起燃烧；工作服上衣要做大，衣长要过腰部，不应有破损孔洞、不允许沾有油脂、不允许潮湿，工作服重量应较轻。焊工用的工作服如图 6-3-5 所示。

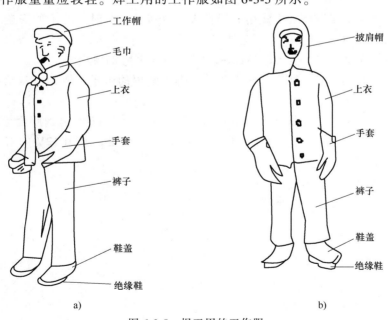

图 6-3-5 焊工用的工作服
a）平焊位置 b）立体交叉作业

四、手套

1）焊工的手套应选用耐磨、耐辐射的皮革或棉帆布和皮革合制材料制成，其长度不应小于 300mm，要缝制结实。焊工不应戴有破损和潮湿的手套。

2）焊工在可能导电的焊接场所工作时，所用的手套，应由具有绝缘性能的材料（或附加绝缘层）制成，并经耐压 5000V 试验，合格后方能使用。

3）焊工手套不应沾有油脂。焊工不能赤手更换焊条。

五、防护鞋

1）焊工的防护鞋应具有绝缘、抗热、不易燃、耐磨损和防滑的性能。

2）电焊工穿用的防护鞋橡胶鞋底，应经过耐电压 5000V 的试验合格，如果在易燃易爆场合焊接，鞋底不应有鞋钉，以免产生摩擦火星。

3）在有积水的地面焊接与切割时，焊工应穿用经过耐电压 6000V 试验合格的防水橡胶鞋。

六、其他防护用品

1）焊接与切割作业过程中，作业面空气污染严重，无法利用通风手段降至国家"生产过程安全卫生要求"允许的空气质量，所以必须使用符合国家标准的呼吸保护装置，如长管面具、防毒面具或过滤式防微粒口罩等。

2）电弧焊、切割工作场所，由于弧光辐射，熔渣飞溅，影响周围视线，应设置弧光防护室或护屏。护屏应选用不燃材料制成，其表面应涂黑色或深灰色油漆，高度不应低于 1.8m，下部应留有 25cm 流通空气的空隙。

3）焊工在登高或在可能发生坠落的场合进行焊接、切割时，所用的安全带应符合国家标准的要求，安全带上安全绳的挂钩应挂牢。

4）焊工用的安全帽应符合 GB 2811—2007《安全帽》的要求。

5）焊工使用的工具袋、桶应完好无孔洞，焊工常用的锤子、渣铲、钢丝刷等工具应连接牢固。

6）焊工所用的移动式照明灯具的电源线，应采用 YQ 或 YQW 型橡胶套绝缘电缆，导线完好无破损，灯具开关无漏电。电压应根据现场的情况确定，或用 12V 的安全电压，灯具的灯泡应有金属网罩防护。

附　　录

附录 A　焊接设备常见故障及解决方法

一、弧焊变压器常见故障及解决方法（表 A-1）

表 A-1　弧焊变压器常见故障及解决方法

故障特征	产　生　原　因	解　决　方　法
变压器外壳带电	1. 电源线漏电并碰在外壳上 2. 一次或二次线圈碰外壳 3. 弧焊变压器未接地线或地线接触不良 4. 焊机电缆线碰焊机外壳	1. 消除电源线漏电或解决外壳问题 2. 检查线圈的绝缘电阻值，并解决线圈碰外壳现象 3. 认真检查地线接地情况并使之接触良好 4. 解决焊机电缆线碰外壳情况
变压器过热	1. 变压器线圈短路 2. 铁心螺杆绝缘损坏 3. 变压器过载	1. 检查并消除短路现象 2. 修复铁心螺杆损坏的绝缘 3. 减小焊接电流
导线接触处过热	导线电阻过大或连接螺钉太松	认真清理导线接触面并拧紧连接处螺钉，使导线保持良好的接触
焊接电流不稳定	1. 焊接电缆与焊件接触不良 2. 动铁心随变压器的振动而滑动 3. 电网电压波动 4. 调节丝杠磨损	1. 使焊件与焊接电缆接触良好 2. 将动铁心或调节手柄固定 3. 增大电网容量 4. 更换磨损部件
焊接电流过小	1. 电缆线接头之间或与焊件接触不良 2. 焊接电缆线过长，电阻大 3. 焊接电缆盘成盘形，电感大 4. 地线采用临时搭接而成	1. 使接头之间，包括与焊件之间的接触良好 2. 缩短电缆线长度或加大电缆线直径 3. 将焊接电缆散开，不形成盘形 4. 换成正规铜质地线
焊接过程中变压器产生强烈的"嗡嗡"声	1. 可动铁心的制动螺钉或弹簧太松 2. 铁心活动部分的移动机构损坏 3. 一次、二次线圈短路 4. 部分电抗线圈短路 5. 动、静铁心间隙过大	1. 拧紧制动螺钉，调整弹簧拉力 2. 检查、修理移动机构 3. 消除一次、二次线圈短路 4. 拉紧弹簧并拧紧螺母 5. 将铁心重新叠片
电弧不易引燃或经常断弧	1. 电源电压不足 2. 焊接回路中各接头处接触不良 3. 二次侧或电抗部分线圈短路 4. 可动铁心严重振动 5. 焊接电缆断线 6. 电源开关损坏 7. 电源熔体烧断	1. 调整电压 2. 检查焊接回路，使接头处接触良好 3. 消除短路 4. 解决可动铁心在焊接过程中的松动 5. 修复断线处 6. 修复或更换开关 7. 更换熔体
焊接过程中，变压器输出电流反常	1. 铁心磁回路中，由于绝缘损坏而产生涡流，使焊接电流变小 2. 电路中起感抗作用的线圈绝缘损坏，使焊接电流过大	检查电路或磁路中的绝缘状况，排除故障
	3. 维修变压器时，将内部接线接错	纠正接线
空载电压过低	1. 输入电压接错 2. 弧焊变压器二次绕组匝间短路	1. 纠正输入电压 2. 修复短路处

二、ZX7 系列晶闸管逆变弧焊整流器常见故障及解决方法（表 A-2）

表 A-2　ZX7 系列晶闸管逆变弧焊整流器常见故障及解决方法

故障特征	产 生 原 因	解 决 方 法
焊机外壳带电	1. 电源线误碰焊机外壳 2. 未接地线或接触不良 3. 变压器、电抗器、电源开关及其他电器元件或接线碰焊机外壳	1. 检查并消除碰壳处 2. 地线接稳妥 3. 消除碰壳处
不能引弧或无焊接电流	1. 焊机的输出端与焊件连接不可靠 2. 无输出电压 3. 变压器二次线圈匝间短路 4. 主回路晶闸管（6 只）中有的不触发导通	1. 使输出端与焊件连通 2. 检查并修复 3. 消除短路处 4. 检查控制线路触发部分及其引线并修复
风扇不转或风力很小	1. 三相输入其中有一相开路 2. 熔丝熔断 3. 风扇电动机绕组断线 4. 风扇电动机起动电容接触不良或损坏	1. 检查修复 2. 更换熔丝 3. 修复风扇电动机 4. 改善接触不良或更换电容
焊机噪声变大、振动大	1. 风扇风叶碰风圈 2. 风扇轴承松动或损坏 3. 两组晶闸管输出不平衡 4. 主回路晶闸管不导通或击穿 5. 焊机固定箱壳或内部某个紧固件松动	1. 整理风扇支架使其不碰 2. 修理或更换 3. 调整触发脉冲使其平衡 4. 检查控制线路并修复 5. 拧紧紧固件
无焊接电流输出	1. 熔丝熔断 2. 温度继电器损坏 3. 风扇不转或长期超载，使整流器内温升过高，从而使温度继电器动作	1. 更换熔丝 2. 更换 3. 修复风扇，使整流器不要超载运行
焊接电流调节失灵	1. 三相输入电源其中一相开路 2. 控制线路有故障 3. 近、远控选择与电位器不对应 4. 主回路晶闸管不触发或击穿 5. 焊接电流调节电位器无输出电压	1. 检查并修复 2. 检查并修复 3. 修理并使之对应 4. 检查并修复 5. 检查控制线路给定电压部分及其引线并修复
焊接时焊接电弧不稳定性能明显变差	1. 焊接回路中接触不良 2. 滤波电抗器匝间短路 3. 分流器到控制箱的两根引线断开 4. 三相输入电源其中一相断开 5. 主回路晶闸管其中一个或几个不导通	1. 改变接触不良处 2. 消除短路处 3. 维修断线处 4. 检查并修复 5. 检查晶闸管并更换坏的晶闸管
焊机内出现烧焦味	1. 主线路部分或全部短路 2. 主回路有晶闸管击穿短路	1. 修复短路处 2. 检查并更换同型号的晶闸管
开机后指示灯不亮，风机不转	1. 电源缺相 2. 自动空气开关损坏 3. 指示灯接触不良或损坏	1. 解决电源缺相 2. 更换自动空气开关 3. 清理指示灯接触面或更换指示灯
开机后电源指示灯不亮，电压表指示 70~80V，风机和焊机工作正常	电源指示灯接触不良或损坏	1. 清理指示灯接触面 2. 更换损坏的指示灯

（续）

故障特征	产生原因	解决方法
开机后焊机无空载电压输出	1. 电压表损坏 2. 快速晶闸管损坏 3. 控制电路板损坏	1. 更换电压表 2. 更换损坏的晶闸管 3. 更换损坏的控制电路板
开机后焊接电流偏小，电压表指示不在 70～80V 之间	1. 三相电源缺相 2. 换向电容可能有个别的损坏 3. 控制电路板损坏 4. 三相整流桥损坏 5. 焊接电缆截面太小	1. 恢复缺相电源 2. 更换损坏的换向电容 3. 更换损坏的控制电路板 4. 更换损坏的三相整流桥 5. 更换大截面的焊接电缆
焊机电源一接通，自动空气开关就立即断电	1. 快速晶闸管有损坏 2. 快速整流管有损坏 3. 控制电路板有损坏 4. 电解电容个别有损坏 5. 压敏电阻有损坏 6. 过压保护板损坏 7. 三相整流桥有损坏	1. 更换损坏的快速晶闸管 2. 更换损坏的快速整流管 3. 更换损坏的控制电路板 4. 更换损坏的电解电容 5. 更换损坏的压敏电阻 6. 更换损坏的过压保护板 7. 更换损坏的三相整流桥
控制失灵	1. 遥控插头接触不良 2. 遥控电线内部断线或调节电位器损坏 3. 遥控开关没放在遥控位置上	1. 对插座进行清洁处理，使其接触良好 2. 更换导线或更换电位器 3. 将遥控开关置于遥控位置
焊接过程中出现连续断弧现象	1. 输出电流偏小 2. 输出极性接反 3. 焊条牌号选择不对 4. 电抗器有匝间短路或绝缘不良的现象	1. 增大输出电流 2. 改变焊机输出极性 3. 更换焊条 4. 检查、维修电抗器匝间短路或绝缘不良的现象

三、ZX7—400（IGBT 管）逆变焊机常见故障及解决方法（表 A-3）

表 A-3 ZX7—400（IGBT 管）逆变焊机常见故障及解决方法

故障特征	产生原因	解决方法
焊机通电后，空气开关就断开	1. 滤波电容器击穿损坏 2. IGBT 模块损坏 3. 冷却风机损坏 4. 一次整流模块损坏	1. 更换损坏的滤波电容器 2. 更换新的 IGBT 模块 3. 修理或更换冷却风机 4. 更换损坏的整流模块
焊机开机后指示灯不亮，风机也不转，但是空气开关仍处在向上的位置	1. 三相电路缺相 2. 空气开关损坏	1. 检查电路是否缺相 2. 更换损坏的空气开关
开机后面板上工作指示灯不亮，风机运转正常，电压表有 70～80V 指示	指示灯接触不良或损坏	更换指示灯
焊机开机后，无空载电压（70～80V）输出	1. 快速晶闸管 VTH$_3$、VTH$_4$ 损坏 2. 控制电路板 PCB2 损坏	1. 更换快速晶闸管 VTH$_3$、VTH$_4$ 2. 修理或更换控制电路板 PCB2
焊接过程中，出现连续断弧现象时，无法用调节焊接电流来解决	焊机电抗器绝缘不良，匝间有短路	1. 更换新的电抗器 2. 检修电抗器

(续)

故障特征	产生原因	解决方法
焊机开机后,焊接电流小,焊接的电压表指示不在 70~80V 之间	1. 焊把电缆截面太小 2. 有可能三相整流桥 QL₁ 损坏 3. C₈~C₁₁ 换向电容有失效的 4. 三相电源中缺相 5. 控制电路板 PCB2 损坏	1. 更换截面大的电缆 2. 更换三相整流桥 QL₁ 3. 更换 C₈~C₁₁ 换向电容 4. 解决电源缺相 5. 更换控制电路板 PCB2
焊机接通电源时,自动开关就立即自动断电	1. 快速晶闸管 VTH₃、VTH₄ 损坏 2. 整流二极管 VD₃、VD₄ 损坏 3. 压敏电阻 R₁ 损坏 4. 电解电容器 C₄~C₇ 失效 5. 控制电路板 PCB2 损坏 6. 三相整流桥 QL₁ 损坏	1. 更换快速晶闸管 VTH₃、VTH₄ 2. 更换整流二极管 VD₃、VD₄ 3. 更换压敏电阻 R₁ 4. 更换失效电容 C₄~C₇ 5. 更换控制电路板 PCB2 6. 更换三相整流桥 QL₁
焊机接通电源后,机内有放电声及焦味,同时无焊接电压输出	1. 机内变压器及主板下方的中频电解电容器 C₁₇ 虚焊 2. C₁₈ 电容器虚焊,造成 C₁₈ 电容器外壳损坏漏油	对左栏各项进行修复
焊机开机后有焦味,此时焊接电流不稳,无法焊接	PCB1 板电阻过热,使电阻烧断	更换烧焦的 PCB1 板和烧断的电阻
焊机指示灯虽亮,但焊机电压异常	1. 由于开机动作过慢,造成开关接触不同步引起 2. 由于电源电压过高或过低以及电源缺相造成的	1. 关机后重新开机 2. 解决好电源电压过高或过低及缺相问题
焊接工作过程中,出现焊机温升异常	1. 温度报警系统出现问题 2. 焊机风机停转,造成焊机过热	1. 检修或更新温度报警系统 2. 及时修理或更换风机
焊接过程中,焊接电流忽大忽小	1. 焊机工作时间过长 2. 焊机过流报警系统太灵敏 3. IGBT 模块或主变压器损坏	1. 修理风机或停机一段时间再工作 2. 维修或更换过流报警系统 3. 更换新的 IGBT 模块
焊机电源指示灯亮,但焊机温度异常,冷却风扇不转	冷却风扇坏,引起 IGBT 模块发热	更换损坏风扇
焊机电源指示灯亮,冷却风扇不转,焊机电压异常	焊机供电电源缺相	用万用表测量输入电压,查交流电三相 380V 是否正常
焊机控制板电源指示灯亮,电流出现异常	1. 焊机过流报警环节太灵敏 2. IGBT 管或主变压器已损坏	1. 更换电路板 2. 更换 IGBT 管或主变压器
焊机空载时显示电压为零	1. 电路板上的元件损坏 2. IGBT 管已损坏 3. 电压表引线断开或电压表已坏	1. 检查、更换电路板及元件 2. 更换已坏的 IGBT 管 3. 检查电压表引线是否断开,更换坏的电压表
焊机开机后,电压表上指示空载电压数值较低	1. IGBT 管中有断路的 2. 电压表指针指示有偏差 3. 焊机交流接触器不吸合	1. 查出损坏的模块,更换损坏的 IGBT 管 2. 更换电压表 3. 更换交流接触器
焊接电流不稳定使焊缝质量不好	1. 控制面板上"推力电流"和"引弧电流"旋钮调节不当 2. 焊机内某个零件接触不良	1. 焊接过程中,把"推力电流"和"引弧电流"旋钮调节到最小 2. 打开焊机的机箱,把接触不良的故障点重新连好

四、CO$_2$ 气体保护焊焊机常见故障产生原因及解决方法（表 A-4）

表 A-4　CO$_2$ 气体保护焊焊机常见故障产生原因及解决方法

故障特征	产生原因	解决方法
焊接送丝不均匀	1. 送丝电动机电路出现故障 2. 送丝减速箱出故障 3. 送丝软管接头处堵塞或内层弹簧松动 4. 送丝滚轮压力不当或磨损 5. 焊枪导电部分接触不好或导电嘴孔径大小不合适 6. 焊丝绕制不好，时松时紧或有折弯	1. 检修电动机电路 2. 检修减速箱 3. 清洗软管或修理弹簧 4. 调整滚轮压力或更换 5. 检修或更换导电嘴 6. 调直焊丝
焊接过程中发生熄弧和焊接参数不稳定	1. 焊枪导电嘴打弧烧损 2. 送丝不均匀，导电嘴磨损过大 3. 焊接参数选择不当 4. 焊件和焊丝不清洁，接触不良 5. 焊接回路各部件接触不良 6. 送丝滚轮磨损	1. 更换导电嘴 2. 检查送丝系统，更换导电嘴 3. 调整焊接参数 4. 清理焊件和焊丝 5. 检查电路元件及导线连接 6. 更换送丝滚轮
焊丝在送给轮和软管口之间发生卷曲和打结	1. 弹簧管内径太小或阻塞 2. 送丝滚轮离软管接头进口太远 3. 焊丝滚轮压力太大，焊丝变形 4. 软管接头内径太大或磨损严重 5. 导电嘴与焊丝黏住或熔合 6. 焊丝与导电嘴配合太紧	1. 清洗或更换弹簧管 2. 移近距离 3. 适当调整压力 4. 更换导电嘴 5. 更换导电嘴 6. 更换导电嘴
焊丝停止送进和送丝电动机不转	1. 送丝滚轮太滑 2. 焊丝与导电嘴熔合 3. 熔丝烧断 4. 焊丝卷曲卡在焊丝进口管处 5. 电动机电源变压器损坏 6. 电动机电刷磨损 7. 焊枪开关接触不良或控制电路断线 8. 控制继电器烧坏或其触点烧损 9. 调速电路出故障	1. 调整滚轮压力 2. 连同焊丝拧下导电嘴，更换导电嘴 3. 更换熔丝 4. 将焊丝退出 5. 检修更换 6. 换电刷 7. 检修和接通线路 8. 更换继电器或修理触点 9. 检修调速电路
焊接时气体保护不良	1. 电磁气阀出故障 2. 电磁气阀电源故障 3. 气路阻塞 4. 气路接头漏气 5. 喷嘴因飞溅物而阻塞 6. 减压表冻结	1. 修理电磁气阀 2. 修理电源 3. 检查气路导管 4. 紧固接头 5. 消除飞溅物 6. 检查冻结原因，可能是气体消耗量过大或预热器断路、未接通
按下 CO$_2$ 气流开关，气体不输送	1. 按钮接触不良 2. 电磁气阀有故障 3. 电源有故障	1. 清理触点 2. 检修气阀 3. 检查是否有电压
线路正常但不能引弧	1. 焊接电流未接通 2. 焊件不清洁，接触不良 3. 导电嘴磨损过度	1. 接通电源 2. 清理焊件 3. 更换导电嘴

（续）

故障特征	产生原因	解决方法
焊缝产生气孔	1. 喷嘴直径选择不当 2. 喷嘴被飞溅物堵塞 3. 干燥器内的干燥剂失效，或气体含水量太大 4. 电弧电压、焊接速度、焊接电流太大，保护气体流量太小 5. 加热器损坏，气瓶口冻结 6. 焊丝内含脱氧剂太少 7. 焊接现场环境空气对流太大 8. 焊件不清洁或潮湿	1. 调换喷嘴 2. 清理喷嘴 3. 烘干干燥剂或提纯 CO_2 保护气体 4. 调整焊接参数 5. 修复加热器 6. 更换焊丝 7. 电弧周围要设置防风隔挡 8. 清理焊件
焊接飞溅物过多	1. 电源极性接反 2. 焊接回路中电感过小（飞溅物为小颗粒） 3. 焊接回路中电感过大（飞溅物为大颗粒） 4. 焊接参数选择不当（如电弧电压太高等）	1. 更换电源极性 2. 调整电感 3. 调整电感 4. 调整焊接参数
送丝电动机不转动	1. 电动机开关损耗 2. 调速线路损坏 3. 电动机损坏	测量电动机电压，如有电压，则电动机损坏；如无电压，则调速线路损坏
接通电源转换开关，但指示灯不亮	1. 指示灯损坏或灯头松动 2. 熔断器烧断 3. 电源开关损坏 4. 变压器有故障 5. 控制线路接触不良或网路未接通	根据左栏原因，用万用表检查并修复

五、NBA—500 型半自动氩弧焊机常见故障及解决方法（表 A-5）

表 A-5 NBA—500 型半自动氩弧焊机常见故障及解决方法

故障特征	产生原因	解决方法
合上电源开关，电源指示灯不亮，拨动焊枪开关，焊枪无反应	1. 电源开关损坏或接触不良 2. 电源指示灯损坏 3. 熔丝烧断	1. 更换开关 2. 更换指示灯 3. 更换熔丝
电源指示灯亮，水流开关指示灯不亮，拨动焊枪开关，焊枪无反应	1. 水流开关失灵或损坏 2. 水流量小	1. 修复或更换水流开关 SW 2. 增大水流量
电源指示灯及水流开关指示灯都亮，拨动焊枪开关，焊枪无反应	1. 继电器 KA_2 损坏 2. 焊枪开关损坏	1. 更换 KA_2 2. 更换焊枪开关
拨动焊枪开关，无引弧脉冲	引弧触发回路或脉冲发生主回路发生故障	1. 检修 T_2 输出侧与焊接主回路连接处 2. 检修脉冲主回路和脉冲旁路回路 3. 检修引弧触发回路及输出、输入端
有引弧脉冲但不能引弧	引弧脉冲相位不对或焊接电源不工作	1. 调节 RP_{16} 使引弧脉冲加在电源空载电压90°处 2. 检修接触器 KM 或焊接电源输入端接线 3. 对调焊接电源输入端或输出端
焊接引弧后没有稳弧脉冲	稳弧脉冲触发电路发生故障	先切断引弧触发脉冲，然后检修稳弧脉冲触发回路

（续）

故 障 特 征	产 生 原 因	解 决 方 法
引弧脉冲和稳弧脉冲互相干扰	引弧脉冲相位偏差过大	调节 RP_{16} 使引弧脉冲加在电源空载电压 90°处
稳弧脉冲时有时无	晶闸管 V_{SCR1}、V_{SCR2} 一只击穿,另一只正向阻断电压低	更换击穿或特性差的晶闸管
引弧及稳弧脉冲弱,工作时不可靠	高压整流电压过低或 R_2 阻值偏大	1. 减小 R_2 的阻值 2. 检查 VC_1 是否有一桥臂损坏而成为半波整流
焊机接通电源,即有脉冲产生	晶闸管 V_{SCR1}、V_{SCR2} 一只或两只正向阻断电压过低	更换 V_{SCR1}、V_{SCR2}
焊机起动正常但无保护气体输出	1. 气路堵塞 2. 电磁气阀损坏或气阀线圈接入端接地不良	1. 清理气路 2. 检修电磁气阀或更换气阀 3. 检修接地处

六、手工钨极氩弧焊机常见故障及解决方法（表 A-6）

表 A-6　手工钨极氩弧焊机常见故障及解决方法

故障特征	产 生 原 因	解 决 方 法
控制电路有电,但焊机不能起动	1. 起动继电器或热继电器有故障 2. 控制变压器出故障 3. 脚踏开关或焊枪开关接触不良	1. 检修或更换继电器 2. 修复或更换变压器 3. 更换开关或焊枪
在焊机起动后,振荡器无振荡或振荡微弱	1. 放电器间隙不当 2. 高压变压器烧坏 3. 高频引弧装置有故障 4. 放电器云母片或电极烧损	1. 调整放电器间隙 2. 检修或更换高压变压器 3. 检修或更换高频引弧装置 4. 更换云母片或电极
振荡器正常工作,但不能引燃电弧	1. 控制电路有故障 2. 工件接触不良 3. 继电器触头接触不良 4. 焊接电源接触器有故障 5. 网路电压太低 6. 接地线太长 7. 火花塞间隙不合适 8. 火花头表面不清洁	1. 检修控制电路 2. 清理焊接工件 3. 检修或更换继电器 4. 检修接触器 5. 提高网路电压 6. 缩短接地线 7. 调整火花塞间隙 8. 清洁火花头表面
焊机起动后无氩气输送	1. 送气胶管破裂或气路堵塞 2. 控制电路或气体延迟电路有故障 3. 电磁气阀有故障 4. 按钮开关接触不良	1. 检修气路 2. 检修或更换有关元件 3. 检修或更换电磁气阀 4. 清洗触头
焊接过程电弧不稳定	1. 稳弧器有故障,指示灯不亮 2. 焊接电源有故障 3. 消除直流分量的元件有故障	1. 检修稳弧器 2. 检修焊接电源 3. 检修或更换有关元件
焊接电源开关接通,指示灯不亮	1. 开关损坏 2. 控制变压器损坏 3. 指示灯损坏 4. 熔断器烧坏	1. 更换开关 2. 修复损坏的控制变压器 3. 更换新的指示灯 4. 修复熔断器
电源开关无法合上	输入整流桥滤波电容坏	更换滤波电容

(续)

故障特征	产 生 原 因	解 决 方 法
焊接电流不可调	1. 电流调节电位器损坏 2. 主控制线路板有故障	1. 更换电流调节电位器 2. 修理主控制线路板
输出电流调不到额定值	1. 输入电压过低 2. 输入电源线太细 3. 配电容量太小 4. 输出电缆太细、太长	1. 检修 2. 更换粗电源线 3. 增大配电容量 4. 电缆加粗、缩短
按下焊枪开关焊机不工作	1. 焊枪开关线断 2. 控制插头插座线断	1. 修复 2. 修复
焊枪气嘴无氩气	1. 气阀堵塞 2. 焊枪气管漏气	1. 检修疏通主阀 2. 更换焊枪气管
高频不能引弧	1. 引弧板损坏 2. 高压包损坏 3. 放电间隙不正确 4. 焊枪电缆接触不良	1. 修理引弧板 2. 更换高压包 3. 调整到1~1.5mm 4. 检修排除
焊缝气体保护不好,氩气超量损失	1. 焊枪气管烧穿 2. 氩气软管接头松 3. 试气开关未关	1. 更换焊枪气管 2. 检查紧固软管接头 3. 关紧试气开关

七、埋弧焊机常见故障及解决方法（表A-7）

表A-7　埋弧焊机常见故障及解决方法

故障特征	产 生 原 因	解 决 方 法
按动焊丝"向上""向下"按钮,焊丝不动或动作不对	1. 按钮线路有故障 2. 电动机线路接反 3. 发电机或电动机电刷接触不良	1. 维修控制变压器、整流器、按钮接触不良等 2. 改接电源线路线序 3. 清洁和维修电刷
按下按钮,继电器不工作	1. 按钮损坏 2. 继电器线路有断路现象	1. 检修按钮 2. 维修继电器线路
按起动按钮,继电器工作,但接触器不起作用	1. 接触器回路不通 2. 电网电压太低	1. 检查维修接触器 2. 改变变压器接法
按起动按钮,接触器动作,但送丝电动机不转,或不引弧	1. 焊接回路未接通 2. 接触触点接触不良 3. 送丝电动机供电回路不通	1. 检查焊接电源回路 2. 维修接触器触点 3. 检查电枢回路
按起动按钮,电弧引燃后立即熄灭,电动机转,只是焊丝向上抽(MZ-1-1000)	起动按钮触点有故障,其常闭触点不闭合	维修或更换起动按钮
按起动按钮,电弧不引燃,焊丝一直向上抽(MZ-1000)	1. 焊机电源线部分有故障,无电弧电压 2. 接触器的主触点未接通 3. 电弧电压取样电路未工作	1. 检查电源线 2. 检查接触器触点 3. 检查电弧电压取样电路
按焊机停止按钮时,焊机不停	1. 中间继电器触点黏连 2. 焊机停止按钮失灵	1. 修理或更换触点 2. 修理或更换按钮
焊丝与焊件未接触时,回路有电流	小车与焊件间的绝缘损坏	检查并维修
焊丝送进不均匀或正常送丝时电弧熄灭	1. 焊丝滚轮磨损严重 2. 焊丝在导电嘴中卡死 3. 送丝机中焊丝未夹紧	1. 更换滚轮 2. 调整导电嘴 3. 调整夹紧机构

（续）

故 障 特 征	产 生 原 因	解 决 方 法
焊接过程中机头及导电嘴位置变化不定	1. 导电装置有问题 2. 焊接小车调整机构有问题	1. 重新调整 2. 更换零件
焊机无机械故障,但常黏丝	网路电压太低,电弧过短	解决网路电压太低问题
焊机无机械故障,但常熄弧	网路电压太高,电弧过长	解决网路电压太高问题
焊剂供应不均匀	1. 焊剂漏斗中的焊剂已接近用完 2. 焊剂漏斗阀门被卡死	1. 往漏斗中添加焊剂 2. 维修阀门
焊接时焊丝通过导电嘴产生火花,焊丝发红	1. 导电嘴磨损 2. 焊丝有油污 3. 导电嘴安装不良	1. 修理或更换导电嘴 2. 焊丝除去油污 3. 重装导电嘴
焊接过程中,焊机突然停止行走	1. 行走途中有异物阻拦 2. 电缆拉得太紧 3. 离合器脱开 4. 供电网路停电或开关接触不良	1. 清除障碍 2. 放松电缆 3. 关紧离合器 4. 对症解决
导电嘴与焊丝一起熔化	1. 焊丝伸出太短 2. 电弧太长 3. 焊接电流太大	1. 调整焊丝伸出长度 2. 调整电弧长度 3. 减小焊接电流
焊缝宽窄不匀	1. 电网电压不稳 2. 导线松动 3. 工件缝隙不均匀 4. 导电嘴接触不良 5. 送丝轮打滑	1. 稳定电网电压 2. 紧固导线 3. 修磨缝隙不均匀处 4. 更换导电嘴 5. 维修或更换送丝轮
焊接过程中无法起动,风扇声音异常	1. 三相电源缺相 2. 电源中继电器损坏 3. 电源主接触器损坏 4. 控制箱中继电器损坏 5. 控制变压器供电不正常	1. 检查修复 2. 更换继电器 3. 检查修复 4. 更换继电器 5. 检修控制变压器
停焊后电源不能关闭,导电嘴与焊件间有空载电压	1. 电源中触点黏连 2. 控制箱中触点黏连	1. 检修触点 2. 更换元件
电源开关接通后指示灯不亮	1. 电源开关损坏 2. 熔断或松开 3. 电源未接通或断线 4. 指示灯坏	1. 修复或更换电源开关 2. 更换新熔丝 3. 接通电源 4. 更换指示灯
焊丝不动作或行走不正常	1. 电路板元件损坏或虚焊 2. 行走部分晶闸管坏 3. 行走电动机磁场供电不正常 4. 行走开关损坏或置于"停"机位置	1. 检修或更换电路板元件 2. 更换损坏的元件 3. 检查并维修 4. 检查维修

附录 B　焊接接头常见缺陷及解决方法

一、焊接接头形状缺陷产生原因及解决方法

焊接接头形状和尺寸不符合要求主要是指：焊缝外表面形状高低不平，焊波粗劣；焊缝宽窄不齐，或者不是太宽就是太窄；焊缝余高过高或高低不均匀；角焊缝焊脚尺寸不均匀等。

焊接接头形状和尺寸不符合要求，容易影响焊缝与母材的结合强度。焊缝余高过高，使焊缝与母材交界处突变，容易产生应力集中；而焊缝低于母材又不能得到足够的接头强度；角焊缝的焊脚尺寸不匀，且不够圆滑过渡，容易造成应力集中。焊接接头形状缺陷产生原因及解决方法见表 B-1。

表 B-1　焊接接头形状缺陷产生原因及解决方法

缺陷名称	产 生 原 因	解 决 方 法
焊缝形状和尺寸不符合要求	1. 焊接坡口角度不当或装配间隙不均匀 2. 焊接电流过大或过小 3. 焊接速度不当或运条手法不正确 4. 焊条角度选择不合适 5. 埋弧焊焊接参数选择不当	1. 选择适当的坡口角度和装配间隙 2. 正确选择焊接参数(特别是电流值) 3. 焊工应熟练操作手法 4. 合理选择焊条角度 5. 合理选择埋弧焊接参数
咬边	1. 平焊时焊接电流太大 2. 焊角焊缝时焊条角度不对或焊条药皮偏心 3. 电弧长度过长 4. 焊接速度太快 5. 埋弧焊时焊接参数选择不正确	1. 选择适当的焊接电流 2. 选择合适的焊条角度和不偏心的焊条 3. 控制电弧长度 4. 控制焊接速度 5. 选择正确的焊接参数
焊瘤	1. 焊工操作和运条不当，焊接电弧过长 2. 立焊时焊接电流过大并且运条操作不当 3. 埋弧焊时，焊接表面焊缝的电弧电压过高或焊接速度过慢	1. 提高焊工操作技能、控制熔池形状；采用短弧焊接，运条速度要均匀 2. 正确选择立焊的焊接电流 3. 选择正确的焊接参数
凹坑与弧坑	1. 焊工操作不熟练，控制焊缝熔池形状不利 2. 焊接表面焊缝时，焊接电流过大，焊条摆动不当，电弧熄弧过快 3. 埋弧焊时，导电嘴压得过低，造成导电嘴黏渣。按停止按钮未分两次按下，导致未填满弧坑	1. 焊工必须熟练掌握操作技能 2. 正确选择焊接电流和运条方法 3. 埋弧焊时，要分两步按下"停止"按钮，以填满弧坑
下塌与烧穿	1. 焊接电流过大，焊接速度过慢 2. 焊接电弧在某处停留时间过长 3. 焊接间隙太大，钝边太小 4. 操作工艺不当	1. 焊接电流选择适当，焊接速度均匀 2. 焊接电弧在某处停留时间适当 3. 严格控制焊件的钝边和装配间隙 4. 提高焊工操作技术
焊缝余高过大，焊缝两侧熔合不好	1. 焊接电流太小 2. 焊接速度太慢 3. 电弧电压太低	1. 提高焊接电流 2. 提高焊接速度 3. 适当提高电弧电压，拉长电弧
焊件组装角度偏差与错边	1. 焊件装配不准确 2. 焊接顺序不正确产生焊接变形 3. 焊接热输入过大，产生焊接变形 4. 焊接组装夹具有质量问题，影响焊件的装配质量	1. 准确装配焊件 2. 选择合理的焊接顺序 3. 减小焊接热输入 4. 提高焊件装配夹具的刚度和精度

二、未熔合与未焊透缺陷产生原因及解决方法

（1）未焊透　未焊透是指焊接时焊接接头根部未完全焊透的现象。未焊透处会造成应力集中，并容易引起裂纹，重要的焊接结构接头不允许有未焊透缺陷。

（2）未熔合　熔焊时，焊道与母材之间或焊道与焊道之间，未完全熔化结合的部分。未熔合主要在焊缝的侧面及焊层间，降低了焊接接头的力学性能，严重的未熔合会使焊接结构无法承载。

未熔合与未焊透缺陷产生原因及解决方法见表 B-2。

表 B-2　未熔合与未焊透缺陷产生原因及解决方法

缺陷名称	产　生　原　因	解　决　方　法
未焊透	1. 装配间隙太小或钝边太大 2. 焊接速度太快 3. 电弧电压太高 4. 焊条直径太粗 5. 焊接时焊条角度不正确 6. 焊缝坡口角太小，焊接电弧达不到焊根处 7. 装配间隙处有锈或其他污物	1. 将间隙变大或钝边变小 2. 降低焊接速度 3. 压低焊接电弧，降低电弧电压 4. 合理选择焊条直径 5. 改变焊条角度 6. 适当增大坡口角度 7. 焊前仔细清除待焊处的油、污、锈、垢
未熔合	1. 焊接电流太小 2. 电弧电压过低 3. 焊接速度过快 4. 焊条倾角不对，电弧偏向一边 5. 焊接电弧摆动速度不合适 6. 焊接坡口面上有油、污、锈、垢等污物	1. 适当提高焊接电流 2. 适当增大电弧电压 3. 适当降低焊接速度 4. 改变焊条倾角 5. 改变电弧摆动速度 6. 仔细清除坡口面上油、污、锈、垢

三、气孔、夹渣与夹杂缺陷产生原因及解决方法

（1）气孔　焊接熔池中的气体在熔池凝固前未能从熔池中逸出而残留在焊缝中形成的空穴。

1）气孔按产生部位，可分为表面气孔、内部气孔；根据气孔的分布可分为分散气孔和密集气孔；根据产生的原因把气孔分为氢气孔、氮气孔和一氧化碳气孔。

2）氢气孔在熔池结晶时形成，大多数沿结晶方向呈螺钉状或针状分布，若熔池结晶快时，氢气孔为小圆球状。

3）一氧化碳气孔是在熔池降温时，冶金反应中产生的一氧化碳残留在焊缝内部形成的，形状像"绦虫"，表面光滑，沿晶界分布。

4）气孔会降低焊缝强度。

（2）夹渣　焊后残留在焊缝中的焊渣。

夹渣尺寸较大时，会减弱焊缝有效截面积，降低焊接接头的塑性和韧性，同时，在夹渣的尖角处会造成应力集中，在焊接淬硬倾向较大的焊缝金属时，容易在渣尖角处扩展为裂纹。

（3）夹杂　由焊接冶金反应产生的、焊后残留在焊缝金属中的非金属杂质。

夹杂物的尺寸如果很小且呈弥散分布，对强度影响不大。

气孔、夹渣与夹杂缺陷产生原因及解决方法见表 B-3。

表 B-3　气孔、夹渣与夹杂缺陷产生原因及解决方法

缺陷名称	产 生 原 因	解 决 方 法
气孔	1. 焊接区的油、污、锈、垢未清理干净 2. 焊接材料未彻底烘干 3. 焊接材料表面有油、污、锈、垢 4. 焊接电弧太长 5. 焊接参数选择不当，熔池凝固得太快 6. 用交流电施焊，容易产生气孔 7. 焊接电流太大，焊条药皮发红或脱落，失去冶金作用和保护作用 8. 焊条存放时间过长或存放条件不好，焊芯已生锈 9. 保护气体流量不合适 10. 保护气体纯度低	1. 加强焊接区的焊前清理 2. 按规定工艺进行烘干 3. 焊前仔细清理焊接材料 4. 改变电弧长度 5. 正确选择焊接参数 6. 改用直流电源 7. 适当减小焊接电流 8. 换用合格焊条 9. 调整保护气体流量 10. 换用纯度高的保护气体
夹渣	1. 焊接电流太小，熔渣流动性差 2. 焊接操作技术差，分不清铁液和熔渣，焊接过程中熔渣流到熔池的前面 3. 坡口角度太小，影响熔渣流动 4. 多层焊时，层间清渣不干净 5. 焊条药皮有偏心或破损，影响熔渣在熔池中的流动	1. 加大焊接电流 2. 提高焊接操作技术 3. 适当加大坡口角度 4. 多层焊缝层间清渣要干净 5. 用合格的焊条焊接
夹杂	1. 焊接参数选择不合适 2. 焊接过程中运条不合适 3. 焊接电弧太长 4. 焊条或焊剂选择不合适	1. 合理选择焊接参数 2. 提高焊接操作技术 3. 减小焊接电弧长度 4. 合理选择焊条或焊剂

四、裂纹缺陷产生原因及解决方法

1. 热裂纹

热裂纹是指焊接过程中，当焊缝和热影响区金属冷却到固相线附近的高温区产生的焊接裂纹。热裂纹是不允许存在的危险的焊接缺陷。热裂纹可分为结晶裂纹、液化裂纹和多边化裂纹等。

（1）结晶裂纹　又称为凝固裂纹。焊缝结晶过程中，在固相线温度以上稍高的温度（固液状态），由低熔点共晶形成的液态薄膜削弱了晶粒间的连接，在拉应力的作用下发生沿晶开裂。热裂纹有明显的氧化色彩，表面无光泽。结晶裂纹主要产生于碳钢、低中合金钢、单相奥氏体钢、镍基合金及某些铝合金的焊缝中。

（2）液化裂纹　在焊接热循环峰值温度的作用下，在热影响区或多层焊的层间部位，被焊金属由于含有较多的低熔点共晶而被重新熔化，在拉应力的作用下沿奥氏体晶界发生开裂。液化裂纹主要发生在含有 S、P、C 较多的镍铬高强度钢、奥氏体钢及某些镍基合金热影响区或多层焊层间部位。近缝区液化裂纹如图 B-1 所示。

（3）多边化裂纹　在高温下焊缝金属多边化晶界处于低塑性状态，在拉应力的作用下，沿多边化边界开裂。形成多边化裂纹。多边化裂纹多发生在

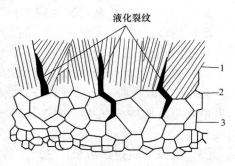

图 B-1　近缝区液化裂纹
1—未混合区　2—部分熔化区　3—粗晶区

纯金属或单相奥氏体合金的焊缝或热影响区中。

热裂纹通常都是沿奥氏体晶界开裂的，焊缝金属中的热裂纹都是沿柱状晶粒、等轴晶粒或树枝状晶界分布；而热影响区的热裂纹则沿原来奥氏体晶界分布；热裂纹表面都呈氧化色，有的热裂纹中间还有熔渣。

2. 冷裂纹

焊接接头冷却到较低的温度下（钢在 M_S 温度以下）产生的裂纹称为冷裂纹。冷裂纹可以在焊后立即出现，也可以在焊后几小时、几天，甚至更长的时间才出现，这些不是在焊后立即出现的裂纹称为延迟裂纹，延迟裂纹具有更大的危险性。冷裂纹可能在焊缝金属内形成，但更多的是在焊接接头的热影响区内产生。也有不少冷裂纹起源于焊接热影响区，向焊缝金属内扩散。焊接接头冷裂纹分布形态示意图如图 B-2 所示。

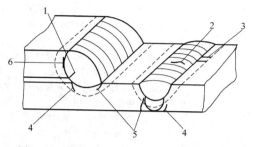

图 B-2　焊接接头冷裂纹分布形态示意图

1—焊缝纵向裂纹　2—焊缝横向裂纹
3—热影响区横向裂纹　4—根部裂纹
5—焊趾裂纹　6—焊道下裂纹

3. 再热裂纹

焊件焊后在一定的温度范围内再次加热（消除应力热处理或其他加热过程）而产生的裂纹称为再热裂纹。这种裂纹通常称为"消除应力处理裂纹"。再热裂纹产生在焊接热影响区的过热粗晶组织中，热影响区的细晶组织和母材都不会产生再热裂纹。在进行消除应力退火前，焊接接头有较大的残余应力和应力集中才会产生再热裂纹。

4. 层状撕裂

焊接过程中，在焊接构件中沿钢板轧层形成的一种呈阶梯状的裂纹称为层状撕裂。层状撕裂是属于低温裂纹。对于一般低碳钢和低合金钢来说，产生层状撕裂的温度不超过 400℃。与冷裂纹不同，层状撕裂的发生与母材强度无关，主要与钢中的夹杂物含量及分布有关。夹杂物含量越高，层片状分布越明显，对层状撕裂就越敏感。由于在焊缝中对夹杂物的含量控制严格，因此，层状撕裂的发生部位在接头热影响区或靠近热影响区的母材中，而在焊缝金属中不会出现层状撕裂。层状撕裂微观上是穿晶或沿晶扩展。各种焊接接头形式中的层状撕裂如图 B-3 所示。裂纹缺陷产生原因及解决方法见表 B-4。

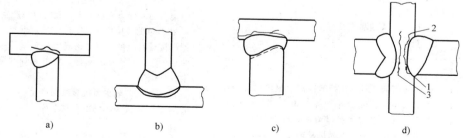

图 B-3　各种焊接接头形式中的层状撕裂

1—焊根裂纹　2—热影响区中的层状撕裂　3—厚板中心的层状撕裂

表 B-4　裂纹缺陷产生原因及解决方法

缺陷名称	产 生 原 因	解 决 方 法
冷裂纹	1. 焊接接头存在淬硬组织马氏体,裂纹易于形成和扩散 2. 淬硬会形成更多的晶格缺陷(空位和位错),在应力和热力不平衡的条件下,发生移动和聚集,形成裂纹源,在应力的继续作用下就会不断扩展形成宏观裂纹 3. 淬硬倾向越大,氢脆的敏感性越大 4. 氢是引起高强度钢焊接时产生延迟裂纹的重要因素之一,焊接延迟裂纹是由许多单个的微裂纹断续合并而成的宏观裂纹 5. 焊接接头的拘束应力主要包括热应力、相变应力及结构自身拘束条件产生的应力。在焊接接头拘束应力的作用下,使焊接接头产生很大的内应力,这是产生冷裂纹的重要因素之一	1. 降低淬硬倾向,提高抗裂性 2. 选择低氢型焊接材料和低氢的焊接方法 3. 适当加入某些合金元素提高焊缝金属的韧性 4. 增大焊接热输入,降低冷却速度,这样既避免了马氏体转变,又有利于氢的逸出,降低了冷裂纹倾向 5. 焊前预热不仅能降低冷却速度,避免马氏体转变,还能促使氢的逸出,改善焊缝组织,减少应力是防止氢致裂纹的有效措施 6. 采用焊后紧急后热,使焊缝就处在潜伏期中,扩散氢就能充分地由焊缝中逸出,从而减少残余应力和改善组织,对防止延迟裂纹的产生有显著效果 7. 采用小热输入配合多层焊接,可使焊接热循环接近理想的热循环。防止产生淬硬组织,改善焊接接头残余应力和扩散氢浓度分布状态,防止冷裂纹产生 8. 正确选择焊接工艺,减少焊接接头拘束度,防止焊缝过分密集,避免发生应力集中,是防止冷裂纹的重要手段
热裂纹	结晶裂纹: 1. 脆性温度区 T_B 越大,越容易产生裂纹 2. 在脆性温度区内金属最小塑性 δ_{min} 越小,越容易产生裂纹 3. 在脆性温度区的应变速率 $\partial\varepsilon/\partial T$ 越大,越容易产生裂纹 液化裂纹: 近缝区金属或焊缝层间金属,在高温下使这些区域奥氏体晶界上的低熔点共晶被重新熔化,在拉力作用下沿奥氏体晶间开裂。液化裂纹是由冶金因素和力学因素共同作用的结果。裂纹起源部位有: 1. 熔合线或结晶裂纹 2. 粗晶区 多边化裂纹: 焊缝金属结晶时,在结晶前沿已凝固的晶粒中,萌生出大量的晶格缺陷(空位和位错),在快速冷却下,以过饱和状态保留在焊缝金属中,在一定的温度和应力条件下晶格缺陷发生移动和聚集,形成"多边化边界",在焊后的冷却过程中,由于热塑性降低,导致沿多边化的边界产生多边化裂纹	1. 限制钢材及焊接材料中,易偏析元素和有害杂质的含量,特别是尽量减少硫、磷等杂质及降低含碳量,重要的焊接结构应采用碱性焊条或焊剂 2. 选择合理的焊缝形状,控制焊缝成形系数,合理调整焊接参数,表面堆焊和熔深较浅的对接焊缝抗裂性较好,熔深较大的对接焊缝和角焊缝抗裂性较差 3. 采用预热降低冷却速度,一般冷却速度增加,焊缝金属的应变速率也加大,此时容易产生热裂纹 4. 在低氢的环境中焊接。应该选用低氢型或超低氢型焊接材料焊接,同时还应该注意清除母材坡口处的油、污、锈、垢和水分。焊条和焊剂要严格按规定进行烘干 5. 填满弧坑,减少弧坑裂纹的产生 6. 降低焊接接头的刚度和拘束度

（续）

缺陷名称	产　生　原　因	解　决　方　法
再热裂纹	1. 再热裂纹最容易出现在能产生一定沉淀强化的金属材料中，如含有 V、Nb、Ti、Mo 等的高强度钢、耐热钢，含有 Al、Ti 的可热处理镍基合金，含 Nb 的奥氏体不锈钢 2. 再热裂纹一般发生在厚板、拘束度大的焊接区，裂纹起源的部位常在焊趾等应力集中处 3. 再热裂纹敏感性与再热温度和时间有密切关系，并且存在一个最容易产生再热裂纹的温度区间。低合金高强度结构钢一般在 500～700℃ 的温度出现裂纹 4. 一定的高温停留时间	1. 降低残余应力、减少应力集中，防止各类焊接缺陷 2. 选用低强度焊接材料，适当降低焊缝金属的强度，提高塑性 3. 控制焊接热输入，可降低再热裂纹倾向 4. 增加中间热处理工序。如要进行 620℃ 热处理时，可先进行 550℃ 处理，然后再加热到 620℃，以减少 620℃ 热处理的影响
层状撕裂	第Ⅰ类：以焊根裂纹等冷裂纹为起点的层状撕裂 1. 材料中有淬硬组织、氢的存在，拘束度较大 2. 有轧制形成的长条状 MnS 型夹杂 3. 氢脆 4. 由角变形引起的焊接应变或因缺口产生的应力集中和应变集中	1. 降低钢材对冷裂的敏感性 2. 减小钢中的含硫量或夹杂物的长度 3. 降低熔敷金属中的扩散氢含量 4. 改变接头形式和坡口形状，防止角变形或应力、应变集中
	第Ⅱ类：以夹杂物的开口为起点，在热影响区中传播的层状撕裂 1. 有轧制形成的长条状 MnS 型夹杂 2. 有 SiO_2 型或 Al_2O_3 型夹杂 3. 有外部拉伸拘束 4. 有氢脆	1. 降低钢中的 S、Si、Al、O 含量 2. 向钢中增加稀土元素 3. 改善钢材轧制条件和热处理规范 4. 减缓外部拉伸拘束 5. 提高熔敷金属的延性，降低其中的扩散氢含量 6. 堆焊隔离层
	第Ⅲ类：远离热影响区而在板厚中心附近出现的层状撕裂 1. 轧制形成的长条状 MnS 型夹杂 2. SiO_2 型或 Al_2O_3 型夹杂 3. 应变时效 4. 由弯曲拘束引起的焊接残余应力	1. 选用抗层状撕裂的钢材 2. 对轧制钢板的端面进行机械加工 3. 减小弯曲拘束程度 4. 改善接头形式和坡口形式 5. 利用预堆焊层法 6. 堆焊隔离层

五、其他缺陷产生原因及解决方法

其他缺陷是指不包括前四类焊缝形状缺陷在内的缺陷。这种缺陷主要有：

（1）电弧擦伤　在焊缝坡口外面引弧或引弧时在母材金属表面产生的局部损伤即电弧擦伤。焊接淬硬性高的低合金高强度结构钢时，在出现电弧擦伤的表面极易引起裂纹的产生。

（2）飞溅　指在熔焊过程中，向周围飞散的金属颗粒或焊渣颗粒。飞溅的产生不仅影响焊缝美观，还增加了焊后的清理工作量。

（3）钨飞溅　钨极气体保护焊时，钨电极熔化到母材表面或凝固到焊缝金属表面的钨颗粒称为钨飞溅。钨飞溅会降低焊件冲击韧度或耐腐蚀能力。

（4）定位焊缺陷　指不合格的定位焊缝造成的缺陷。由于定位焊缝不合格，将使焊件进行返修。

（5）磨痕或錾痕　使用角向磨光机或用扁铲磨平焊件不当，在焊件表面产生的局部损

伤。这类缺陷既影响焊缝的美观，又容易产生应力集中。其他缺陷产生原因及解决方法
见表 B-5。

表 B-5　其他缺陷产生原因及解决方法

缺陷名称	产 生 原 因	解 决 方 法
电弧擦伤	在坡口外或非焊接区表面引弧	严格控制引弧位置,不在坡口外或非焊接区处引弧
飞溅	1. 焊接参数选择不当 2. 焊接电源极性接反 3. 焊条药皮破损	1. 调整焊接参数 2. 改正电源极性接线 3. 用合格的焊条
钨飞溅	1. 引弧时钨电极直接与焊件相碰 2. 填焊丝时,焊丝与钨电极相碰	1. 采用高频振荡器或高频脉冲引弧 2. 提高焊工操作水平
磨痕及錾痕打磨过量	1. 砂轮磨伤焊件表面或磨削量太大 2. 扁铲或其他工具铲錾伤焊件表面	提高焊工或焊接辅助人员的技术水平
定位焊缺陷	1. 未按工艺规程要求焊接定位焊缝 2. 无证焊工焊接定位焊缝	1. 必须严格按照工艺规程要求焊接定位焊缝 2. 无焊工操作资格者不准焊接

参 考 文 献

[1] 刘云龙. 焊工技师手册 [M]. 北京：机械工业出版社，1998.

[2] 刘云龙. 袖珍焊工手册 [M]. 北京：机械工业出版社，1999.

[3] 姜敏凤. 金属材料及热处理知识 [M]. 北京：机械工业出版社，2005.

[4] 钱在中. 焊工取证上岗培训教材 [M]. 北京：机械工业出版社，2008.

[5] 刘云龙. 焊工（技师、高级技师）[M]. 北京：机械工业出版社，2008.

[6] 刘云龙. CO_2 气体保护焊技术 [M]. 北京：机械工业出版社，2009.

[7] 杜则裕. 材料焊接科学基础 [M]. 北京：机械工业出版社，2012.

[8] 刘云龙. 焊工（中级）[M]. 2版. 北京：机械工业出版社，2013.

[9] 刘云龙. 焊工（高级）[M]. 2版. 北京：机械工业出版社，2013.

[10] 刘云龙. 焊工（初级）[M]. 2版. 北京：机械工业出版社，2014.

[11] 龙伟民，陈永. 焊接材料手册 [M]. 北京：机械工业出版社，2014.

[12] 刘云龙. 焊工（技师、高级技师）[M]. 2版. 北京：机械工业出版社，2015.

[13] 董长富，孙艳艳. 焊接与切割安全操作技术 [M]. 北京：机械工业出版社，2015.

[14] 刘云龙. 焊条电弧焊技术 [M]. 北京：机械工业出版社，2016.